清华大学 计算机系列教材

姜 敏 张曾科 薛拾贝 编著

计算机网络

（第5版）

清华大学出版社
北 京

内 容 简 介

本书讲述计算机网络技术。首先介绍计算机网络的发展历程、基本概念和体系结构,然后以物理层、数据链路层、网络层、传输层和应用层五层体系结构为主线讲述计算机网络的基本原理和核心技术,最后讲述网络安全和新型计算机网络应用技术。

全书注重讲述计算机网络的基本概念、原理和技术,它们是最重要的知识点;同时也尽量反映计算机网络发展的新技术。

本书主要针对高等学校理工科专业本科生"计算机网络"课程的教学,也可作为其他类专业和其他授课对象的教材,还可作为工程技术人员从事相关开发研究工作的参考资料。

图书在版编目(CIP)数据

计算机网络/姜敏,张曾科,薛拾贝编著. -- 5 版. -- 北京:清华大学出版社,2025.7.
(清华大学计算机系列教材). -- ISBN 978-7-302-69847-0

Ⅰ. TP393

中国国家版本馆 CIP 数据核字第 2025ZR3410 号

责任编辑:谢 琛
封面设计:常雪影
责任校对:李建庄
责任印制:宋 林

出版发行:清华大学出版社
  网   址:https://www.tup.com.cn,https://www.wqxuetang.com
  地   址:北京清华大学学研大厦 A 座   邮   编:100084
  社 总 机:010-83470000   邮   购:010-62786544
  投稿与读者服务:010-62776969,c-service@tup.tsinghua.edu.cn
  质量反馈:010-62772015,zhiliang@tup.tsinghua.edu.cn
  课件下载:https://www.tup.com.cn,010-83470236
印 装 者:三河市龙大印装有限公司
经   销:全国新华书店
开   本:185mm×260mm   印   张:21.25   字   数:519 千字
版   次:2003 年 2 月第 1 版   2025 年 8 月第 5 版   印   次:2025 年 8 月第 1 次印刷
定   价:69.00 元

产品编号:108448-01

前　　言

在信息技术飞速发展的浪潮中,互联网已深度融入社会的各个层面,成为连接全球、推动进步的核心基础设施。从个人日常生活到企业运营优化,从科学研究创新到国家安全保障,计算机网络无处不在,应用领域不断拓展,技术体系也日益复杂。为帮助读者全面掌握这一领域的知识,本书在总结前四版的基础上,围绕网络技术的最新发展进行了全面更新,力求以科学性与实用性并重的方式为读者提供精准指导。

近年来,计算机网络领域经历了剧烈的技术变革。互联网从单纯的通信工具跃升为支撑全球数字化、智能化转型的核心平台,新技术的涌现使得网络的功能边界持续拓展。云计算、区块链、边缘计算、混合现实和人工智能等新兴技术的发展,不仅丰富了网络应用场景,也对网络架构、协议设计、性能优化与安全保障提出了全新挑战。与此同时,IPv6 的全面普及、高性能以太网的技术突破、软件定义网络的实践落地及数据中心网络的精细化管理,均推动网络技术朝着高效化、智能化的方向加速演进。

本书以网络分层模型为核心框架,系统梳理了从物理层到应用层的关键知识。在基础层面,深入解析了数据传输的基本原理以及链路层协议的优化方法;在核心层面,系统讲解了路由协议与交换技术的实现机制,并探讨了网络性能优化的相关方案;在应用层面,聚焦于网络服务的设计逻辑,全面解读了主流应用层协议的功能与实现。通过分层剖析,帮助读者构建对网络体系的全面理解。

针对 OSI 参考模型、TCP/IP 协议栈及五层体系结构模型,本书结合理论与实际案例,分层剖析各类协议的工作原理与交互机制,帮助读者从全局视角深入理解网络的运行逻辑及其工程实现。

本书新增了“新型计算机网络应用技术”一章,系统介绍了云计算、区块链、边缘计算、混合现实技术和人工智能等领域。这一章不仅探讨了上述技术的基本原理,还结合实际应用阐明了它们对计算机网络未来发展的深远影响,帮助读者了解计算机网络未来发展的热点方向。

此外,本书还补充了数据中心网络优化策略以及 SDN 的工程化应用,通过理论与实践相结合的方式,深入讲解这些技术的实现机制与实际价值。

本书主要作为高等学校信息技术类专业本科生“计算机网络”课程的教材,也可作为其他类专业本科生和研究生的“计算机网络”课程的教材,还可以作为从事网络技术研发和应用的工程技术人员的参考资料。本书中打 * 的部分可以视不同专业的要求选择讲授。本书各章(除第 1 章)后附有涉及该章主要内容的思考题,可以供学生复习思考。

本书的修订得益于广大读者的反馈与建议,同时也受到计算机网络技术日新月异发展的启发。在修订过程中，我们始终秉持严谨、科学与实践并重的态度，力求为读者呈现一部兼具理论深度与应用广度的高质量教材。

  未来，计算机网络领域将继续突破传统技术边界，不断催生新的变革。希望本书能成为读者探索网络世界的重要工具，也期待它为推动现代网络技术的创新与应用贡献一份微薄的力量。

作 者

2025 年 4 月

目　　录

第1章 概　　述

　　本章概述计算机网络,目的是使读者对计算机网络有一个基本的了解和总体的认识,将读者领入网络世界的大门。为此,本章首先回顾计算机网络产生以来半个世纪所走过的历程,所经历的发展阶段;然后介绍计算机网络的一些基本概念,包括网络的定义及其内涵、网络的分类及其特点、网络的性能指标等;进而讲述计算机网络的体系结构,从功能的视角给出计算机网络的层次结构的模型,从全局的角度建立起网络系统的总体架构;最后简要介绍网络技术标准化方面的相关内容。

　　从第2章起,本书将循着 Internet 五层体系结构的层次,自下而上地深入讲述计算机网络的核心技术和协议规范。

1.1　计算机网络的发展历程

　　计算机网络(computer network)的产生和发展在现代科学技术史上具有划时代的意义。20 世纪 90 年代初,以太网的发明人鲍勃·梅特卡夫(Bob Metcalfe)曾给出了一个著名的论断:网络的价值同网络用户数量的平方成正比。Hootsuit 和 WeAre Social 两家机构的《2017 年全球数字报告》调查表明,全球互联网用户已经达到 38 亿人。如今因特网(Internet)已经覆盖全球,进入各行各业和千家万户,其应用渗透到人类社会活动的方方面面,彻底改变了人们的工作和生活方式,改写了人类历史。

　　到目前为止,计算机网络发展历程已有半个世纪,大体划分为 4 个阶段:

　　第 1 个阶段是 20 世纪 60 年代,计算机网络产生,就是著名的 ARPANET 分组交换网;

　　第 2 个阶段是 20 世纪 70 年代到 80 年代,计算机网络快速发展的阶段;

　　第 3 个阶段是 20 世纪 90 年代至今,计算机网络进入了辉煌的 Internet 时代;

　　第 4 个阶段是 21 世纪的近几年,物联网(Internet of Things,IoT)产生。

1.1.1　计算机网络产生的背景

　　计算机网络是计算机技术和通信技术相结合的产物,它们的发展推动了计算机网络的诞生。

　　1942 年,世界上第一台电子计算机问世,命名为 ABC(Atanasoff-Berry Computer),如图 1.1(a)所示,它用了 300 多个电子管,由美国爱荷华州立大学科学家阿塔那索夫(John Atanasoff,图中左上角)和其研究生贝瑞(Clifford E. Berry)设计制造。4 年之后,在美国军方资助下,宾夕法尼亚大学科学家莫希利(Mauchly)和埃克特(Eckert)领导的小组借鉴并发展了阿塔那索夫的思想,制造了称为电子数字集成器和计算器(Electronic Numerical Integrator and Computer,ENIAC)的计算机,如图 1.1(b)所示,其使用了 18 000 个电子管,占地面积 170 平方米,重量达 28 吨,耗电 150 千瓦,耗资 48 万美元。ENIAC 更强大、更通用,申请了专利,曾被认为世界上第一台计算机。世界首台计算机之争持续多年,终经美国法院判决，花落 ABC，当然 ENIAC 的贡献也非同凡响。

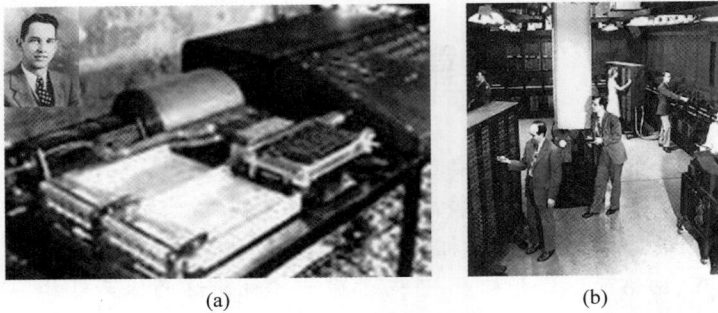

图 1.1　ABC(a)和 ENIAC(b)

第 1 代计算机是电子管计算机；1958 年人们用晶体管代替电子管制造第 2 代计算机；1964 年出现了逻辑元件采用中小规模集成电路的第 3 代计算机；第 4 代计算机(1971 年至今)以大规模集成电路和超大规模集成电路的应用为标志，体积更小、性能更强、功耗更低，推动了个人计算机和便携式设备的发展。英特尔公司于 1971 年推出的 4004 微处理器被认为是第 4 代计算机的开端，随后 IBM、苹果等公司相继推出个人计算机，计算机进入商业和个人应用领域。第 4 代计算机支持图形用户界面和多任务操作系统，并广泛应用于人工智能、互联网、云计算等领域，为信息化社会奠定了基础，并持续演进至今。

通信(communication)是在计算机出现前早已有的技术。1838 年摩尔斯发明了有线电报，开创了通信技术时代，1876 年贝尔发明了电话，1896 年马可尼发明了无线电报。1927 年 AT&T 启动了跨越大西洋的电话业务，1966 年研究人员首次使用光纤传输电话信号。清朝的洋务运动，使用 4 个阿拉伯数字表示一个汉字用于电报，可以算是我国通信事业的开端了。

计算机技术和通信技术的结合是最近几十年的事。20 世纪 50 年代，人们开始进行通信技术与计算机技术相结合的尝试。美国地面防空系统 SAGE(Semi-Automatic Ground Environment)将远距离的雷达和其他检测装置的信号通过通信线路送入一台 IBM 计算机系统，连接了 1000 多台终端。接着，一些系统通过通信线路将多个终端连接到一台中心计算机，用户可以在远离中心机房的办公室使用计算机的资源。当时的通信线路是电话系统，通过调制解调器进行模拟信号和数字信号的转换。1964 年问世的美国航空公司的商用飞机票预定系统 SABER，由一台中心计算机连接全美范围的 2000 多个终端组成，就是一个典型的例子。

这些早期的应用系统也曾被称为计算机网络，但不难看出，连接到中心计算机的终端并没有自主处理能力，因此它们并不符合后来给出的计算机网络的定义。确切地说，这些早期的计算机网络是以单台计算机为中心的远程联机系统。但是，在谈到计算机网络的发展时，人们还是不会忘记它的历史贡献。

1.1.2　计算机网络的产生

计算机网络是 20 世纪 60 年代美苏冷战时期军事竞赛的产物，开创先河的是美国国防部资助研发的著名的 ARPANET。ARPANET 由多台具有自主处理能力的计算机通过通信线路连接起来相互通信,按照计算机网络的定义,它是世界上第 1 个计算机网络。

美国国防部高级研究计划局（Defense Advanced Research Projects Agency,DARPA）资助一些大学和公司进行计算机网络的研究,设计了一个 4 结点的实验性网络 ARPANET 并于 1969 年投入运行。4 结点分别为加州大学洛杉矶分校、斯坦福研究院、加州大学圣巴巴拉分校和犹他大学。到 1971 年,ARPANET 在全美 15 个地点共有 23 台主机。

图 1.2 是 ARPANET 的示意图。图中,H 代表主机（Host）,运行各种应用程序。IMP（Interface Message Processor）代表接口消息处理器,IMP 之间通过通信线路相互连接。IMP 上还有多个端口用于连接用户主机。主机间的通信通过由 IMP 互连起来的网络实现。

图 1.3 是当时的 IMP。第一台 IMP 于 1969 年 5 月安装在加州大学洛杉矶分校。图中的研究者 L. Kleinrock 是第一个发表分组交换理论的研究生。

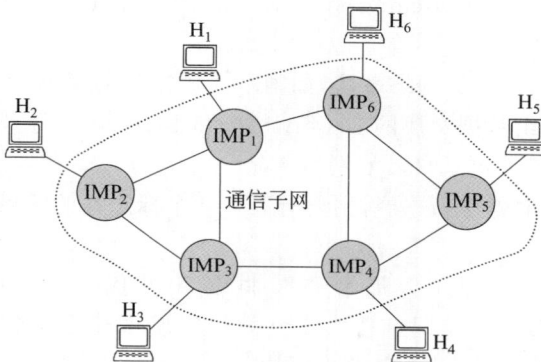

图 1.2　ARPANET 示意图

图 1.3　IMP

主机间的数据传输是通过若干中间的 IMP 转发进行的。例如,图 1.2 中 H_2 的用户欲发送数据给 H_6,传输路径可能是 $H_2 \rightarrow IMP_2 \rightarrow IMP_1 \rightarrow IMP_6 \rightarrow H_6$。实际上,传输路径不是唯一的。例如,当 IMP_1 故障时,传输路径可以改变为 $H_2 \rightarrow IMP_2 \rightarrow IMP_3 \rightarrow IMP_4 \rightarrow IMP_6 \rightarrow H_6$。提供冗余的传输路径提高了传输的可靠性。

IMP 间的传输方式称为存储转发（store and forward）。例如,IMP_2 将 H_2 传送的信息接收并存储起来,在 IMP_2 到 IMP_1 之间的通信线路空闲时,将其转发至 IMP_1。

存储转发方式可以大幅提高通信线路的利用率。因为在存储转发方式中,通信线路不像电话网那样被某一对结点的通信所独占,可以为多路通信所共用。例如,当从 H_2 送往 H_6 的信息在 IMP_2 和 IMP_1 间的通信线路上传输时,IMP_1 和 IMP_6 间的通信线路就可被另一路通信 $H_3 \rightarrow IMP_3 \rightarrow IMP_1 \rightarrow IMP_6 \rightarrow H_6$ 所使用。

存储转发的基本单位称为分组或包（packet）,它是由一个长的报文、一个大的数据块等划分而成的较小长度的单位。以存储转发的方式传输分组的传输机制称为分组交换或包交换（packet switching）,它是现代计算机网络的重要技术基础,1.2.4 节还要进一步介绍。使用分组交换方式通信的计算机网络称为分组交换网（packet switching network）。IMP 只是在 ARPANET 中使用的名称,在分组交换网中统称为分组交换结点。

因此,从技术上讲 ARPANET 属于分组交换网。因为它可以长距离通信,也是广域网（Wide Area Network,WAN）,是使用分组交换方式的广域网。

IMP 及其互连的网络负责通信任务,它们构成了通信子网（communication subnet）。

主机运行各种应用程序,向用户提供各种软、硬件资源,它们构成了资源子网(resource subnet)。这种两级子网的形式,功能分工明确,简化了网络设计、维护和管理。通信子网可以由政府部门或电信公司拥有,向社会开放,提供通信服务业务。

1.1.3 计算机网络的快速发展

20 世纪 70 年代到 80 年代,计算机网络技术得到快速发展。

分组交换网不断发展壮大。在美国,ARPANET 产生后不断发展,到 20 世纪 80 年代初期 ARPANET 上已连入了 200 台 IMP 和上千台计算机,主要用于军事领域。

欧洲早期的分组交换网是 X.25 网。X.25 建议于 1976 年由国际电报电话咨询委员会 CCITT 提出,成为分组交换公共数据网 PSPDN 的基础。在 X.25 的基础上,1986 年 AT&T 又推出使用快速分组交换(fast packet switching)技术的性能更好的帧中继(Frame Relay,FR)网络。

这个阶段世界上也建立了一批实用的计算机网络系统,如国际气象监测网 WWWN、欧洲情报网 EIN、加拿大和欧共体的公用分组数据交换网 DATAPAC 和 EUONET 等。各大计算机公司如 IBM 公司、DEC 公司也纷纷推出了自己的网络产品。

与此同时,计算机网络技术的研发也取得了新进展,主要有以下 3 个标志性的成果。

1. 局域网的产生和发展

局域网(Local Area Network,LAN)的产生和发展始于 20 世纪 70 年代。1972 年,美国加州大学研制了 Newhall loop 网,1974 年,英国剑桥大学计算机实验室建立了剑桥环(Cambridge ring),1975 年,Xerox 公司 Palo Alto 研究中心研制了第一个总线结构的实验性的以太网(Ethernet)。到 20 世纪 80 年代,多种类型的 LAN 纷纷出现并投入市场。

20 世纪 80 年代,微型机局域网 PC-LAN 得以快速发展。1971 年问世的第一块集成电路处理器芯片 Intel 4004,集成了 2300 个晶体管。此后计算机处理器芯片按照著名的摩尔定律(Moore's law)的速度发展:芯片的能力每 18 个月翻一番,而其价格降低一半。微处理器技术、存储技术的发展极大地促进了计算机技术的发展。20 世纪 80 年代初兴起的微型计算机即个人计算机得到飞速发展,大幅推动了微型机局域网 PC-LAN 的发展,其中 Novell 公司的 NetWare 和后来的 Microsoft Windows NT PC-LAN 最为著名。

电气及电子工程师协会 IEEE 对 LAN 的发展做出了卓越的贡献,它制定了一系列 IEEE 802 LAN 标准,其中很多成为有广泛影响力的国际标准。

2. 互联网的产生和发展

为了实现不同网络之间的互连,DARPA 大力资助互联网(interconnection network, internet)技术的研究,于 20 世纪 70 年代末期推出了 TCP/IP 规范,包括核心的传输控制协议(Transmission Control Protocol,TCP)和网际协议(internet protocol,IP),以及相关的配套协议,也称 TCP/IP 协议族(TCP/IP protocol suite)。这样,互联网核心协议问世。1983 年,加州大学伯克利分校又推出了内含 TCP/IP 的网络操作系统 BSD UNIX,并将 ARPANET 上的所有计算机转向 TCP/IP 协议族,ARPANET 从原来的广域网向互联网转型,拉开了互联网发展的大幕,人们就把 1983 年作为 Internet 诞生的元年。

美国国家科学基金会(National Science Foundation,NSF)继 DARPA 之后对计算机网络的发展又做出了卓越的贡献。1986 年,NSF 建立了国家科学基金网 NSFNET,连接全美范围 100 所左右的大学和研究机构。后来 NSFNET 和 ARPANET 相连，成为 Internet 的主要部分。1989 年，Internet 上主机达 10 万台，主干网速率提升到 1.544Mb/s，即 T1 所得速率。1990 年，ARPANET 宣布关闭，但它永远地载入了人类科技发展史的史册。

3. 计算机网络体系结构的形成

1）什么是计算机网络体系结构

计算机网络专家从功能的角度对网络进行了分析、梳理和组织，分为若干层次（layer），形成一种层次化的结构模型。最底层主要实现最基本的信号发送和接收功能；最高层则直接面向用户，提供电子邮件、网络浏览、文件传输等各种应用服务；而中间的层次则实现数据打包、寻址、媒体接入控制、数据包转发、流量控制、拥塞控制和差错控制等各种网络通信所需要的功能。在同一台计算机的上下各层之间，分工协作，最终实现数据发送和接收的任务。

网络中的计算机之间要进行正常有序的通信，必须有一定的规约，如信息应该如何表示、信息应按什么顺序进行交互、出现传输差错后应该如何处理等，这些规约称为协议（protocol），如同城市交通系统的交通规则。协议是计算机网络结构模型中，计算机的同等层次之间进行信息交互要遵守的规约，只有同等层次之间才能相互理解，在协议的规范下相互协调合作，实现该层的功能。

计算机网络的层次结构及各层协议的集合统称计算机网络的体系结构（architecture）。计算机网络的体系结构是进行计算机网络系统设计和实现所遵循的标准，体系结构是抽象的，而其实现则是具体的。具有同样体系结构的计算机网络才能无缝地互连，在全球范围统一计算机网络的体系结构是计算机网络发展的重要课题。

2）计算机网络体系结构的形成

1974 年，美国 IBM 公司提出了世界上第一个计算机网络体系结构，取名为系统网络体系结构（System Network Architecture，SNA）。在此之后，许多大计算机公司纷纷建立自己的网络体系结构，如 Digital 公司的网络体系结构（Digital Network Architecture，DNA）、Honeywell 公司的分布式体系结构（Distributed System Architecture，DSA）等。但 SNA、DNA 和 DSA 等都是封闭的，互不兼容。

国际标准化组织（International Standards Organization，ISO）于 1983 年制定了国际标准 ISO 7498，提出了七层的开放系统互连参考模型（Open Systems Interconnection Reference Model，OSI-RM），并以此为框架制定了各层的协议，构成了 OSI 七层体系结构，简称 OSI。开放是 OSI 的宗旨，只要遵循 OSI 规范，一个计算机系统就可以和另外一个也遵守 OSI 规范的任何其他系统互连通信。

另一个著名的网络体系结构是 TCP/IP 体系结构，可以简称 TCP/IP，它以 TCP/IP 协议族中最有代表性的两个协议 TCP 和 IP 来命名。以 TCP/IP 为核心，Internet 不断发展壮大，反过来也发展完善了 TCP/IP 体系结构。TCP/IP 体系结构虽然不是国际标准，但其发展和应用规模却远超 OSI，成为了事实上的标准。

OSI 系出名门，早期有很大影响和较好的发展，但最终未能修成正果。原因是多方面的。首先，作为 Internet 基础的 TCP/IP 是它的强大对手。Internet 得到迅猛的发展，投资者（ISP 和用户）决不会轻易放弃在 TCP/IP 网上的既成事实的巨额投资。其次，OSI 虽然从学术上进行了大量的研究工作，但是它缺乏商业运作支持。再次，OSI 本身分层过多，比较繁杂,有些功能如流量控制和差错控制在多个层次中重复出现。OSI虽然没有成功,但它所提出的不少关于计算机网络的基本概念和技术、分析和建模方法等被广泛地接受和使用。

1.3节将具体介绍计算机网络的体系结构。

1.1.4 Internet 时代

20世纪90年代,计算机网络进入了辉煌的Internet时代。Internet网络基础建设更新换代,规模越来越大,速度越来越快,覆盖了全球绝大部分国家,铺就了连接全球的信息高速公路,促进了社会信息化的飞速进展。Internet的应用已经深入人类社会活动的方方面面,尤其是经济领域,网络经济时代已经到来。Internet大大地改变了人们的工作、生活和思维方式,对人类社会的发展产生了巨大而深远的影响。

新旧世纪交替前后,Internet的网络基础设施也跟随时代的步伐更新换代,进入下一代Internet。Internet上信息量爆炸式的增长,特别是多媒体业务大量涌现,对网络的带宽要求越来越高。1996年,美国政府出台下一代互联网(Next-Generation Internet,NGI)研究计划,美国国家科学基金会支持大学和科研单位进行NGI关键技术的研究。1998年,美国的大学联合成立UCAID(University Corporation for Advanced Internet Development),从事下一代互联网Internet2的研究,有200多所院校参加。UCAID建设了高速试验网Abilene,于1999年开始提供服务,为美国的教育和科研提供世界最先进的信息基础设施,保持美国在高速计算机网络及其应用领域的技术优势。

中国下一代互联网示范工程(China Next Generation Internet,CNGI)是我国发展下一代互联网的战略工程,由国家发改委、科技部、国务院信息办、中国科学院、中国工程院、国家自然基金会、信息产业部、教育部等八部委联合领导。2003年8月,中国教育与科研计算机网CERNET提出的CERNET2计划纳入CNGI。CERNET2是目前世界上规模最大的纯IPv6国家级主干网,连接北京、上海、广州等20个城市的CERNET2核心结点,实现了全国200余所高校的IPv6高速接入。图1.4是CERNET2主干网示意图。设在清华大学的国内/国际互联中心CNGI-6IX以1/2.5/10Gb/s速率连接了中国移动、中国电信、中国联通、中国网通、中国科学院和中国铁通的CNGI示范网络核心网,并以1/2.5Gb/s速率连接了美国Internet2、欧洲GEANT2和亚太地区APAN,在国际下一代互联网格局中占有重要地位。

Abilene主干网和图1.4的CERNET2主干网,都采用了(Packet Over SDH/SONET,POS)光纤数字传输系统(见2.4.5节),包括数据速率为2.5Gb/s的OC-48和10Gb/s的OC-192。

Internet时代的一个重要特征是网络经济时代的到来。互联网逐步渗透到经济领域,和产业高度融合,催生了新的经济形态,为经济发展提供了新引擎。在我国,2015年3月十二届人大三次会议的政府工作报告中就提出了"互联网+"(Internet plus)行动计划,推动互联网、云计算、大数据、物联网等信息技术与现代产业结合。同年7月,国务院印发《关于积极推进"互联网+"行动的指导意见》,明确了11项重点行动:"互联网+"创业创新、"互联网+"协同制造、"互联网+"现代农业、"互联网+"智慧能源、"互联网+"普惠金融、"互联网+"益民服务、"互联网+"高效物流、"互联网+"电子商务、"互联网+"便捷交通、"互联网+"绿色生态、"互联网+"人工智能。同年12月,工信部印发《工业和信息化部关于贯彻落

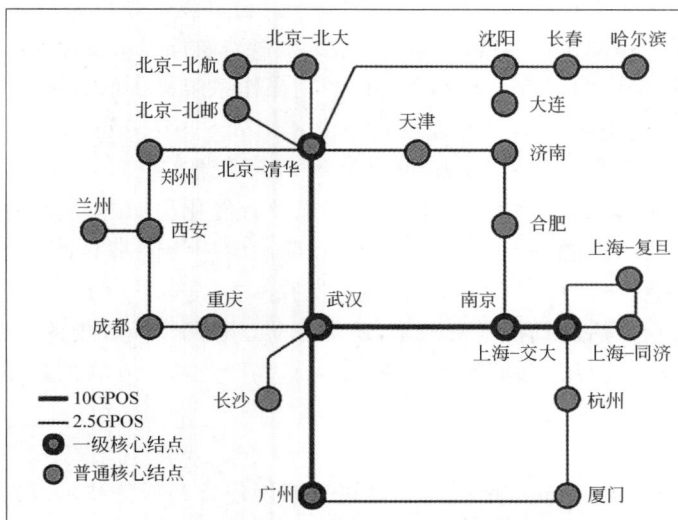

图 1.4　CERNET2 主干网

实<国务院关于积极推进"互联网＋"行动的指导意见>的行动计划(2015—2018 年)》,提出到 2018 年,互联网与制造业融合进一步深化,制造业数字化、网络化、智能化水平显著提高,建成一批重点行业智能工厂,培育 200 个智能制造试点示范项目。同时,建成一批全光纤网络城市,4G 网络全面覆盖城市和乡村,80%以上的行政村实现光纤到村。

1.1.5　计算机网络应用实例

1. 移动互联网

移动互联网是指通过无线通信技术连接到互联网,实现移动设备(如智能手机、平板电脑等)与互联网之间的数据传输和交互,其特点包括随时随地的访问能力、高速的数据传输和丰富的多媒体应用。

移动通信网络是移动互联网的核心基础设施,负责将移动设备连接到互联网,实现数据的传输和交换。蜂窝网络是移动通信的基本架构,通过一系列基站(基站之间的区域称为"蜂窝")提供无线通信服务。移动通信网络的发展经历了多代技术的演进。首先是第一代移动通信(First Generation,1G),它使用模拟信号,主要用于语音通话,数据传输速率较低,无法支持互联网接入。随后是第二代移动通信(Second Generation,2G),引入了数字信号,支持基本的数据服务(如短信)和低速数据传输,代表技术有全球移动通信系统(Global System for Mobile Communications,GSM)和码分多址(Code Division Multiple Access,CDMA)。第三代移动通信(Third Generation,3G)提供了更高的数据传输速率,支持互联网接入和多媒体服务,技术代表包括 WCDMA、CDMA2000 和 TD-SCDMA。第四代移动通信(Fourth Generation,4G)显著提升了数据传输速率,支持高清视频、在线游戏等高带宽应用,代表技术有 LTE 和 WiMAX。最新的第五代移动通信(Fifth Generation,5G)提供了更高的数据传输速率、超低时延和大规模设备连接能力,支持物联网、增强现实、虚拟现实等新兴应用。这些不同代的技术演进构成了移动通信网络的基本架构,为移动互联网的发展奠定了坚实的基础。

移动操作系统是运行在移动设备上的操作系统，它负责管理设备的硬件资源和提供应用程序的执行环境。移动操作系统的设计目标是为移动设备提供稳定、高效、安全的操作环境，并支持多种应用程序的运行。开发者可以利用操作系统提供的软件开发工具包、应用程序接口和开发环境，使用各种编程语言（如 Java、Kotlin、Swift、Objective-C 等）进行应用程序开发。当前移动操作系统分为 Android 和 iOS 两大主流系统。

随着 4G 技术的广泛应用和 5G 时代的到来以及智能化移动终端设备的不断普及，移动互联网与应用平台的深度融合有效推动了移动互联网应用的快速发展。这不仅极大丰富了人们的日常生活，也在一定程度上改变了音乐、视频和游戏等平台的商业模式。目前，无论是移动互联网与大众生活的日益紧密联系，还是移动互联网产品种类的不断增加，抑或是该技术在各行各业的广泛应用，都清晰地表明，作为新兴产业移动互联网具备巨大的创新活力和市场潜力。

2. 物联网

物联网（Internet of Things，IoT）是指通过互联网连接和通信技术，将各种物理设备（如传感器、执行器、智能设备）与互联网连接起来，并实现彼此之间的数据交换、信息传递和智能控制的网络系统。简单来说，IoT 就是让物品具备连接、通信和智能化的能力，实现物与物、物与人之间的互联互通。

IoT 的发展依赖于传感器技术和大规模设备互联技术的支持。传感器是 IoT 系统中的重要组成部分，用于感知环境中的物理量或状态，并将这些信息转换成数字信号或模拟信号。常见的传感器包括温度传感器、湿度传感器、电阻式湿度传感器、光照传感器、加速度传感器和位置传感器等。

通信技术是 IoT 设备之间进行数据传输和通信的关键。常见的通信技术包括 Wi-Fi，它适用于局域网内的高速数据传输，广泛应用于家庭和办公环境中的物联网设备；蓝牙（bluetooth）则专为短距离、低功耗通信设计，常用于智能手机、穿戴设备和智能家居设备之间的连接；ZigBee 则主要支持低功耗、低速率的无线传感网络，广泛应用于工业自动化、智能家居和智能建筑等领域；远程无线电技术（Long Range，LoRa）技术以长距离、低功耗通信为特点，广泛应用于农业监测、城市 IoT 和环境监测等场景；而窄带物联网技术（Narrowband Internet of Things，NB-IoT）专注于低功耗、大规模设备连接，适用于智能城市和智能能源管理等领域。这些技术在 IoT 中提供了高效可靠的连接和数据传输。

IoT 作为连接物体和互联网的技术，正处于快速发展的阶段。当前，智能硬件不断进步，传感器技术、嵌入式系统和微型计算机等智能硬件的发展和成本下降，使得 IoT 设备更加普及和实用。同时，通信技术的不断演进提高了物联网设备的连接速度、稳定性和覆盖范围，进一步促进了 IoT 技术的应用和普及。随着大数据分析和人工智能技术的发展，IoT 设备能够更好地处理和分析海量数据，实现更智能化的应用。此外，IoT 安全性和隐私保护意识的增强也是当前发展的重要方向之一，各种安全技术和标准的不断出台，提高了物联网系统的安全性和可信度。

未来，IoT 技术将进一步渗透到人们的生活中，实现智能家居、智能健康和智能出行等日常应用，提升生活的便捷性和舒适度。工业物联网（Industrial Internet of Things，IIoT）将推动工业制造的数字化和智能化转型，实现生产过程的优化和智能化管理，提高生产效率和产品质量。农业物联网技术将为农业生产提供更多的数字化和智能化解决方案，如智能灌溉、智能监测、精准农业等,提高农业生产效率和资源利用率。随着技术的不断进步,越来越多的设备和物体得以连接到互联网。全球移动通信系统协会(GSMA)所发布的《2020年移动经济》报告显示,2019年,全球 IoT 总连接数达到 120 亿个,预计到 2025 年,全球物联网总连接数规模将达到 246 亿个。这些设备包括传感器、智能家居设备、智能城市基础设施和工业设备等。

3. 社交媒体

随着互联网的发展,各类社交媒体(Social Media)发展迅速,成为人们了解世界的重要方式之一。社交媒体是人们彼此之间用来分享意见、见解、经验和观点的工具和平台,现阶段主要包括社交网站、微博、微信、博客、论坛和播客等。社交媒体在互联网的沃土上蓬勃发展,爆发出令人眩目的能量,其传播的信息已成为人们浏览互联网的重要内容,"社交化"生存日益成为普遍的生活体验,社交媒体的普及彻底改变了人们获取信息的方式,越来越多的人选择通过社交媒体表达自己的感受并分享自己的生活,网民的自我呈现行为随着社交媒体的形态和功能不断变化,呈现出不同的特征。

社交媒体的发展经历了多个阶段。最初,社交媒体主要是以在线论坛和聊天室为主,用户通过发帖和即时通信进行交流。随着互联网的普及和技术的进步,社交媒体逐渐演变成了更丰富的平台。用户可以创建个人资料、分享动态、上传多媒体内容,并与其他用户进行互动。尤其随着智能手机的普及,中国社交媒体用户数量迅速增长。主要的社交媒体应用程序包括微信、微博、QQ 空间和抖音等。如今,社交媒体成为人们日常生活中普遍使用的交往媒介,不仅制造了人们社交生活中争相讨论的一个又一个热门话题,进而吸引传统媒体争相跟进。

社交媒体平台利用用户的社交关系构建社交图谱,以表示用户之间的连接。这些图谱可以用于推荐系统、社交分析和广告定向等功能。Web 2.0 技术是社交媒体发展的关键。它提供了更丰富的用户体验,使用户可以生成和共享内容。用户可以创建个人资料、发布动态、评论和分享内容,使社交媒体更具吸引力和互动性。社交媒体平台通过建立社交关系图谱来连接用户之间的关系。用户可以在平台上添加其他用户为好友、关注其他用户或加入特定的社区群组。这种社交关系图谱可以用来显示用户之间的连接,使得用户可以更方便地浏览和与其他用户互动。

如图 1.5 所示,社交媒体平台通常采用客户-服务器架构。用户使用客户端应用程序(如网页浏览器或移动应用程序)连接到服务器,服务器负责处理用户请求并提供相应的数据和功能。服务器端使用分布式系统来管理用户数据和处理请求。社交媒体平台使用互联网作为数据传输的基础设施。用户的请求和响应通过超文本传输协议进行传输。为了确保数据的安全传输,超文本传输协议通过使用 SSL/TLS 加密来确保数据的安全传输。为了保障平台的安全性和用户的隐私,社交媒体平台通常使用身份验证机制来验证用户的身份。用户通常需要创建账户,并提供相关的个人信息,同时使用各种技术手段进行用户认证,如用户名和密码等。一旦用户成功认证,他们就可以授权平台访问其个人信息和内容。常见的身份验证方式包括用户名和密码认证、电子邮件确认、手机短信验证等。

社交媒体平台需要存储大量的用户数据,包括个人资料、帖子、图片和视频等,这需要强大的数据存储和处理能力,以处理大量的用户数据和内容。平台通常使用分布式系统和云计算技术来存储和处理数据,以保证平台的可扩展性和性能。为了提高内容的传输速度和

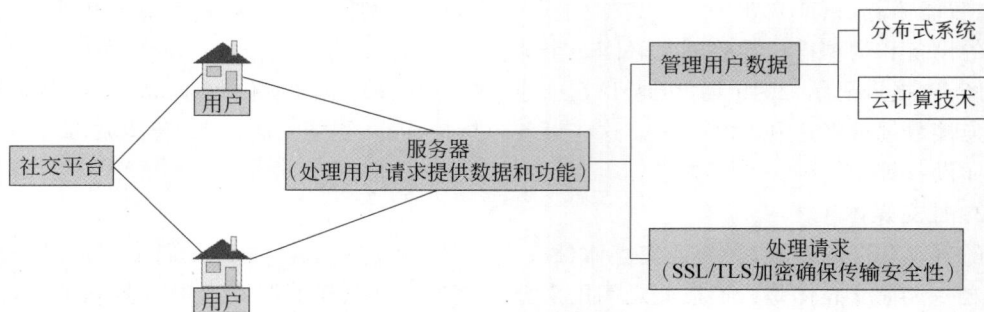

图 1.5　社交媒体平台的技术框架

可靠性,社交媒体平台通常使用内容分发网络,内容分发网络将平台的静态内容(如图片、视频)存储在全球各地的服务器上,并使用就近原则将内容提供给用户,减少传输时延和网络拥塞。由于社交媒体平台涉及大量的个人信息和用户内容,隐私和安全成为非常重要的考虑因素。平台需要采取适当的安全措施来保护用户数据的机密性和完整性,如加密通信、访问控制和数据备份等,此外还需监测和防御网络攻击,并遵守数据保护和隐私法规。

社交媒体平台通常提供实时通信功能,如即时消息、评论和实时更新,使用户可以实时与其他用户进行交流和互动,增强社交媒体平台的互动性和社交性。这些功能通常基于WebSocket 等技术实现,允许双向通信和实时数据传输。此外,社交媒体利用大数据和机器学习技术来分析用户行为和兴趣,以提供个性化的内容和推荐。这涉及数据收集、数据处理和算法模型的应用。

以微信为例,这是一款由腾讯公司开发的多功能社交媒体应用,拥有数以亿计的用户,不仅提供文字和语音聊天的即时通信功能,还支持语音和视频通话、朋友圈以及公众号等功能,集成了移动支付、小程序和社交游戏等工具。微信使用超文本传输协议进行数据传输,支持实时消息传递和语音/视频通话功能,同时使用开放授权协议进行用户授权和第三方应用接入。

4. 视频直播

视频直播技术的发展得益于互联网带宽的提升和移动设备的普及。随着社交媒体的崛起和用户对实时内容的日益增长需求,全球范围内的视频直播迅速发展。涌现了许多社交媒体平台和专业的视频直播平台,用户得以通过手机、平板电脑和计算机观看并参与直播,覆盖了各种领域,包括新闻、体育、娱乐和教育等。流行的视频直播平台包括优酷、抖音和小红书等。

回溯互联网信息传播发展历程,信息传递的方式总是相似的,通常都是从文字到图片再到声音,最后到视频的传递方式。从门户网站为代表的图文时代,到后期专门视频网站的兴起,互联网平台信息传播在不断迭代变化的过程中,视频以其更丰富的内容、更高效的信息获取等优势而逐渐兴起。网络视频直播作为传统电视直播在互联网平台的延伸,并在技术和市场需求的双重动力下飞速发展。视频直播业务是在点播业务的基础上演变而来的。在视频点播业务中所有的节目都是以流媒体文件的格式存储在服务器中。视频直播业务中的节目源,一般为电视信号。

视频直播因融合了图像、文字和声音等丰富元素,声形并茂,效果极佳,逐渐成为互联网的主流表达方式,通过真实、生动的传播,营造出强烈的现场感,吸引眼球,达成印象深刻、记忆持久的传播效果,能够真实、直观、全面的宣传和展示现场。视频直播时当用户发出直播请求时,该服务器就会根据直播信息将该直播频道的播放地址(一般是一个组播 URL,而非组播文件)告诉用户,用户根据该地址加入对应的组播组,即可接收到该直播电视的码流了。

直播业务一般采用组播的网络方式来实现。所谓组播,就是利用一种协议将 IP 数据包从一个信息源传送到多个目的地,将信息的拷贝发送到一组地址,送达所有想要接收它的接收者。IP 组播是将 IP 数据包"尽最大努力"传输到一个构成组播群组的主机集合,群组的各成员可以分布于各独立的物理网络上。IP 组播群组中成员的关系是动态的,主机可以随时加入和退出群组,群组的成员关系决定了主机是否接收送给该群组的组播数据包,不是某群组的成员主机也能向该群组发送组播数据包。与单播或广播相比,组播具有极高的效率,因为在任何给定链路上最多只使用一次,从而节省了网络带宽和资源。

视频直播需要将高质量的视频内容进行编码和压缩,以便在有限的带宽下传输。常用的视频编码标准包括 H.264、H.265 和 VP9 等,它们可以在保证视频质量的同时减少文件大小。流媒体传输能够提供快速的开始时间和平滑的播放体验,使用流媒体传输协议来实时传输视频数据,将视频内容分割为小的数据包,通过网络实时传输到用户设备。此外,视频直播通常借助云服务提供扩展性和稳定性。云计算技术可以提供高性能的服务器和存储资源,以应对大规模的视频直播流量和用户请求。为了适应不同用户和网络条件,视频直播应用程序采用自适应比特率技术。它根据观众的网络带宽和设备性能自动调整视频的比特率和分辨率,以提供流畅的观看体验。如图1.6所示,一个完整的流媒体平台应该包括以下几部分。

(1)视频采集模块。视频采集模块负责从视频源获取视频和音频数据,包括主播视频信息和音频信息的采集,并对音视频流信息进行编码处理。推流则将采集到的视频数据上传至服务器,以供其他用户观看。服务器接收并处理推流数据,并将其存储或分发给观众。

(2)内容分发网络。内容分发网络是整个直播系统的核心所在,用于存储和分发直播流数据。根据用户位置和网络情况,将直播流数据分发到全球各地的服务器,将请求分发到最近的边缘结点,以减少网络传输时延。

(3)直播网站。直播网站是整个视频直播系统的门户,为用户创建一个虚拟的直播空间,用户可以在其中进行直播活动。其主要功能包括用户认证和授权,确保只有授权用户才能创建直播房间,创建、编辑、删除直播房间信息;设置直播标题、描述、标签、权限等信息。用户通过对直播网站进行访问的方式,实现对主播视频的观看。直播网站需要将所有主播信息进行整合,能够同态地添加与删减主播用户,根据用户输入的条件(如关键字、标签等)查询符合条件的直播频道。返回频道地址则是将查询到的频道地址返回给用户,以便观看直播。这部分功能通常与直播网站集成,通过网站提供的搜索功能实现。

(4)终端播放模块。终端播放模块位于用户播放一端,其主要功能是确保用户能够无障碍地访问直播网站以欣赏主播的视频。同时,该模块也负责管理用户请求的数据流。拉流是观众从服务器端获取直播流进行观看的过程。观众通过客户端发送请求获取直播流,服务器接收到请求后,会将直播流数据发送给观众的客户端。

小红书是当今流行的社交电商应用程序之一。除了普通用户分享的文字、图片和视频内容外,小红书还提供了视频直播功能,让用户能够实时观看和参与各种生活话题的讨论和

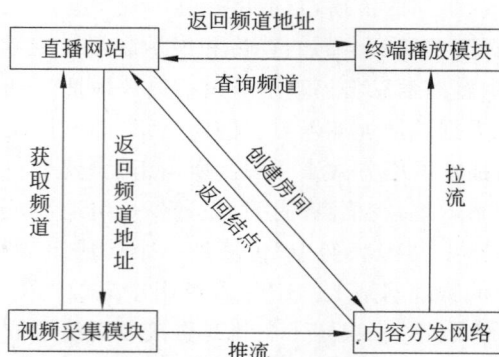

图 1.6　视频直播系统框架

分享。平台采用了内容分发网络进行网络优化,确保了视频直播的稳定传输和观看体验。用户可以通过移动应用程序或网站访问视频直播内容。

5. 电子商务

电子商务(e-commerce)已经成为当今商业世界中不可或缺的一部分。随着计算机网络技术的不断发展和普及,电子商务正在以前所未有的速度蓬勃发展。截至 2023 年,全球电子商务市场规模已超过 25 万亿美元,年复合增长率约为 20%。亚太地区是电子商务增长最为迅速的地区之一,中国、印度等新兴市场成为全球电子商务的重要增长引擎。移动电子商务(m-commerce)也在迅速发展,此外,2024 年,全球零售移动电子商务交易额接近 4.5 万亿美元。

电子商务的发展离不开稳定、高效的计算机网络技术支持。高速稳定的计算机网络使得用户能够实时进行在线交易,包括在线购物、支付、订单处理等。

表 1.1 介绍了电子商务中所涉及的计算机网络相关技术。

表 1.1　电子商务中所涉及的计算机网络相关技术

技　　术	描　　述
网站与应用程序	电子商务平台的核心,提供商品展示、购物车、支付等功能
数据库技术	存储和管理电子商务平台的用户数据、商品信息等
云计算	提供弹性计算、存储和资源管理服务,支持电子商务平台的扩展
大数据分析	分析用户行为、市场趋势,优化商品推荐和营销策略
人工智能	实现智能客服、个性化推荐、欺诈检测等功能,提升用户体验
IoT	实现智能供应链管理、智能物流跟踪等功能,提高效率和服务质量
移动互联网	提供移动端用户体验,支持移动购物和支付
加密与安全	保障交易安全,支持多种支付方式

(1) **网站与应用程序**:电子商务平台的核心部分,通过网站和应用程序为用户提供购物、支付等功能。这些平台需要使用计算机网络技术来确保稳定的网络连接和良好的用户体验。

(2) **数据库技术**:数据库技术在电子商务过程中起着至关重要的作用,用于存储和管理电子商务平台的用户数据、商品信息、订单信息等重要数据,确保数据的安全、一致性和可靠性。

(3)云计算:电子商务平台通常需要弹性的计算和存储资源,以应对交易量的波动和业务的扩展。云计算技术提供了灵活的资源管理,使得电子商务平台可以根据需求动态分配计算资源,并且可以扩展存储容量以满足数据增长的需求。

(4)大数据分析:电子商务平台利用大数据分析技术来分析用户行为、市场趋势和商品销售情况等数据,从而优化商品推荐、营销策略和库存管理,提高销售额和用户满意度。

(5)人工智能:人工智能技术在电子商务中被广泛应用,例如,智能客服系统可以提供实时的在线支持,个性化推荐系统可以根据用户的偏好和历史购买记录推荐相关商品,欺诈检测系统可以识别和阻止诈骗行为,从而提升用户体验和交易安全性。

(6)IoT:IoT 技术可以将物理世界中的物品和设备连接到互联网上,为电子商务平台提供更多的数据来源和交互方式。例如,智能供应链管理系统可以实时监测库存情况和物流运输状态,智能物流跟踪系统可以提供实时的货物追踪和配送信息,从而提高供应链的效率和服务质量。

(7)移动互联网:移动互联网技术的普及使得用户可以随时随地通过移动设备进行在线购物和支付,因此电子商务平台需要特别关注移动端用户体验,确保网站或应用程序在移动设备上的流畅运行和友好交互。

(8)加密与安全:加密与安全技术在电子商务中起着至关重要的作用,保障用户的交易安全和个人信息的保密性。电子商务平台需要采用各种加密和安全技术,确保支付信息和个人数据在传输和存储过程中的安全性。

随着智能手机和移动互联网的普及,越来越多的用户选择通过移动设备进行购物和支付,因此,电子商务平台需更加关注移动端用户体验,技术平台不断创新为商业世界带来更多的机遇和挑战。

1.2 计算机网络的基本概念

1.2.1 什么是计算机网络

计算机网络目前没有一个绝对权威的定义。荷兰阿姆斯特丹自由大学(Vrije Universiteit Amsterdam)计算机科学系教授、荷兰皇家艺术与科学院院士 Andrew S. Tanenbaum 言简意赅的提法得到了广泛的认同:计算机网络是指自治的计算机互连起来的集合(an interconnected collection of autonomous computers)。计算机之间相互连接并能相互交换信息则称为互连,自治是指计算机是能够独立进行处理的设备,而不是无自行处理能力的附属设备(如早期的终端等)。

上述定义概括地给出计算机网络的概念,要具体地说明它的内涵,可以从计算机网络的组成和应用两方面去描述。

1. 计算机网络的组成

计算机网络包括硬件和软件两部分。

① 硬件(hardware)。

- 计算机 按 ARPANET 沿用下来的术语也称为主机(host),可以是个人计算机(PC)、笔记本电脑、大型计算机、客户机(client)或称工作站(workstation)、服务器(server)等,在网络中它们称为端系统(End Systems,ES)。
- 通信设备 即中间系统(Intermediate Systems,IS),如交换机(switch)和路由器(router)等,为主机转发数据。端系统和中间系统在网络中称为结点或节点(node)。
- 接口设备 如网络接口卡(Network Interface Card,NIC)、调制解调器(Modem)等,作为计算机与网络的接口。
- 传输媒体或称传输介质(medium) 双绞线、同轴电缆、光纤、无线电和卫星链路等。
② 软件(software)。
- 通信协议 如 CSMA/CD、TCP/IP、UDP、PPP、ATM、NIC 驱动(driver)等。
- 应用软件 如 HTTP、SMTP、FTP、TELNET 等。

2. 计算机网络的应用

计算机网络的应用主要包括以下 4 类。

① 共享资源访问。如万维网访问、网络文件访问、云计算、大数据等。

② 远程用户通信。如电子邮件、视频通话、IP 电话、网络视频会议等。

③ 网上事务处理。如电子商务、电子政务、电子金融、远程教育、远程医疗等。

④ 网络化控制和管理。如城市交通监控系统、计算机集成制造系统(Computer Integrated Manufacturing System,CIMS)等。

以上从组成和应用两方面对计算机网络进行了描述,这使我们对计算机网络有了更具体、更深入的认识。

1.2.2 计算机网络的分类

计算机网络有多种分类方法,可以根据不同的角度和特征进行如下划分。

- 根据网络的传输媒体,可以分为有线网、无线网,以及光纤网和卫星网等。
- 根据网络的拓扑结构,可以分为总线型结构、环状结构、星状结构、树状结构、网状结构和混合结构。
- 根据网络使用单位的性质,可以分为企业网、校园网、园区网、政府网等。
- 根据网络连接的对象的不同,又出现了物联网,它有别于传统的互联网。

还可以有多种其他分类,但最常用、最有意义的还是按网络覆盖的地域范围或者说跨越的距离划分,因为网络覆盖的地域范围大小影响网络诸多方面的特性,如传输速度、拓扑结构、使用的网络技术和网络设备等。

按网络覆盖的范围从大到小,计算机网络可以分为 5 类,即广域网(Wide Area Network,WAN)、城域网(Metropolitan Area Network,MAN)、局域网(Local Area Network,LAN)、个人区域网(Personal Area Network,PAN)和人体域网(Body Area Network,BAN)。

另外,上述若干网络互连在一起就构成互联网(internet)。互联网是网络的集合,为了将不同的网络互连在一起,互联网使用了专门的技术。目前全世界绝大多数网络都互连在一起,形成了一个最大的覆盖全球的互联网,称为因特网(Internet)。

以下按网络产生的时间顺序简要介绍 WAN、LAN、MAN、PAN 和 BAN,之后介绍互联网和 Internet。

1. 广域网（WAN）

WAN 是最早产生的计算机网络,世界上产生的第 1 个计算机网络 ARPANET 就是一个 WAN。WAN 覆盖的地域在数十千米至数千千米,可以覆盖一个地区、一个国家、一个洲甚至更大,因此 WAN 又称远程网(long haul network)。

早期的 WAN 由主机和通信子网组成,通信子网由通信线路连接交换结点组成,一般是电信部门提供的公共通信网。用户的主机是接在交换结点上,用户通过连接于主机的终端访问 WAN 上的资源。

WAN 大多是点对点网络(point to point network),由点对点链路组成,每条通信线路连接一对结点。直接相连的结点间可以直接传输数据,而不直接相连的结点间的数据传输,需要通过中间结点的转发。转发使用的技术称为数据交换(data switching),WAN 多使用其中的分组交换。1.2.4 节将介绍数据交换技术。

WAN 网络拓扑结构一般比较复杂、不规整,由点对点链路构成点对点网络拓扑,主要是网状(mesh)、树状(tree)或它们的混合结构,图 1.7(a)和图 1.7(b)分别表示网状和树状拓扑结构。

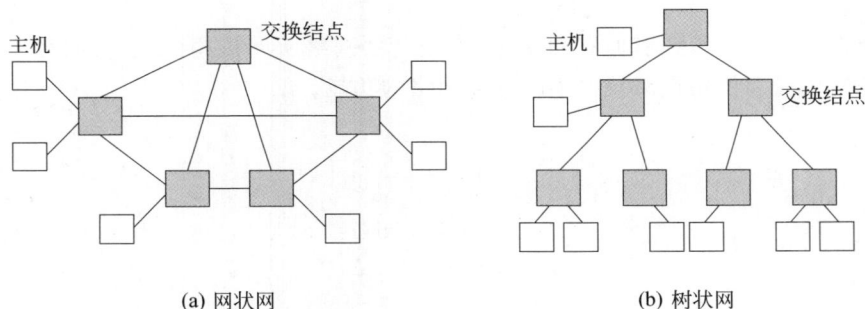

| (a) 网状网 | (b) 树状网 |

图 1.7　WAN 网络结构

因为 WAN 传输距离远,线路投资大,常常采用信道复用技术,提高传输线路的利用率。2.4 节介绍信道复用技术。

早年的 ARPANET 就是一个典型的 WAN。开始 ARPANET 连接了加州大学洛杉矶分校等美国西部的 4 个结点,到 1972 年,ARPANET 又连接了麻省理工学院等几十个结点,覆盖了全美范围。欧洲早年有很大的影响的 WAN 是 X.25 分组交换网,其技术规范 X.25 建议 1976 年由 CCITT 提出。

值得指出的是,随着计算机技术的发展,WAN 的角色发生了很大变化。现在的 WAN 使用 TCP/IP 互联网技术,主要是作为 Internet 的长距离主干网,连接各国各地区的 MAN、LAN 等,成为 Internet 的远程数据交换平台。本书 6.8 节讲述 Internet 主干网,包括 IP over ATM、IP over SDH/SONET 和 IP over WDM 等,它们反映了目前 WAN 的主要技术。

2. 局域网（LAN）

WAN 之后产生了 LAN。顾名思义,LAN 是局部区域内的较小规模的计算机网络,一般地理范围在 10km 以内。LAN 应用最为广泛,世界上大部分的计算机都连接在 LAN 上,进而接入 Internet。

电气电子工程师协会 IEEE 的 LAN 标准委员会对 LAN 曾给出如下定义:"LAN 在以下方面与其他类型的数据网络不同,通信一般被限制在中等规模的地理区域内,例如,一座办公楼、一个仓库或一所学校;能依靠具有从中等到较高数据传输速率的物理通信信道,而且这种信道具有始终一致的低误码率;LAN 是专用的,由单一组织机构所使用。"

相较于 WAN,LAN 的重要特点是短距离工作,其他特点大都是由此带来的,主要有以下几点。

- 数据传输速率高,开始为 10Mb/s,随着技术的发展数据传输速率在不断提高,至今可以达到 100Gb/s。
- 数据传输可靠,误码率低,通常为 $10^{-7} \sim 10^{-12}$。
- 大多数 LAN 采用总线型(bus)、环状(ring)及星状(star)拓扑,结构简单,易于实现。图 1.8 表示了 LAN 主要的网络结构。
- 一般为广播网络(broadcast network)。广播网络上的多台主机共享一条信道(channel),一台主机发送信息,所有主机都能收到。多台主机同时访问信道时就可能产生冲突亦称碰撞(collision),因此共享信道的接入控制是 LAN 要解决的重要问题。
- 通常是由单一组织所拥有和使用,不受公共网络所属机构的规定约束,容易进行设备的更新和使用最新技术不断增强网络的功能。

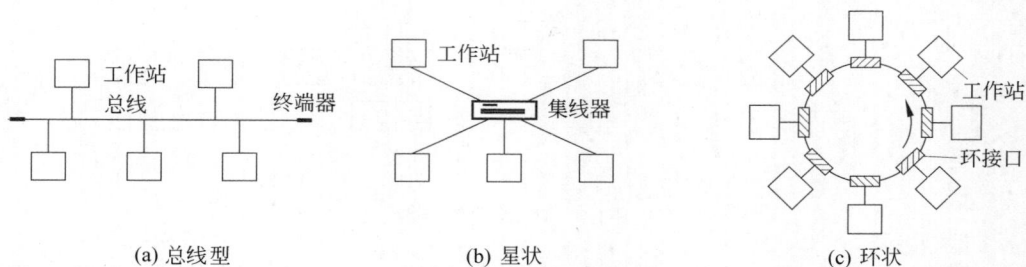

图 1.8　LAN 网络结构

LAN 产生于 20 世纪 70 年代,80 年代后迅速发展,以太网(Ethernet)、令牌环网(token ring network)、令牌总线网(token bus network)等多种类型的 LAN 纷纷出现并投入市场。

20 世纪 90 年代后以太网一枝独秀,是 LAN 的主流网络形式,全世界安装的 LAN 绝大部分都是以太网。20 世纪 90 年代初出现了交换式以太网(switched Ethernet),扩大了以太网的网络规模,成为以太网的主流应用形式。随着技术的进展,以太网的数据传输速率不断提高,由原来的 10Mb/s 相继发展到 100Mb/s 的快速以太网 FE、1Gb/s 的 GbE、10Gb/s 的 10GbE,乃至近些年出现的 100Gb/s 的 100GbE,并且向太比特以太网 TbE 发展。

速率 1Gb/s 及以上的高速以太网,运行于全双工传输模式可以达到几十千米的传输距离,其应用已经从 LAN 扩展到了 MAN 甚至 WAN 领域。

21 世纪,无线局域网 WLAN(Wireless LAN)逐步发展,目前已经得到广泛应用。在机关、工厂、学校、机场、车站、商场、银行乃至家庭,很多地方都可以接入 Wi-Fi(Wireless Fidelity),访问 Internet。

第 4 章将讲述以太网技术,5.1 节将讲述 WLAN 技术。

3. 城域网（MAN）

MAN 规模介于 WAN 和 LAN 之间,在一座城市的范围内,一般在 10～100km 的区域。

IEEE 802 委员会定义了以太网等 LAN 标准之后,曾经为 MAN 专门定义了一个标准 IEEE 802.6,称为分布式队列双总线(Distributed Queue Dual Bus,DQDB),但 DQDB 并没有得到成功的应用,而 MAN 成为了一个正式的概念。

MAN 是公共网络性质,连接一个城市范围内的各单位的 LAN 和各个小区千家万户的计算机,并进而接入 Internet,提供数据、语音、图像、视频等综合业务的传输服务。由于这样的特点,MAN 的网络结构一般划分为 3 个层次,自上而下分别是核心层、汇聚层和接入层。核心层作为 MAN 的主干网,主要是提供高带宽的业务承载和传输,并实现与地区、国家主干网的连接。接入层实现单位和个人用户的接入,接入设备可以进行多业务的复用和传输。汇聚层衔接核心层和接入层,主要是汇聚接入层的数据流量,转发到核心层。

上面提到的 WAN 构造 Internet 主干网的技术 IP over ATM、IP over SDH/SONET 和 IP over WDM 等,都可用于构建 MAN 的核心层和汇聚层。全双工传输模式的以太网可以传输几十千米的距离,速率为 1/10/100Gb/s 等高速以太网用于 MAN 的核心层和汇聚层是一个很好的选择,它们和接入层的以太网使用统一的以太网帧格式,可以实现无缝连接。接入层是 MAN 信息高速公路的"最后一千米",是 MAN 建设的重要环节,ISP 经营着各种接入网(Access Network,AN)。

MAN 的一个发展方向是"三网融合",三网即电话网、有线电视网和计算机网,前两者在城市中一般较早建设并且连入了各单位和千家万户。融合即通过网关在物理上实现三网相互连接,在网络层统一到计算机网络的 IP,实现互通,服务业务相互交叉融合,使三网融为一体。通过三网都可以接入 MAN,2.5 节将讲述这些不同的接入技术,目前宽带有线接入方式主要有数字用户线(xDSL)、混合光纤同轴电缆网(HFC)和光纤到 x(FTTx)等。

近些年,无线城域网(Wireless MAN,WMAN)技术的发展成为人们关注的一个热点,其中最有影响的是被称为 IEEE Wireless MAN 空中接口的 IEEE 802.16 系列标准以及该标准的实际实施技术 WiMAX,本书将在 5.2 节进行介绍。

4. 个人区域网（PAN）

PAN 是将个人操作空间(Personal Operating Space,POS)的计算机、笔记本电脑、平板电脑、智能手机、智能家电等连接起来的网络,范围在 10m 左右。PAN 一般使用无线方式连接,即无线个人区域网络(Wireless PAN,WPAN)。WPAN 现有 4 个标准:IEEE 802.15.1～802.15.4。目前应用比较广泛的 WPAN 是蓝牙系统和 ZigBee,本书将在 5.3 节进行介绍。

5. 人体域网（BAN）

顾名思义,BAN 布置在一个人体的区域范围。BAN 多使用无线方式连接,即无线人体域网(Wireless BAN,WBAN)。WBAN 用于连接植入式或可穿戴式传感器,采集传感器的信号,并可接入 Internet,属于物联网的范畴。WBAN 的标准是 IEEE 802.15.6 人体域网规范,将在 5.4 节简单介绍。

6. 互联网（internet）

若干网络由称为路由器(router)的网络设备连接在一起便成了互联网。互联网是网络的集合,是网络的网络(network of networks)。互联网覆盖的地域范围与它互连了多少个网络有关。

互联网中,路由器连接的网络包括 WAN、MAN、LAN 和 PAN 等,也可以是一条点对点的链路,它们称为子网(subnet)。在互联网看来,子网属于底层网络,在网络体系结构中,处在负责网络互连的协议层(Internet 中称为网际层)之下,即物理层和数据链路层(见 1.3节)。

构建互联网的核心问题是实现底层网络的互连(internetworking),即解决数据在各网络之间特别是异型网络之间进行传输的一系列问题,最终在全网向用户提供通用一致的各种网络服务。虽然互联网在物理上由多个各种类型的网络互连而成,但在逻辑上是一个统一的网络。

网络体系结构的设计上,实现网络的互连的基本思路是在底层的子网与网络用户之间加入中间层次,实现跨子网的数据传输,屏蔽子网细节,向用户提供通用一致的网络服务。在 TCP/IP 体系结构中,加入的中间层次自下而上分别是网际层、传输层和应用层。其中,网际层紧邻底层网络,是构建互联网的基石,实现网络互联是其核心功能,实现这一核心功能的主要协议是网际协议(IP)。第 6、7、8 章分别讲述因特网的网络层、传输层和应用层。

实现网络互连必须进行硬件互连,硬件互连的关键设备是路由器,路由器连接各子网,工作在网际层,转发数据包,路由器系统构成了互联网的交通枢纽。

图 1.9(a)是互联网的概念结构。互联网是网络的集合,由路由器连接若干网络云(表示子网)组成。图 1.9(b)也表示互联网的网络结构,这里对网络云进行了具体的展开。

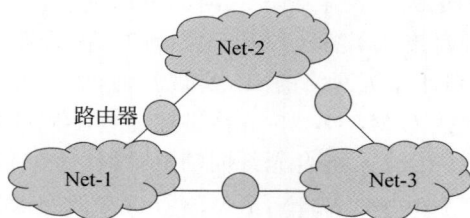

(a) 互联网概念结构:网络的集合

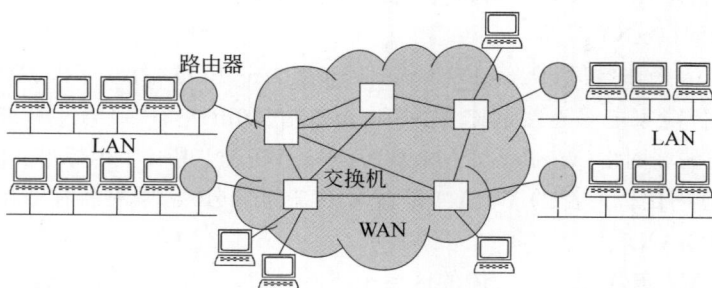

(b) LAN 和 WAN 组成的互联网

图 1.9　互联网

7. 因特网(Internet)

目前全世界绝大多数网络都互连在一起,形成了覆盖了全球、当今最大并向全世界开放的互联网,即 Internet。

Internet 已经经历了几十年的发展,目前 Internet 的拓扑结构是松散的、分层的,不受某个权威部门的控制,在商业利益驱动下扩展演进。推动 Internet 发展的主角是各级别的因特网服务提供商(Internet Service Provider,ISP)。ISP 经营着 Internet,建设维护各层次的 Internet 网络干线,包括 WAN、MAN、LAN 等,提供用户各种形式的 Internet 接入服务,提供用户各种各样的 Internet 内容服务,包括网上浏览、电子邮件、网上购物、文件下载等。我国著名的 ISP 有中国电信、中国移动、中国联通、百度、新浪、搜狐等。

ISP 可分为主干级、地区级和本地级 3 个层次。主干级 ISP 即 BSP(Backbone Service Provider),常称为网络服务提供商(Network Service Provider,NSP),一般指国家级和国际级的 ISP,如美国的 MCI、Sprint 等。BSP 经营着国家级和国际级的 Internet 主干网,它们既要互相竞争服务业务又要彼此合作相互连接,构成一个整体连通的网络。本地级 ISP 可以是大学、公司和企业等的网络中心,也可以是专门提供 Internet 服务的 ISP。用户的网络、计算机可以接入本地级 ISP,本地级 ISP 又接入地区级 ISP,地区级 ISP 再接入 BSP,有时本地级 ISP 也可以直接接入 BSP。这样,世界各地的计算机都连接到 Internet 上,实现了全球范围的信息交流。

图 1.10 示意了 Internet 的层次结构。图中包含了各级 ISP 的网络,它们都设有网络中心,供下一级的 ISP 或用户接入。网络中心有必要的接入设

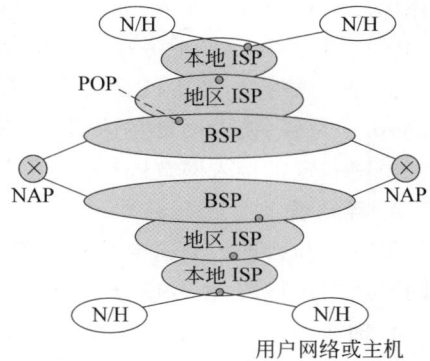

图 1.10 Internet 的层次结构

备,如路由器、交换机等,接入点称为存在点(Point Of Presence,POP)。BSP 之间通过网络接入点(Network Access Point,NAP)进行连接,NAP 担负着中转巨大网络流量的任务,通常使用高速交换设备。1994 年开始美国建立有 4 个 NAP,分别由 4 个电信公司经营,到 21 世纪初,美国的 NAP 已有十几个。一些比较大的 BSP,也倾向绕过 NAP 直接通过高速通信线路(如 10Gb/s)和其他 NAP 交换数据,通信可以更加快捷。

1.2.3 计算机网络的性能指标

1. 数据传输速率

计算机网络的数据传输速率是指每秒传输的数字数据的二进制比特数,单位为比特/秒,即 b/s(bit/second)或 bps(bit per second)。bit 来自于 binary digit,即二进制数字,一个 bit 即一个二进制数字 1 或 0。数据传输速率可简称数据率(data rate),又称比特率(bit rate)。这里的"数据"包括传输的净荷和相关的传输控制信息。

习惯上,表示数量级别的千、兆、吉和太用于比特率时,英文字母分别用 k(小写)、M、G 和 T 表示,分别代表 10^3(1000)、10^6、10^9 和 10^{12},是十进制体系;而用于存储容量(单位为字节 B,Byte)时,则分别用 K(大写)、M、G 和 T 表示,分别代表完全不同的 2^{10}(1024)、2^{20}、2^{30} 和 2^{40},是二进制体系。

2. 带宽和宽带

计算机网络中,和数据传输速率具有同样含义的另一个术语称为带宽(bandwidth)。带

宽的概念来自通信领域。受物理性质的限制,传输媒体上能够正常通过的模拟的正弦波信号有一个频率范围,这个频率范围就是这种传输媒体的频带,频带的宽度即最大和最小频率之差称为带宽,也称为频宽。带宽是量词,单位为赫兹(Hz)。传输媒体的带宽越大,它的传输能力就越强。

带宽这个术语又借用到计算机网络领域,用来表示网络传输数字数据的能力,即单位时间里所能传输的最大数据流量,也是量词,但单位是 b/s,与数据传输速率的单位一样,网络的带宽和网络的数据传输速率是同义语。

和带宽相关的一个词是宽带(broadband),它是名词,意思是宽的频带,即大的带宽,在计算机网络技术中,表示高的数据传输速率。例如人们常说的宽带 IP 网,就是指以 IP 为核心协议的支持宽带业务的高速计算机网络。宽带业务是指包含文本、语音、图像、视频等多媒体信息的各种传输业务,如 Web 浏览、远程教学、视频点播等,相对于传统的 56kb/s 以下的窄带拨号业务,这些业务需要网络提供更大的带宽支持。

值得注意的是,宽带的含义是随着技术的进步而变化的,目前,主干网带宽达到OC-48(2.5Gb/s)量级,接入网带宽达到 T1/E1(1.544Mb/s/2.048Mb/s)量级,就认为分别属于宽带主干网和宽带接入网范围。

3. 吞吐量

另一个和数据传输速率具有同样含义的术语称为吞吐量(throughput),它可以用单位时间发送的比特数、帧数或分组数来表示。

4. 时延

计算机网络中,时延(delay)指一个数据块(帧、分组、报文段等)从链路或网络的一端传送到另一端所需要的时间。时延由以下 3 部分组成。

1) 发送时间(transmission time)

结点发送数据时把整个数据块从结点送入传输媒体所需要的时间,计算公式为

$$发送时间 = \frac{数据块长度}{数据传输速率} \tag{1.1}$$

2) 传播时延(propagation delay)

承载传输信号的电磁波在一定长度的信道上传播所需要的时间,计算公式为

$$传播时延 = \frac{信道长度}{电磁波在信道上的传播速率} \tag{1.2}$$

在自由空间中,电磁波以光速 300 000km/s 传播。在铜线或光纤中,电磁波的速度大约降低到光速的 2/3,相当于 200m/μs。可见,某一信道的传播时延取决于它的长度。

3) 转发时延(forwarding delay)

数据块在中间结点(中继器、交换机、路由器等转发设备)转发数据时引起的时延。不同的中间结点有不同的转发时延,例如,路由器转发分组时可能产生如下时延。

① 排队时延(queueing delay)分组在输入和输出缓冲区排队花费的时间,与网络负载状况有关;

② 处理时延(processing delay)进行转发处理所花费的时间,如首部处理、差错检验、转发时间等。

这样,数据块经历的总时延为上述 3 部分时延之和:

$$总时延 = 发送时间 + 传播时延 + 转发时延 \tag{1.3}$$

时延是计算机网络的一项重要指标,各种时延也影响网络参数的设计,在第 4 章有关以太网共享信道的冲突分析中将会看到这一点。

和时延相关的一个概念是往返时间(Round Trip Time,RTT),在 TCP 中,RTT 表示从报文段发送出去的时刻到确认返回时刻这一段时间,即在 TCP 连接上报文段往返所经历的时间。在 TCP 的重传策略设计中,将会使用这一概念(7.4.4 节)。

5. 误码率

误码率 BER(Bit Error Rate)表示计算机网络和数据通信系统的可靠性。它是统计指标,指传输的比特出错的概率,当传输的总比特数很大时,误码率 P_b 可以近似为

$$P_b = \frac{传错的比特数}{传输的比特总数} \tag{1.4}$$

一般来说,$P_b \leqslant 10^{-6}$ 属于正常通信范围,LAN 和光纤传输的误码率更低。

1.2.4 计算机网络的数据交换方式

1.1.2 节曾经介绍,ARPANET 使用分组交换(packet switching)方式传输数据。分组交换技术是计算机网络的重要技术基础,它是数据交换(data switching)技术中的一种。

所谓的数据交换技术,是通过若干中间转接结点,在通信双方之间建立物理或逻辑的连接,构成一条传输路径(path),进行通信双方之间的数据传输。计算机网络的数据交换技术主要用于通信双方不是直接连接,而是跨越若干子网(包括点对点链路)进行通信的情况,如互联网和 WAN。

数据交换有 3 种基本方式。

1. 电路交换(circuit switching)

电路交换是通过交换设备在通信的双方建立一条临时专用物理传输线路,进行一次通信要经电路建立、数据传输和电路释放 3 个过程。公共交换电话网 PSTN 是典型的电路交换的例子。电路交换通过交换设备建立物理的传输线路,工作在网络体系结构的物理层。

电路交换的优点是数据传输实时性好、数据顺序保持不变。但它线路利用率低,特别是计算机网络应用中常常是突发式的通信。

2. 报文交换(message switching)

报文交换是以报文为单位的存储转发(store and forward)的交换方式。报文是网络中一次传输的数据块,如表示一个程序、一个文件或一串数据的数据块。存储转发方式的每个交换结点先缓存报文,然后再根据目的地址转发。报文交换在已存在的网络中选择一条到达目的结点的路径。

与电路交换相比,报文的传输线路不是专用的,可以被多个传输所利用,线路利用率高。

3. 分组交换(packet switching)

分组交换或称包交换以分组为单位的存储转发的传输方式,将长的报文分割成若干短的分组进行多次传输,带来的好处主要如下。

- 由于分组长度小,转发中缓存于交换结点的内存而非外存,大幅提高了转发速率。
- 发送站发出第一个分组后即可继续发送后续分组,这些分组在各转发结点同时被存储转发,并行处理,降低了总体的传输时间。

- 对于传输差错，只需重传出错的分组，而不必重传整个报文，提高了效率。

分组交换又分为两种方式。

① 数据报（datagram）方式 每个分组都独立寻径，它们可能经过不同路径和不同的传输时间，因此不能保证分组按顺序到达目的站。

② 虚电路（virtual circuit）方式 一次通信中所有分组都使用同一条路径传输，为此，首先要建立一个传输连接，而后所有分组使用这一固定的路径进行传输，传输完成后释放这一连接，这与电路交换相似。但又有不同之处，虚电路连接并不是实际地建立了一条物理线路，而是在现有网络中指定了一条逻辑的传输路径，因此称为虚电路；而且这一连接也不是专用的，连接上的结点和线路还可以为转发其他传输的分组服务。

虚电路有交换虚电路（Switched Virtual Circuit，SVC）和永久虚电路（Permanent Virtual Circuit，PVC）两种。SVC 在数据传输前呼叫建立，传输后自动释放。PVC 需要用户向网络管理部门事先申请建立，建立之后就可连续使用，若无人工干预不会自动释放。

虚电路方式的分组交换提供面向连接的传输服务（connection oriented service），而数据报方式的分组交换提供的是无连接的传输服务（connectionless oriented service）。

前文已经介绍，世界上第一个计算机网络是美国的 ARPANET，就是使用分组交换技术，它的交换结点称为接口消息处理器（IMP）。欧洲早年的 WAN 是 X.25 网，使用面向连接的虚电路方式的分组交换技术。

X.25 WAN 升级的帧中继 FR，以及后来的异步传输模式 ATM 网络，它们使用一种虚电路方式的快速分组交换（fast packet switching）方式。快速分组交换即在接收到帧/信元的头部的相关信息而不等到全部接收完就开始转发，分别工作在 FR 的数据链路层和 ATM 网络的 ATM 层，第 6 章还要介绍 ATM 网络技术。

Internet 网际层的 IP 数据报转发就是基于数据报方式的分组交换技术，提供无连接的 IP 数据报传输服务，分组交换工作在网络层，这是 Internet 的一个主要的基础技术。

1.3 计算机网络体系结构

1.3.1 OSI 体系结构

1. OSI 体系结构概述

ISO 提出的 OSI 体系结构是相当严谨的，定义了很多相关概念。总的来讲，它在 3 个层面抽象计算机网络系统：分层结构、协议和服务，其特点如下。

① 从功能上划分为 7 个层次，通信的端结点（即 ES）都有这 7 个层次，中间转发结点（即 IS）根据其功能只有在其下面的若干层次；上面层次功能的实现依赖于下面的层次；不同结点的同等层次具有相同的功能。

② 每个层次都有相应的协议，不同结点的同等层之间通过协议实现它们间的通信，协议是在水平方向起作用。

③ 每个层次可使用下层提供的服务（service），并可以向上层提供服务，相邻两层通过服务访问点（Service Access Point，SAP）作为层间接口进行信息交换；服务是在垂直方向起作用。

2. OSI 的分层结构

1）七层体系结构模型

OSI 体系结构是一个 7 个层次的主体结构模型，7 个层次的名称列于表 1.2 中。

表 1.2　OSI/RM 的 7 个层次

层　　号	中 文 名 称	英 文 名 称	英文名称缩写
7	应用层	application layer	A
6	表示层	presentation layer	P
5	会话层	session layer	S
4	传输层	transport layer	T
3	网络层	network layer	N
2	数据链路层	data link layer	DL
1	物理层	physical layer	PH

OSI 和 TCP/IP 体系结构都采用分层结构，分层有以下好处。

① 各层相互独立。高层通过层间接口利用底层所提供的功能，并不需要知道底层如何实现这些功能，底层也仅仅是利用由高层传下来的参数，层间相互独立。

② 易于网络系统的实现与维护。层间相互独立，各层分工清晰，层内功能单一，使网络系统的实现简单化，也便于系统维护。

③ 易于系统的更新升级。层间相互独立使得硬件和软件出现了新技术时，容易利用新技术对某一层进行更新，对其他层没有影响，只要这一更新遵循与相邻层间的接口约定即可。

④ 灵活性好。不同的系统可以根据各自的具体条件，采用不同的方法和技术实现每个层次的功能，只要符合 OSI 标准的规定即可。

2）分层结构模型中的数据传输

发送过程中数据是从高层向低层逐层地传递，接收过程中则从低层向高层逆向传递，如图 1.11 所示。发送时，每经过一层，对上层的数据附上本层的协议控制信息，一般放在数据前面，称为首部或头（header）。数据链路层的一部分协议控制信息也放在尾部。协议控制信息如报文的类型、顺序、状态等供接收方对等层次分析及处理时使用。例如数据链路层在首部加上访问控制、地址等信息，帧校验序列则加在数据的尾部，组成称为帧的数据块，由物理层放到传输媒体上传输；接收方去掉该层附加的首部后，再向上层传递。

每层实体为传输数据附加协议控制信息，称为封装（encapsulation）。接收过程从底层开始，随着层次的上升，每一层都要解封，去掉最外边的协议控制信息，根据控制信息进行处理，然后把剩余的数据部分传给上一层。

图 1.11 中发送方和接收方两台计算机直接由物理媒体相连，处于同一个网络中，这是最简单的情况。发送方和接收方也可以经过一个或多个中间转发设备如路由器等相连，中间跨越多个网络进行数据传输。

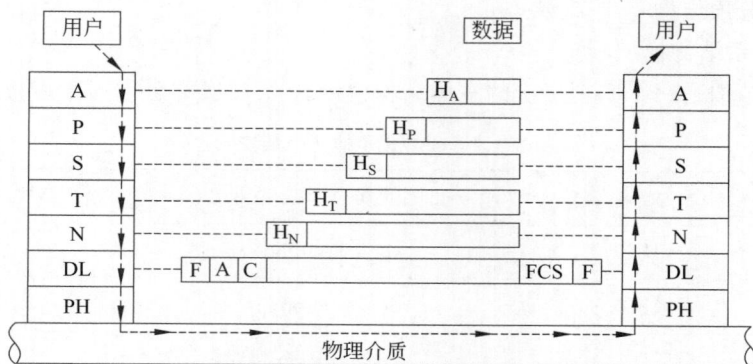

图 1.11　OSI 分层结构模型中的数据传输

3. 协议

1）实体和对等实体

实体（entity）是每一层中实现该层功能的软件或硬件或它们的组合，在发送方与接收方的同一层次中的实体称为对等实体（peer entities）。

在概念上可以认为数据是在同一层次中的对等实体之间进行虚拟地传输，如图 1.11 中横向的虚线所示。之所以称作虚拟，是因为同等实体之间并不直接进行数据传输，而是依赖底层的物理传输来实现的。但对等实体之间的协议是必需的，以便实现本层的功能。

2）协议

协议是某一个层次中指导实体之间通信的规则。为了实现各层的功能，各层的协议规定了各层实体如何与网络中的对等实体进行数据交换。

协议包含 3 方面的要素。

① 语法。规定由协议控制信息和用户数据所组成的传输数据应遵循的格式，即它的数据结构，以便通信双方能正确地识别它们。

② 语义。对构成协议的各协议元素含义的解释。协议元素规定了通信双方所要表达的含义，如帧的起始定界符、源地址和目的地址、帧校验序列等。协议元素还可以用来规定通信双方应该完成的操作，如在什么条件下传输数据必须应答或重发等。

③ 同步。规定实体之间通信操作执行的顺序，协调双方的操作，共同完成数据传输任务。例如，TCP 建立连接的过程要依次发送 3 个报文段进行交互，称为三次握手；请求连接方发送同步报文段—响应连接方发送同步报文段—请求连接方发送确认报文段，3 个报文段中要设置相关控制参数交互建立连接的信息（7.4.3 节）。

3）协议数据单元（PDU）

如图 1.11 所示，可以把网络上的数据传输看成各层对等实体之间在协议控制下的数据交换，所交换的数据块称为协议数据单元（Protocol Data Unit，PDU）。PDU 由本层的协议控制信息和本层的用户数据两部分组成，控制信息构成报文的首部，本层的用户数据一般就是上层的 PDU。

4. 服务

1）服务

N 层实体在 N 层协议的控制下可以向 $N+1$ 层实体提供服务，实现 $N+1$ 层所需要的某种功能,其中,N 层实体为服务提供者,$N+1$ 层实体为被服务用户。并不是 N 层的所有功能都称为 N 层服务,只有能为 $N+1$ 层所使用的功能才称为 N 层服务。

$N+1$ 层服务用户能看到 N 层服务,而看不到 N 层协议,N 层协议对 $N+1$ 层服务用户是透明的。

2）服务访问点(SAP)

在同一结点中,相邻两层的实体相互作用的地方称为服务访问点(SAP)。SAP 是上下层实体之间信息交换的接口。每个 SAP 有一个标识它的唯一地址。SAP 的一个例子是 TCP/IP 体系中的协议端口(protocol port),见 7.2 节。

3）服务原语

当 $N+1$ 层实体(服务用户)向 N 层实体(服务提供者)请求服务时,服务用户与服务提供者之间需要进行一些交互,进行交互时所要交换的信息使用服务原语(service primitive)来描述。服务原语描述提供的服务,定义服务规范,规定通过 SAP 所必须传递的信息。服务原语只是对服务进行概念性的功能描述,至于如何实现并不作硬性规定,不是可执行的程序语言。

一个完整的原语包括原语名字、类型和参数。例如,一个请求建立传输连接的原语是

$$T\text{-CONNECT}.request(被叫地址,主叫地址,\cdots)$$

其中,T-CONNECT 是原语名字,request 是原语类型,括号中是原语参数。OSI 的每一层都定义了各种服务原语。

1.3.2　TCP/IP 体系结构

TCP/IP 的体系结构分为 4 个层次,自下而上分别是网络接口层、网际层、传输层和应用层。图 1.12 给出了 TCP/IP 的层次结构、各层的主要协议及与 OSI/RM 的对应关系。

对应的 OSI	TCP/IP	TCP/IP 各层主要协议
高层(5~7)	应用层(application layer)	TELNET、FTP、SMTP、HTTP、DNS、TFTP、NFS、SNMP
传输层(4)	传输层(transport layer)	TCP、UDP
网络层(3)	网际层(internet layer)	IGMP、ICMP、IP、ARP、RARP
底层(1、2)	网络接口层(network interface layer)	可使用各种网络

图 1.12　TCP/IP 体系结构

网络接口层严格说并不是一个独立的层次,只是一个接口,TCP/IP 并没有对它定义什么具体的协议。网络接口层负责将网络层的 IP 数据报通过各种网络发送出去,或从网络接收数据帧,抽出 IP 数据报上传网际层。网络接口层可以使用各种网络,如 LAN、MAN、WAN,甚至点对点链路。网络接口层使得上层的 TCP/IP 和底层的各种网络无关。网络接口层对应 ISO/OSI 的 1 层和 2 层,即物理层和数据链路层。

在 TCP/IP 看来,LAN、MAN、WAN 乃至点对点链路等都是 Internet 的构件,在 IP 数据报的传输过程中,它们都作为两个相邻分组交换结点之间的一条物理链路。这些底层网络均受到互联网协议的平等对待,这就是互联网的网络对等性,它为协议设计提供了方便。

TCP/IP 体系结构上面的网际层、传输层和应用层是 TCP/IP 的主要内容。

1.3.3 五层体系结构

1. 综合 TCP/IP 和 OSI 的五层体系结构

ISO 精心设计了 OSI 七层体系结构最终并没有成功推广,而 TCP/IP 体系结构却成为了事实上的标准,但 TCP/IP 体系结构对底层的网络接口层并没有具体的定义。

荷兰皇家艺术与科学院院士计算机专家 Andrew S. Tanenbaum 提出了计算机网络的五层体系结构。根据 Internet 的实际情况,以 TCP/IP 体系结构为基础,综合了 TCP/IP 和 OSI 两种体系结构,考虑到 TCP/IP 没有具体定义的网络接口层对应 OSI 的 1、2 层,五层体系结构自下而上分别为物理层、数据链路层、网络层、传输层和应用层,如图 1.13 所示。图中也给出了它和 OSI 及 TCP/IP 两种体系结构的对应关系。

OSI	五层体系结构	TCP/IP
高层(5~7)	应用层(application layer)	应用层
传输层(4)	传输层(transport layer)	传输层
网络层(3)	网络层(network layer)	网际层
数据链路层(2)	数据链路层(data link layer)	网络接口层
物理层(1)	物理层(physical layer)	

图 1.13 五层体系结构

这种五层体系结构并不是什么标准,但它符合 Internet 的实际情况,可以从这种五层体系结构去理解和分析 Internet,不少著名的计算机网络教材也基于这种五层结构来讲解计算机网络。本书的章节安排也遵循了这种五层体系结构的思想。

2. 五层体系结构功能简述

1) 物理层

物理层处于五层体系结构的最底层,下面直接连接传输媒体,上面是数据链路层。物理层屏蔽了下面各种与媒体相关且不断发展变化的各种通信技术,使数据链路层的设计变得相对简单,只需要考虑如何使用物理层提供的服务。

物理层向数据链路层提供比特流(bit stream)的传输服务。比特流中包含了净荷,也包含传输控制信息,如地址、差错校验码等。但物理层只负责传输比特流而不理会也不知道它的含义,寻址、差错控制等交由数据链路层处理,因此是不可靠的比特流传输服务。

在网络通信中,最终是由物理层连接媒体进行物理信号的传输,因此要涉及网络接口机械的、电气的、功能的和规程的规范。物理层提供的传输方式分为两类:频带传输和基带传输,为了提高传输效率和通信线路的利用率,它们采用了很多技术,如调制解调、编码解码和多路复用等。

2) 数据链路层

数据链路层在单个链路上的结点间进行单跳(one hop)传输,传输的协议数据单元PDU 称为帧(frame),可以在物理层比特流传输服务的基础上,向网络层提供帧传输服务,并提供帧的差错检验。

数据链路层要实现正常的帧传输,有 3 个基本问题要解决,即帧同步、透明传输和差错检验。帧同步是为了使接收方能准确地判断一个帧的开始和结束,也就是帧定界。透明传输(transparent transmission)是指上层交给的数据不管是什么样的比特组合,都能够正常传输,当数据的比特组合恰巧与某一控制编码一样时必须采取措施,使收方不致误解。差错校验使得收方可以知道是否发生了传输差错,以便可以采取适当的纠错措施。

数据链路层面对的另一个问题是传输的可靠性。为实现可靠的帧传输,可以采取一定的数据链路控制机制,包括差错控制和流量控制。曾广泛使用的数据链路控制机制称为自动请求重传(Automatic Repeat reQuest,ARQ)。

对于共享的广播链路,数据链路层必须进行媒体接入控制(Medium Access Control,MAC),使得链路上的各结点能够合理地争用共享信道。

3)网络层

网络层负责主机间的通信,在互联网上传送称为分组(packet)的 PDU,源主机发送的分组要穿越若干子网组成的互联网传送至目的主机,向传输层提供分组传送服务。

网络层是实现网络互联的基础,网络层的首要问题是如何进行跨越互联网的分组传送。网络层的解决方法是:分组由中间转发结点(路由器)进行转发(forwarding),逐跳地(hop by hop,每一跳通过一个子网)从源主机传送到目的主机,传送的路径由路由表指示。网络层也可以实现多播,即源主机把分组同时传送给一组目的主机。

网络层另一个重要问题是动态路由选择(dynamic routing),当网络拓扑和负载等因素变化时,分组到达目的主机的路由还应动态地更新,以便在某种意义上(如距离、时延、费用等)保持最优。

网络层对应 TCP/IP 的网际层。TCP/IP 网际层核心协议是网际协议 IP,它提供的是一种无连接的、不可靠但尽力而为的分组传送服务,实现跨越 Internet 的分组传送。与 IP 配套的网际协议还有地址解析协议 ARP、逆向地址解析协议 RARP、因特网控制报文协议 ICMP、多播协议 IGMP,路由信息协议 RIP 等。

IP 正在升级之中,以解决 IPv4 地址资源匮乏的问题,升级版本是 IPv6。

4)传输层

网络层负责将分组从源主机传送到目的主机,在此基础上,传输层基于协议端口(protocol port)机制,为应用进程提供数据传输服务。

传输层为应用进程间的通信提供了一条端到端的(end to end)虚拟信道,它连接源主机和目的主机的两个传输层实体,不涉及传输线路中的路由器等中间系统,为用户的应用进程提供了端到端的逻辑通信服务。

TCP/IP 传输层有两个核心协议:传输控制协议(TCP)和用户数据报协议(User Datagram Protocol,UDP)。TCP 提供面向连接的可靠的传输服务,为此,TCP 需额外增加许多开销,提供流量控制、拥塞控制和差错控制等传输控制机制,以保证传输的可靠性,提高了服务质量(Quality of Service,QoS)。UDP 则提供无连接、不可靠的传输服务,但传输效率高。

为适应多媒体信息传输的特点,在 UDP 之上设计了实时传输协议 RTP 和实时传输控制协议 RTCP,其应用越来越广泛。

5）应用层

应用层直接面向用户，为用户访问、使用及管理各种网络资源，提供通用一致的方便的网络应用服务。

Internet 应用层各种应用的运行机制有两类：客户-服务器（Client/Server，C/S）模式和对等（Peer to Peer，P2P）模式。

计算机网络提供的应用服务可以分为通用和专用两类。通用应用服务一般是由网络操作系统提供的，它又包括两种，一种是公共应用的平台，如万维网（WWW）、电子邮件E-mail、文件传输 FTP 等；另一种则侧重网络管理应用，如域名系统（DNS）、动态主机配置协议（DHCP）和简单网络管理（SNMP）等。专用应用服务如电子商务、远程教育、办公自动化以及近年出现的 P2P 文件共享应用等，则是软件公司或用户自己开发的。

在 C/S 模式下，用户自己开发网络应用程序，使用套接字 Socket 机制，它是 TCP/IP 网络应用程序的编程接口。另外，万维网页面设计也是用户建立网站必须具备的编程技能。

*1.4　计算机网络的标准化

标准化是计算机网络发展中一项非常重要的工作，反过来又极大程度上规范和促进了计算机网络的发展。

1.4.1　标准化组织

1. 国际标准化领域相关组织

1）国际标准化组织

国际标准化组织（International Standards Organization，ISO）是 1946 年成立的一个自愿的、非条约的组织。ISO 下的技术委员会 TC97 处理计算机和信息技术。

2）电气电子工程师协会

电气电子工程师协会（Institute of Electrical and Electronics Engineers，IEEE）是世界上最大的专业组织，在电子工程和计算机领域，IEEE 制定各种标准。

2. 因特网标准化机构

因特网标准化机构是非政府性质的。因特网最具权威的国际组织是因特网协会（Internet SOCiety，ISOC），于 1992 年成立，它由选举的理事会管理。

早于因特网协会就成立的因特网体系结构委员会（Internet Architecture Board，IAB）也并入因特网协会，ISOC 理事会指定 IAB 组成成员。

IAB 下边有两个重要机构，一个是因特网工程部（Internet Engineering Task Force，IETF），另一个是因特网研究部（Internet Research Task Force，IRTF）。

IETF 注重处理短期的工程问题。IETF 下设工作组，专门解决技术问题。具体工作由因特网工程指导组（Internet Engineering Steering Group，IESG）管理。

IRTF 注重长期的研究。IRTF 由一些研究组组成，具体工作由因特网研究指导组（Internet Research Steering Group，IRSG）管理。

IAB 下边还有一个 Internet 编号管理局（Internet Assigned Numbers Authority，IANA），它负责协调 IP 地址和顶层域名的管理和注册，后来这项工作交由 Internet 名字和号码分配公司(Internet Corporation for Assigned Names and Numbers,ICANN)负责。

IAB 还指导其下边的 RFC 编辑部(RFC Editor),RFC 编辑部负责编辑 RFC(Request For Comments,请求评注)文档。

3. 电信界标准化组织

电信界与计算机网络技术标准化相关的最有影响的组织是国际电信联盟(International Telecommunication Union,ITU),它下属的电信标准化部门(ITU Telecommunication Standardization Sector,ITU-T)负责电信标准化的工作。1993 年前,ITU-T 的前身为国际电报电话咨询委员会(Consultative Committee International Telegraph and Telephone,CCITT)。ITU-T 标准称为"建议",政府可以按自己的意愿决定是否采用。

1.4.2 RFC 文档

Internet 协议标准都是以 RFC 文档形式发表的。任何人都可通过 RFC 发表对 Internet 某些技术的建议,但只有其中的一部分最终才能成为真正的标准。RFC 按编写的时间顺序编号,新编号的 RFC 文档可以更新和替代旧的文档。RFC 文档可从因特网免费下载。

RFC 文档总体上分为 3 类,即标准化进程中的(Standards Track)、最好的当前实践的(Best Current Practice,BCP)和非标准的(Non-Standards)。

标准化进程中的 RFC 描述正在标准化的协议。一个 Internet 协议标准是由 Internet 草案(Internet draft)开始,然后还要历经 3 个成熟水平阶段:建议标准(proposed standard)、草案标准(draft standard)和因特网标准(Internet standard)。这 3 个阶段有相应的 RFC 文档(Internet 草案没有 RFC 文档)。一旦最终成为因特网标准,就被分配一个 STD 序号。

为了成为建议标准,需在 RFC 中详细阐述基本思想,并且在团体中能引起足够的兴趣。为了能到达草案标准阶段,必须在至少两个独立的地点进行 4 个月的完全测试的运行实现。如果 IAB 认为它的思路可行并且软件能正常工作,才能宣布该 RFC 为因特网标准。

BCP 类的 RFC 文档是某些操作规则或 IETF 处理工作方式的标准,它们被给予一个 BCP 序号 BCP♯。例如说明标准化程序的 RFC 2026(BCP9)。

并不是所有的 RFC 文档都可成为因特网标准或 BCP 文档,它们归类为非标准的,其中又包括实验的(experimental)、提供信息的(informational)和历史的(historic)。

思 考 题

1.1 计算机网络的发展经历了几个阶段?各阶段的标志性事件分别是什么?

1.2 什么是物联网?它有什么特征?

1.3 什么是计算机网络?它由哪些部分组成?它的主要应用是什么?

1.4 按覆盖地域划分,计算机网络分为哪几类?

1.5 什么是 LAN?其特点是什么?

1.6 MAN 一般划分为几个层次?各层的主要功能是什么?

1.7 什么是互联网？什么是因特网？

1.8 构建互联网的核心问题是什么？网络体系结构的设计上，实现网络互连的基本思路是什么？实现网络互连的关键设备是什么？

1.9 试画出 LAN、WAN 和互联网的典型网络拓扑结构。

1.10 什么是 ISP？它分为哪几个级别？说明各级 ISP 网络如何组成 Internet，并画图表示。

1.11 什么是计算机网络的数据传输速率？其单位是什么？其中"数据"都包含什么？

1.12 什么是信道的带宽？其单位是什么？在计算机网络领域，带宽的含义是什么？其单位是什么？

1.13 计算机网络传输中，时延指的是什么？它包括哪几部分？

1.14 卫星通信有较大的传播延时，假如从地球站到卫星的距离为 40 000km，问：从一个地球站经过卫星到另一个地球站的传播延时有多大？

1.15 什么是分组交换？它有什么优点？它有哪两种交换方式？两种交换方式各自的特点是什么？

1.16 什么是计算机网络的体系结构？两个最著名的计算机网络体系结构是什么？它们发展的结果如何？

1.17 请列举几个典型的计算机网络应用实例，谈谈对日常生活的影响。

1.18 Internet 的前身是什么？后来它采用了什么著名的网络协议？

1.19 ISO 定义计算机网络体系结构是什么？其宗旨是什么？

1.20 OSI/RM 分为哪几个层次？分层的好处是什么？

1.21 什么是数据的封装和解封？

1.22 在 OSI 术语中，什么是实体？什么是对等实体？

1.23 在 OSI 术语中，什么是协议？协议包括哪些要素？它们的含义是什么？

1.24 在 OSI 术语中，什么是 PDU？PDU 包含哪两部分？

1.25 在 OSI 术语中，什么是服务？什么是 SAP？什么是服务原语？

1.26 TCP/IP 体系结构分为哪几个层次？它们和 OSI 各层的对应关系如何？

1.27 简述五层网络体系结构及其各层的主要功能。

1.28 进行计算机网络标准化工作的国际组织主要有哪些？

1.29 Internet 协议标准以什么文档形式发表？文档分为哪几类？

第 2 章　物　理　层

物理层向数据链路层提供比特流(bit stream)的传输服务。物理层认为比特流是无结构的(无组合含义),不进行差错控制,因此是不可靠的传输服务。

计算机网络的数据通信,最终是由物理层通过物理信号的传输来实现,它使用的概念和技术很多是由通信领域发展而来。本章从数据通信系统的模型入手,引出物理层相关概念和技术要点,进而讲述物理层两类数据传输方式,即频带传输的基带传输;然后讲述长距离传输中广泛使用的信道复用技术以及用户计算机如何接入 Internet 的宽带接入技术;最后讲述物理信道的传输性能以及各种传输媒体的特性。

另外,对于各种以太网及 WLAN 等,它们的物理层使用不同的接口规范和不同的技术,我们将在第 4、5 章结合具体的网络进行介绍。

2.1　数据通信系统的模型

以下从数据通信系统的模型入手,引出物理层相关的概念和技术。图 2.1 是数据通信系统模型,其中方框表示了系统的 5 个组成部分,带箭头的线段表示系统中流动的各种形式数据流。

图 2.1　数据通信系统的模型

1. 信息、数据与信号

数据通信(data communication)这一术语是计算机参与到通信系统中之后才出现的,可以和计算机网络通信视为同义语,指的是经计算机编码后的数字数据的通信技术。

通信是为了用户交换信息(information),文本、声音、图形和图像等都可以表示信息,在数据通信中,它们都转换为统一的由"0"和"1"组成的二进制代码序列,也就是上文提到的物理层要传输的比特流的净荷部分。这些二进制代码序列就是"数据通信"概念中的"数据",实际上是一种二进制的数字数据,这里简称为数字数据(digital data)或数据(data)。可见,数据通信系统中数据是信息的载体。

将文本、声音、图形和图像等信息转换为数据的过程称为编码(coding),具体说是信源编码(source coding),是各种形式的信息进行数字化存储、处理和传输的必要前提。可以举出很多信源编码的例子:美国信息交换标准代码(American Standard Code for Information Interchange,ASCII)就是一种使用最为广泛的二进制代码,可以表示英文字母和数字;国家标准信息交换汉字编码(GB 2312—80)用来表示汉字;图形交换格式(Graphics Interchange Format,GIF)进行图像编码;H.264 标准进行视频编码等。信源编码技术不在本书讨论的范围。

数据的 0/1 可以用低电平/高电平等简单的方式直接在传输媒体上发送,但这会存在一些问题。为了适应各种媒体的传输性能、利用已有的传输设施等,数据在发送前要转换为某种形式的信号(signal),用信号的特征参数表示所传输的数据是 0/1,如正弦信号的幅值、频率和相位,矩形脉冲信号的幅值、上升沿和下降沿等。因此信号是数据的载体,由网络接口产生并发送到传输媒体,是数据的电气或电磁的物理表现。

数据转换为信号的方式有很多,根据转换的信号类型可以分为两类:一类是转换为模拟信号(连续信号),一般是正弦信号;另一类是转换为数字信号(离散信号)。前一类转换方式称为调制(modulation),后一类转换方式为编码,有别于信源编码,称为线路编码(line coding)。调制和编码对应的逆过程即将传输信号转换为原来的数字数据的过程,分别称为解调(demodulation)和解码(decoding)。

2. 数据通信系统的模型

① 信源　即源站(source),和发送信息的用户接口的计算机,产生发送数据。

② 信宿　即目的站(destination),和接收信息的用户接口的计算机,接收传输数据并解码。

③ 发送器　负责将信源产生的输入数据转换成某种形式的传输信号,发送到信道上。

④ 接收器　从信道上接收输入的信号,再逆向转换为输出数据交给信宿。

典型的发送器和接收器有调制解调器 Modem、网络接口卡 NIC(Network Interface Card)即网卡等,它们主要工作在物理层,也可以涉及数据链路层。

信源和信宿称为数据终端设备(Data Terminal Equipment,DTE),发送器和接收器称为数据电路终接设备(Data Circuit-terminating Equipment,DCE)。信源和发送器构成发送方,信宿和接收器构成接收方。

⑤ 信道(channel)　信道是信号传输的通道。传输模拟信号和数字信号的信道分别是模拟信道和数字信道,相应的数据通信技术分别称作频带传输和基带传输,将分别在 2.2 节和 2.3 节讲述。

信道传输过程中主要有两种干扰:一种是外部的噪声干扰,如图 2.1 所示;另一种是内部的码间干扰,影响信道的传输性能,这将在 2.6 节讨论。

信道由传输媒体或称传输介质(transmission medium)如铜缆、光纤、无线电波等来实现,长距离时还可能包含信号的中继设备。为了充分利用通信线路资源,在 WAN、MAN 长距离通信中广泛使用信道复用(channel multiplexing)技术,将在 2.4 节讲述,各种传输媒体则在 2.7 节介绍。

计算机网络中,数据通信可以跨越更大距离乃至全球范围,如图 2.1 所示的信道部分可以扩展成一个数字传输系统乃至 Internet。此时,信源和信宿计算机如何通过网络接口接入 Internet,将在 2.5 节介绍。

3. 单工、全双工和半双工传输

图 2.1 的数据通信模型表示了从信源向信宿的数据传输过程。实际应用中,通信双方可以互为信源和信宿,一个网络设备也往往同时实现发送器和接收器。从通信双方数据的交互方式来看,有以下 3 种传输方式:

① 单工传输(simplex transmission)　又称单向通信(one-way communication),仅在一个不变的方向上传输。

② 全双工传输（full duplex transmission） 又称双向同时通信（two-way simultaneous communication），即双向同时传输，通信双方之间存在两条不同方向的信道，可以同时在两个方向上传输。两条信道可以由两条物理的通信线路实现，也可以是逻辑的，在一条线路上通过信道复用技术来实现。

③ 半双工传输（half-duplex transmission） 又称双向交替通信（two-way alternate communication），即双向分时传输。

2.2 频带传输技术

2.2.1 什么是频带传输

在计算机网络出现之前，电话网已相当发达和普及。早期的电话网是模拟传输系统，传输的是人们的话音转换的模拟电信号。如何利用已有电话网设施进行数据传输，以节省大量的线路投资，是一个有意义的课题，于是频带传输技术应运而生。现在电话网的主干网已经数字化，但连接千家万户的本地用户线还是模拟的。

1. 调制方式

要在电话网传输数字数据，发送站必须先将数字数据调制为模拟信号。调制的方式是使用一个相对于话音信号具有更高频率量级的正弦信号作为载波（carrier），用被传输的数字数据去调制它，调制改变了载波的特征参数以便携带数字数据。式(2.1)可以完全地描述一个正弦信号：

$$S(t) = A\sin(2\pi ft + \phi) \tag{2.1}$$

可见它有 3 个参数可调：幅值 A、频率 f 和相位 ϕ，因此，基本的调制方式也相应有幅度调制、频率调制和相位调制 3 种，其调制信号波形如图 2.2 所示。

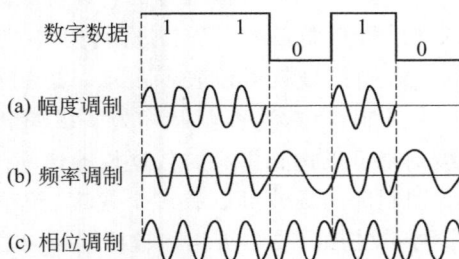

图 2.2 数字数据的 3 种基本调制方式的信号波形

2. 频带传输

由图 2.2 可见，调制将数字数据转换为较高频率的模拟信号，它的频谱是载波频率左右的一段频率范围，称为频带信号。使用这种频带信号作为载体进行数字数据传输的方式就称为频带传输。调制后的频带信号更好地适应了电话网模拟信道的特性。

频带传输的核心是调制技术。数据通信系统在发送端和接收端分别使用调制和解调功能。实现调制与解调功能的设备称为调制解调器（Modem）。为实现双工和半双工通信，通信双方均需要使用调制和解调功能，Modem 成对使用。

频带传输可以利用频分复用（Frequency Division Multiplexing，FDM）技术实现信道复用，FDM 将信道划分为多个频带来传输多路信号，以提高信道的利用率。

2.2.2 调制解调技术

1. 基本调制方式

1）幅移键控（ASK）

幅移键控（Amplitude Shift Keying，ASK）又称幅度调制。ASK 调制波形示意图2.2(a)，用被传输的数字数据去调制正弦载波信号的幅值。当数字数据为 1 和 0 时，输出载波信号的幅值不同（图中 0 对应幅值 0）。在接收端，解调器根据载波信号的幅值变化进行解调。幅移键控不是一种十分理想的调制方法，容易受增益变化的影响，较少采用。

2）频移键控（FSK）

频移键控（Frequency Shift Keying，FSK）又称频率调制，也就是对正弦载波信号的频率进行调制。调制后用两个不同频率的正弦信号表示二进制的 1 和 0。在图 2.2(b) 中，二进制数字数据的 1 对应的载波频率是数字数据 0 对应的频率的 2 倍。一般情况下，当数字数据为 1 时，使载波信号的频率变为 $f+f_0$；而当数字数据为 0 时，使载波信号的频率变为 $f-f_0$，其中 f 为中心频率，f_0 为频移量。这种方法实现简单，可靠性较高，广泛用于频率不高的调制解调器上。

3）相移键控（PSK）

相移键控（Phase Shift Keying，PSK）又称相位调制。相位调制利用被发送数字数据的二进制值去调制正弦载波信号的相位，当数字数据的位组合为 1 到 0 或从 0 到 1 变化时，都会发生调制后的载波信号相位的变化。相移键控法可看图 2.2(c)，图中相位差为 $180°$。

2. 多级调制

1）MASK、MFSK 和 MPSK

以上介绍的 3 种基本调制方法，调制后载波信号的特征参数（幅度、频率或相位）的级数（即状态数）为 2，因此一个调制信号只能表示一个二进制符号（0 或 1）。如果调制后信号的特征参数级数大于 2，那么一个调制信号就可以表示多个二进制符号。对于级数为 n 的调制信号，它可以表示 $\log_2 n$ 个二进制符号，这种调制称为多级调制。可见，在同样调制频率的调制信号情况下，采用多级调制可以达到更高的数据传输速率。

对某一个参数进行调制，调制后的载波可以有多个幅度、频率或相位，分别称为多级幅移键控（MASK）、多级频移键控（MFSK）或多级相移键控（MPSK）。表 2.1 是 8 级相移键控调制（8PSK）的例子，传输信号相位分配列在表中。

表 2.1 8PSK 的相位分配

数字数据	000	001	010	011	100	101	110	111
相位	$0°$	$45°$	$90°$	$135°$	$180°$	$225°$	$270°$	$315°$

由表 2.1 不难看出，调制信号在 8PSK 中携带了 $\log_2 8=3$ 比特的数字数据。

在多级调制中，调制信号的级数越多，数字数据的传输速率就越高，但相邻级别之间的差别越小，抗干扰能力就越低，解调的难度也越大。因此对单一参数的多级调制来说，数据传输速率不可能做到很大。

2）幅相键控（APK）

为了进一步提高调制的效率，在同样的级数下得到更多的信号状态数，可以对两个参数进行复合多级调制，可以使信号状态数与级数呈乘方关系。一般常用的是幅相键控（Amplitude Phase Keying，APK），由幅度和相位两个参数进行复合多级调制。APK 也称正交幅度调制（Quadrature Amplitude Modulation，QAM），它可以看作两个正交载波（频率相同但相位差 90°）的调幅信号之和。有 16QAM 和 64QAM 等，图 2.3 是 64QAM 的星座图，幅度和相位两个参数组合出 64 种不同的信号状态。

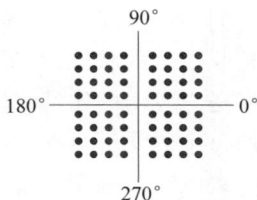

图 2.3　64QAM 的星座图

本节介绍的各种调制技术在第 5 章的无线计算机网络的物理层得到广泛的应用。

2.3　基带传输技术

2.3.1　什么是基带传输

和频带传输相对应，数据通信的另一种传输方式是基带传输，它是计算机网络中主要的一种传输方式。大部分 LAN 和许多 MAN、WAN 都是使用基带传输。

基带传输中，数字数据要经过线路编码（line coding），下面简称编码，转换为具有一定波形特征的数字信号，以利于在信道中传输。

由图 2.2 可见，原来的数字数据 11010，其波形是一种有两个幅度变化等级的矩形脉冲形状。不难想象，任何二进制的数字数据串，其波形都是这种形状。下文中的图 2.4 和图 2.5 给出了几种常用的编码方式，可以看出，编码后数字信号的波形与原来数字数据的原始波形虽然发生了一些变化，但它们都和图 2.2 中的数字数据的波形的特点一样，都是只有有限个幅度变化等级的矩形脉冲形状。由此也决定了它们的频谱的特点：从零频开始，甚至可以包含直流成分，还包含低频和高频等多种成分。显然，这种频谱的特点与经过调制的模拟的频带信号的频谱根本不同，是数字信号所具有的。数字信号因此称为基带信号，这里所谓的基带（base band）即基本频带，指未经调制即未经频率变换的数字信号的固有频带，具有上述的频谱特点。

使用基带信号作为载体传输数字数据的传输方式称为基带传输。基带传输一般使用了传输媒体的整个频带范围，每个时刻整个传输媒体的带宽都被一路信号所占用，不能像频带传输那样可以利用频分复用 FDM 技术实现多路复用。但基带传输可以利用时分复用（Time Division Multiplexing，TDM）技术实现多路复用，提高传输媒体的利用率。

2.3.2　编码解码技术

1. 为什么要编码

基带传输一般需将数字数据进行码型转换再进行传输，码型转换即编码解码，通过编码解码器实现。对应于调制解调器的英文简称 Modem，编码解码器的英文简称为 Codec。

线路编码采用一定的编码方式设计合理的码型，可以带来以下好处。

1）可以在传输信号中携带发送方的时钟信号，实现内同步

同步（synchronization）是数据通信中一个非常重要的问题。接收方要正确判断接收到的接收信号的状态（高低电平或脉冲上下沿等），必须在合适的时刻去测试它，才能正确地还原发送方发出的比特流。若测试的时刻不合适，判断就可能出错。接收时钟应该和接收信号的每个码元都对准，这称为位同步。物理层需要实现位同步。

接收方是基于一个基准定位时钟进行测试的，位同步要求接收方测试的定位时钟与发送方发送的定位时钟的频率和相位符合特定的关系，一般是相同。显然，双方最好使用统一的定位时钟，这有两种实现方式。

① 外同步　使用单独的信号线将发送方的时钟信号传送给接收方。

② 内同步　发送方采用合适的数据编码方法将时钟和数据一起编码，接收方从中分离出时钟和数据。内同步减少了附加的信号线，降低了投资，因而被广泛采用。

2）可以提高数据传输速率，充分利用信道的传输能力

类似多级调制，合理的编码方式可以使编码后的一个码元携带多比特的信息，从而提高了数据传输速率，充分地利用了信道的传输能力。这一点将在 2.3.3 节详细介绍。

3）可以消除传输信号中的直流分量

电信号的直流分量会造成传输线路的电压漂移和信号畸变，而且难以在传输系统中使用交流耦合器件，通过编码解码技术，可以有效地解决这一问题。

2. 常用线路编码方式

1）不归零编码

不归零（Non-Return to Zero，NRZ）编码，如图 2.4（a）所示，图中上方表示被编码的数字数据。NRZ 用不同的电平信号表示二进制代码 0 和 1，这一电平信号要占满整个码元的宽度，中间不归零。例如，可用 +5V 表示 1，0V 表示 0（单极性 NRZ 码）；或用 +5V 表示 1，-5V 表示 0（双极性 NRZ 码）。

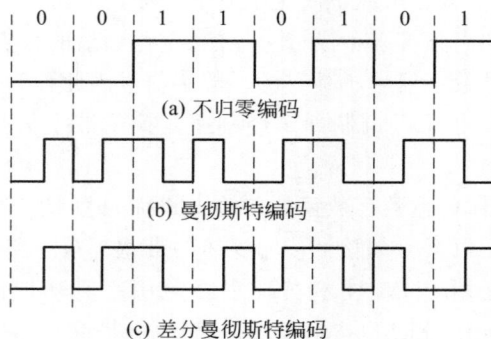

图 2.4　3 种编码方式

不归零制编码存在一些严重的缺点。

① 当出现多个连续的 0 或连续的 1 时，难以判断何处是上一位的结束和下一位的开始，不能提供足够的定时信息。

② 这种编码信号尤其是单极性码存在直流分量。

不归零制编码的另一种方式称为 NRZI（NRZ-Invert on 1）。编码时，对于 1，信号电平在正负之间发生变化；而对于 0，信号电平不变化。

2）码元和码元状态数

由上述 NRZ 编码的编码例子，我们先给出码元和码元状态数的概念，以便于后面的讲解。由图 2.4(a) 不难看出，数字数据编码后的数字信号波形变化存在一个最短的时间周期 T（此例中和数字数据的周期一样），在一个周期内电平不会变化。编码波形由每个周期中的一个个单元组成，每个单元称为一个码元。码元在不同周期中的电平可以不同，例如双极性 NRZ 码，电平共有 +5V 和 -5V 两种情况，即码元电平数为 2。一般情况下，我们称码元状态数为 2。码元的每个状态都携带了对应的数字数据的信息，上例中 +5V、-5V 分别表示数字 1、0。

3）曼彻斯特编码与差分曼彻斯特编码

曼彻斯特编码（manchester coding）以它的发源地英国曼彻斯特大学的名字命名，它克服了不归零制编码存在的问题，得到了广泛的应用，以太网就采用曼彻斯特编码方式。

曼彻斯特编码方式如图 2.4(b) 所示。其特点是，每一数据位都对应两个码元，它们之间都有一个跳变，电平由低到高为正跳变，反之为负跳变，正跳变表示数字 0，负跳变表示 1。曼彻斯特编码方式带来了如下好处。

① 接收方容易利用每个数据位中间位置的跳变生成同步时钟信号，实现内同步，它又称自带时钟码（self-clocking code）。

② 利用跳变的相位容易判 0 和 1。

③ 因为每个数据位中间都有跳变，因此无直流分量。

但是曼彻斯特编码的传输效率减少了一半，编码后两个码元表示 1 比特的信息，这是它为上述的好处所付出的代价。

和曼彻斯特编码相关的另一种编码技术是差分曼彻斯特编码（differential manchester coding），是 IEEE 802.5 令牌环中使用的编码方式。

差分曼彻斯特编码如图 2.4(c) 所示，在每一数据位的中间也有一个跳变，但它只用来生成同步时钟信号，而用每位开始是否有跳变（正或负跳变均可）来表示数字 0 或 1，若每位开始有跳变表示 0，无跳变则表示 1。

显然，差分曼彻斯特编码也自带同步时钟信号，也不存在直流分量。

4）多级编码

二进制代码的编码中，当码元状态数大于 2 时，属于多级编码。图 2.5 是一种 4 级编码的例子，码元有 4 种状态，即 -1V、-3V、+1V 和 +3V。

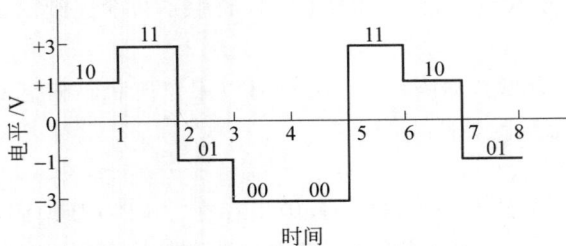

图 2.5　4 级编码的例子

如图 2.5 中所示，这 4 种码元状态分别可以表示 2 比特的组合 00(-3V)、01(-1V)、10(+1V) 和 11(+3V)，每个码元携带了 2 比特的数据。

假设多级编码的码元状态数为 M，且 M 为 2 的整数次幂，那么，一个码元则可携带 $\log_2 M$ 个比特的数字数据。

3. mB/nB 块编码

1）两级编码

mB/nB（m out of n，$m < n$）把 m 比特的数字数据块（block）用 n 比特的二进制代码块来表示，是一种块编码（block coding）。

mB/nB 编码后一般不直接放到物理线路上传输，还要进行一次线路编码，变成媒体中传输的电信号或光信号，即块编码-线路编码的两级编码。例如，100BaseTX 以太网采用 4B/5B-MLT3 编码方式，FDDI 使用 4B/5B-NRZI 编码方式，1000BaseX 以太网使用 8B/10B-NRZ 编码方式等。

2）4B/5B 编码

下面以 4B/5B 编码为例介绍 mB/nB 编码。4B/5B 编码将欲发送的数据流每 4 比特作为一块，将每一块按 4B/5B 编码规则转换成相应的 5B 码。表 2.2 列出了 4B/5B 编码的数据码元对照情况。

表 2.2　4B/5B 编码的数据码元对照情况

代 表 符 号	4B	5B	代 表 符 号	4B	5B
0	0000	11110	8	1000	10010
1	0001	01001	9	1001	10011
2	0010	10100	A	1010	10110
3	0011	10101	B	1011	10111
4	0100	01010	C	1100	11010
5	0101	01011	D	1101	11011
6	0110	01110	E	1110	11100
7	0111	01111	F	1111	11101

4B/5B 编码有以下优点。

① 由表 2.2，在 32 种 5B 码中选择了 16 种表示原来的 4B 码，可以保证做到无论原 4B 码是什么样的组合，所转换的 5B 码中至少有两个 1，这样再经过线路编码，FDDI 在光纤中传输的光信号至少发生两次跳变，而且选中的 5B 码中不包含连续的 3 个 0，从而利于接收端同步时钟的提取。

② 5B 码中 16 种组合做数据码，其余 16 种可以用作控制码和空闲码等，用来表示码流的开始和结束、线路状态空闲等。

3）mB/nB 编码的特点

以上 4B/5B 编码的优点在其他 mB/nB 中也存在。mB/nB 编码中，$m < n$，2^m 个数据码是从 2^n 个 nB 码选出来的。根据需要，一般要使 0 和 1 等概率、连续的 0 和 1 数目小。这样，其频谱低频分量少、直流基线漂移小、频率范围较窄、时钟成分丰富、提取同步时钟方便。另外，除 2^m 个数据码外，总可有一些作控制码，它们不会和数据码重复，从而保证传输的透明性。这是计算机网络常常采用两级编码的重要原因。

但 mB/nB 编码带来的这些好处是有代价的。对于 4B/5B 码和 8B/10B 码,编码开销增加了 25%;对于万兆以太网使用的 64B/66B 码,编码开销增加了 3.125%。总之,对于 mB/nB 码,编码开销增加了 $(n-m)/m\times100\%$。

2.4 信道复用技术

2.4.1 什么是信道复用

为了提高传输线路的利用率,在 WAN 和 MAN 中广泛使用信道复用技术,充分利用传输线路的带宽资源。信道复用是将一个物理信道逻辑上划分为多个子信道,就像一条高速公路划分了多条车道一样。

信道复用包括复合、传输和分离 3 个过程。在发送端将 n 个信号复合在一起,送到一条线路上传输,到了接收端再将复合的信号分离,分别送到 n 条输出线路上。

在电话系统中,早期的复用方式是空分复用(Space Division Multiplexing,SDM),由多条电线组成一根电缆,每条传送属于自己的一路信号。后来,采用频分复用(Frequency Division Multiplexing,FDM)。现在,电话主干线已经实现了数字化,时分复用(Time Division Multiplexing,TDM)又成为主流。采用同步光纤网 SONET 的 TDM 技术,数据传输速率已经达到 10Gb/s。

随着 Internet 技术的发展,人们对信道复用技术的研究又由电信号的 TDM 转向光信号的波分复用(Wavelength Division Multiplexing,WDM),充分挖掘了光纤的巨大带宽潜力。

还有一种复用技术是码分复用或称码分多址(Code Division Multiplexing Address,CDMA),它根据码型(波形)结构的不同实现信号的复用,主要应用于卫星通信和移动通信中。

2.4.2 频分复用(FDM)

FDM 用于模拟传输。电话系统中,每路电话信号的频率范围是 300～3400Hz。在电话 FDM 系统中,当多个通道复合到一起时,每个通道分配 4000Hz 作为标准带宽,在各路信号间留有防护带避免串扰。图 2.6 示意了 FDM 如何将 3 个话音通道复合在一起。

电话系统 FDM 的方案在一定程度已经标准化。世界上广泛使用的标准是将 12 个 4kHz 标准带宽的通道复合到 60～108kHz 的频带上,这个 48kHz 带宽的单位称为群(group)。以群为基本单位可以进一步复合:群→超群→主群→超主群,等等。

2.4.3 时分复用(TDM)和统计时分复用(STDM)

TDM 和 STDM 用于数字数据传输,计算机网络中广泛地应用。

1. 时分复用(TDM)

TDM 技术将传输分成固定长度的帧(frame)(电话系统中帧长为 125μs),每个帧又划分为若干时隙(time slot),采用固定时隙分配方式,即一个时隙的数据总是对应于一个固定的用户,接收端根据信号在时隙中的位置就可以分离出各路用户的数据。

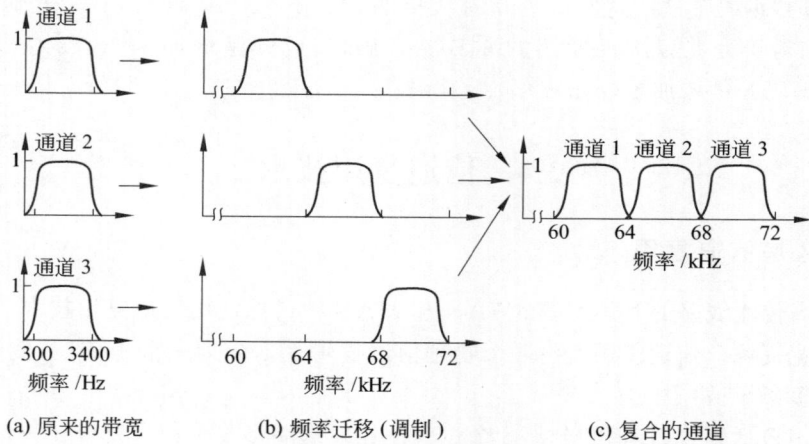

(a) 原来的带宽　　　　(b) 频率迁移(调制)　　　　(c) 复合的通道

图 2.6　频分复用

图 2.7 示意了一个简单的 A、B、C 和 D 4 个用户 TDM 的工作原理,复用器定期扫描它们。在第 1 帧中,C 和 D 用户没有数据发送,这两个时隙也空闲不用。

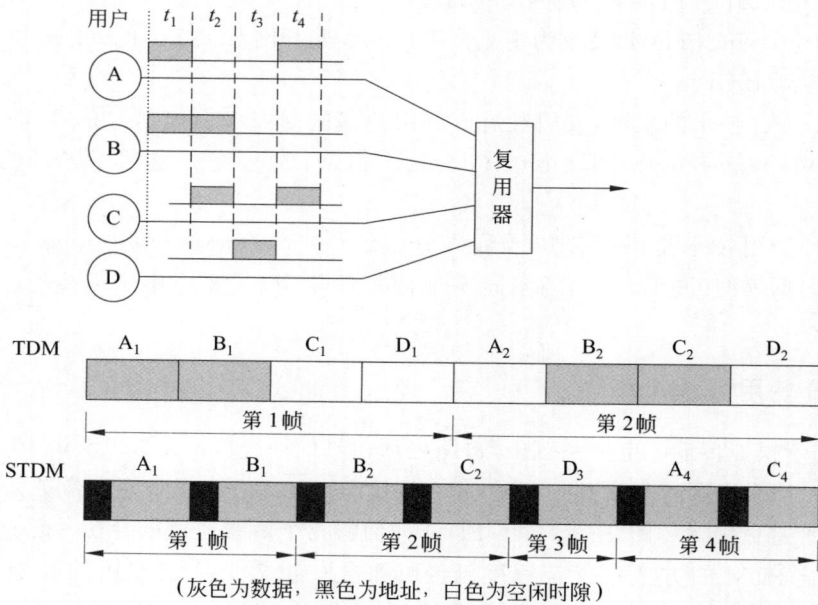

(灰色为数据,黑色为地址,白色为空闲时隙)

图 2.7　TDM 与 STDM

TDM 技术采用固定时隙分配,一个时隙的信号总是来自一个固定的用户。然而用户一般是不会连续不断地发送数据的,因此在 TDM 帧中可能有不少时隙是空闲的,时隙的利用率较低。为此,又提出了统计时分复用(Statistical TDM,STDM)。

2. 统计时分复用(STDM)

STDM 按需要动态地分配时隙,时隙位置与数据源没有固定的对应关系,一个数据源所占用的时隙不是周期性地出现,是无规律的。因此,STDM 也称异步 TDM,原来的 TDM 则是同步 TDM。

STDM 中,用户可以充分利用 TDM 中的空闲时隙,提高了利用率。图 2.7 表示了 STDM 与 TDM 的比较。TDM 帧是固定帧长,而 STDM 帧是可变帧长。

图 2.7 中,STDM 的帧结构中出现了 TDM 中所没有的地址字段。TDM 方式中,根据数据的时隙位置就可以判断数据来自哪个数据源,而 STDM 方式中,这种时隙位置与数据源的对应关系已不复存在。因此,每个时隙中必须有地址字段,接收端能据此正确分离出各路数据,这是 STDM 为提高信道利用率所付出的代价。

异步传输模式 ATM 使用 STDM 技术,本书将在 6.8 节介绍 ATM。

2.4.4　波分复用(WDM)

1. 什么是 WDM

SDH/SONET 时分复用的一根光纤上只传输一个波长(即一种频率)的光信号,而 WDM 是在一根光纤上传输多路不同波长的光信号,在发送端将多个光信号复合在一起,送到一根光纤上传输。图 2.8 表示 WDM 系统传送的多路光信号。在接收端由复合的信号分离出原来的光信号。WDM 比单波长的传输容量可以大几十倍甚至更多。

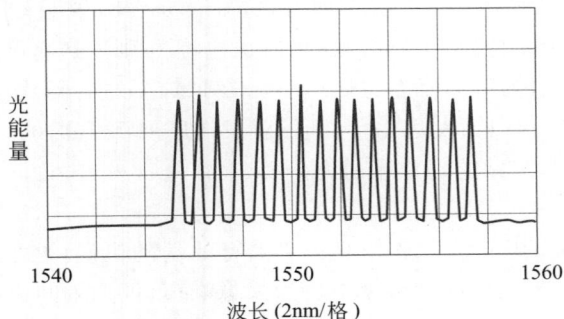

图 2.8　WDM 传送的光信号

因为波长是和频率对应的,从概念上讲,WDM 和 FDM 是相同的,但不同的是 WDM 是对光信号的复合和分离,而 FDM 是对电信号的复合和分离,所使用的复合和分离设备是完全不同的。

光信号传输过程中,可以使用掺铒光纤放大器(Erbium Doped Fiber Amplifier,EDFA)不需要进行光电转换而直接进行光信号放大,两个 EDFA 之间的距离可达 120km 以上。

WDM 系统一般使用单模光纤的 $1.55\mu m$ 的波段,宽度有 $0.2\mu m$,带宽可达 25THz,如果波长间隔为 1.6nm,一根光纤上可以传输 100 多路光波。

WDM 技术比 TDM 更充分地利用了光纤巨大的带宽资源,已经面市的产品有 $16\times2.5Gb/s$、$40\times2.5Gb/s$、$40\times10Gb/s$、$160\times10Gb/s$ 等。

2. DWDM 和 CWDM

WDM 技术中,同一个波段中通道间隔较小的波分多路复用称为密集波分复用(Dense WDM,DWDM)。由于波段中通道间隔较小,因而 DWDM 可以在一根光纤上传输更多路的光波。ITU-T 建议的光波之间的间隔是 0.8nm,还可更小。目前的 DWDM 一般使用 $1.55\mu m$ 的波段。DWDM 更适合用于 Internet 长距离主干网。

稀疏波分复用(Coarse WDM,CWDM)是低成本的 WDM,光波分布的更稀疏,ITU-T

建议的光波间隔是 20nm。CWDM 降低了对波长的窗口要求,以比 DWDM 系统宽得多的波长范围(1.26～1.62μm)进行波分复用,从而降低了对激光器、复用器和解复用器的要求,使系统成本下降。CWDM 在 20km 以下有较高的性价比,可用于城域网 MAN。

WDM/DWDM 技术和高速交换式路由器的 IP 数据报转发结合起来称为 IP over WDM,比 IP over SDH/SONET 更充分地利用了光纤带宽,是 Internet 主干网的一个发展方向,本书将在 6.8 节介绍。

2.4.5 码分多路复用(CDMA)

码分多路复用(Code Division Multiple Access,CDMA)又名码分多址,与前面频分多路复用技术和时分多路复用技术不同,码分多路复用技术可使用相同的频段和时间段进行传输,从而实现多个用户同时使用同一频带进行通信,是一种真正的动态复用技术,它允许多个用户同时共享同一频带的信道,每个用户之间使用不同的码片序列来区分彼此的数据。

CDMA 原理是把每比特时间划分为 m 个短的间隔,称为码片(chip),通常情况下,每比特被分为 64 或者 128 个码片。为了便于理解,这里令 $m=8$,说明 CDMA 的工作原理。每个站被指派一个唯一的 m 位码片序列。如果发送比特 1,则发送自己的 m 位码片序列。如果发送比特 0,则发送该码片序列的二进制反码。例如,A 站的码片序列 00011011,发送比特 1 时,就发送序列 00011011;发送比特 0 时,就发送序列 11100100。习惯将序列中 0 写为 -1,1 写为 $+1$。所以,A 站的码片序列为$(-1,-1,-1,+1,+1,-1,+1,+1)$。CDMA 包括如下几步。

(1) 信号编码:每个用户信号被分配一个独特的伪随机码,这个码用于将用户的数据进行编码。编码后的信号在时间和频率上看起来像噪声,但如果知道编码规则,就可以从中提取出原始信号。

(2) 信号叠加:所有编码后的信号在同一频带上传输。由于每个信号的编码不同,它们在传输过程中互不干扰。

(3) 信号解码:接收端使用与发送端相同的伪随机码来解码收到的信号,从叠加信号中提取出特定用户的原始数据。

令向量 S 表示 A 站的码片序列,向量 T 表示其他任意站的码片序列。两个不同站的码片序列正交(orthogonal),就是向量 S 和 T 的规格化内积为 0:$S \cdot T = \dfrac{1}{m}\sum_{i=1}^{m}S_i T_i = 0$。正交关系的另一个重要特性是,任何一个码片向量和该码片向量自己的规格化内积都是 1,即 $\dfrac{1}{m}\sum_{i=1}^{m}S_i S_i = \dfrac{1}{m}\sum_{i=1}^{m}S_i^2 = \dfrac{1}{m}\sum_{i=1}^{m}(\pm 1)^2 = 1$,一个码片向量和该码片反码 S' 的向量的规格化内积是 -1,即 $S \cdot S' = -1$。

例如,某个 CDMA 站接收方收到一条码片序列 $S = (-1,+1,-3,+1,-1,-3,+1,+1)$,站点 A 的码片向量为 $T_A = (-1,-1,-1,+1,+1,-1,+1,+1)$,站点 B 的码片向量为 $T_B = (-1,-1,+1,-1,+1,+1,+1,-1)$,站点 C 的码片向量为 $T_C = (-1,+1,-1,+1,+1,+1,-1,-1)$,站点 D 的码片向量为 $T_D = (-1,+1,-1,-1,-1,-1,+1,-1)$。将收到的码片序列 S 与站点 A,B,C 和 D 的码片向量进行规格化内积。计算可

知,$S \cdot T_A = 1$,$S \cdot T_B = -1$,$S \cdot T_C = 0$,$S \cdot T_D = 1$,站点 A 和站点 D 发送了比特 1,站点 B 发送了比特 0,站点 C 没有发送数据。

码分多路复用通过为每个用户分配独特的伪随机码,每个用户的信号在发射和接收过程中都经过独特编码,能够在同一频带上同时传输而不互相干扰,显著提高了通信系统的效率和容量。

2.4.6　数字传输系统 SDH/SONET

SDH(Synchronous digital hierarchy) 即同步数字系列,SONET(Synchronous Optical Network)即同步光纤网。各电话公司较早的光纤主干网的技术标准不一样,有碍进一步发展和应用,1989 年产生了统一的标准,即同步光纤网 SONET,由美国国家标准局标准化。CCITT 也参与了标准化工作,并产生了一系列的 CCITT 建议 G.707~G.709 等,被称同步数字系列 SDH。SDH 与 SONET 基本相同,因此常常记为 SDH/SONET。

SDH/SONET 是一种使用光纤的数字数据传输技术,使用主从同步的网同步方式,采用时分多路复用 TDM 技术,SDH/SONET 数字传输系统广泛用于 WAN、MAN,构建 Internet 长距离主干网。

SDH/SONET 之前,电话系统数字传输的技术标准是准同步数字系列(Plesiochronous Digital Hierarchy,PDH),也是使用 TDM 的数字传输技术。本节先从 PDH 讲起。

1. PDH

1) 网同步

在 PDH 和 SDH/SONET 系统中,多个结点的信号要复用到一起以达到更高的速率传输,如果复用设备输入的码流速率有差异,处理起来也相当棘手,这时希望网络的所有结点有统一的基准时钟,这称为网同步。网同步一般使用以下两种方式。

① 准同步　网络内各结点的定时时钟信号互相独立,各结点采用频率相同的高精度时钟工作,但频率不可能完全一致,故称准同步。准同步适用于各种规模和结构的网络,各网之间相互平等,易于实现,但各结点必须使用成本高的高精度时钟。

② 主从同步　使用分级的定时时钟系统,主结点使用最高一级时钟,称为基准参考时钟(PRC),比如铯原子钟。基准参考时钟信号通过传输链路传送到网络的各从结点,它们将本地时钟的频率锁定在基准参考时钟频率,从而实现网内各结点之间的时钟同步。

PDH 系统采用准同步方式,而 SDH/SONET 系统采用主从同步方式。

2) 脉冲代码调制(PCM)

模拟话音信号由用户的电话机通过本地用户线(local subscriber line),传送到电话系统的端局(end office),在端局被数字化,在数字干线上传输。

模拟信号数字化的常用方法称为脉冲代码调制(Pulse Code Modulation,PCM),它是现代数字电话系统的基础。PCM 的工作过程是:模拟话音信号以一定时间周期被采样(sampling),得到离散的脉冲信号,其幅度对应了采样时刻的话音信号的幅值,采样信号经模数转换即 A/D 转换(Analog to Digital Conversion)后得到其数字编码。在电话 TDM 系统中(T1、E1、SDH、SONET 等)采样周期规定为 $125\mu s$,即每秒采样 8000 次。根据采样定理,这已足够捕获和恢复 4kHz 带宽的话音信号。

3）T 系列和 E 系列 PDH

CCITT 推荐了两类 PDH，北美和日本采用 T 系列（也称为 T 载波，T-carrier），是以 1.544Mb/s（称为 T1 速率）的 PCM 24 路系统作为一次群（基群）的数字复用系列。欧洲和中国等采用 E 系列，是以 2.048Mb/s（称为 E1 速率）的 PCM 30/32 路系统作为一次群的数字复用系列。

如图 2.9 所示，T1 由 24 个 TDM 话音通道组成。24 路模拟话音信号以 $125\mu s$ 为周期被轮回采样，每路话音 1 个周期得到 1 个离散脉冲，采样信号经模数转换后变为二进制数字数据，每个话音通道按顺序在输出流中插入 8 比特（7 比特为话音数据，1 比特为信令数据，用于控制）。这样每路话音通道的数据传输速率是

$$8b \div 125\mu s = 64kb/s$$

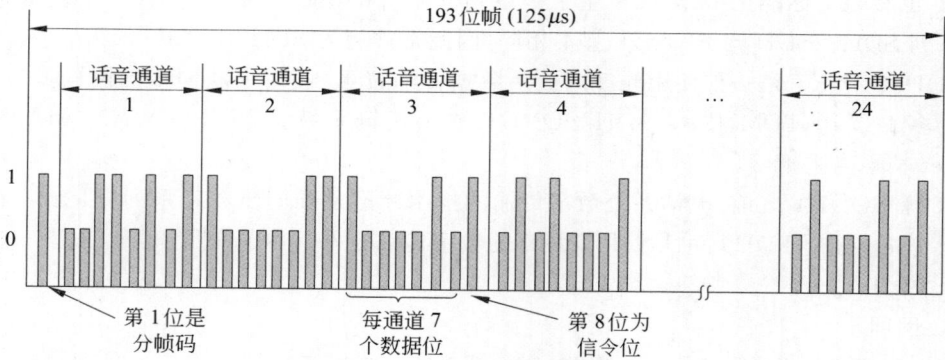

图 2.9 T1 的时分复用帧

T1 的一个帧分为 24 个 TDM 时隙，每个时隙 8 比特，每帧有 $8 \times 24 = 192$ 比特，再加上 1 比特的用于帧同步的分帧比特，就构成一个 193 比特的 T1 帧，于是 T1 的速率为

$$193b \div 125\mu s = 1.544Mb/s$$

E 系列的一次群 E1 将 32 个 8 比特信号封装在 $125\mu s$ 的帧中，30 个通道用于数据，两个通道用于信令。

TDM 允许多个一次群 T1、E1 进一步复用。每级速率是前一级的若干倍再加上一些辅助信号。PDH 的数字复用系列高次群的话路数和数据传输速率汇总于表 2.3。

表 2.3 PDH 的数字复用系列高次群的话路数（路）和数据传输速率（Mb/s）

地区	参数	一次群（基群）	二次群	三次群	四次群	五次群
北美	符号	T1	T2	T3	T4	
	话路数	24	96＝24×4	672＝96×7	4032＝672×6	
	数据传输速率	1.544	6.312	44.736	274.176	
欧洲等	符号	E1	E2	E3	E4	E5
	话路数	30	120＝30×4	480＝120×4	1920＝480×4	76800＝1920×4
	数据传输速率	2.048	8.448	34.368	139.264	565.148

实际的 T 系列和 E 系列的通信线路可以使用铜缆、光缆，跨越海洋时可使用卫星传输。

由表 2.3 可以看出，PDH 的 T 系列和 E 系列数据传输速率标准不统一，这样国际范围的高速数据传输就不易实现。PDH 采用准同步方式，给数字信号的复用和解复用带来很多麻烦。PDH 向更高群次发展在技术上有很大的难度。

2. SDH/SONET

1）SDH/SONET 数字传输系统体系结构

SDH/SONET 数字传输系统由多路复用器、交换机、中继器、分插复用器（Add-Drop Multiplexer，ADM）等构成。两台由光纤直接连接的相邻设备（如中继器）之间称为一段（section），两台多路复用器之间（中间可能有中继器等）称为一条线路（line），源和目的之间的连接称为路径（path）。

SDH/SONET 数字传输系统按功能划分为 4 层，但它只对应 OSI 的物理层。这 4 层自下而上分别如下。

① 光层（optical layer） 处理光纤上的光脉冲传输，负责同步传输信号（STS）和光载波（OC）信号之间的转换，它规定使用光和光纤的物理特性，规定了波长为 1310nm 和 1550nm 的激光源。

② 段层（section layer） 在光纤上传输 STS-N 帧，有成帧和差错检测功能。

③ 线路层（line layer） 负责复用和解复用，对线路层中继器是透明的。

④ 路径层（path layer） 处理端到端的传输，它还具有和非 SONET 网络的接口。

SONET 数字传输系统的体系结构如图 2.10 所示。

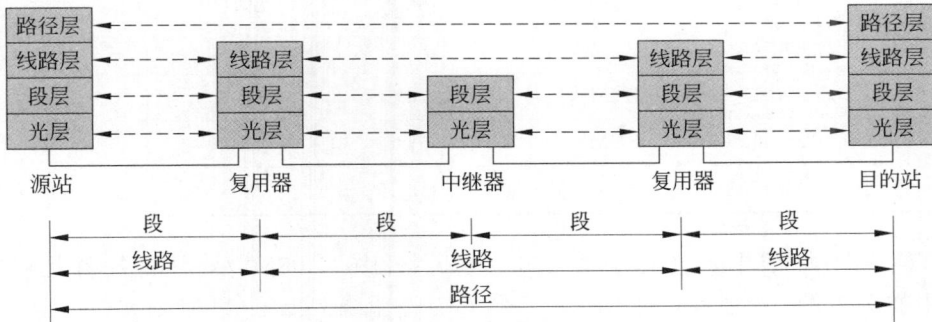

图 2.10　SONET 数字传输系统体系结构

2）SDH/SONET 复用速率

SONET 标准规定，一个 SONET 帧包含 810 路话音数据，每路 1 字节，共 810 字节即 6480 比特。每 125μs 发送 1 帧，因此，数据传输速率为

$$6480\text{b} \div 125\mu\text{s} = 51.84\text{Mb/s}$$

其中包括净荷和少量传输控制信息。这就是基本的 SONET 信道，称为一级同步传输信号（Synchronous Transport Signal level-1，STS-1）。

SDH/SONET 采用时分多路复用 TDM 技术，是 TDM 的典范实例。多路 STS-1 进一步复用构成更高速的信道，称为 N 级同步传输信号 STS-N，STS-N 数据传输速率是 STS-1 的 N 倍。STS-N 表示电信号，它对应的光信号系列为 N 级光载波（Optical Carrier at level-N，OC-N）。光信号是从电信号转换得到的。

有时还使用另一种 N 级光载波表示 OC-Nc，它与 OC-N 的含义大同小异，更加细分，

OC-Nc 表示无复用。例如,OC-3 表示 3 路 OC-1 复用的线路,而 OC-3c 表示仅从一个源传送数据的线路。虽然它们的线路速率都是 155.52Mb/s,但 OC-3c 的用户净荷速率是 149.760Mb/s,略高于 OC-3 的 148.608Mb/s,因为它传输控制开销略小一点。

SDH 系列基本与 SONET 系列类似,SDH 的标准信号块称为 N 级同步传输模块 (Synchronous Transfer Module-level N,STM-N),数据传输速率也是按 STM-1 的 N 倍定义。STM-1 的数据传输速率规定为 155.52Mb/s,相当于 SONET 系列的 STS-3。SDH 系列中最常用的是 STM-1、STM-4、STM-16 和 STM-64。SONET 和 SDH 的多路复用速率列于表 2.4 中。

表 2.4 SDH/SONET 的多路复用速率

SONET STS-N	SONET OC-N	SDH STM-N	线路速率/ (Mb·s⁻¹)	话路数/ (每路 64kb·s⁻¹)	常用线路速率的近似值
STS-1	OC-1		51.84	810	
STS-3	OC-3	STM-1	155.52	2430	155Mb/s
STS-9	OC-9	STM-3	466.56	7290	
STS-12	OC-12	STM-4	622.08	9720	622Mb/s
STS-18	OC-18	STM-6	933.12	14580	
STS-24	OC-24	STM-8	1244.16	19440	
STS-36	OC-36	STM-12	1866.24	29160	
STS-48	OC-48	STM-16	2488.32	38880	2.5Gb/s
STS-96	OC-96	STM-32	4976.64	77760	
STS-192	OC-192	STM-64	9953.28	155520	10Gb/s
STS-768	OC-768	STM-256	39813.12	622080	40Gb/s

ATM 网络标准中定义速率为 155.52Mb/s 和 622.08Mb/s,其目的就是和 SDH/SONET 数字传输系统兼容,以便在 OC-3 和 OC-12 干线上传送 ATM 信元。

目前 SDH/SONET 数字传输系统广泛用于构建 Internet 主干网,运行 IP 网际协议传输 IP 包,称为 IP Over SDH/SONET 或 IP Over SDH,也称为 POS(Packet Over SDH/SONET)。连接 SDH/SONET 线路的路由器接口常常称为 POS 接口(见 6.1.2 节)。第 1 章已经介绍,我国的 CERNET2(图 1.5)和美国高校的 Abilene 的主干网,都采用了 IP Over SDH/SONET,包括 2.5Gb/s 的 OC-48 和 10Gb/s 的 OC-192。6.8.3 节还将进一步介绍 Internet 主干网中的 IP Over SDH/SONET 技术。

2.5　宽带接入技术

2.5.1　用户计算机接入 Internet 的方式

用户计算机接入 Internet 由 ISP 提供服务。ISP 经营着接入网(Access Network,AN),AN 被比作信息高速公路的"最后一千米",是网络基础设施建设的重要环节。

因为三网融合的实现,即先后已存在的 PSTN 电话网、CATV 有线电视网和计算机网,物理上相互连接,网络层通过 IP 互通,可以使用相同的应用协议,服务业务相互交叉,三网融为一体,因此接入网 AN 可以基于三网中的一个。

学校、企业和事业等单位特别是较大的单位一般都有自己的计算机网络,自己的 ISP(一般称网络中心),这些单位的用户计算机一般是由网络中心负责,连接到本单位的局域网 LAN 或无线局域网 WLAN,进而接入 Internet。这部分技术将在第 4、5 章讲述。

居民用户(包括没有计算机网络的单位)的计算机接入 Internet 由专门的 ISP 负责。因为由于居民小区一般没有 LAN 或 WLAN,而较早的电话网和有线电视网都铺设到了千家万户,因此 ISP 多通过它们将居民用户的计算机接入 Internet。本节讲述的宽带接入技术,就是这方面的内容。

早期的接入方式是窄带接入,有 PSTN 拨号接入和 ISDN 接入。PSTN(Public Switched Telephone Network)即公共交换电话网,用户使用 Modem 将数字信号调制为模拟信号,通过电话网接入 Internet,可提供 56kb/s 的速率。ISDN(Integrated Services Digital Network)即综合业务数字网。用户计算机要使用 ISDN 接口,它可提供一个 144kb/s 的数字通道用于 Internet 接入。窄带接入已经不再使用。

宽带接入主要有数字用户线 xDSL、混合光纤同轴电缆网 HFC 和光纤到 x FTTx(x 可以是家、楼、小区等)3 种方式。

xDSL 和 HFC 非常适合居民用户的 Internet 接入,它们分别基于已有的 PSTN 电话网和 CATV 有线电视网,接入带宽可达 T1 及以上量级,属于宽带接入网。

FTTx 接入方案,可以把光缆直接铺设到居民家中,可以实现高速 Internet 访问,不受电磁干扰,是目前居民用户计算机接入 Internet 的最高档次,但要铺设大量光缆。现在 FTTx 普及越来越广泛。

本节简要介绍宽带接入技术,读者可参阅参考文献[38]等。

2.5.2　数字用户线 xDSL

1. ADSL 及其频谱

xDSL(x Digital Subscriber Line)技术利用电话网络在铜质双绞线上实现高速数字传输。电话机使用双绞线连接到电话本地中心局的交换机,一般有 1～10km,这段双绞线称为用户线,或称本地回路。如果世界上所有的本地回路拉直再首尾相接,其长度将是地球到月球来回距离的 1000 倍左右。

模拟电话线路的传输带宽可达到 1.1MHz 以上,而普通老式电话业务(Plain Old Telephone Service,POTS)只使用 0～4kHz 这一段,xDSL 使用 FDM 方式充分挖掘了传统电话线路的带宽资源,利用电话线路的高频段传输数据。

非对称数字用户线(Asymmetric DSL,ADSL)是 xDSL 中较早的一种,之所以称为"非对称",是因为 ADSL 技术提供下行大于上行的非对称传输速率。ADSL 一般用于个人或家庭用户的 Internet 接入,可传输数字电视、视频点播 VOD、万维网浏览等,通常下载传输较多,而上传数据的机会相对要少。

ADSL 用户的重要设备是 ADSL Modem,使用 FDM 技术在一根电话线上产生 3 个信道。

① 标准电话服务的话音信道。

② ADSL 中速的上行信道。

③ ADSL 高速的下行信道。

3 个信道可以同时工作。普通老式电话业务仍在话音信道①内传送,经由一个低通滤波的话音分离器或称 POTS 分离器(POTS splitter)插入 ADSL 通路中。另两个信道用于 Internet 接入。

图 2.11 表示了 ADSL 3 个信道的频谱分布。

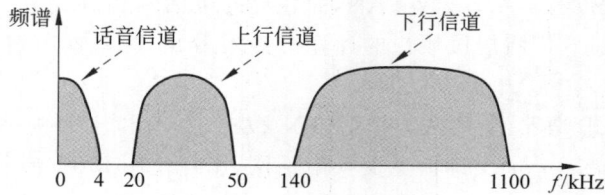

图 2.11   ADSL 频谱

2. ADSL 接入的网络结构

典型 ADSL 接入 Internet 的网络结构如图 2.12 所示,主要由两部分构成:一部分是用户端设备,主要有 ADSL Modem 和 POTS 分离器;另一部分是中心机房(端局)设备,主要有 POTS 分离器和数字用户线接入复用器(DSL Access Multiplexer,DSLAM)。DSLAM 一般都内嵌多个 ADSL Modem。ADSL Modem 又称为接入端接单元(Access Termination Unit,ATU),ADSL Modem 必须成对使用,用户端和中心机房的 ADSL Modem 分别记为 ATU-R(R:remote)和 ATU-C(C:central office)。

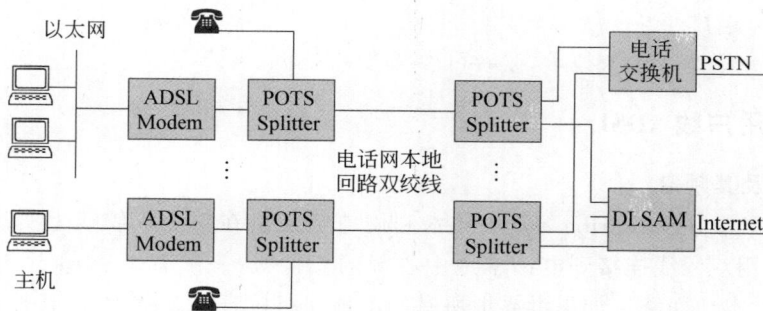

图 2.12   ADSL 接入的网络结构

ADSL Modem 将来自用户计算机的数字数据调制成适合在双绞线上远距离传输的模拟信号后,送到本地回路进行传输。在相反方向,ADSL Modem 将通过本地回路送来的模拟信号解调为数字数据,送给用户计算机。

用户端的 POTS 分离器将来自 ADSL Modem 的模拟信号和来自电话机的话音信号合成在一起,通过双绞线进行传输。在相反方向,POTS 分离器将双绞线上的信号分离为话音信号和 ADSL Modem 调制的模拟信号,分别送给电话机和 ADSL Modem。中心机房的 POTS 分离器的作用与此类似。

DSLAM 主要有两个功能:一是 ADSL 接入,DSLAM 内嵌多个 ATU-C,可以同时接入多个 ADSL 访问;二是多路接入复用,将同时接入的多个 ADSL 访问复用到 Internet。

3. xDSL

除了 ADSL，发展了系列的 xDSL 技术，包括单线对数字用户线（Single-pair DSL，SDSL），高比特率数字用户线（High bit-rate DSL，HDSL）和甚高比特率数字用户线（Very high bit-rate DSL，VDSL）等，其性能如表 2.5 所示。

表 2.5　几种 xDSL 的性能

xDSL	对称性	下行带宽	上行带宽	最大传输距离
ADSL	非对称	1.5Mb/s	64kb/s	4.6～5.5km
ADSL	非对称	6～8Mb/s	640kb/s～1Mb/s	2.7～3.6km
SDSL	对称	384kb/s	384Mb/s	5.5km
SDSL	对称	1.5Mb/s	1.5kb/s	3km
HDSL(1 对线)	对称	768kb/s	768kb/s	2.7～3.6km
HDSL(2 对线)	对称	1.5Mb/s	1.5Mb/s	2.7～3.6km
VDSL	非对称	12.96Mb/s	1.6～2.3Mb/s	1.4km
VDSL	非对称	25Mb/s	1.6～2.3Mb/s	0.9km
VDSL	非对称	52Mb/s	1.6～2.3Mb/s	0.3km

ITU-T 也已颁布了更高速率的第 2 代 xDSL 标准，如 ADSL2 和 ADSL2＋。ADSL2 至少支持上行 800kb/s 和下行 8Mb/s 的速率；ADSL2＋的上行速率可达 800kb/s，下行速率可达 16Mb/s，VDSL2 提供的上行和下行速率都可达到 100Mb/s。

2.5.3　混合光纤同轴电缆网（HFC）

1. HFC 及其频谱

HFC（Hybrid Fiber Coax）即混合光纤同轴电缆网，是在有线电视网 CATV 基础上发展起来的，除提供原来的电视播送业务外，还能提供数据业务，进行 Internet 宽带接入。

根据 HFC 的字面含义，即混合有光纤和同轴电缆的网络，目前的 CATV 已经是 HFC 网，但单向的 HFC 只能传输电视信号，双向的 HFC 才能提供综合的传输业务服务。实际上，HFC 指的是双向的 HFC 网络，单向的 HFC 属于 CATV。

HFC 以 FDM 技术为基础，HFC 中各种图像、数据和话音信号通过调制解调器同时在同轴电缆上传输，因此合理的频谱分配十分重要。图 2.13 是同轴电缆信号频谱的一种典型的分配方案。

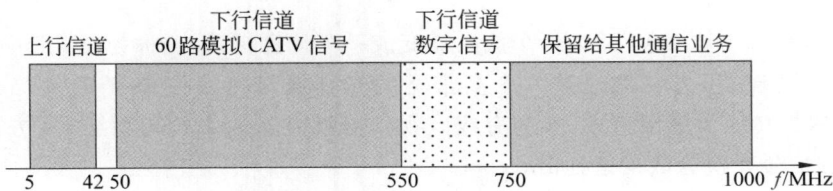

图 2.13　HFC 频谱的一种典型的分配方案

图 2.13 的 HFC 频谱中，上行信道是原来 CATV 中不使用的低频端，5～42MHz（北美

使用,欧洲、中国为 5~65MHz)。上行信道进一步划分为几个子频段,分别用于传输电话、数据通信和 HFC 网的状态监视信息等。

50~550MHz 频段(除了 88~108MHz 用于 FM 无线电台外)用于传输现有的模拟 CATV 信号,每一条通道带宽为 6/8MHz(NTSC 制,北美使用,6MHz;欧洲、中国使用 PAL 制,8MHz),可以有 60~80 路的 CATV 频道。

550~750MHz 频段用于下行信道。若采用 64 正交幅度调制 64QAM 调制方式,其编码效率为每波特 6 比特数据。在一个 6MHz 的模拟通道内,可提供 36Mb/s 的数据传输速率,除去附加开销可以有约 30Mb/s 的有效净荷。若取 4Mb/s 速率的 MPEG-2 图像信号,扣除用于纠错等冗余比特后,这 200MHz 带宽的频段,可以传输 200 路视频点播(VOD)信号。

高端的 750~1000MHz 频段确定给各种双向通信业务,如个人通信网(Personal Communication Network,PCN)等。

2. HFC 接入的网络结构

HFC 接入的网络结构如图 2.14 所示。一个 HFC 系统一般包括 3 部分,即头端、HFC 传输网络和用户端系统。头端是原 CATV 中就使用的名称,在 HFC 中也称为电缆调制解调器终端系统(Cable Modem Terminal System,CMTS)。

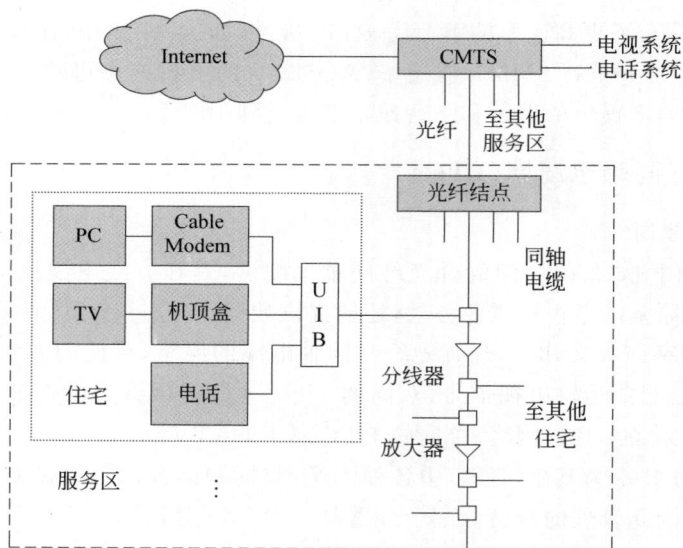

图 2.14　HFC 接入的网络结构

HFC 中,头端由原 CATV 中一个放大器变成一个计算机系统,称为 CMTS。CMTS 的一侧与 HFC 网连接,另一侧通过一个高带宽的光纤接口接入一个 ISP。CMTS 将来自 Internet 的数据转换为模拟信号,并与有线电视信号混合送入 HFC 网络。反方向上,来自 HFC 网络的信号转换为数据送到 Internet。

HFC 引入了结点体系结构(node architecture)的概念,使用星状-树状两级拓扑结构。由 CMTS 到各服务区的光纤结点(fiber node)使用光纤,成星状结构,CMTS 与光纤结点的典型距离为 25km。光纤结点又称为光分配结点(Optimal Distribution Node,ODN),用于进行光电信号的转换。光纤结点下使用同轴电缆,成树状结构。一个光纤结点下可接 1～6 根同轴电缆,每根同轴电缆上再使用分线器将同轴电缆引入各住宅用户,光纤结点到用户一般不超过 2～3km。为了补偿同轴电缆中信号传播的衰减,每 600m 左右要加入一个放大器。一个光纤结点下的所有用户组成一个用户群(cluster),一般包含 500 户左右,不超过 2000 户。

如图 2.14 所示,住宅用户要安装一个用户接口盒(User Interface Box,UIB),它可提供 3 种连接:使用同轴电缆连接机顶盒再接电视机,使用双绞线接电话机和使用电缆调制解调器连接计算机。

用户端的主要设备是电缆调制解调器(Cable Modem),是放在用户家中的端接设备,连接用户计算机和 HFC 网络,提供双向数据接口。

3. Cable Modem

Cable Modem 从上行频段中分出一个上行频道,同时从下行频段中分出一个 6MHz 的下行频道。上行频道容易受到家电干扰,一般采用保守的四相相移键控调制(Quaternary PSK,QPSK),数据速率可达到几兆比特甚至 10Mb/s。Cable Modem 下行调制方式常用的是 64QAM,数据传输速率可达 36Mb/s。

Cable Modem 一般使用 10BaseT/100BaseTX 接口连接用户计算机,用户计算机也需要配置 10BaseT/100BaseTX 以太网卡。也有的 Cable Modem 使用 USB(universal serial bus)接口连接用户计算机。

在上行方向,Cable Modem 从计算机接收数字数据,把它们调制成模拟信号发送到 HFC。一个光纤结点下的 HFC 同轴电缆的树状网,实质上是共享媒体的总线结构。一个用户群共享上行信道,可能会产生冲突,因此在 Cable Modem 的媒体接入控制(Medium Access Control,MAC)子层要使用类似以太网采用媒体接入控制协议。下行方向采用广播方式,每个 Cable Modem 都监听下行信道广播数据,但只有地址匹配的才接收数据,不存在冲突的问题。

Cable Modem 工作在 OSI 的物理层和数据链路层。美国 CableLabs 实验室制定了 Cable Modem 的技术标准(Data Over Cable Service Interface Specifications,DOCSIS),其第 1 个版本 DOCSIS1.0 已在 1998 年被 ITU-T 接受为国际标准,后来又有了新版本 DOCSIS 2.0(2001 年)和 DOCSIS 3.0(2006 年)。

4. HFC 接入和 xDSL 接入的比较

虽然 CATV 的同轴电缆的带宽可达 1000MHz,Cable Modem 能够提供下行 36Mb/s 和上行 10Mb/s 的最高理论速率,但 Cable Modem 可支持的实际速率要小得多,其下行速率和上行速率一般在 3～10Mb/s 和 0.2～2Mb/s。这是因为 HFC 的带宽是一个光纤结点下的所有用户共享的,当同时上网的人多时,速度就会下降,而且带宽也不稳定。另外,因为同轴电缆是共享传输媒体,容易被人窃听。为此,正规的 HFC 服务供应商应该加密两个方向上的数据流。

相比之下,xDSL 为用户提供的是较小的但是独享的稳定的带宽,xDSL 使用点到点的传输媒体,本质上要比 HFC 的共享媒体安全。

2.5.4 光纤接入 FTTx

FTTx(Fiber To The x)是新一代的光纤宽带接入网,接入网络光纤化,采用光纤代替部分或者全程的传统的铜缆,提高用户上网的传输速率。光纤接入技术 FTTx 根据 x 的不同,有光纤到户 FTTH(x=Home),光纤到办公室 FTTO(x=Office),光纤到楼 FTTB(x=Building),光纤到小区 FTTZ(x=Zone)和光纤到路边 FTTC(x=Curb)等。

FTTx 接入网位于光纤主干线和广大用户之间,其典型结构如图 2.15 所示。连接光纤主干线的局端机房设备称为光线路终端(Optical Line Terminal;OLT),用户端设备为光网络单元(Optical Network Unit,ONU)。ONU 用铜缆来连接用户的终端,一般通过双绞线网以太网连接用户的计算机。

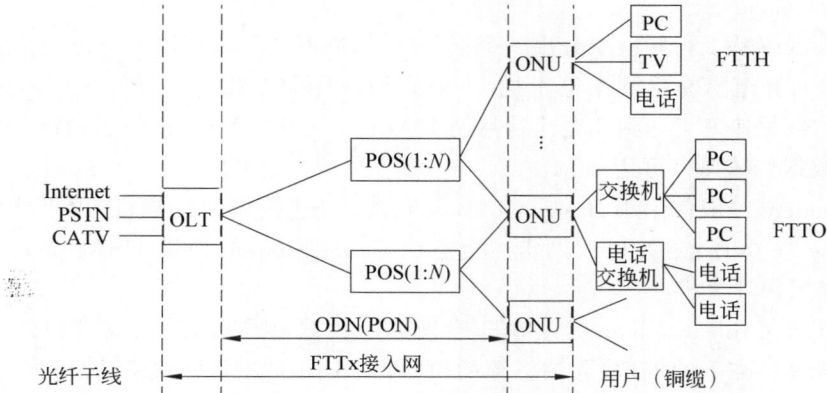

图 2.15　FTTx 接入的网络结构

OLT 和 ONU 之间的设备是光分路器(splitter),它点对多点(Point to Multi-Point,P2MP)地连接 OLT 的一路光纤并进行分路,再用光纤连接到多个 ONU。一般来说,P2MP 的比为 1:N,N 为 4~64。可见,FTTx 中的 x,也就是 ONU 安装的位置,即光电信号转换的位置。

OLT 和 ONU 之间的光纤网络称为光配线网(Optical Distribution Network,ODN)。现在广泛使用的是无源的 ODN,称为无源光网络(Passive Optical Network,PON),它的光分路器是无源光分路器(Passive Optical Splitter,POS)。无源即不使用电源,PON 不包括任何有源结点,设备便于安装维护。ODN 的网络距离可以达到 20km。

ODN 采用波分复用 WDM 的方式,上下行信道分别采用不同波长(下行 1490nm,上行 1310nm)的光进行传输。下行信道中,POS 将来自 OLT 的数据,采用广播方式进行发送,它所连接的多个 ONU 根据标识只接收发给自己的数据,然后转变成电信号发送给用户终端。ONU 发送上行数据时,先把电信号转换为光信号,发送给光分路器 POS,POS 采用时分多路复用 TDM 方式将多路 ONU 的数据复用到一根光纤,发送给 OLT。

以太网无源光网络 EPON(Ethernet PON)是目前广泛使用的无源光网络 PON。EPON 由 2004 年推出的 IEEE 802.3ah 标准定义。EPON 采用 PON 的 P2MP 的无源光纤网络结构,采用 Ethernet 的数据封装方式,与以太网兼容性好。IEEE 802.3ah EPON 的上下行数据速率达到 1Gb/s。后来,IEEE 又制定了更高速的 10Gb/s 的 802.3av EPON 标准,并向下兼容 802.3ah EPON。

EPON 采用以太网的封装方式，OLT 和 ONU 之间的数据帧结构基于 IEEE 802.3 的帧格式，作了局部改动。在前导码的第 3 字节标识它不是普通的以太网帧，而是一个 EPON 帧，第 6、7 字节中携带了逻辑链路标记(Logical Link Identifier，LLID)信息，用于标识用户端的 ONU。

2.6　信道的传输性能

2.6.1　信道的带宽和信号的波特率

1. 信道的带宽

信道的带宽(bandwidth)在频域描述信道的传输性能。带宽的定义来自通信领域，早年的通信信道是传输模拟信号的模拟信道，受物理性质的限制，信道上能够正常通过的模拟的正弦波信号有一个频率范围，不在这个范围的信号就会有较大衰减和失真，这个频率范围就是这种传输媒体的频带，频带的宽度即最大和最小频率之差称为带宽，也称为频宽，它是量词，单位为赫兹(Hz)。同样，信号也可以用频带和带宽来描述，例如话音信号的频带是 300～3400Hz，带宽是 3100Hz。如果信道的频带能够覆盖信号的频带，信道就能正常传输信号，否则就不能。信道的带宽越大，它的传输能力就越强。

带宽的概念后来又借用到计算机网络领域，含义有所不同，1.2.3 节已经做了介绍。

2. 信号的波特率

2.3.2 节讲述了线路编码技术，由图 2.4 和图 2.5 不难看出，编码后的信号波形变化存在一个最短的时间周期 T，在 T 内电平不会变化，信号波形由每个周期 T 中的一个个单元组成，每个单元称为一个码元，因此传输信号的最小单元即码元。

图 2.5 多级编码的例子中讲到的电平信号状态数 M，泛称码元状态。码元状态数为 M(2 的正整数次幂)，那么一个码元则可携带 $\log_2 M$ 比特数据。

数字数据编码后即是通过信道的传输信号，它是数据的载体。数据的最小单元是比特，数据速率用波特率来度量。传输信号在信道上的速率则用每秒传输的码元数来度量，称为波特率(baud rate)，单位是波特(baud)，注意不是 baud/s。波特率 $=1/T$(T 的单位为秒)。

波特率的概念也用于频带传输，此时波特率即调制速率，等于每秒载波参数改变的次数，例如 PSK 中相位改变的次数。

3. 比特率与波特率的关系

不同的编码方式中，1 个码元可以携带不同数量的比特。如果 1 个码元可以携带 r 个比特，则比特率 C 和波特率 B 有如下关系：

$$C = rB \tag{2.2}$$

例如双极性 NRZ 码和图 2.5 的 4 级编码，分别有 $C=B$ 和 $C=2B$，而曼彻斯特编码与差分曼彻斯特编码，两个码元携带 1 比特的数据，r 等于 $1/2$，$C=1/2B$，即波特率是比特率的 2 倍。下面的奈奎斯特准则表明，在实现同样数据传输速率的情况下，波特率高将导致对传输媒体的要求高，这是这两种编码方式携带了时钟信号而付出的代价。

对于多级编码和多级调制，如为 M 级(M 为 2 的正整数次幂)，则有

$$C = B\log_2 M \tag{2.3}$$

例如 8PSK，$C = B\log_2 8 = 3B$。

数据传输可以采用多级编码和多级调制的方式，以达到更高的数据传输速率，级数越多，同样的波特率，比特率就越大。但级数越多，相邻级别的码元之间的差别越小，解码或解调的难度也越大，传输中抗干扰能力也越差。

2.6.2　信道的极限传输能力

奈奎斯特准则和香农定理分别给出了无噪声干扰和有噪声干扰的情况下信道的极限传输能力，称为信道容量(channel capacity)，用信道的最大数据传输速率来表示。

1. 奈奎斯特准则

码间串扰是数字通信系统中除噪声干扰之外最主要的干扰，它来自系统内部。基带传输中矩形脉冲形状的码元包含丰富的高频分量，而信道的带宽是有限的，高频分量传输中更容易衰减，接收到的矩形脉冲原来陡峭的前后沿波形会畸变、拖延，前后码元之间重叠，甚至延续到码元的采样时刻，从而对当前码元的判决造成干扰，此即码间串扰。

早在 1924 年，奈奎斯特(H. Nyquist)就给出一个准则：对于一个带宽为 W Hz 的无噪声干扰的低通信道，则最高的波特率 B_{MAX} 为 $2W$ baud，即

$$B_{\mathrm{MAX}} = 2W \tag{2.4}$$

式(2.4)就是著名的奈奎斯特准则。满足奈奎斯特准则，就可以避免码间串扰。

结合式(2.3)和式(2.4)，有

$$C_{\mathrm{MAX}} = 2W\log_2 M \tag{2.5}$$

例如，对于带宽为 100MHz 的 5 类无屏蔽双绞线，由式(2.4)，$B_{\mathrm{MAX}} = 200\mathrm{M}$ baud；如果 $M = 4$，由式(2.5)，$C_{\mathrm{MAX}} = 400\mathrm{Mb/s}$。

由奈奎斯特准可见，传输信号的波特率越高，要求信道的带宽越高，即对传输媒体和设备的要求越高。在计算机网络中，在满足数据传输速率要求的前提下，可以通过寻求合适的多级编码方式，使信号的波特率减小，从而降低对传输媒体和设备的要求。

2. 香农定理

实际上信道总是有噪声干扰的，噪声干扰的存在限制了信道的数据传输速率，香农(C. Shannon)1948 年推导出了有高斯白噪声干扰情况下的信道容量。不管使用多么巧妙的方式编码，也不能超过此极限速率，这就是著名的香农定理，如式(2.6)所示：

$$C_{\mathrm{MAX}} = W\log_2(1 + S/N) \tag{2.6}$$

其中，W 为信道的带宽(Hz)，S 为信道内所传信号的平均功率，N 为信道的高斯噪声功率，S/N 称为信噪比(Signal-to-Noise ratio)。通常人们不直接使用 S/N，而是使用 $10\log_{10} S/N$，其单位为分贝(dB)，例如 $S/N = 1000$ 时为 30dB。

例如，对于一条带宽为 3.1kHz 的标准电话信道，若信噪比为 30dB，由式(2.6)，其极限数据传输速率 $C_{\mathrm{MAX}} = 3.1\mathrm{k} \times \log_2(1 + 1000) = 31\mathrm{kb/s}$。

香农定理表明，信道的带宽越大、信噪比越大，则数据的极限传输速率就越高。只要数据传输速率低于信道的极限传输速率，就一定可以找到某种方法来实现无差错的传输。但香农定理并没有给出实现数据极限传输速率的方法。

2.7 传 输 媒 体

传输媒体(transmission media)又称为传输介质,是信号传输的物理载体,它包括两类:有线传输媒体和无线传输媒体,有线传输媒体是导向传输媒体,无线传输媒体是非导向传输媒体。有线传输媒体一般是铜导线或光纤,常使用的铜导线有双绞线和同轴电缆。无线传输媒体即自由空间,无线传输根据不同的应用场合和特点,有无线电传输、微波通信、卫星通信、红外线传输以及 ISM 频段的 WLAN 传输。

2.7.1 电磁波及其频谱

1. 电磁波

物理信号在传输媒体中最终是以电磁波的形式传播的。无线传输(wireless transmission)是靠电磁波穿过空间运载数据。在电路上加入一个适当长度的天线,电磁波便可以有效地通过天线向四周传播,在距离天线一定范围内可以被接收器收到。而在有线媒体中,电磁波会沿着铜线或光纤被导向传播。

电磁波每秒振动的次数称为频率(frequency)f,单位为赫(Hz)。两个相邻的波峰间的距离称为波长(wavelength),记为 λ。在真空中,所有的电磁波以同样的速度传播,与它的频率无关,该速度被称为光速(speed of light)c,约为 300 000km/s,即 300m/μs。在真空中 f、λ 和 c 有下述关系:

$$\lambda f = c \tag{2.7}$$

在铜线和光纤中,电磁波传播的速度大约降低到光速的 2/3,并且和频率稍有相关,应该记住下面这个数字:在铜线和光纤中电磁波的传播速度为 1km/5μs。

2. 电磁波频谱

电磁波频谱(spectrum)如图 2.16 所示。无线电波、微波、红外线和可见光部分都可通过调节振幅、频率或相位来传输信息。紫外线、X 射线和伽马射线频率更高,但难于生成和调制,而且对生物有害。图 2.16 下方给出了各频段的正式的 ITU 名字,是依据波长划分的。LF 的波长为 1～10km(30～300kHz)。LF、MF 和 HF 分别指低、中、高频,VHF、UHF、SHF、EHF 和 THF 分别为甚高频、特高频、超高频、极高频和巨高频。

电磁波可运载的信息量与它的带宽有关。从图 2.16 可以明显看出为什么光纤如此备受青睐。下面是一个例子。光纤用于通信的一个波段是损耗较低的 1550nm 窗口,若波段宽为 170nm,带宽有多大呢? 可以达到多高的数据传输速率呢? 由式(2.7),有

$$\frac{\mathrm{d}f}{\mathrm{d}\lambda} = -\frac{c}{\lambda^2}$$

那么,该波段的带宽 Δf(Hz)近似为

$$\Delta f = \frac{c}{\lambda^2} \times \Delta\lambda \tag{2.8}$$

由式(2.8),这个波段的带宽有 14THz。根据奈奎斯特准则,在一个无噪声信道上最高的波特率可高达 28T baud。即使每码元编码 1 比特的数据,工作在这个波段的光纤最高也可以达到 28Tb/s 的数据传输速率。

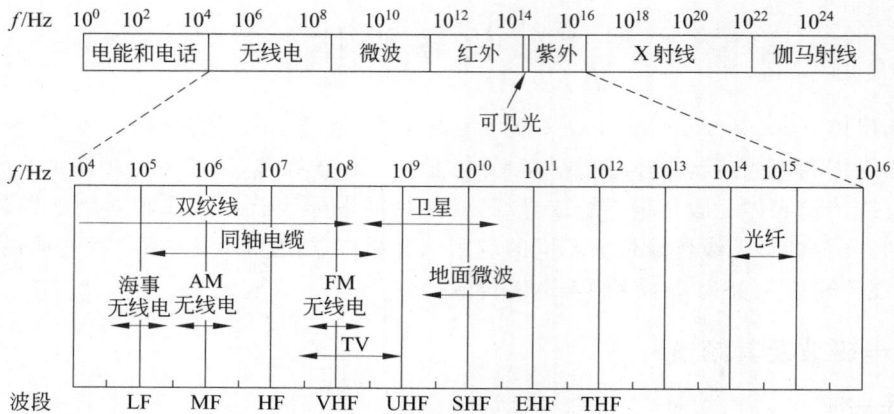

图 2.16　电磁波的频谱和应用

2.7.2　双绞线

双绞线(twisted pair)由两条相互绝缘的,线芯直径一般由 1mm 左右的铜导线组成,它们相互绞合起来,这样可以减小和邻近其他线路之间的电磁干扰(Electro Magnetic Interference,EMI)。

双绞线既能传输模拟信号,也能传输数字信号,其带宽取决于铜线的粗细和长短。一般几千米范围内的传输速率可以达到几兆比特每秒。由于性价比较高,双绞线被广泛应用。

计算机网络中广泛应用的是无屏蔽双绞线(Unshielded Twisted Pair,UTP)。电信工业协会和电子工业协会 TIA/EIA568 标准将 UTP 分成几类(category)。3 类双绞线每一对轻轻绞合在一起,一般在塑料外套内有 4 对线,外套起保护的作用,其带宽是 16MHz,曾应用于 10Mb/s 的计算机网络的布线中。4 类双绞线的带宽是 20MHz。更先进的 5 类和增强型 5 类(enhanced category 5,也称超 5 类)双绞线绞合得更密,带宽是 100MHz,传输质量更好,广泛应用于 100Mb/s 计算机网络。超 5 类在近端串扰、衰减和信噪比等方面有更好的性能。近端串扰(Near-End cross Talk,NEXT)是指传输信号进入线路时又耦合到同一端的接收线路,从而产生干扰。6 类 UTP 可以达到 250MHz 的带宽,为吉比特以太网的布线提供了良好的条件,7 类 UTP 带宽则达到了 600MHz。

与 UTP 对应的是 IBM 于 20 世纪 80 年代早期引入的屏蔽双绞线(Shielded Twisted Pair,STP),STP 线对外面是有网状金属屏蔽层的,它有更好的抗电磁干扰性能。

2.7.3　同轴电缆

同轴电缆(coaxial cable)以硬铜线为芯,外包一层绝缘材料。这层绝缘材料外面用密织的网状导体缠绕,金属网外又覆盖一层保护性材料。

同轴电缆的结构使得它有较高的带宽和抗噪性能。同轴电缆比双绞线的屏蔽性更好,在更高速度上可以传输得更远。有两种同轴电缆广泛使用,一种是特征阻抗 50Ω 的电缆,用于数字传输;另一种是 75Ω 电缆,用于模拟传输。

50Ω 同轴电缆用于传输基带数字信号,因而又称为基带同轴电缆。最早的以太网 IEEE 802.3 标准 10Base5 和 10Base2 就规定使用 50Ω 同轴电缆(粗缆和细缆)。

75Ω 同轴电缆用于模拟信号传输,它是有线电视系统(CATV)中使用的标准电缆,可以达到 1GHz 的带宽。在这种电缆上传输的信号一般是采用 FDM 技术实现的宽带信号,因此 75Ω 同轴电缆又称为宽带同轴电缆。宽带系统划分为多个信道,例如一路电视广播通常占用 6MHz 宽的信道。每个信道可用于模拟电视、CD 声音或数字比特流。

2.7.4 光纤

1. 光纤和光缆

光纤(fiber)即光导纤维。光纤是极细的(直径几微米至几十微米)石英玻璃或塑料纤维。可以利用光纤传输光脉冲信号进行通信。一般以光脉冲出现表示 1,不出现表示 0。

实用的光缆由 3 部分组成。最里面是芯子即光纤。光纤外面包有玻璃或塑料包层,其光学性质与光纤不同。外面再加上由塑料和其他材料组成的套管,套管起保护作用,如防水、防磨损、防挤压等。几根乃至数百根这样的光缆常常合在一起,加上加强芯和填充物,最外面再加护套。

2. 光纤传输及其优点

光传输系统主要包括光源、光纤和光敏元件接收装置 3 部分。可以作为光源的有发光二极管(Light Emitting Diode,LED)和注入式激光二极管(Injection Laser Diode,ILD),它们的特点是当有电流通过时会发出光。接收端使用光敏元件来检测光脉冲,如光电二极管(photodiode),与发光二极管相反,当光照到它时会产生电流。在一根光纤的两端各安装一个发光二极管和一个光电二极管,就构成一个单工的传输系统。发光二极管输入电信号发出光脉冲,光脉冲沿光纤传播,到另一端后,光电二极管将接收到的光脉冲转变为电信号。

一根光纤只能单向传输,光传输系统一般需要两根光纤,构成全双工传输系统。

光纤和铜线相比有很多优点。光纤可以提供比铜线高得多的带宽,因此它可以应用于高速的网络。光纤传输比铜线传输衰减小,长距离传输可以使用较少的中继器。光纤传输不受电磁干扰,因而减少了误码率。光纤难于拼接,因此光纤传输也难于被窃听,安全性高。但光纤传输系统比铜线价格要高。

3. 光在光纤中的传播

光在光纤中的传播(propagation)方式如下:光从光源进入光纤,如果它的方向与光纤的轴向不完全一致,它就会射向光纤边缘,由于包层的光学性质与光纤不同,光在光纤与包层的边界会产生折射或反射。入射角小于某临界值的光会折射到包层中去,被周围材料吸收。当入射角大于某临界值时,会出现全反射,光会反射回光纤,这个过程不断重复,光就沿着光纤传播下去。光在光纤中传播的情况如图 2.17 所示。

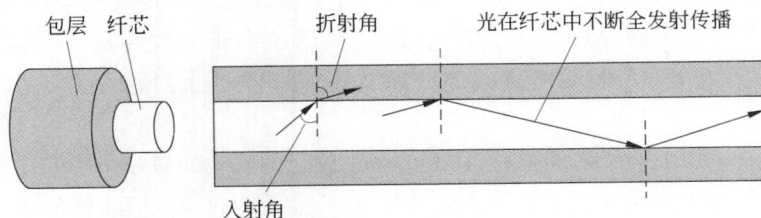

图 2.17 光在光纤中的传播

光在光纤中传播也是有损耗和衰减的。石英光纤的光传播损耗来自金属杂质离子等的吸收损耗及石英材料不均匀或缺陷的散射损耗,且随波长的增加而下降。在光纤通信用的 800～1800nm 的波长有损耗相对较平坦的 3 个工作窗口,中心波长分别是 850nm、1310nm 和 1550nm。现代光纤通信主要采用损耗最低的 1550nm 窗口。

4. MMF 和 SMF

当有多条不同入射角的光线以不同的反射角在一条光纤中传播,这种传播方式的光纤称为多模光纤(Multi Mode Fiber,MMF)。当光纤的直径减小到光波长的数量级时,光纤几乎没有空间供光线进行来回反射,光都会沿轴向传播,这种传播方式的光纤称为单模光纤(Single Mode Fiber,SMF)。光在 MMF 和 SMF 中的传播情况如图 2.18 所示。

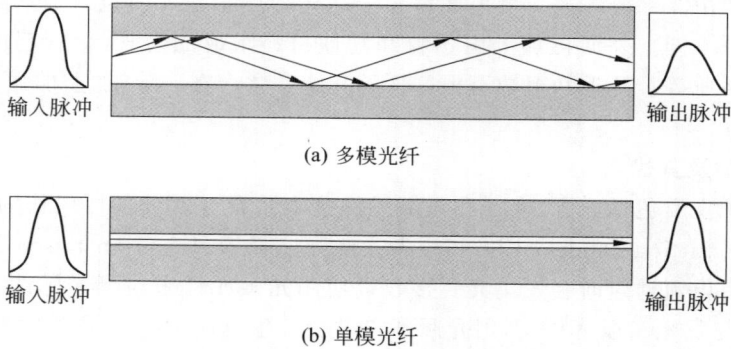

(a) 多模光纤

(b) 单模光纤

图 2.18　光在 MMF 和 SMF 中的传输

MMF 的纤芯一般直径有几十微米,例如 50/125 的 MMF,纤芯直径为 $50\mu m$,包层直径为 $125\mu m$。SMF 的纤芯直径只有 $8\sim10\mu m$。MMF 只适合于近距离传输,一般为 2km。SMF 则有更高的带宽和更长的传输距离,可达几十千米,但造价也更高,需要使用高价的激光二极管光源。

2.7.5　无线传输

1. 无线电

无线电波(radio wave)位于电磁波频谱的 1GHz 以下。它易于产生,容易穿过建筑物,传播距离可以很远,因此得到广泛应用。

无线电波的发送和接收通过天线进行。无线电波的传输是全方向传播,信号在所有的方向传播开来,发射和接收装置无须很准确地对准。

无线电波的特性与频率有关。在较低频率,无线电波能轻易地通过障碍物,但是能量随着与信号源距离的增大而急剧减小。在高频,无线电波趋于直线传播并受障碍物的阻挡。在所有的频率,无线电波都易受电磁的干扰,这是它的一个严重问题。

2. 微波

微波(microwave)是频率较高的电磁波,频率范围在 300MHz～300GHz,主要使用 2～40GHz。在光纤出现以前,几十年来微波构成了远距离电话传输线路的骨干。

微波是沿着直线传播的,通过抛物状天线把所有的能量集中于一小束发射出去,便可以获得极高的信噪比,但是发射天线和接收天线必须精确地对准。

地面微波通信是在地球表面建造微波塔进行中继的通信。由于微波沿直线传播,而且也不能很好地穿过建筑物,如果微波塔间的距离太远,地面就会挡住去路。因此,隔一段距离就需要一个中继站。

3. 卫星通信

卫星通信是在地球站之间利用人造同步卫星作为中继的一种微波接力通信,卫星就相当于在太空中的无人值守的微波通信中继站。同步卫星位于 36 000km 高空,与地球同步旋转。图 2.19 是卫星通信的示意图。卫星通信距离远,覆盖范围大。在地球赤道上空的同步轨道上,等距离地面有 3 颗相隔120°的通信卫星,就能基本上实现全球范围的通信。卫星通信有较大的传播时延,从一个地球站经过卫星到另一个地球站的传播时延为 270ms 左右。

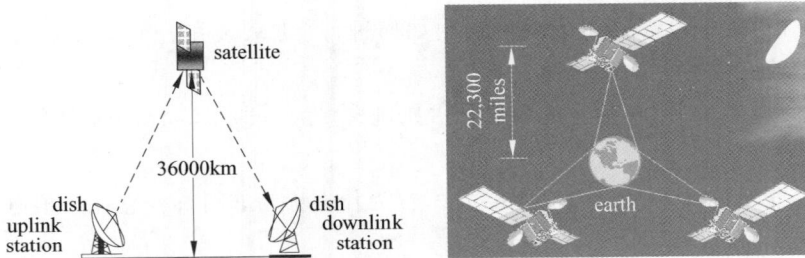

图 2.19　卫星通信

4. 红外线

红外线(infrared ray)位于电磁波频谱的 $3 \times 10^{11} \sim 2 \times 10^{14}$ Hz。红外线传输有方向性,不能穿过坚实的物体。红外线通信不能在室外应用,因为阳光中有强烈的红外线。

红外线通信应用于小范围内,如家庭和办公室等,不需要天线。电视机、DVD 等家用电器使用的遥控器就是红外线通信装置。有红外装置的笔记本电脑可以通过红外线通信连在本地局域网上。红外线广泛应用于很短距离的通信中。

5. ISM 频段

无线电频谱的使用要由国家相关管理部门授权。但 ISM(Industrial,Scientific and Medical)频段,即工业、科学和医学频段,无须授权许可(Free License),只要用较低的发射功率(一般低于 1W)不要对其他频段造成干扰即可。美国联邦通信委员会 FCC 规定的 ISM 频段分为 3 段:$902 \sim 928$MHz、$2.42 \sim 2.4835$GHz 和 $5.725 \sim 5.850$GHz。IEEE 802.11 WLAN(见 5.1 节)、蓝牙、ZigBee 等无线网络工作在 ISM 的 2.4GHz 频段上。

思　考　题

2.1　什么是数据通信?画出数据通信系统的模型,简要叙述各部分的功能。

2.2　什么是频带传输和基带传输?它们各采用哪种信道复用方式?

2.3　什么是调制和解调?其目的是什么?有几种调制方式?

2.4　数字数据在使用基带传输方式传输前为什么还要编码?

2.5　什么是位同步?有哪些位同步方式?

2.6　对于数字数据 01100101,请画出它采用不归零编码、曼彻斯特编码和差分曼彻斯特编码 3 种编码方式编码后的信号波形。

2.7 对于十六进制数字数据 0xDE5615,请画出一种 8 级编码方式的编码后的信号波形。

2.8 信道复用的目的是什么？说出几种常用的信道复用的方式。

2.9 描述并比较 TDM 和 STDM。

2.10 什么是 WDM？什么是 DWDM？什么是 CWDM？

2.11 在一个 CDMA 系统中,有 3 个站点 A、B 和 C,它们的码片向量如下：站点 A 的码片向量 $T_A = (-1, +1, -1, +1)$,站点 B 的码片向量 $T_B = (+1, -1, +1, -1)$,站点 C 的码片向量 $T_C = (+1, +1, -1, -1)$,假设：站点 A 发送比特 1,站点 B 发送比特 0,站点 C 发送比特 1,请计算接收到的码片序列 S。

2.12 为什么电话的数字传输系统中时间间隔多采用 $125\mu s$？

2.13 在 T1 和 E1 中,$125\mu s$ 的时间间隔内如何进行 TDM 复用？T1、E1 和 STS-1 的数据传输速率是多少？写出推导过程。

2.14 T1 线路带宽中,用户传输的数据所占比例有多大？即 1.554Mb/s 中有多大比例在端用户间传送？

2.15 什么是非对称数字用户线 ADSL 技术？为什么称为非对称？它在一根电话线上划分几个信道？

2.16 典型 ADSL Internet 接入网络主要包括什么设备？它们的作用是什么？

2.17 什么是 HFC？简述 HFC 接入的网络结构。

2.18 Cable Modem 工作在 OSI 模型中的什么层次？简述 Cable Modem 在 HFC 网络中的作用。

2.19 什么是 FTTx？举出 4 种 FTTx。

2.20 结合图 2.15 描述 FTTx 接入网的网络结构、包含的主要设备及其作用。

2.21 目前广泛使用的 PON 是什么？为什么说它与以太网兼容性好？

2.22 比特率和波特率之间的关系是什么？

2.23 如果用 $-3V$、$-1V$、$1V$ 和 $3V$ 共 4 种电平表示不同的码元状态,对于 4000 baud 的信号传输速率,数据传输速率可以达到多少？如果使用 8 种码元状态呢？

2.24 什么是信道容量？它用什么表示？

2.25 叙述奈奎斯特准则和香农定理,它们表示了什么意义？

2.26 对于一条带宽为 200MHz 的通信线路,如果信噪比为 30dB,其最高数据传输速率能达到多少？如果信噪比为 20dB 呢？

2.27 什么是光速？光速等于多少？

2.28 铜线和光纤中电磁波的传播速度是多少？电磁波在铜线中传播 1km 需多少时间？

2.29 一条 100km 的电缆传输 E1 速率的数据,该电缆中可以容纳多少比特？

2.30 UTP 是什么意思？目前主要分为几类？它们的带宽是多少？

2.31 计算机的屏幕图像包含 640×480 个像素点,每个像素占用 24 比特,现每秒传输 30 幅屏幕,如果采用四进制编码,问信号能否用 5 类 UTP 传输（无噪声）？如果计算机的屏幕图像包含 1024×768 个像素点呢？

2.32 光纤分为哪两种？它们传播光脉冲的方式有什么不同？

2.33 光传输系统包括哪几部分？和铜线相比,光纤传输有什么优点？

2.34 什么是微波？什么是微波通信和卫星通信？

2.35 若电磁波的波长为 $1.3\mu m$,它对应的频率是多少？以 $1.3\mu m$ 为中心的 $0.17\mu m$ 宽的波段相应的频段的带宽有多少 Hz？它允许的最高码元传输速率是多少？在无噪声的情况下,如果采用 4B/5B 编码,数据传输速率可以达到多少？

第 3 章　数据链路层

　　数据链路层负责单个链路上的结点间的单跳（one hop）传输，传输的 PDU 称为帧（frame），在物理层比特流传输服务的基础上，向网络层提供帧传输服务，并提供帧的差错检验。

　　本章从一个数据链路层进行帧传输的图例入手，介绍什么是数据链路，进而说明数据链路层传输中需要解决的主要问题：①帧同步、透明传输和差错检验 3 个基本问题；②帧传输的可靠性控制；③广播链路的媒体接入控制（Medium Access Control，MAC）。然后，讲述数据链路层对前两个问题的解决方法。最后，讲述著名的数据链路层协议点对点协议 PPP，它广泛用于 Internet 中点对点链路的传输控制中。

　　像以太网这种广播链路的媒体接入控制问题，不同的 LAN 和 WLAN 都针对自身网络特点设计了其接入控制方法，这方面的内容将在第 4、5 章结合具体的网络进行讲述。

3.1　数据链路及其传输中的问题

3.1.1　数据链路及其功能

　　数据链路层的通信对等实体之间的数据传输通道称为数据链路（data link），它是一个逻辑概念，包括物理线路和必要的传输控制协议。数据链路层负责在单个链路上的发送和收接结点之间传送数据帧。

　　图 3.1(a)的例子表示 H_1 向 H_2 发送数据，中间经过了 3 个数据链路，分别是 $H_1 \rightarrow R_1$、$R_1 \rightarrow R_2$ 和 $R_2 \rightarrow H_2$。其中，$R_1 \rightarrow R_2$ 是两个路由器间的点对点链路，数据链路层使用点对点协议 PPP。另外两个是 LAN（如以太网）链路，属于广播链路，使用以太网的数据链路层协议即带冲突检测的载波监听多路访问（Carrier Sense Multiple Access with Collision Detection，CSMA/CD）。

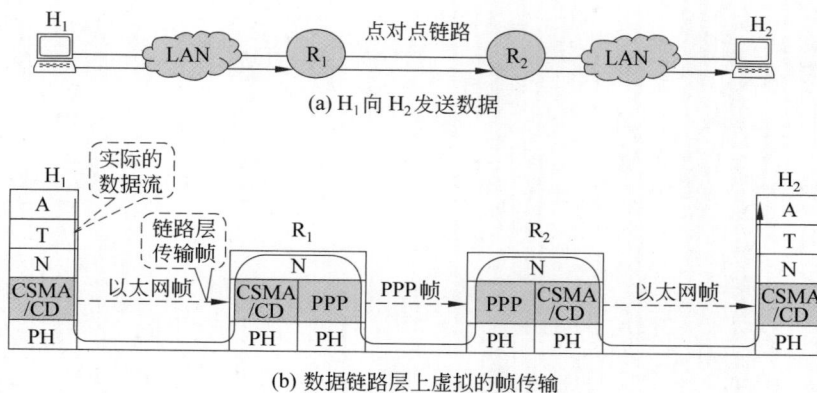

(a) H_1 向 H_2 发送数据

(b) 数据链路层上虚拟的帧传输

图 3.1　数据链路层负责在单个链路上的发送和收接结点之间传送数据帧

图 3.1(b)中的实线表示实际的数据流动。在每个链路上,发送站的数据链路层将上层的数据封装成帧,通过物理层发送出去,接收站负责接收帧。图 3.1(b)中的虚线表示数据链路层上虚拟的帧传输,数据链路层的协议只作用在每个独立的链路上。

3.1.2 数据链路传输中需要解决的主要问题

1. 3 个基本问题

数据链路层负责在单个链路上的发送站和接收站之间传送以帧(frame)为 PDU 的数据。数据链路层有很多传输协议,但要实现正常可靠的帧传输,首先有三个基本问题是共同面对并需要解决的:帧同步、透明传输和差错检验。

帧同步是为了使接收方能准确地判断一个帧的开始和结束,也就是帧定界。透明传输要实现不管什么样的数据都可以传输(如与规定的帧定界符相同的数据),这是与帧定界相关的问题,3.2 节将介绍帧同步和透明传输的概念和方法。差错检验是数据链路层进行传输可靠性控制的必要前提,不管是简单的处理方式(如丢弃出错的帧)还是复杂的控制方式(如下面将要提到的自动请求重传(ARQ)),都需要知道帧传输中是否出现了差错。3.3 节将介绍数据链路层的差错检验方法。

2. 传输的可靠性控制

实际的物理链路可能存在外部信号干扰和内部电路问题等因素引起的传输差错,数据链路层一个重要功能是在不可靠的物理链路上加上必要的控制规程,以实现帧的可靠传输。数据链路控制的方法称为自动请求重传(Automatic Repeat reQuest,ARQ),ARQ 综合了反馈重传机制和滑动窗口机制,进行传输的差错控制和流量控制,从而实现数据的可靠传输。

早年的网络传输可靠性差,数据链路层设计了复杂的 ARQ 控制机制,当时数据链路层最重要的协议高级数据链路控制 HDLC 就实现了这些机制并曾广泛应用。但是,随着技术的进步,现代网络传输的可靠性已大幅提高,误码率已经很低,为了偶尔发生的传输差错而在每次帧传输时都使用复杂的控制机制,会加大传输开销,反而得不偿失。目前数据链路层的主要技术,如以太网、点对点链路协议 PPP 等,都不使用这些复杂的控制机制,而是采用丢弃差错帧这种简单方式处理,传输的可靠性控制则交由传输层负责。

自动请求重传 ARQ 这种传输可靠性控制机制,不仅适用于单个链路的数据链路层,也可以用于跨越多个链路的传输层,而且传输层的传输跨越了多个链路乃至大洲大洋,情况更为复杂,差错的概率更高。TCP 就使用了这些机制用于传输的可靠性控制,第 6 章讲述 TCP 时,将详细介绍 ARQ 机制及其在 TCP 中的具体应用(见 7.4 节)。

3. 广播链路的媒体接入控制

图 3.1 中有两个 LAN 链路,如以太网,它们是广播链路,是网上的所有结点共享的,每个时刻只能有一个结点发送数据,数据链路层必须进行多个结点接入的协调控制,称为媒体接入控制(Medium Access Control,MAC),使得链路上的各结点能够合理地争用共享信道,这是广播链路数据链路层的一个非常重要的功能。不同类型的 LAN 和 WLAN 有不同的 MAC 方式,这方面的内容将在第 4、5 章结合具体的网络进行介绍。

3.2 帧同步和透明传输

3.2.1 帧同步

1. 同步传输

计算机网络的通信一般采用同步传输（synchronous transmission）方式。同步传输中，通信双方使用统一的定位时钟，数据是以帧为单位的较大的数据块（如以太网是 1518 字节）进行传送。

同步传输有面向字符和面向位两种方式。面向字符的同步传输方式是 20 世纪 60 年代采用的传输方式，如 ARPANET 的 IMP-IMP 协议和 IBM 的 BSC（Binary Synchronous Communication）规程。面向字符是指在通信链路上所传送的数据和控制信息都是由选定的字符集中的字符所组成的，如 ASCII 码字符集。面向字符的传输方式存在一些缺点，例如它要求所有的通信设备都要使用同样的字符集。目前普遍应用的是面向位的同步传输方式，它不限定传送的数据是某一字符集中的字符。

和同步传输方式对应的是异步传输（asynchronous transmission）方式，通信的双方各自使用独立的定位时钟，以字符为单位进行数据传输。著名的物理层规范 RS-232 接口，就是使用异步传输方式。

2. 帧同步

同步传输的 PDU 为帧，必须实现帧同步，即接收方能正确地判断发送方发出的每个帧的开始和结束的位置，以便正确地接收这些帧。

第 2 章讲过，物理层接收比特流一般采用内同步方式实现位同步。显然帧同步是位同步的必要前提，只有明确比特流的首、尾的情况下，位同步才有意义。如果不知道比特流的首、尾，可能出现错过前面的一些位或丢掉后面的一些位等情况。

帧同步在数据链路层实现，实现的方式也比较简单，帧封装时使用特殊的帧定界符加在帧的首、尾两端，标志一个帧的开始和结束位置。首、尾帧定界符可以相同，也可以不同。

例如，在面向字符的同步传输方式中，可以使用字符集中特定的控制字符作为帧定界符。面向位的同步传输方式中，可以使用特定的比特模式（bit-pattern）作为帧定界符，如 HDLC 和 PPP 中使用了比特模式 01111110（十六进制表示为 0x7E，其中 0x 表示其后是十六进制数）。

异步传输方式也有字符同步问题。它每个字符前后各加一个起始位和一个停止位，以实现字符同步。通信的双方使用独立的定位时钟，但要约定同样的传输速率，因为一个字符包含的比特很少，定位偏差积累有限，也可以实现位同步。

3.2.2 透明传输

1. 伪同步问题

使用帧定界符解决帧同步问题的确是一个简单的方法，但是还存在所谓伪同步的问题。试想，如果帧携带的数据中恰好包含了一个或多个和帧定界符同样的字符或比特模式，就会出现各种伪同步的问题。例如，数据中有一个和帧结束定界符一样的字符或比特模式，那么接收方就提前结束接收,丢掉一部分数据。又如,数据中前面有一个和帧结束定界符一样的字符或比特模式,后面又有一个和帧开始定界符一样的字符或比特模式,那么接收方就当成两个帧来接收,差错检验就不对了。

2. 透明传输的方法

数据链路层要实现透明传输,即首、尾帧定界符之间不管什么样的字符或比特模式都能正确传输,特别是用户数据和差错检验生成的帧检验序列,它们有可能包含帧定界符。

实现透明传输,可以用以下两种方法。

① 对用户数据中与帧定界符一样的字符或比特模式进行变换,使之与帧定界符不一样,然后再进行封装;接收方则进行逆变换。对字符和比特模式的变换方式分别称为字节填充(byte stuffing)和比特填充(bit stuffing)。

② 采用特殊的帧定界符,它在用户数据和帧检验序列中根本不可能出现。

1) 字节填充

字节填充也称字符填充(character stuffing),基本方法是发送方数据链路层在数据中与帧定界符一样的字符前插入一个转义字符(escape character),如果数据中出现了转义字符,在其前面也插入一个转义字符,接收方数据链路层删除转义字符后上交网络层。

下面以 PPP 为例说明字节填充的方法。PPP 可以在多种类型的链路上运行,其中一种应用场合是住宅用户计算机通过 RS-232 和 Modem 拨号连接公共交换电话网进行 Internet 接入。这是一种异步传输的链路,数据块要逐个字符地传送,此时 PPP 使用字节填充。

PPP 字节填充使用的转义字符是 0x7D,发送方 PPP 在发送首、尾帧定界符之间的部分时,进行如下的处理。

① 将与帧定界符相同的 0x7E→0x7D,0x5E。

② 将与转义字符相同的 0x7D→0x7D,0x5D。

接收方 PPP 接收帧时,删除字符 0x7D,并将其后面的字符与 0x20 进行异或运算,还原成原来的字符。

另外,对于 Modem 使用的控制字符(ASCII 码中控制字符的数值小于 0x20),PPP 也做类似的转换处理。否则,Modem 可能把它当成控制字符引起误操作。

2) 比特填充

比特填充方式的发送方,在发送首、尾帧定界符之间的比特流时,对与帧定界符相同的比特模式进行变换,插入额外的比特,从而变成与帧定界符不同的形式。

下面仍以 PPP 为例说明比特填充的方法。PPP 的另一种常用的场合是由路由器点对点连接而成 Internet 的一些主干,路由器之间的链路可以是 SDH/SONET 等传输系统,一个数据块的一连串比特是连续发送的,此时 PPP 使用比特填充。

PPP 沿用了高级数据链路规程(HDLC)同样的比特模式 01111110 作为首、尾帧定界符,也沿用了 HDLC 的零比特填充方式。在发送数据过程中,当遇到连续 5 个 1 时,插入一个 0,在接收过程,遇到了 5 个连续的 1 时,去掉后边的 0,恢复为发送前的状态。因为插入的比特是 0,所以称为零比特填充。

比特填充可以由硬件实现,快速方便。

3) 使用特殊的帧定界符

如果能够找到用户数据中根本不可能出现的编码作为特殊的帧定界符,显然就非常简单直接地实现了透明传输。以下是几个例子。

目前使用最广的 100Mb/s 的 100BaseTX 以太网采用 4B/5B-MLT3 两级编码。4B 码有 16 种组合,而 5B 码则有 32 种组合,选用其中 16 种组合作为数据码,而多余的 16 种可以选做控制码,包括特殊的帧定界符。

IEEE 802.5 令牌环帧采用差分曼彻斯特编码规则,而它的帧定界符则采用了与差分曼彻斯特编码不同的编码方式,8 比特中有 4 比特中间无跳变,作为特殊的帧定界符。

IEEE 802.3 以太网帧不使用帧结束定界符,当总线上传输信号(以太网中称为载波)消失,信道空闲,就判断一帧结束。此处载波消失也可视为特殊的帧定界符。

3.3　差　错　检　验

3.3.1　差错检验方法

检验差错的常用方法是对被传送的信息进行适当的编码。给信息码加上冗余码,冗余码长度一般是固定的且比信息码的长度短,过长会增加额外的传输负担。

冗余码通过一定的运算得出,它与信息码之间具备某种特定的关系。由信息码求冗余码的运算是通信双方的数据链路层协议中约定的。发送方将信息码和冗余码一起封装在帧里,通过信道发出。在数据链路层的帧结构中,冗余码常称为帧检验序列(Frame Check Sequence,FCS)。

接收方接收到帧后,检验它们之间的关系是否符合双方约定的关系,符合就认为没有传输差错,不符合就认为发现了传输差错。之所以这样讲,是因为一般差错检验算法都不能 100% 地检验出所有可能的传输差错。但是,由于差错检验算法的精心设计,其检错率是很高的,接近 100%。冗余码长度常用的有 8、12、16 和 32 比特等,一般附加用于检验的冗余码的位数越多,检错能力就越强,但传输的额外开销也就越大。

计算机网络中,差错控制用得最广泛的方式还是反馈重传纠错。纠错的前提是进行差错检验。

数据链路层最常用的差错检验方法是循环冗余检验(Cyclic Redundancy Check,CRC)。发送方和接收方都可以用专用的集成电路硬件实现 CRC 算法,这样可以大幅加快差错检验的速度。

3.3.2　循环冗余检验(CRC)

1. 码多项式

CRC 检验使用码多项式的概念。码多项式的基本思想是任何一个二进制编码的位串都可以用一个多项式来表示,多项式的系数由该位串的码元表示,只有 0 和 1,一个 n 位长度的位串 $C = C_{n-1} C_{n-2} \cdots C_1 C_0$,可以用下列 $n-1$ 次码多项式表示:

$$C(x) = C_{n-1} x^{n-1} + C_{n-2} x^{n-2} + \cdots + C_1 x + C_0 \tag{3.1}$$

例如,位串 1010001 的码多项式为 $x^6 + x^4 + 1$。

数据后面附加上冗余码的操作可以用码多项式的算术运算来表示。一个 k 位的信息码后面附加上 r 位的冗余码,组成长度为 $n = k + r$ 的码,它对应一个 $(n-1)$ 次的码多项式

$C(x)$，信息码和冗余码分别对应一个$(k-1)$次码多项式$K(x)$和一个$(r-1)$次的码多项式$R(x)$，那么有

$$C(x)=x^r K(x)+R(x) \tag{3.2}$$

下面将会看到，CRC检验中，由信息码产生冗余码以及进行差错检验的过程也可以用码多项式的运算来实现。

2. 由信息码生成冗余码

由信息码产生冗余码的过程，即由已知的$K(x)$求$R(x)$的过程，也是用码多项式的算术运算来实现的。方法是：通过用一个特定的r次多项式$G(x)$去除$x^r K(x)$ $\left(\text{即} \dfrac{x^r K(x)}{G(x)}\right)$，其余数为$(r-1)$次的码多项式$R(x)$，对应的$r$位的位串作为冗余码。其中，$G(x)$称为生成多项式（generator polynomial），是事先约定的。除法中使用模2减（无借位减，相当于作异或（XOR）运算）。实际上，进行码多项式的除法运算，只要用其相应的系数（等于对应的位串）进行除法运算就可以。

下面举例说明上述由信息码生成冗余码过程。

信息码：1010001，对应的码多项式为$K(x)=x^6+x^4+1$　　$(k=7)$。

生成多项式：$G(x)=x^4+x^2+x^1+1$　　　$(r=4)$，对应的位串为10111。

$x^4 K(x)$：$x^4(x^6+x^4+1)=x^{10}+x^8+x^4$，对应的位串为10100010000。

那么，$R(x)$为$\dfrac{x^4 K(x)}{G(x)}$的余数。使用由相应的系数构成的除式进行运算，如下所示。

```
              1001111
      ┌─────────────────
10111 │ 10100010000
        10111
        ─────
        11010
        10111
        ─────
         11010
         10111
         ─────
          11010
          10111
          ─────
           11010
           10111
           ─────
            11010
            10111
            ─────
             1101
```

4位的余数1101作为冗余码，其码多项式为$R(x)=x^3+x^2+1$。

3. 传输差错检验

若传输过程不出现差错，则接收端接收到的信息也应为$C(x)$。接收方将接收到的$C(x)$除以生成多项式$G(x)$，只要余数不为零，则表明检验出传输差错，若余数为零，则可以认为传输无误。证明如下：

设$x^r K(x)$除以$G(x)$的商为$Q(x)$，则

$$x^r K(x)=G(x)Q(x)+R(x) \tag{3.3}$$

将式(3.3)代入式(3.2)，得到

$$C(x)=x^r K(x)+R(x)=G(x)Q(x)+R(x)+R(x)$$
$$=G(x)Q(x) \tag{3.4}$$

在式(3.4)的推导中，因为+为模2加（不进位加，相当于异或），故$R(x)+R(x)=0$。

可见,如果传输无差错,接收到的仍为 $C(x)$,则用 $C(x)$ 除以 $G(x)$ 的余数必为零(可用上述例子进行验算),也就是说,只要余数不为零,则表明传输出现差错。但反过来,并不等于余数为零就一定传输无差错,在某些非常特殊的比特差错组合下,CRC 也可能碰巧使余数为零。

4. 常用的生成多项式

广泛采用的生成多项式有:

CRC-8 $=x^8+x^2+x+1$

CRC-16 $=x^{16}+x^{15}+x^2+1$

CRC-CCITT $=x^{16}+x^{12}+x^5+1$

CRC-32 $=x^{32}+x^{26}+x^{23}+x^{22}+x^{16}+x^{12}+x^{11}+x^{10}+x^8+x^7+x^5+x^4+x^2+x+1$

CRC-8 用于 ATM 信元头差错检验,CRC-16 是 HDLC 规程中使用的 CRC 检验生成多项式,而 CRC-32 是 IEEE 802.3 以太网媒体接入控制帧中采用的 CRC 检验生成多项式。这些生成多项式都是经过数学上的精心设计和实际验证的。

3.3.3 纠错编码

在数字通信和信息处理中,数据常常因各种原因而发生错误。为了实现错误的检测与纠正,纠错编码通过在数据中加入冗余信息,使接收方能够识别并修复部分传输错误。海明码是一种经典的纠错编码技术,通过添加冗余校验位,能够检测错误并纠正单比特错误。其工作原理基于位的异或运算以及校验位的位置分布。这种技术在数字通信和存储领域得到了广泛应用,有效提高了数据传输的可靠性和完整性。对于一个长度为 k 的数据,校验位的数量 m 满足以下不等式:$2^m \geqslant k+m+1$。设信息位为 $D_4D_3D_2D_1$,共 4 位,校验位为 $P_3P_2P_1$,共 3 位。对应的海明码为 $H_7H_6H_5H_4H_3H_2H_1$。接下来介绍编码过程。

(1)确定校验位的位置:校验位位于 2 的幂次位置,如 1、2、4、8、16 等,其余为信息位。因此有:

P_1 的海明位号为 $2^{1-1}=2^0=1$,即 H_1 为 P_1。

P_2 的海明位号为 $2^{2-1}=2^1=2$,即 H_2 为 P_2。

P_3 的海明位号为 $2^{3-1}=2^2=4$,即 H_4 为 P_3。

将信息位按原来的顺序插入,则海明码各位的分布如下:

H_7	H_6	H_5	H_4	H_3	H_2	H_1
D_4	D_3	D_2	P_3	D_1	P_2	P_1

(2)计算校验位:对于每个校验位,计算方式是将与该校验位相关联的数据位的值进行异或操作(XOR),并将结果放入校验位的位置。总的原则是第 i 位校验码从当前位开始,每次连续校验 i(这里是数值 i,不是第 i 位,下同)位后再跳过 i 位,然后连续校验 i 位,再跳过 i 位,以此类推。最后根据所采用的是奇校验还是偶校验即可得出第 i 位校验码的值。合并数据位和校验位:将计算得到的校验位插入数据位中的对应位置,形成编码后的数据。

(3)发送消息:发送经过编码的消息,其中包括数据位和校验位。

(4)错误检测和纠正:接收方接收到编码消息后,会执行以下步骤来检测和纠正错误。

① 检测错误:接收方会重新计算校验位的值,并将计算得到的校验位值与接收到的校验位进行比较。如果存在差异,则表示至少有一个错误发生在校验位或数据位中。

② 定位错误位：如果发现有错误存在，接收方会利用校验位的位置来确定出错的位。通过比较接收到的校验位值和重新计算的校验位值，可以找到发生错误的校验位位置。

③ 纠正错误：一旦定位到出错位，接收方可以根据出错位来纠正数据。如果是校验位出错，直接将该校验位的值修复为重新计算得到的值。如果是数据位出错，将相应的数据位修复为与校验位相关的异或结果。

需要注意的是，海明码的能力取决于校验位的数量。一个海明码可以检测并纠正多达一个校验位数的错误。例如，一个含有 4 个校验位的海明码可以检测并纠正一个错误位的错误。

例如，计算 1101 的海明码及校验位。

(1) 计算校验位。

原数据 1101，有 4 位数据位，需满足 $2^m \geqslant 4+m+1$ 这个公式，求得 $m=3$，表明有 3 个校验位，用 $P_3 P_2 P_1$ 来代替，得到 $110 P_3 1 P_2 P_1$。

(2) 计算校验位值。

令发送方和接收方都采用偶校验的方法，也就是保证 1 的个数为偶数。采用奇校验结果也一样，但收发双方一定要用相同的校验方法。

第 1 位校验位 P_1 的计算方法：从 P_1 开始校验一位，跳过一位，即 2^0 位，利用偶校验确定 P_1，确定 $P_1 = 0$。

第 2 位校验位 P_2 的计算方法：从 P_2 开始校验两位，跳过两位，即 2^1 位，利用偶校验确定 P_2，确定 $P_2 = 1$。

第 3 位校验位 P_3 的计算方法：从 P_3 开始校验四位，跳过四位，即 2^2 位，利用偶校验确定 P_3，后面没有了，偶校验确定 $P_3 = 0$。

代入 $P_1 P_2 P_3$，得海明码 1100110。

(3) 校验。

传输海明码，若在信道上受到干扰，导致一位编码出现异常由 1100110 变为 1101110。根据确定校验位的值来校验，第 n 组校验 2^n 位，跳过 2^n 位，分别把每组的数据异或，得出错的位置。这里的异或也就是相当于偶校验的过程。本例中数值为 1101110。因为，$P_1 = 0 \oplus 1 \oplus 0 \oplus 1 = 0$，$P_2 = 1 \oplus 1 \oplus 1 \oplus 1 = 0$，$P_3 = 1 \oplus 0 \oplus 1 \oplus 1 = 1$。由于发送端采用的是偶校验，那么 $P_3 P_2 P_1 = 000$ 可说明传送中没有出错，接收端 $P_3 P_2 P_1 = 100$ 转换为十进制，说明海明码第 4 位出错，将第 4 位纠错后变为 1100110。

*3.4　高级数据链路控制(HDLC)

在 IBM 公司的网络体系结构(SNA)的数据链路层，采用了面向位的同步传输规程即同步数据链路控制(Synchronous Data Link Control, SDLC)。ISO 把 SDLC 修改为高级数据链路控制(High level Data Link Control, HDLC)，作为国际标准[ISO 3309]。

ITU-T 采纳并修改了 HDLC，称为链路接入规程(Link Access Procedure, LAP)，后来又修改为平衡型链路接入规程(LAP-Balanced, LAPB)，在 X.25 建议中使用作为链路层协议。ITU-T 还由 LAPB 发展提出了 LAPF(LAP for Frame-mode bearer services)，在帧中继中提供数据链路控制。IEEE 802.2 的逻辑链路控制(LLC)子层的 LLC 帧使用的控制字段与 HDLC 有着类似的链路控制规程。

　　HDLC 帧包括信息帧（information frame）、监督帧（supervisory frame）和无编号帧（unnumbered frame）。信息帧用于传输数据；监督帧用于传输过程的 ARQ 控制，它们都可以给出帧的编号（发送序号和接收序号）。无编号帧则不带帧的编号，用于链路的模式设置和链路的建立与释放。

　　HDLC 在计算机网络发展方面曾有重要的影响和广泛的应用，HDLC 设计得很复杂，有完善的链路控制功能。然而随着技术的发展，通信信道的可靠性已是今非昔比，在数据链路层使过于复杂的控制协议得不偿失，现已不使用。不可靠传输的数据链路层协议 PPP 目前在 Internet 中应用得更为广泛，可靠性主要由传输层的 TCP 承担。

3.5　点对点协议（PPP）

3.5.1　PPP 及其帧格式

1. 概述

　　点对点协议（Point to Point Protocol，PPP）是目前 Internet 中广泛使用的链路层通信协议，它为点对点链路上直接相连的两个结点之间提供了一种数据传输控制方式。

　　早在 1984 年，Internet 就使用一个简单的链路层协议（Serial Line Internet Protocol，SLIP）［RFC 1055，因特网标准］，即串行 IP。SLIP 面向字符，只支持 IP，没有差错检验功能。1992 年，IETF 定义了 PPP［RFC 1661、1662，因特网标准］，以取代 SLIP，它既支持 IP 也支持其他协议，并增加了差错检验和链路管理功能。

　　PPP 可以在多种类型的链路上运行。它的一种应用场合是住宅用户计算机通过连接公共交换电话网 PSTN 进行 Internet 接入；PPP 的另一种常用的场合是由路由器点对点连接而成 Internet 的主干，路由器之间的链路可以是 SDH/SONET 等数字传输系统（见 6.8.3节）。

　　PPP 主要包括 3 部分。

　　① 基于 HDLC 的将多种网络层分组封装成帧的方法，定界帧的开始和结束。PPP 既支持面向字符的异步链路，也支持面向比特的同步链路。

　　② 建立、配置和测试数据链路连接的链路控制协议（Link Control Protocol，LCP）。通信的双方可通过 LCP 协商一些选项。

　　③ 网络控制协议（Network Control Protocol，NCP）。它包含多个协议，其中的每个协议支持不同的网络层协议，如 IP、OSI 网络层和 Netware 的网络层 IPX 等。

2. PPP 帧格式

RFC 1662 定义了与 HDLC 近似的 PPP 帧格式，它非常简单，如图 3.2 所示。各字段含义如下。

　　① 帧界标志 F 为 0x7E，与 HDLC 相同。

　　② 地址 A 为 0xFF，对应广播地址。PPP 只用于点对点链路，实际上不需要数据链路层地址。

字节	1	1	1	1/2	可变	2/4	1
	F (7E)	A (FF)	C (03)	协议	数据	FCS	F (7E)

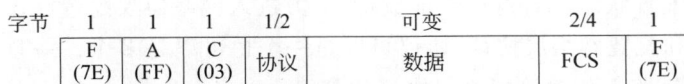

图 3.2　PPP 帧格式

③ 控制 C 为 0x03,对应 HDLC 的无编号帧,RFC 1661 规定,PPP 不使用 HDLC 那种序号和确认机制,没有差错控制和流量控制,不能提供可靠传输。地址和控制字段是固定值,没有实质意义,可以进行扩展。

④ 协议。协议字段是 HDLC 中没有的,用来说明数据部分封装的是哪类协议的分组。高位为 0 的协议号说明是某网络层的分组,如 IP 的分组或 IPX 的分组等,每种网络层协议对应一个协议号,如 IP 的协议号是 0x0021。0xC021 和 0x8021 分别表示封装的是 LCP 分组和 NCP 分组。协议字段默认为 2 字节,通过 LCP 协商也可是 1 字节。

⑤ 数据。PPP 帧由整数字节组成。数据长度可变,默认长度是 1500 字节,也可使用 LCP 协商。最常使用的是数据字段封装 IP 数据报。

⑥ 帧检验序列 FCS。即差错检验的循环冗余检验码。当 FCS 字段检测到某帧传输有差错时,便丢弃该帧,但 PPP 并不进行差错控制,它提供的是不可靠的传输服务。FCS 字段默认为 2 字节,也可协商为 4 字节。

3.5.2　PPP 运行状态图

PPP 运行状态是基于串行线路两端的通信双方建立点对点链路的概念之上,链路的不同状态在协议的控制下相互转换,完成数据的传输过程。PPP 的运行过程可以用图 3.3 所示的状态图来表示。

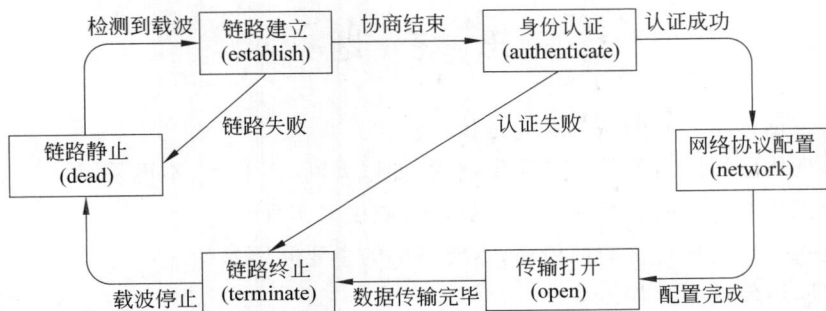

图 3.3　PPP 链路的运行状态图

① 链路静止状态。PPP 的起始和终止状态是链路静止状态,此时不存在物理层的连接,链路不能活动。

② 链路建立状态。当物理层检测到载波,则进入链路建立状态。这时两端的 PPP 层通过发送 LCP 分组来协商配置和测试数据链路,包括协商帧的最大长度、使用的认证协议等。

③ 身份认证状态。双方协商后建立了 LCP 连接,就进入身份认证状态,身份认证是 PPP 的一个特点。默认情况下不进行身份认证。

④ 网络协议配置状态。若身份认证成功,双方进入网络协议配置状态。双方通过发送 NCP 分组来选择和配置网络层协议,协议可以是一个也可以是多个。一旦选择配置了网络层协议,就可以在链路上传输该网络层协议的分组。

⑤ 传输打开状态。完成配置网络层协议进入传输打开状态,双方进行通信。

⑥ 链路终止状态。数据传输完成、认证失败等都可以使链路进入终止状态,LCP 通过交换 terminate 分组来关闭连接。这时 PPP 要通知网络层,它可进行必要的操作。LCP 在交换了 terminate 分组后,还应发信号给物理层,以便断开物理链路。

NCP 的功能与网络层协议有关。对于 IP,相应的 NCP 为 IPCP,IPCP 可以为它动态地分配一个 IP 地址。通过调制解调器和电话线联网的主机一般使用动态分配的 IP 地址。

3.5.3 PPP 的身份认证

由图 3.3 得知,PPP 链路的运行状态包括一个身份认证状态,提供身份认证机制是 PPP 的一个重要特点,这是一个重要的安全措施。身份认证机制包括两种方式。

1) 口令认证协议(Password Authentication Protocol,PAP)

PAP 是一种简单的明文认证方式,使用两次握手的交互方式,首先发起通信的一方要提供用户名和口令,然后对方以认证成功或不成功的消息响应。因为 PAP 是以明文方式提供用户名和口令,用户名和口令容易被第三方窃取,安全性较差。

2) 挑战握手身份认证协议(Challenge-Handshake Authentication Protocol,CHAP)

CHAP 对 PAP 进行了改进,是一种加密认证,使用三次握手的交互方式,比 PAP 安全性更好。认证过程中,用户口令等一些信息是经过加密的,不易被第三方窃取。另外,每次认证中都使用一个即时生成的随机数,以防重放攻击(replay attack)。

思 考 题

3.1 什么是数据链路?它的基本功能是什么?

3.2 为什么现代应用的主要数据链路层技术,如以太网、PPP 等,不再采用早年复杂的可靠性控制机制?传输的可靠性由什么层什么协议来实现?

3.3 数据链路上要实现正常的帧传输,需要解决的主要问题是什么?

3.4 什么是同步传输和异步传输?

3.5 什么是帧同步?一般用什么方式实现?这种方式存在什么问题?

3.6 什么是透明传输?数据链路层实现透明传输有哪些方法?

3.7 什么是字节填充?什么是比特填充?

3.8 PPP 如何实现字节填充和比特填充?它们各用于什么情况?

3.9 十六进制字符串数据:5E 7E 5D 7D 在使用 PPP 的异步链路中以什么形式传输?

3.10 100BaseTX 以太网用什么方法实现帧同步?

3.11 CRC 如何由信息码生成冗余码?

3.12 给定一个信息位串 10110010 和生成多项式 $G(x)=11101$,问:冗余码应该是几位的?请计算出冗余码和码多项式 $C(x)=x^4K(x)+R(x)$,并验证:$C(x)$ 整

除 $G(x)$。

3.13 已知一个海明(7,4)码的接收码字为"1101101"。判断该码字是否有错误,如果有错误,确定错误的位置并纠正它

3.14 简述高级数据链路控制(HDLC)。

3.15 PPP 是一种什么样的协议?它主要包含哪几部分?

3.16 画出并说明 PPP 的运行状态图。

3.17 说明 PPP 采用的身份认证机制。

第4章 以 太 网

早期 LAN 有以太网、令牌环和令牌总线等多种类型,但发展到后来,以太网一枝独秀,全世界安装的 LAN 大多数都是以太网,而且全双工的 GbE 和 10GbE 已经应用于 MAN 和 WAN,以太网也是中外计算机网络教材中不可或缺的重要内容。本章讲述以太网技术。

前面两章分别介绍了物理层和数据链路层,侧重通用技术。IEEE 802 定义的 LAN 参考模型对应 OSI 体系结构的物理层和数据链路层,以太网技术只涉及这两层,因此本章内容实际上是前两章的延续和实例化。

如何进行媒体接入控制(MAC),以争用共享信道,是 LAN 数据链路层的主要课题。以太网采用称为带有冲突检测的载波监听多点接入(CSMA/CD)的 MAC 机制,是以太网的重要特色,曾被认为是以太网的"DNA",但后来也成为制约以太网向更高速率发展的一个瓶颈,乃至于不得不逐步舍弃。本章给出了冲突检测机制运行的必要条件,并讲述了由它引发的以太网 40 多年来从 10Mb/s 到 100Gb/s 的技术演进。

4.1 IEEE 802 LAN 体系结构

4.1.1 IEEE 802 LAN 标准

IEEE 对 LAN 的发展做出了重大贡献,1980 年 2 月成立了 IEEE 802 委员会,研究并制订有关 LAN 的一系列技术标准,称为 IEEE 802 LAN 标准(standard,或称规范),包括目前使用和曾经很有影响的 LAN 技术标准,如:

- IEEE 802.1(A)　综述和体系结构。
- IEEE 802.1(B)　寻址、网际互连和网络管理。
- IEEE 802.1Q　虚拟局域网技术标准。
- IEEE 802.2　逻辑链路控制。
- IEEE 802.3　CSMA/CD 接入方法和物理层技术标准。
- IEEE 802.4　令牌传递总线接入方法和物理层技术标准。
- IEEE 802.5　令牌传送环接入方法和物理层技术标准。
- IEEE 802.11　无线局域网(WLAN)。
- IEEE 802.12　优先级轮询局域网(100VGAny LAN)。

IEEE 802.1 标准定义 LAN 体系结构和寻址方式等。IEEE 802.2 定义逻辑链路控制标准。

1983 年,IEEE 802.3 第一个 10Mb/s 以太网标准面世,采用总线拓扑结构,使用一种著名的随机接入 MAC 方式,称为带冲突检测的载波监听多点接入(Carrier Sense Multiple Access with Collision Detection,CSMA/CD)。最近的十多年,100Mb/s、1000Mb/s、10Gb/s、100Gb/s 及以上的系列 IEEE 802.3 标准相继推出,成为目前世界上影响最大、应用最广泛的主流 LAN 技术。

IEEE 802.4 令牌总线和 IEEE 802.5 令牌环是 20 世纪 80 年代与 IEEE 803.3 以太网并列的 LAN 技术。它们采用与以太网不同的拓扑结构和 MAC 技术。令牌环采用环状拓扑，令牌总线的物理拓扑是总线型，但逻辑上采用令牌环技术，它们都使用基于令牌的受控接入的 MAC 方式。令牌环和令牌总线也曾得到广泛应用，但它们从技术上逐渐落伍于以太网，并淡出 LAN 市场。

IEEE 802.12 标准为 LAN 设计了一种新的 MAC 方法——请求优先级轮询（demand priority polling），可以提供媒体接入的优先级控制，虽然有其优势，但却没有能够撼动传统 CSMA/CD 以太网的统治地位，最终并没有得到成功。

20 世纪 90 年代初出现了以太网交换机（switch），由交换机连接的交换式以太网能增加传统共享式以太网的带宽，扩大网络的规模，逐步取代了传统的共享式以太网。随着交换式以太网的发展，目前虚拟局域网（Virtual LAN，VLAN）也得到广泛的应用。IEEE 802.1Q 标准定义了 VLAN 技术。4.4 节和 4.5 节分别讲述交换式以太网和 VLAN。

除有线局域网外，近年来无线局域网（Wireless LAN，WLAN）以其不用布线的方便和对移动站点的支持也得到了长足的发展。IEEE 802.11 是目前世界上主流的 WLAN 标准，采用一种带冲突避免的 CSMA 媒体接入控制方式（CSMA with Collision Avoidance，CSMA/CA）。近年来，一系列的 IEEE 802.11 物理层标准相继面世，WLAN 的应用越来越广泛。第 5 章将讲述 WLAN。

4.1.2　IEEE 802 LAN 参考模型

IEEE 802 委员会定义的 IEEE 802 局域网体系结构主要由 IEEE 802 局域网参考模型（IEEE 802 LAN/RM）来描述。如图 4.1 所示，IEEE 802 LAN/RM 只对应 OSI/RM 的下两层，即物理层和数据链路层。

IEEE 802 的数据链路层分成以下两个子层。

1）逻辑链路控制（Logical Link Control，LLC）子层

数据链路层中与媒体接入无关的部分都集中在 LLC 子层，也就是说在 LLC 子层上看不到具体的 LAN，隐藏了各种 LAN 的差异，向网络层提供统一的帧格式和接口。LLC 子层提供与媒体接入方式无关的链路控制，包括差错控制和流量控制，提供面向连接和无连接的传输服务。

图 4.1　IEEE 802 LAN/RM

2）媒体接入控制（Medium Access Control，MAC）子层

MAC 也称介质访问控制。在 MAC 子层才能看见具体的 LAN，是总线网、令牌环还是令牌总线网等。MAC 子层的主要功能是成帧、寻址、实现 MAC 和差错检验等。但 MAC 子层不进行差错控制，提供不可靠的传输服务。媒体接入控制是 MAC 子层的核心功能，定义如何解决共享信道的争用问题，体现出各种 LAN 的独有特色。

IEEE 802 LAN/RM 定义了协议体系的最低两层协议规范，这并不意味着一个实际应用的 LAN 上的计算机只需要这两层协议即可运行。一个 LAN 要为用户提供各种应用服务，必须要有高层协议的支持。但高层协议是独立于具体的 LAN 的，LAN 的协议体系不

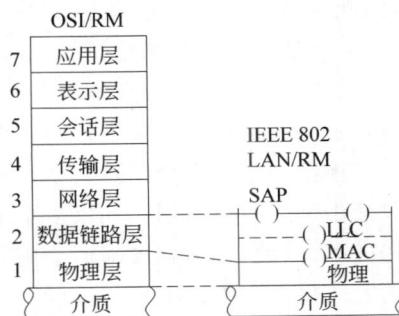

讨论高层协议,只包含了物理层和数据链路层两个层次。因此,从 IEEE 802 LAN/RM 的角度看,LAN 只是一个提供帧传输服务的通信网络。

在 IEEE 802 LAN/RM 框架下,制定了很多 IEEE 802 序列标准,有些标准已被修改成 ISO 的国际标准,但有的也未获得成功。

4.1.3 媒体接入控制子层

1. LAN 的信道特点

传统以太网采用总线拓扑,用一条同轴电缆作为公共总线把网络上的各结点连接起来构成总线网,如图 1.7(a)所示。每个结点的发送与接收都是通过一条总线。对于总线的使用,每个结点都是平等的。某个结点发送的数据在总线上广播出去,所有结点都能接收到。其思想来源于夏威夷大学的无线广播网络 ALOHA,以太网的发明者 Robert Metcalfe 曾经对 ALOHA 进行过深入的调研。历史上曾用以太(Ether)表示传播无线电波的传输媒体,以太网(Ethernet)也由此而得名。

以太网后来的发展又出现了星状拓扑,通过称为集线器(hub)的网络设备连接成星状网,如图 1.7(b)所示。从 MAC 的本质上看,集线器连接的星状网逻辑上仍属于总线拓扑,集线器会把某个结点发送的数据转发到除该结点之外的所有其他结点,因此称为星状总线(star-shaped-bus)。如果 LAN 中有多台集线器或交换机连接网络,就形成扩展的星状拓扑。

环状拓扑如图 1.7(c)所示。令牌环是最典型的环状网,由令牌控制对传输媒体的访问。所有结点逐个连接形成的一个闭合环路。环形网看上去好像是点对点连接的网络,但传输的数据将沿环传输一周,环上每个结点都能收到数据,在每个环接口只有 1 比特的传输延时,因此实质上也是广播信道。另一种 LAN 是令牌总线网,物理上是总线结构而逻辑上是令牌环,当然也属于广播信道。

LAN 的一个显著特点是网上的所有计算机使用一条共享信道进行广播式通信,这是和点对点链路组成的 WAN 通信的重要区别。

广播型网络上多个结点共享同一信道。任何一个结点都可以使用信道,但任何时候信道只能由一个结点占用。如果多个结点同时争用信道,就会产生发送冲突(collision),导致发送失败,因此,必须解决信道争用问题。LAN 的一个重要课题就是网上多个结点以什么样的方式接入一条共享信道,以便实现有序的数据发送,即媒体接入控制问题。

媒体接入控制问题在 MAC 子层解决,这也是 IEEE 802 局域网的数据链路层划分为 LLC 子层和 MAC 子层一个重要原因。

2. LAN 媒体接入控制方式

共享信道的多点接入(multiple access,亦称多点访问)技术可以划分为两类。

1) 受控接入

受控接入的特点是网上的各结点不能随意接入信道,而必须受到一定的制约。一般来说,受控接入方式每一时刻只有一个结点接入信道。受控接入又分为以下两种。

① 集中式控制。在网上设置一个主控结点,由它控制站点的接入权。可以按一定顺序逐个询问各结点有无信息发送,若有则可立即发送,若无则再询问下一个结点。这种方式称为轮询(polling)。

② 分散式控制。网上不设主控结点,各结点平等参与接入控制过程。令牌环网就属于

分散式控制方式,环网上的结点只有持有令牌者才能发送信息,发送后再将令牌传递下去。

2）随机接入

随机接入的特点是网上的各结点都可以根据自己的意愿随机地接入信道。以太网、无线局域网等属于这一类。随机接入方式中,如果两个或两个以上结点同时发送信息则会产生冲突,因此应该尽量避免冲突,并解决冲突带来的问题。

3. MAC 地址

1）MAC 地址及其地址空间

IEEE 802 MAC 子层使用源地址和目的地址来标识本结点和要访问的结点,封装在帧中,它们统称为 MAC 地址。MAC 地址是固化在网卡的 ROM 中的,因此也称物理地址或硬件地址。

IEEE 802 规定 MAC 地址可采用 6 字节或 2 字节两种形式。现在市售的以太网卡都分配了一个 6 字节的地址,它使全世界所有以太网上的站点都有唯一的地址。2 字节的地址已经不使用了。

6 字节中有 46 比特用来标识一个特定的 MAC 地址,46 位的地址空间可表示 2^{46} 约 70 万亿个地址,可以保证全球地址的唯一性。一个网卡用坏了,它使用的地址就随之消失,再也不出现了。

2）MAC 地址的类型

目的 MAC 地址可有 3 种类型。

① 单播地址（unicast address）,标识一个目的站点,一对一通信。

② 多播地址（multicast address）,也称组地址,标识一组目的站点,用于一对多通信的场合。

③ 广播地址（broadcast address）,全 1 地址,标识网上所有站点,对网上所有站点通信。

IEEE 802 规定 MAC 地址字段的第 1 字节的最低位表示单地址/组地址（Individual/Group,I/G）比特。当 I/G 比特为 0 或 1 时,表示它是单播地址或组地址。

3）MAC 地址的管理

IEEE 的注册管理机构 RA（Registration Authority）是全球 LAN 地址的法定管理机构,统一管理分配 6 字节全球地址的前 3 字节。这前 3 字节构成的一个号,实际上表示一个地址块,包含 2^{24}（约 0.168 亿）个地址。这个号的正式名称是组织唯一标识符（Organizationally Unique Identifier,OUI）。世界上所有生产局域网网卡的厂家从中购买一个号或一组号（一个号 1250 $）,如 3Com 的 OUI 是 02 60 8C,Cisco 的 OUI 是 00 00 0C。

地址的后 3 字节称为扩展标识符（extended identifier）,由生产厂家指派。生产网卡时厂家将 MAC 地址固化在网卡的 ROM 中。

IEEE 管理的这种 48 比特的 MAC 地址称为 MAC-48,其通用名称是 EUI-48,EUI（Extended Unique Identifier）表示扩展的唯一标识符。

IEEE 802 规定 MAC 地址的第 1 字节的最低第二位表示全球/本地（Globe/Local,G/L）比特。G/L 比特为 0 表示全球管理,物理地址是由法定管理机构统一管理,在全球范围唯一。从生产商买来的网卡是全球管理地址。G/L 比特为 1 是本地管理,LAN 管理员可以任意分配本地管理的网络上的地址,只要在自己网络中地址唯一不冲突即可,对外则没有意义。现在,本地管理几乎不使用。

DIX 以太网没有定义 G/L 比特,总是全球管理。

4) 以太网上的 MAC 地址

以太网上传送的字节序列是先高后低,同书写和显示的顺序(自左至右)。但在每字节内部传送的比特序列是先低位后高位,例如,以太网地址 FC 2E 16 1A 70 8B 在以太网上传送的顺序如图 4.2 所示。

十六进制 MAC 地址:FC 2E 16 1A 70 8B					
组织唯一标识符 OUI			扩展标识符		
第 1 字节	第 2 字节	第 3 字节	第 4 字节	第 5 字节	第 6 字节
FC	2E	16	1A	70	8B
00111111	01110100	01101000	01011000	00001110	00110001

I/G 比特

G/L 比特　发送顺序:自左至右(字节:第 1 ──→ 第 6;字节内:低位 ──→ 高位) *t*

发送的比特序列

图 4.2　以太网地址的例子

图 4.2 中的比特序列最左边第一个 0 表示单地址,第二个 0 表示全球管理。

4.1.4　逻辑链路控制子层

1. LLC 寻址

LAN 的每个站中都可能有多个进程在运行,它们是数据传输的最终的端点,它们可能同时与其他一个或多个站中的一些进程进行通信。因此,在 LLC 层上面设有多个服务访问点 SAP,以便向多个进程提供服务。

为此,在 IEEE 802 LAN 数据链路层通信中,除了 MAC 地址还定义了另一种地址即 SAP 地址,作为 LLC 子层的地址。SAP 地址对应 LLC 的服务访问点,提供对网络层的接口,标识网络层的通信进程,例如 SAP 地址 0x06 就标识了 IPv4。

有了这两种地址定义,IEEE 802 LAN 中的寻址分为两步:首先用 MAC 帧的 MAC 地址信息找到网络中的某个站点,然后用 LLC 帧的 SAP 地址信息找到该站点网络层的某个进程。

2. LLC 子层提供的服务

LLC 子层定义了 3 种服务。

① LLC1　不确认的无连接服务。LLC1 方式不建立连接,也不使用确认机制,不提供可靠性,但实现简单,传输的可靠性可以由高层协议来提供。

② LLC2　可靠的面向连接的服务。

③ LLC3　带确认的无连接服务。

IEEE 802.3 以太网使用 LLC1 方式,LLC2 和 LLC3 不怎么使用。由于 Internet 的 TCP/IP 体系结构一般使用 DIX2.0 以太网帧(见 4.2 节),而不是 IEEE 802.3 以太网帧,因此现在 LLC 子层也不怎么使用了,本书仅作简单介绍。

4.2　以太网的媒体接入控制子层

4.2.1　以太网的前世今生

LAN 产生于 20 世纪 70 年代,80 年代后迅速发展,以太网、令牌环网、令牌总线网等不同类型的 LAN 各领风骚,纷纷投入市场。20 世纪 90 年代后,以太网一枝独秀,成为 LAN 的主流网络形式,全世界安装的 LAN 绝大部分都是以太网,处于垄断地位。随着技术的进展,以太网的传输速率不断提高,由原来的 10Mb/s 相继发展到 100Mb/s、1Gb/s、10Gb/s,速率提高速度一度超过摩尔定律,今天已经高达 100Gb/s,并向 1Tb/s 进军。而且,以太网的应用领域也在扩展,从 LAN 扩展到 MAN 和 WAN。

1973 年,Robert Metcalfe 在哈佛大学的博士论文中提出了以太网通信的构想,1975 年,在美国 Xerox 公司 Palo Alto 研究中心工作的 Robert Metcalfe 和 David Boggs 研制成功了以太网,最初的传输速率为 2.94Mb/s,命名为 Ethernet。图 4.3 是 Robert Metcalfe 最初的以太网设计。

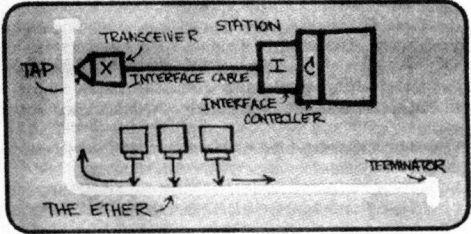

图 4.3　Robert Metcalfe 最初的以太网设计

1980 年,美国 DEC、Intel 和 Xerox 公司合作,共同提出了以太网规范——*The Ethernet,A Local Area Network,Data Link Layer and Physical Specification*,这就是著名的以太网蓝皮书,也称为 DIX1.0 版以太网规范。1982 年,DIX 以 2.0 版作为终结,称为 DIX 以太网。这是世界上第一个 LAN 规范,并一直使用到今天。

1983 年年底,在 DIX 以太网的基础上,IEEE 802.3 10Base5 以太网标准面世,这是 IEEE 802.3 的第一个以太网标准。1989 年,ISO 以标准号 ISO 8802.3 采纳了 IEEE 802.3 标准。DIX 以太网和 IEEE 802.3 以太网在以太网发展中有着非常重大的影响,它们只有很小的差别。

自 1983 年 10Base5 标准之后,以太网又不断发展,形成了 IEEE 802.3 以太网系列标准。IEEE 802.3 以太网的发展概况汇总于图 4.4 和表 4.1 中。

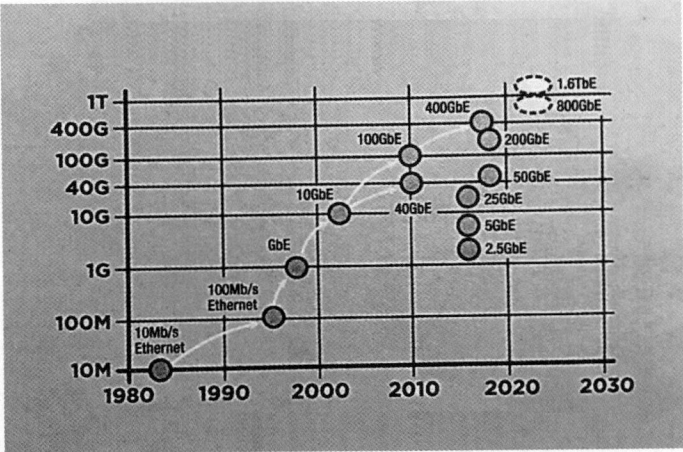

图 4.4　以太网的发展(横坐标:标准批准时间(年),纵坐标:速率(b/s))

表 4.1　IEEE 802.3 以太网标准

主要以太网标准	IEEE 规范	批准时间/年	传输速率	网线长度/m	支持的媒体	应　用
10Base5	802.3	1983	10Mb/s	2500	同轴电缆	LAN
10BaseT	802.3i	1990	10Mb/s	100	3 类 UTP	LAN
100BaseT（TX/T4/FX）	802.3u	1995	100Mb/s	100/100/2k（双工）	5 类 UTP /3 类 UTP 类/MMF	LAN
1000BaseT	802.3ab		1000Mb/s	100	5 类 UTP	LAN
1000BaseX（CX/SX/LX）	802.3z	1998	1000Mb/s	25/550（双工）/5k（双工）	STP/MMF/SMF	数据中心/LAN/MAN
10GBaseT	802.3an	2006	10Gb/s	100	6 类 UTP/STP	LAN
10GBaseR/W/X	802.3ae	2002	10Gb/s	65/300/10k/40k/80k	MMF/SMF	数据中心 LAN/MAN/WAN
100GBase CR10/SR10/LR4/ER4	802.3ba	2010	100Gb/s	7/100/10k/40k	STP/MMF/SMF	数据中心/LAN/MAN/WAN
400GBase SR16/DR4/FR8/LR8	802.3bs	2017	400Gb/s	100/500/2k/10k	MMF/SMF	LAN/MAN

4.2.2　以太网媒体接入控制机制 CSMA/CD

以太网采用随机接入的 MAC 技术 CSMA/CD（Carrier Sense Multiple Access with Collision Detection），称为带冲突检测的载波监听多路访问。它是由 ALOHA 系统和载波监听多路访问 CSMA 技术演进而来的。

1. 随机接入技术的先驱 ALOHA

夏威夷大学早期研制的 ALOHA（Additive Link On line HAwaii system）系统使分散在夏威夷岛上的各站点都可以通过无线电自由地发送信息。1970 年，ALOHA 连入了 ARPANET，它是采用随机接入技术的无线分组网的第一例。

ALOHA 的随机接入技术是为无线网络设计的，但它对任何共享的传输媒体都有效。ALOHA 系统中，只要某一个站点想发送信息，它就把信息发出去。

接收站收到信息后，比较自己的地址和帧的目的地址，如果相符就接收此帧。接收站还通过对帧的检验决定传输是否正确。如果正确，则发回一个确认帧 ACK；如果检验不正确，接收站将丢弃此帧，不发回 ACK。

发送站发出信息后监听一段时间，如果在规定的时间（信息的最大的往返时间）之内收到了 ACK，则发送成功；否则，将进行重传。重传策略是等待一段随机时间，然后重传。等待随机时间可以减少再次冲突的可能性。若不等待或等待相同的时间，当有两个或以上的站点同时重传时，会再次产生冲突。如果发送站重传多次仍然收不到 ACK，就放弃发送。

2. CSMA

1) CSMA 对 ALOHA 的改进

CSMA 是从 ALOHA 演变出的一种改进协议，增加了载波监听的机制。

每个站在发送数据前先监听信道,如果监听到信道上有其他站发送的信号,就暂不发送。因而,CSMA减少了发送时机的随意性和盲目性,减少了发送冲突。

早期的 ALOHA 系统,数字信号调制后用无线电发射机发送,因此网络中的各站可以监测到其他站点发出的载波。但以后的以太网,总线上传输的是基带信号,根本不存在什么载波,但习惯上人们仍称之为载波监听。

2)载波监听策略

CSMA 的载波监听策略有 3 种。

① 非坚持 CSMA 若监听到信道空闲,就开始发送;若监听到信道忙,则等待一段随机时延时间,重新开始载波监听。等待随机时延时间可以减少冲突的可能性。但由于时延了一段时间,很可能在再次监听之前信道就已空闲了,不能从刚一空闲的时刻起就利用它,这又影响了信道的利用率。

② 1 坚持 CSMA 若监听到信道空闲,就开始发送;若监听到信道忙,则一直坚持监听,直到信道空闲开始发送。1 坚持方式可以在信道刚一空闲时就开始利用,提高了利用率,但如果有两个或以上的站点都要发送,就会发生冲突,冲突的机会比非坚持方式增加了。

③ p 坚持 CSMA 以上两种策略的折中,若信道空闲,按概率 p 发送,按概率 $(1-p)$ 时延一个时间单位(一般取最大传播时延),然后重新开始监听;若信道忙,继续监听直到信道变为空闲。可根据通信量多少设定不同的概率 p,以达到较高的信道利用率。

以太网的载波监听策略采用了 1 坚持方式。在 5.1 节将会看到,IEEE 802.11 WLAN 的 MAC 层采用了一种近于非坚持载波监听策略。

3. CSMA/CD

1)传播时延仍会引起发送冲突

CSMA 的发前监听的机制减少了发送冲突的机会。但是,由于传播时延的存在,冲突还是不能完全避免的。

图 4.5 表示 CSMA 总线上的任意两个站点 A 和 B,它们都要发送数据。图中,水平方向表示站点之间的距离,垂直向下方向是时间轴,为方便观看,两个站点处都画了时间轴,它们是一致的。设 A、B 之间信号的传播时间为 τ。

假设 A 在 $t=0$ 时刻先于 B 发送。若 B 在 $t=\tau$ 之后就不会发送其数据帧 DATA(B),因为 DATA(A)部分前端比特 A_1 等已经陆续到达 B,B 已监听到 A 的发送。若 B 在 $t=0\sim\tau$(如图 t_1)开始发送,则 B 还监听不到 A 的发送,故可以发送,但会发生发送冲突,DATA(B)和 DATA(A)会在总线上相遇并混叠,如图 4.5 所示。可见,由于信号传播时延的存在,当两个或多个站的发送间隔在 $0\sim\tau$,载波监听不起作用,CSMA 仍会产生发送冲突。

发送冲突后继续发送数据帧是毫无意义的。相对于信号的传播时延,帧的发送时间是相当大的。例如,以 100Mb/s 的速率发送完 1500 字节的帧需要 $120\mu s$,而 1km 导线中信号传播时间是 $5\mu s$。因此,冲突引起的信道的浪费是可观的。

2)CSMA/CD 对 CSMA 的改进

CSMA/CD 在 CSMA 的基础上增加了冲突检测 CD 的功能。CSMA/CD 边发送边检测是否有冲突发生,检测到冲突则停止帧的发送,等待一段随机时间再重发。这样就可以节省冲突后无意义的发送时间,提高信道的利用率。CD 是以太网 MAC 的一大特色,在第 5

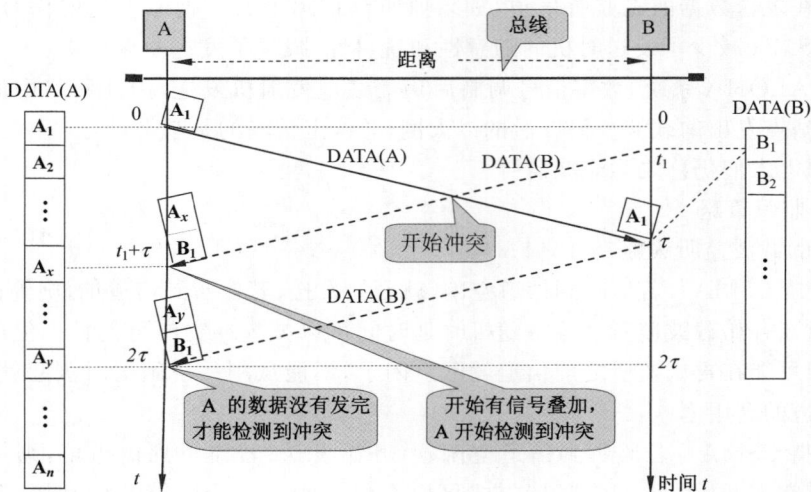

图 4.5　以太网发送冲突过程示意图

章将会看到，WLAN 的 MAC 采用的是带冲突避免的 CSMA，即 CSMA/CA。

这就是以太网的 CSMA/CD 媒体介入控制机制。

3）冲突检测方法

冲突检测一般通过网络接口的物理层硬件来实现，并通知 MAC 子层。

网络接口可以接收总线上的信号，包括自己发出的信号。冲突检测的一种方法是：网络接口将从总线上接收的信号与自己发出的信号进行对比，没有冲突时，两者一致；而有冲突时，从总线上接收的是两种或以上的混叠信号，两者不一致。也可以根据总线上信号电压的幅值情况进行检测。冲突时总线上信号混叠会削弱部分信号，增强部分信号，增强的信号电压幅值将超过正常的信号电压幅值。双绞线以太网采用了分离的发送和接收信号的线对，冲突时导线上不会有物理的信号混叠，采用逻辑的冲突检测方法，当接收线对和发送线对同时有信号时就判断为冲突。

4.2.3　以太网冲突检测机制的必要条件

1. 冲突检测机制正常运行的必要条件

CSMA/CD 在 CSMA 的基础上增加了冲突检测的功能，提高了信道的利用率。但要正常进行冲突检测是有条件限制的，下面进行讨论。

仍以图 4.5 为例，并进一步设定网络参数：假定图 4.5 表示了某种 CSMA/CD 以太网（例如 IEEE 10Base5 标准的粗缆以太网），该以太网标准规定的总线最大长度为 l^{max}（例如 10Base5 规定的 l^{max} 为 2500m）。A 和 B 是总线上的两个任意站点，它们之间的距离为 l、信号传播时间为 τ 秒。现 A 和 B 都要发送数据，假设 A 在 $t = 0$ 时刻先于 B 发送，数据发送速率为 r b/s，A 站发送数据帧 DATA(A) 的长度为 n 比特。试分析要正常进行冲突检测时网络参数的约束。

如 4.2.2 节所述，若 B 在 $t = \tau$ 之后就不会发送其数据帧 DATA(B)。若 B 在 $t = 0 \sim \tau$（如图 t_1）开始发送，则会发生发送冲突。A 要正常进行冲突检测，即检测到总线的 A 处有 A 和 B 混叠的发送信号，需满足下述两个条件。

① 需要等到 DATA(B) 的前端 B_1 到达 A 之后,这需用时 $T = t_1 + \tau$。

② 当 B_1 到达 A 时,DATA(A) 不能发送完,即至少 DATA(A) 末端 A_n 尚未发出,也就是说,DATA(A) 的发送时间 $\geqslant T$。

当 A、B 间的距离为 l 时,而 B 在 $t = \tau$ 时刻开始发送,如图 4.5 下面的 DATA(B),T 增加到最大值 $T = 2\tau$;进一步,当 A、B 间的距离达到网络标准允许的最大长度 $l^{\max}$ 时,τ 达到最大值,记为 $\tau^{\max}$,此时,对所有情况(包括发送时刻和站点间距离),T 达到最大值 $T^{\max} = 2\tau^{\max}$。于是应该有:

$$A \text{ 帧的发送时间} \geqslant T^{\max} = 2\tau^{\max}$$
$$A \text{ 的帧长} \div \text{发送速率} \geqslant 2\tau^{\max}$$
$$n \times 1/r \geqslant 2\tau^{\max}$$
$$n \geqslant 2\tau^{\max} r \tag{4.1}$$

式中,n 的单位为比特(b),τ^* 的单位为秒(s),r 的单位为比特/秒(b/s)。

设满足式(4.1)的 n 的最小值为 $n^{\min}$,那么由式(4.1)容易得到:

$$n^{\min} = 2\tau^{\max} r \tag{4.2}$$

式(4.2)和式(4.1)是等效的,只是表达形式不同。

以上是 A 先发送的情况,反过来如果 B 先发送,也可得出同样的结果。因此,以太网要正常进行冲突检测,需满足式(4.1)或式(4.2)的约束,它们即 CSMA/CD 以太网冲突检测机制运行的必要条件,也就是说,以太网的 CSMA/CD 机制要正常进行工作,必须满足式(4.1)或式(4.2)。但满足这个条件,其他 CSMA/CD 的条件(例如 NIC 必须具备 CS 和 CD 的功能)不满足,CSMA/CD 也是不能运行的,因而它不是充分条件。

2. CSMA/CD 以太网的几个重要概念

由以太网的 CSMA/CD 工作机制及其式(4.1)和式(4.2)表示的正常进行冲突检测的必要条件,可以引出 CSMA/CD 以太网的一些重要概念。

1) 往返传播时间(round-trip propagation delay)

图 4.5 的例子中,2τ 即网络上的任意两个站点间的往返传播时间。

2) 时槽(time slot)

$2\tau^{\max}$ 即时槽,单位为秒,或位时(发送 1 比特所需的时间)。时槽表示了某种以太网标准规定的最大总线长度时的信号的往返传播时间。时槽也称时隙。

IEEE 802.3 最早的 10Mb/s 速率的 10Base5 粗缆以太网标准规定,最多可以使用 4 个中继器连接 5 个 500m 网段,总线最长 2500m。电信号在电缆中传播速度是 200m/μs,2500m 的电缆往返传播时间为 25μs,另外,信号在中继器转发中有 μs 级的时延,$2\tau^{\max}$ 大约有 40μs,再增加一定的安全余量,10Base5 标准将时槽定义为 51.2μs,即 512 位时。

由 4.2.2 节的冲突分析不难看出,一个 CSMA/CD 以太网站点发送数据后,冲突发生在发送开始的 1 个时槽之内,过了 1 个时槽的时间还没有检测到冲突,在数据发完之前就不会再发生冲突了,先发送的站点已经争用到了信道。这段时间称为冲突窗口(collision window),也称争用期(contention period)。

因为电磁波信号在铜缆和光纤中的传播速度是基本不变的,因此以太网的时槽 $2\tau^{\max}$ 与最大长度 $l^{\max}$ 是大致对应的,$2\tau^{\max}$ 加大,$l^{\max}$ 也相应加大。这里之所以说"大致",是因为时槽除了包含信号在网线中的传播时间,还包含了中继器的转发时间及适当的安全余量。

3）最小帧长

式（4.2）得出的 n^{min} 定义为以太网的最小帧长，单位为比特。对于某种以太网，最小帧长就是满足其 CSMA/CD 机制正常运行的最短帧的长度。

将 10Mb/s 以太网的具体数值代入式（4.2）：$n^{min}=2\tau^{max}r=51.2\mu s\times10\text{Mb/s}=512\text{b}=64\text{B}$。以太网帧长不到 64B，即数据字段小于 46B 时，需要填充补齐。

4）冲突碎片（collision fragment）

以太网的站点发送数据后，冲突发生在冲突窗口之内，发生冲突的一段数据称为冲突碎片。冲突窗口宽度 $2\tau^{max}$ 之内发送的数据长度等于最小帧长，因此以太网冲突碎片长度小于最小帧长，即小于 64B。以太网接收到小于 64B 的数据段时，判断为冲突碎片，丢弃之。

5）冲突域（collision domain）

冲突域指一个 CSMA/CD 以太网的区域范围，这个区域范围中的任意两个或多个站点同时发送数据会产生冲突并且 CSMA/CD 机制能正常进行冲突检测。冲突域不是贬义词，而是表示以太网可以正常工作的区域。

组网时，人们关心的一个重要问题是冲突域的范围大小，即网上的任意两台计算机间可以跨越多大距离。衡量冲突域范围的大小，可以使用跨距或直径，单位是米。人们总是希望冲突域的跨距越大越好。

显然，上例中的 l^{max} 是以太网冲突域的最大跨距或最大直径，它限制了以太网组网的最大区域范围，如果超出它，冲突检测机制的必要条件将不成立，以太网就不能正常工作了。4.4 节将要介绍的交换式以太网，由以太网交换机而不是集线器连接，可以隔离多个冲突域，从而扩大了以太网的组网范围。

需要说明的是，冲突域的最大跨距并不是一个精确的概念，实际的时槽取值留有一定的安全余量，与之对应的 l^{max} 也就有相应的安全余量。

4.2.4　以太网帧格式

以太网的帧格式如图 4.6 所示。DIX 以太网帧格式（上）与 IEEE 802.3 以太网帧格式（下）基本一样，主要区别是"长度/类型"字段。这两种帧以太网卡都可以处理，现在 Internet 中以太网一般都使用 DIX 以太网帧。

前导	DA	SA	类型	数据	FCS	DIX 帧
8B	6B	6B	2B	46~1500B	4B	

前导	SFD	DA	SA	长度/类型	数据	FCS	IEEE 802.3 帧
7B	1B	6B	6B	2B	46~1500B	4B	

图 4.6　以太网帧格式

① 前导码（preamble）　7 字节，每字节均为 10101010。
② 帧起始定界符 SFD（Start Frame Delimiter）　1 字节，即 10101011。

IEEE 802.3 以太网前导码和 SFD 作为同步信号，引导接收站建立起接收同步。前导码和 SFD 由 MAC 子层产生，前导码经曼彻斯特编码后为周期性方波，接收站的解码器锁定到接收的方波信号，建立起位同步。当收到 SFD，指示一帧的有效信息开始，起到帧同步的作用。以太网帧不使用帧结束定界符,当总线上曼彻斯特编码信号消失,网络接口检测不到信号时,就判断一帧结束。

DIX 以太网的前 8 字节一起称为前导码,各字节与 IEEE 802.3 以太网的前导码和其后的 SFD 完全一样,作用也一样,只是叫法不同。

这 8 字节并不作为以太网 MAC 层帧的有效组成部分,以太网帧长度的计算中也不包括它。MAC 层将帧向下交到物理层时,由硬件生成并插入帧的前面。但它们在帧的传输中起着不可或缺的重要作用。

③ 目的地址 DA(Destination Address) 指定帧到达的目的站点,6 字节。

④ 源地址 SA(Source Address) 6 字节的 MAC 地址,指明信息源地址。

⑤ 长度/类型 2 字节,指明数据字段封装的 LLC 帧的字节长度,或数据的协议类型。

这个字段在 DIX 以太网标准中只定义为类型字段,也是 2 字节。它指明数据字段中携带哪种网络层协议的数据。以太网将各协议的代码均大于 1500(最大数据长度),如 IPv4、ARP 和 IPv6 的类型分别为 0x0800,0x0806 和 0x86DD。

类型字段使得 DIX 以太网和上层协议绑定起来,使得以太网可以为多种网络层协议进程提供传输服务。在发送方,多种网络层协议可以复用(multiplexing)一个以太网发送数据,帧的类型字段指明了上层协议。在接收方,以太网根据接收的帧的类型字段决定将数据送交网络层的哪一个协议进程,这一过程称为解复用(demultiplexing)。

原来的 IEEE 802.3 标准只将这个字段定义为长度,指明封装的 LLC 帧的长度,此时通过 LLC 帧头部中的 SAP 标识网络层的协议。为了适应技术的发展,1997 年后,新的 IEEE 802.3 标准将它修改为长度/类型,而且类型字段现在交由 IEEE 统一管理。

当该字段的值大于或等于 1536(0x0600)时表示类型,作用与 DIX 以太网的类型字段相同;否则仍表示长度(最大数据长度为 1500),此时接收的帧的数据字段要交给上层的 LLC 子层去处理。

⑥ 数据字段 46~1500B,上层(LLC 或网络层)准备好的字段。因此以太网帧总长最大为 1518B(1500B 数据+18B 控制字段,不包括前导部分的 8B)。

CSMA/CD 机制要求以太网最小帧长 64B,数据字段不小于 46B(46=64-18)。当小于 46B 时,需要填充补齐,接收方 MAC 层会将填充字节连同数据一并交给上层。使用长度字段的 802.3 以太网,由长度字段指明 LLC 帧的长度;而使用协议类型字段时,则由上层协议去除填充字节,IP 数据报报头的长度字段就可用来去除填充字节。

⑦ 帧检验序列 FCS 4 字节。对除前导码和 SFD 以外的字段使用 CRC 检验,生成多项式为 CRC-32(见 3.3 节)。

4.2.5 以太网的数据传输

1. 以太网的数据发送

1) 以太网帧的发送流程

CSMA/CD 按下述步骤工作。

① 发前监听信道,若信道忙,继续监听直至信道开始空闲,转第②步;若信道空闲,进入下一步。

② 继续监听一个帧间隔时间(InterFrame Gap,IFG),若此时信道变忙,转回第①步;若

信道空闲,进入下一步发送数据(以上属于 1 坚持 CSMA)。

③ 边发送边检测冲突。若没有检测到冲突,完成帧的发送;若检测到冲突,停止发送,并发出一个 32 位的阻塞信号(jam signal),人为强化冲突,便于所有的站点检测发生了冲突。进入下一步。

④ 发送完阻塞信号后,等待一段随机时间后回退到第①步重新尝试发送,该时间由截断二进制指数退避算法计算得到(见下)。

2) 连续多帧发送

若站点发送的数据量大,需连续发送多个帧时,发送每一帧时都需使用 CSMA/CD,这保证了所有站点对信道的公平竞争。

在一个站点连续发送的多帧时,即使信道一直空闲,由上述帧发送的步骤②可以看出,两帧之间以太网需等待一个 IFG 时间,IFG 为以太网接口提供了帧接收之间的恢复时间。

IFG 规定为 96 位时(12 字节时),对于 10Mb/s 以太网,IFG 为 $9.6\mu s$,网速增加时,96 位时不变,但时间成比例减小。

3) 截断二进制指数退避算法

以太网采用截断二进制指数退避算法(truncated binary exponential back-off)计算回退等待的随机时间。截断二进制指数退避算法如下(其中:设表示冲突次数的变量为 n,并赋初值 $n=0$)。

① 冲突次数 $n=n+1$。

② 如果 $1 \leqslant n \leqslant 16$ 则执行③,否则执行④。

③ 令 $m = \min(n, 10)$,k 在 $\{0,1,2,\cdots,2^m-1\}$ 中随机取一个数,退避时间取为 k 个时槽,算法结束。

④ 放弃本次发送。

在发送一帧的 CSMA/CD 中,如果冲突连续发生时,每冲突一次,冲突次数 n 增加 1。退避时间的基本单位为一个时槽。

当冲突发生到第 n 次,当 $1 \leqslant n \leqslant 10$,最大退避时间为 2^n-1 个时槽,退避时间在 0 或 $1\cdots$或 2^n-1 个时槽中随机选取。

当 $n>10$ 后,退避时间上限不再增加,到 $2^{10}-1=1023$ 个时槽为止,就此截断。因此这种算法称为截断式二进制指数退避算法。

当 $n>16$ 后,即尝试了 16 次仍不能发送成功,则放弃本次发送,即重试次数上限为 16。

二进制指数退避算法的基本思想是:首先,随机选取的退避时间分散了各站重发的时刻,减小了冲突发生的概率。其次,因为冲突次数越大意味着总线拥挤越严重,因此规定最大退避时间随着冲突的次数的增加而呈指数性增加,有效地减少了注入总线的数据流量,缓解了冲突的再次发生。

2. 以太网的数据接收

以太网的数据接收处理机制如下。

① 网络上的站点,若不处于发送状态则处于接收状态。当媒体上有帧在传输时,处于接收状态的站点就可以接收到帧,完整的帧和冲突碎片都会接收。

② 判断是否冲突碎片。若长度小于 64 字节的帧被认为是冲突碎片被丢弃,接收处理结束;否则进入下一步。

③ 识别目的地址。若与本站地址不符就丢弃此帧,接收处理结束;否则进入下一步。

④ 传输差错检验。在接收站使用与发送站同样的方式进行差错检验。若检验结果与接收到的检验结果一致,认为传输正确;若不一致,认为传输错误。

⑤ 判断是 DIX 以太网帧还是 IEEE 802.3 以太网帧。对于长度/类型字段,如果该字段的值大于或等于 0x0600,认为是 DIX 以太网帧,否则认为是 IEEE 802.3 以太网帧。

⑥ 对于传输正确的帧,若是 DIX 以太网帧,根据类型字段的值判断出帧携带的数据属于哪一种网络层协议的数据,将帧解封后把数据上交该网络层协议。若是 IEEE 802.3 以太网帧,将数据上交 LLC 子层。对于传输错误的的帧,DIX 以太网只是简单的丢弃;而 IEEE 802.3 以太网丢弃并通知 LLC 子层,不同类型的 LLC 子层进行不同的差错控制处理。

3. 以太网帧格式和运行参数汇总

以太网帧格式和运行参数汇总于表 4.2,其中 10/100Mb/s 以太网仅给出了半双工传输方式的参数。

表 4.2 以太网帧格式和运行参数

参数(单位)	10Mb/s	100Mb/s	1Gb/s	1Gb/s 双工	10Gb/s	100Gb/s
位时/ns	100	10	1	0.1	0.1	0.1
时槽/位时·μs^{-1}	512/51.2	512/5.12	4096/4.096	—	—	—
帧间间隙/位时·μs^{-1}	96/9.6	96/0.96	96/0.096	96/0.096	96/0.0096	96/0.00096
冲突重试限制/次	16	16	16	—	—	—
冲突退避限制/次	10	10	10	—	—	—
冲突阻塞信号/b	32	32	32			
帧格式	图 4.6	图 4.6	图 4.6	图 4.6	图 4.6	图 4.6
最大帧长/B	1518	1518	1518	1518	1518	1518
最小帧长/B	64	64	64	64	64	64
数据字段/B	0~1500	0~1500	0~1500	0~1500	0~1500	0~1500

*4.2.6 以太网的信道利用率

1. 假设条件下的信道利用率

下面我们讨论 CSMA/CD 以太网的信道利用率,假定:

① 总线上有 n 个结点,每个结点在一个争用期内发送帧的概率均为 p。

② 帧长均为 L(比特),数据发送速率为 C(b/s),因而帧的发送时间 $T_0 = L/C$(s)。

假定一个帧是平均经 K 次冲突后发送成功,那么,帧的平均发送时间 $T_{av} = 2\tau K + T_0 + \tau$,如图 4.7 所示。图中 2τ 表示争用期的长度,最后的 τ 是帧尾从发送站发出后到达目的站所需的时间,τ 为总线单程传播时延。

由图 4.7,所以以太网信道利用率 S 为

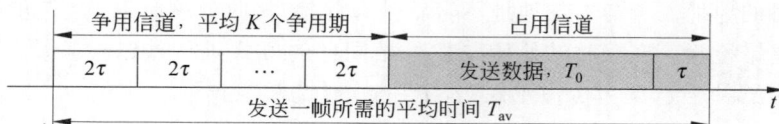

图 4.7　帧的平均发送时间

$$S = \frac{T_0}{T_{av}} = \frac{T_0}{2\tau K + T_0 + \tau} = \frac{1}{1 + (2K+1)a} \qquad (4.3)$$

其中:

$$a = \tau/T_0 = \tau C/T_0 C = 总线单程比特长度 / 帧的比特长度 \qquad (4.4)$$

a 是归一化的传播时延,为总线单程传播时延 τ 与一个数据帧的发送时间 T_0 之比,也等于总线单程比特长度/与帧的比特长度之比。

2. 无冲突时信道利用率的极限

由式(4.3),当 $K = 0$ 时,即没有冲突发生,信道利用率达到极限 S^*。此时每次只有一个站发送帧,并且当一个帧全部到达目的地后,下一个帧马上就从某个站发出,最充分地利用了信道。这时信道利用率为

$$S^* = \frac{1}{1 + a} \qquad (4.5)$$

任何协议都不可能达到比 S^* 更高的信道利用率。参数 a 是随着信道长度和数据帧长度的变化而变化的。例如,对于 10/100Mb/s 以太网,最大的 $\tau = 25.6/2.56\mu s$,最大帧 1518 字节的发送时间为 $1214.4/121.44\mu s$,$a = 0.02$。以太网大部分情况下 $a = 0.01 \sim 0.1$,由这个变化范围计算的 S^* 的变化范围为 0.99~0.91。

3. 冲突时信道利用率的上限

在随机发送的情况下,总会有冲突,即 $K > 0$,S^* 是不可能达到的。K 与结点个数 n、结点发送帧的概率 p 等因素有关。可以证明(请参阅参考文献[41]),当 $p = 1/n$ 时,S 取最大值 S_{max}。表 4.3 列出了不同 n 时的 S_{max} 以及对应的平均冲突次数 K 的最小值 K_{min}。

表 4.3　不同 n 时的 A_{max} 和 K_{min}

n	2	8	16	32	128	512	∞
K_{min}	1	1.545	1.632	1.674	1.710	1.717	1.720
S_{max}	1/(1+3a)	1/(1+4.09a)	1/(1+4.26a)	1/(1+4.35a)	1/(1+4.42a)	1/(1+4.43a)	1/(1+4.44a)
$a = 0.01 \sim 0.1$ 时,S_{max} 取值范围	0.97~0.77	0.96~0.71	0.96~0.70	0.96~0.70	0.96~0.69	0.96~0.69	0.96~0.69

由表 4.3 和式(4.3)、式(4.5)可见,对信道利用率来说,a 是一个非常重要的参数。当 a 减小时,以太网信道利用率将增大。在信道长度不变的情况下,增加数据帧长度,可以提高信道利用率。

对于 $a = 0.01 \sim 0.1$ 计算 S_{max} 的对应的变化范围,列于表 4.3 的最下一行。可见,在几十到几百个站的范围内,S_{max} 的变化范围基本一样。

注意,表 4.3 给出的是 S 的上限 S_{max} 及其变化范围,实际运行中,很难满足 $p = 1/n$,因此 $S \leqslant S_{max}$。

4.2.7　以太网传输特点

CSMA/CD 媒体接入控制方式引发出以太网的一些传输特点。

1）半双工传输方式

对于 CSMA/CD 方式,每个时刻总线上只能有一路传输,如果有两路传输就会产生冲突,但总线上的数据传输方可以是两个方向,因此,CSMA/CD 媒体接入控制方式的以太网是一种半双工传输方式。

2）共享总线带宽

在 CSMA/CD 的一个冲突域中,每个时刻只能允许一个结点占用总线发送数据,这样,在一个以太网冲突域中,总线上的所有结点共享总线带宽,每个结点的平均带宽与总线上的结点数成反比。20 世纪 90 年代初出现的交换式以太网(见 4.4 节),隔离了冲突域,突破了共享总线带宽的限制,增加了可用带宽。

3）传输的不确定性

在 CSMA/CD 机制,在不同的网络负荷下,可能不发生或发生发送冲突,发生冲突时冲突的次数也不相同,因而传输一帧所需要的时间不同,且难于预计,具有不确定性。对于实时性要求高的应用场合,如工业控制网络,存在一定的问题。

4）无连接、不可靠的传输服务

在数据传输前,CSMA/CD 并不建立连接,接收方虽然进行 CRC 检验,但并不发确认帧。对检验错误的帧,DIX 以太网只是简单的丢弃,IEEE 802.3 MAC 子层丢弃并通知 LLC 子层。因此,DIX 以太网和 IEEE 802.3MAC 子层向上层提供的都是无连接、不可靠的传输服务。

在 Internet 中,IP 数据报一般都使用 DIX 以太网封装,即使用 IEEE 802.3 以太网封装,使用的是逻辑链路层的 LLC1,即不确认无连接的服务。因此,以太网为 IP 数据报提供的也是无连接、不可靠的传输服务。

4.2.8　全双工以太网

原来制定的以太网标准,数据链路层采用 CSMA/CD 媒体接入控制方式,在每个时刻总线上只能有一个站在某个方向上发送数据,属于半双工传输方式。1997 年制定的 IEEE 802.3x 标准又定义了全双工以太网,使用全双工数据传输方式。

在 4.3.1 节将会看到,随着以太网数据传输速率的不断提高,CSMA/CD 机制逐步难以适应,乃至不能正常工作,以太网逐渐地向全双工方式过度。原来的 10Mb/s 和 100Mb/s 以太网从以半双工方式为主,到 1Gb/s 则以全双工方式为主,10Gb/s 及以上速率的以太网就只使用全双工方式了。

全双工以太网的主要特点如下。

① 能够同时发送和接收数据,因此相比半双工方式,全双工方式可以提供两倍的带宽。例如,一条 CbE 链路,在半双工方式提供的数据率是 1Gb/s,而在全双工方式下则可提供共 2Gb/s 的数据率。为此,它必须有两个信道,一个用于数据发送,另一个用于数据接收。

② 不再使用 CSMA/CD 媒体接入控制方式,不使用载波监听和冲突检测,网段长度不受冲突域跨距的限制。但网段长度仍然受到传输过程中的信号衰减的限制,这与传输媒体

的性质紧密相关。半双工传输方式中,网段长度受这两种因素的限制。

③ 使用和半双工以太网同样的帧格式、最大、最小帧长、发送的帧间间隔 IFG 和 CRC 校验方式等。这也是它仍然可以称为以太网的原因。这里要指出的是,全双工以太网不再使用 CSMA/CD,因此最小帧长实际上已不受式(4.2)的约束,仍保持这一参数不变是基于下面两点考虑,一是高层协议能同样处理全双工和半双工以太网的帧,二是在网络中这两种以太网可以实现无缝连接。

④ 全双工以太网一般使用交换机(见 4.4 节)通过点对点链路连接计算机组网。点对点链路上只能连接两个网络接口(计算机的或交换机的),不能像半双工以太网的总线(物理的或逻辑的)上可以连接多个网络接口。网络接口当然需支持全双工模式。

⑤ 定义了显式的流量控制机制。半双工以太网中,当网络负载加重,产生冲突时采用截断式二进制指数后退算法,随着冲突的加重,回退重试时间呈指数规律增长,这实际上也起到了调节流量的作用。全双工以太网中也有流量控制问题。在一个全双工以太网中,假设一个连接在交换机 1Gb/s 端口上的高性能服务器向连接在交换机 100Mb/s 端口上的普通计算机发送大量数据,可能很快就会耗尽交换机的输入缓冲区资源,导致数据丢失。全双工以太网设计了显式的流量控制机制,它通过对缓冲区设置上限,到达上限时发送控制帧,改变发方的发送速率。流量控制可分为非对称方式(链路一端使用)和对称方式(链路两端使用)。这里不再详述,读者可参见本书第 2 版。

4.3　以太网的技术演进

4.3.1　CSMA/CD 引发的以太网技术演进

CSMA/CD 媒体接入控制机制是以太网独具特色的核心技术,可以简便地实现广播链路的接入控制,人们称其是以太网的"DNA"。以太网诞生半个世纪以来,从各种 LAN 中脱颖而出,垄断了 LAN 市场,CSMA/CD 功不可没。

计算机网络技术发展的一个始终不渝的目标是提高网络的数据传输速率 r,以适应网络应用信息爆炸式地增长需求。以太网技术发展中,技术上也遵循了一个原则,即保持以太网帧格式和最小帧长的规定不变,包括最小帧长不变,使得不同速率的以太网帧格式互相兼容,可以无缝连接,以减少格式变换带来的开销。

但以太网 CSMA/CD 媒体接入控制机制正常运行是受式(4.2)限制的,即需要满足 $n^{min} = 2\tau^{max} \times r$,随着数据传输速率 r 的不断增加,CSMA/CD 机制受到了严峻挑战。以太网速率从当初的 10Mb/s 发展到今天的 100Gb/s,增加了 10 000 倍,CSMA/CD 机制的参数几经修改乃至放弃 CSMA/CD 机制,以太网技术经历了独特的发展演进过程。

本节简单梳理以太网的发展过程,读者注意其中 CSMA/CD 的作用,然后下面各节逐一详细介绍各发展阶段的以太网技术。

表 4.4 汇总了以太网与 CSMA/CD 机制相关的参数,其中全双工模式不使用 CSMA/CD。

① 10Base5　IEEE 第 1 个 10Mb/s 以太网标准,定义了 10Mb/s 以太网 CSMA/CD 参数和帧格式,主要参数包括:最小帧长 64B,时槽 512 位时/$51.2\mu s$,网络最大跨距 2500m。

表 4.4   以太网的 CSMA/CD 相关参数

以太网	传输速率	帧格式	时槽/ (位时·μs^{-1})	载波扩展 帧突发	网络最大 跨距	传输模式
10Base5	10Mb/s	帧格式如图 4.6， 最小帧长 64B，最 大帧长 1518B	512/51.2	—	2500m	半双工
100BaseTX	100Mb/s	帧格式保持不变	512/5.12	—	200m	半双工
1000BaseLX	1Gb/s	帧格式保持不变	4096/4.096	扩展到 512B 使用帧突发	220m	半双工
1000BaseLX	1Gb/s	帧格式保持不变	—	—	5km	全双工
10GbE	10Gb/s	帧格式保持不变	—	—	最大 80km	全双工
40/100GbE	40/100Gb/s	帧格式保持不变	—	—	最大 40km	全双工
200/400GbE	200/400Gb/s	帧格式保持不变	—	—	最大 10km	全双工

② 100BaseTX   应用最广泛的 100Mb/s 以太网，512 位时的时槽不变，但时槽时间降到 5.12μs，前文曾讲到时槽 $2\tau^{\max}$ 与网络最大长度 $l^{\max}$ 是大致对应的，这就导致网络最大跨距降到 200m，但仍在实用的范围内。

10M/100Mb/s 以太网主要使用基于 CSMA/CD 机制的半双工模式，当数据速率提高到 1Gb/s 及以上，情况就逐渐发生了变化。

③ 1000BaseLX 半双工模式   应用最广泛的速率 1Gb/s 的光纤以太网，半双工工作模式下使用 CSMA/CD 机制，如果保持原来定义的时槽 512 位时不变，时槽时间降到 0.512μs，网络最大跨距相应降到 20m，失去实用价值。因此，该标准将时槽增加到 4096 位时（等于 512 字节时），时槽时间 4.096μs，这样网络最大跨距相应增加到可以实用的 220m。

因为时槽增大到 512 字节时，而维持 64B 的最小帧长不变，远小于时槽，不能正常进行冲突检测。为此，GbE 定义了载波扩展机制，扩展 64~511B 的短帧至 512B。但载波扩展的短帧降低了传输效率。为提高连续发送短帧时的传输效率，GbE 又定义了帧突发功能。

④ 1000BaseLX 全双工模式   全双工模式下 1000BaseLX 仍旧保持了原来规定的帧格式，包括最小帧长 64B，但是放弃了 CSMA/CD 这个以太网的"DNA"，不受冲突检测机制的必要条件的限制。1000BaseLX 全双工模式的最大传输距离可达 5km，另一种 1Gb/s 光纤以太网标准 1000BaseZX 则可高达 70km，它们为此付出的一个很大的代价是需要两条传输信道。

全双工模式下最大传输距离不受 CSMA/CD 的约束，但仍然受到传输媒体带宽和网络接口硬件性能等因素的限制。

⑤ 10GbE   速率 10Gb/s 以太网。如果保持 1Gb/s 以太网的时槽 4096 位时不变，时间降到 0.4096μs，网络跨距降到 20m，失去实用价值；如果时槽再增加 10 倍，网络最大跨距可达到 200m，但为正常进行冲突检测，载波扩展需达到 5120B，远超出以太网帧格式规定的最大帧长 1518B，则必须改变已定义的以太网帧格式。

综合考虑，10Gb/s 以太网完全放弃了 CSMA/CD，以太网的"DNA"无奈至此终止，只使用全双工模式，保持以太网帧格式不变。不同的应用场合设计有不同标准的 10GbE，有其相应的网络最大跨距,广域网应用的可高达 80km。

⑥ 40/100GbE 速率 40/100Gb/s 以太网。比 10GbE 还快 4/10 倍,参照 10GbE 的分析,毋庸置疑,放弃 CSMA/CD 只使用全双工传输模式,保持以太网帧格式不变。

⑦ 200/400GbE 只使用全双工传输模式,保持以太网帧格式不变。

⑧ 交换式以太网 CSMA/CD 限制了以太网冲突域的最大跨距。以太网交换机工作在 MAC 子层,突破了物理层的集线器只能连接单个冲突域的局限,可以连接多个独立的冲突域组成交换式以太网,从而扩大了网络的最大跨距和规模。4.4 节将介绍交换式以太网。

从 4.3.2 节开始,将按照发展的时间顺序也是传输速率提高的顺序介绍各种以太网技术。以太网的 MAC 层 4.2 节已经做了详细介绍,因此主要涉及物理层技术,MAC 层一般是不变的,对于变化的地方将进行讲解。

4.3.2　传统以太网

传统以太网现在已不使用,但后来的高速以太网是在它的基础上发展起来的,它定义的一些概念依然延续使用,它定义的物理层结构成为基础结构,随着网速的增加不断发展。

1. 物理层结构

图 4.8 中包含了 IEEE 802.3 10Mb/s 以太网的物理层结构,它包括以下 3 部分。

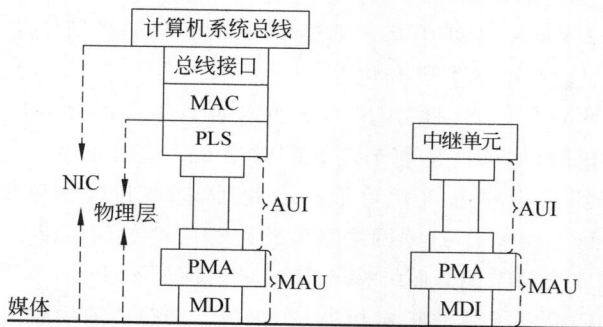

图 4.8　10Mb/s 以太网物理层、网络接口卡和中继器

1) 物理层信号(Physic Layer Signaling,PLS)

PLS 紧邻在 MAC 之下,主要功能如下。

① 编码解码 发送时,将由 MAC 子层来的串行数据即比特流进行线路编码,编为曼彻斯特码并通过收发器电缆送到 MAU;接收时,将来自 AUI 的曼彻斯特码信号解码,并以比特流方式送给 MAC。

② 载波监听 确定信道是否空闲,载波监听信号送给 MAC 层。

2) 媒体连接单元(Medium Attachment Unit,MAU)

MAU 也称收发器(transceiver),包括物理媒体连接(Physic Medium Attachment,PMA)和媒体相关接口(Medium Dependent Interface,MDI)。物理层的各部分只有 MAU 与媒体相关,其主要功能如下。

① 信号发送与接收 发送时将曼彻斯特码信号向总线发送,提供发送驱动;接收时从总线接收曼彻斯特码信号。

② 冲突检测 检测总线上发生的数据帧冲突,并上传给 MAC 层。

③ 超长控制 当站点发生故障时,有可能向总线连续不断地发送无规律的数据使其他站点不能正常工作。为此,对发送数据帧的长度设置一个上限,当检测到某一数据帧超过此上限时,就认为该站出现故障,自动禁止该站的发送。

④ 连接传输媒体 MDI 实际上是连接传输媒线缆的连接器,在计算机和传输媒体之间提供机械和电气的接口,媒体不同 MDI 也不同。例如,UTP 以太网的 MDI 为 RJ45 连接器。

3) 连接单元接口(Attachment Unit Interface,AUI)

AUI 接口连接 PLS 和 MAU,AUI 上的信号有 4 种:发送和接收的曼彻斯特码信号、冲突信号和电源。

以上是 IEEE 802.3 物理层的层次结构,具体的实现依不同的 10Mb/s 以太网标准有所不同。

2. 网络接口卡 NIC

计算机是通过网卡接入以太网的,网卡的全称为网络接口卡(Network Interface Card,NIC),又称为网络适配卡或通信适配器。图 4.8 左半部给出了 10Mb/s 传统以太网接口卡的逻辑结构,涉及以太网的物理层和 MAC 子层,包括以下 5 部分。

① 媒体接入单元 MAU。

② 物理层信号 PLS。

③ 连接单元接口 AUI。

④ MAC 子层。

⑤ 计算机总线接口。

前 3 部分属于 IEEE 802.3 以太网的物理层,前面已经讲过。最后的计算机总线接口用于和计算机连接,如 PCI 总线接口。第④部分 MAC 子层在 4.2 节已经做过详细介绍,NIC 的主要功能汇总如下。

① 数据帧的封装与解封。

② 实现发送和接收数据的并-串和串-并转换,与 PLS 之间传送串行数据。

③ 帧的定界和寻址处理,接收的目的地址不匹配的帧将被丢弃。每个 NIC 有唯一的物理地址(MAC 地址),存储在 NIC 的 ROM 中。

④ 媒体接入控制,实现 CSMA/CD 媒体接入控制协议。

⑤ 差错检验。发送数据时,生成 FCS;接收时,检验 FCS。

粗缆以太网中,收发器做成一个独立的外置式的部件连接于粗缆上,其他部分做在网卡上,AUI 称为收发器电缆,它将网卡和收发器相连接。而细缆和双绞线以太网的收发器是内置的,将收发器集成在网卡上,网卡上安装 BNC 接头或 RJ45 插座,通过它们直接连入网络,因而也就不需要收发器电缆。

网卡使用超大规模集成电路,物理层和 MAC 层的功能主要由芯片直接实现。现在网卡电路一般集成到计算机主板上,很少使用独立的网卡。

3. 中继器和集线器

1) 中继器

传输信号有限的电磁波能量在媒体上传输过程中会不断地衰减。当媒体长度超过一定数量时,中途需要对传输信号进行恢复,这可以通过中继器(repeater)来实现。

中继器与物理层对应的结构如图 4.8 的右半部所示,它包括了 MAU、AUI 以及中继单元。中继器的每个端口都有一个 MAU,负责接收和发送信号,在信号转发之前,中继器还要进行信号的放大整形。中继单元控制信号的转发过程。MAU 一般是嵌入在中继器内部。

中继器能扩展以太网,但中继器不检测数据流的头部控制信息,也没有缓存功能,中继器工作在以太网的物理层,只是简单地接收、恢复并转发物理信号。当一个网段中产生发送冲突时,中继器照样将它转发出去。使用中继器扩展以太网,受到 CSMA/CD 冲突域最大跨距的限制。中继器会产生较小的处理时延。

2) 集线器

早期同轴电缆中继器多为两个端口。多个端口的中继器即多口中继器,可以连接多个网段。某个端口收到信号后,便将该信号进行整形放大,然后广播到其他所有端口上。

多口中继器在双绞线以太网中通常称为集线器(hub)。10BaseT 标准的以太网就是使用集线器通过无屏蔽双绞线连接计算机组成网络。

集线器的每个端口只与一台计算机相连,形成信号的点对点传输,使以太网形成以 hub 为中心的星状结构。虽然物理形式上是星状结构,但逻辑上是总线结构,因此被称为星状总线(star-shaped-bus)。集线器引起的星状结构是以太网发展中的一个重大进展。

集线器每个端口将收到的信号整形放大后广播到其他所有端口。如果有两个端口同时接收到信号,也都转发出去。集线器也工作在物理层,它连接的所有站点都在一个冲突域中。

4. 传统以太网物理层标准

IEEE 802 传统以太网先后定义了 10Base5 粗缆、10Base2 细缆、10BaseT 双绞线、10BaseF 光纤等多种以太网标准,早已不再使用。这里介绍 10Base5 和 10BaseT,前者是第一个 IEEE 802 以太网标准,典型的总线结构;后者是最早使用双绞线的星状结构以太网,这种组网方式为以太网的广泛应用开创了大好局面。

1) 粗缆以太网 10Base5

粗缆以太网(thick wire Ethernet)10Base5 的含义如下:“10”表示数据传输速率为 10Mb/s,“Base”表示传输基带信号,“5”表示每一段电缆的最大长度为 500m。10Base5 使用直径为 1cm、特征阻抗为 50Ω 的粗同轴电缆作为传输媒体。

计算机接入粗缆以太网,要使用收发器 MAU、收发器电缆和网卡,如图 4.9 所示。单段粗缆以太网的最大长度为 500m,最多可接 100 个站点。每个粗缆段两端各有一个由阻值 50Ω、功率 1W 的电阻构成的终端器(terminator),终端器一端接地。终端器吸收端点的电信号,不产生反射,避免反射信号的干扰。粗缆以太网最多可使用 4 个中继器连接 5 个网段,网络跨距可达 2500m。

2) 双绞线以太网 10BaseT

(1) 10BaseT 网络结构。

10BaseT 双绞线以太网(twisted pair Ethernet)中的“T”的意思是传输媒体使用双绞线,一般是 UTP,8 芯,每芯直径在 0.5mm 左右,两两绞在一起,成 4 对。为了识别方便,线芯标有不同的颜色。

一个最基本的 10BaseT 以太网如图 4.10 所示,所有的站点都通过 UTP 点到点连接到

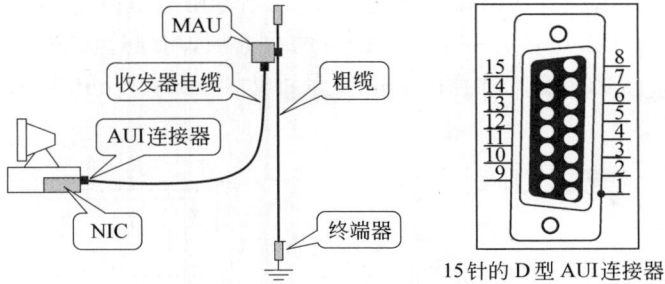

图 4.9　10Base5 粗缆以太网

一个集线器上,形成一个以集线器为中心的星状结构。受媒体传输频率特性的限制,集线器和每个站点之间的 UTP 双绞线最大距离规定为 100m。

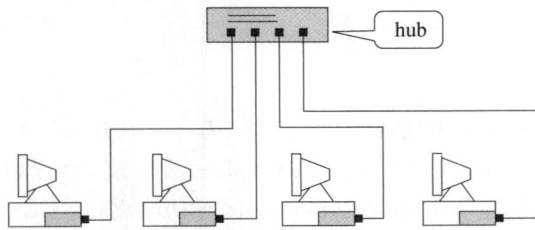

图 4.10　10BaseT 以太网连网示意图

计算机和集线器的连接方式是通过 RJ45 连接器相连,见图 4.11。RJ(Registered Jack)表示已注册的连接器。hub 上都带有若干(8/12/16/24/48 等)RJ45 插座,10BaseT 以太网卡上也装有一个 RJ45 插座,每段 UTP 电缆两端各带有一个 RJ45 插头,这样就可方便地把一台计算机连入 10BaseT 以太网。RJ45 与 UTP 的连接一般采用 TIA/EIA(电信工业协会/电子工业协会)的 568B 标准,使用两对双绞线,分别用于发送和接收。

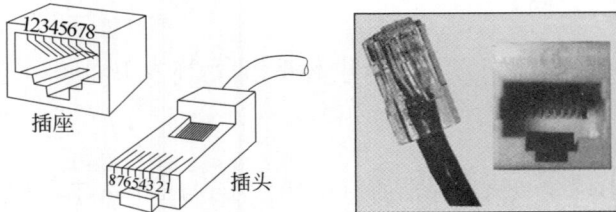

图 4.11　RJ45 连接器

(2) 10BaseT 网络扩展。

双绞线以太网扩展方法有 hub 的级连和堆叠,扩展后最大网段数和站点数均为 1024,仍在一个冲突域中。

图 4.12 是使用两个 hub 级连的例子。10BaseT 级连在每一条通路上保持了最多使用 4个 hub 连接 5 个网段的能力(部分公司的产品可能超过)。hub 与 hub 之间以及 hub 与计算机之间 UTP 的最大网段长度都是 100m。hub 级连扩展了网络的跨距,也扩大了网络连接的站点数。

图 4.13 表示 hub 堆叠的结构,多个 hub 的底板总线连接到一起,逻辑上可以视为一台

hub,可堆叠 hub 上专门设有 hub 堆叠的连接接口,用专用电缆相连。所有的端口都连到公共的总线上,任何一个 hub 的任一个端口接收的数据帧,均通过底板总线传到其他所有端口,它们共享 10Mb/s 的带宽。堆叠的 hub 数量可达 4～8 个。hub 堆叠扩展了站点数量,并不扩展网络跨距。

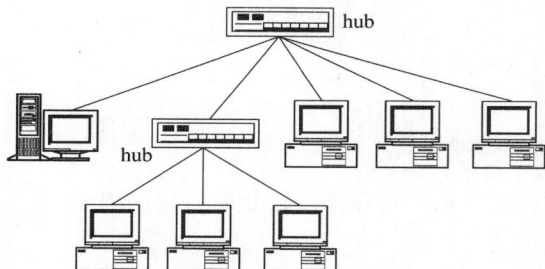

图 4.12　hub 级连

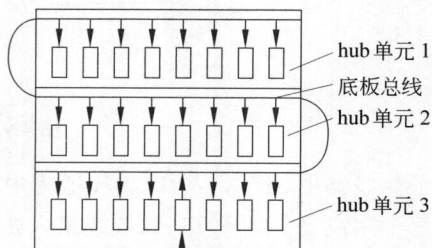

图 4.13　hub 堆叠

（3）10BaseT 的优点。

10BaseT 双绞线以太网使用集线器构成星状拓扑。10BaseT 可以改善以太网可靠性,也使网络便于安装维护。hub 可以检测、隔离并指示故障端口(端口有指示灯),例如,发现某一端口不停地收到发送信号,hub 可以将该端口自动隔离,使网络仍能正常工作。星状结构也使得以太网的实际应用中,设计和布线安装类似于普通的电话系统,并可以同时施工。TIA/EIA(电信工业协会/电子工业协会)就制定了双绞线网络结构化布线的相关技术规范。结构化布线技术可参阅参考文献[14]。

10BaseT 双绞线以太网的星状结构和结构化布线是以太网发展中的一个重大进展,并一直沿用到后来的各种高速以太网,在以太网最终占据 LAN 领域的垄断地位的竞争中,起到了重要的作用。

4.3.3　100BaseT 以太网

1995 年,100Mb/s 以太网 IEEE 802.3u 标准出台,称为 100BaseT 以太网,当时称为快速以太网(Fast Ethernet)。

1. 100BaseT 的特点

100BaseT 是 10BaseT 以太网标准的 100Mb/s 版,与 10BaseT 一样,要求使用集线器形成星状拓扑结构。100BaseT 主要应用半双工方式,其特点可以从 MAC 子层和物理层两方面说明。

1）MAC 子层

100BaseT 保持了与 10Mb/s 以太网同样的 MAC 子层,使用同样的 CSMA/CD 协议和相同的帧格式,使用同样的基本运行参数,如表 4.2 所示。

因为 100BaseT 传输速率是原以太网的 10 倍,因此,100BaseT 512 位时的时槽变为 $5.12\mu s$,这使得 100BaseT 冲突域的最大跨距也差不多减小到 1/10,为 200m。

2）物理层

100BaseT 的物理层相比 10Mb/s 以太网的物理层有了较大的变化。

① 不再采用 10BaseT 统一的曼彻斯特编码方式,否则码元的波特率就会达到 200M

baud,NIC 的成本会大幅增加。100BaseT 不同的物理层标准使用不同的编码方式,因此编码解码功能也就放在与媒体相关的收发器中实现。

② 100Mb/s 的传输速率使得 100BaseT 物理层结构与 10Mb/s 以太网地物理层结构有较大的变化。

③ 定义了Ⅰ类和Ⅱ类两种类型的集线器用于组网。

④ 增加了 10/100Mb/s 自动协商功能,以便和 10Mb/s 以太网能够共同连网运行。

关于物理层的这些特点,下文还要详述。

2. 100BaseT 物理层结构

100BaseT 物理层结构与 10Mb/s 以太网物理层结构有较大的变化,对照地绘于图 4.14。

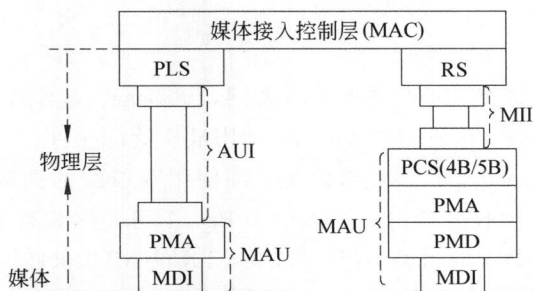

图 4.14　100BaseT 物理层(右)和 10Mb/s 以太网物理层(左)结构对比

由图 4.14,100BaseT 以太网物理层包含以下 3 部分。

1) 协调子层(Reconciliation Sublayer,RS)

RS 紧邻在 MAC 之下,MAC 应是一个保持不变的标准的以太网实体,因此增加 RS 这个垫片在 MAC 的串行接口和 MII 的半字节宽的并行接口之间进行转换。

2) 收发器 MAU

以下 4 个模块相当于收发器 MAU。

① 物理编码子层(Physical Coding Sublayer,PCS)。

② 物理媒体连接(Physical Medium Attachment,PMA)。

③ 物理媒体相关(Physical Medium Dependent,PMD)。

④ 媒体相关接口(Medium Independent Interface,MDI)。

收发器 MAU 的主要功能如下。

• 最上层的 PCS 提供数据块编码解码功能,主要是 4B/5B 块编码。

• PMA 实现与 PCS 之间的串行化(发送时)和逆串行化(接收时)服务接口,另外还从接收信号中分离出用于对接收到的数据进行同步的时钟信号。

• PMD 主要功能是发送/接收物理信号,发送前将串行的数据进行线路编码,转换为电或光的信号,提供发送信号驱动,通过 MDI 接口发送。接收时进行相反的处理。

• 收发器还进行载波监听和冲突检测,并将信号通过 MII 传给 MAC。

• 最下层的 MDI 和 10Mb/s 以太网的 MDI 作用一样,规定与传输媒体之间的连接器及其机械和电气的参数,例如 100BaseTX 的 RJ45 连接器。

3）媒体无关接口（Medium Independent Interface，MII）

逻辑上与 10Mb/s 以太网的 AUI 接口对应，但由于传输速率增加，AUI 很难推广到 100Mb/s，千兆和万兆以太网的媒体无关接口又都做了相应的改进。

MII 的发送和接收数据由 AUI 的一位串行传输改为半字节宽（4 位）的并行传输，使发送和接收时钟减小到 1/4（25MHz）。MII 中还包括时钟、载波监听和冲突检测等信号。

MII 使用 40 针 D 型连接器，电缆最大长度 0.5m。但收发器一般嵌入网卡和中继器内部，只是通过 MII 进行芯片级互连。

3. 100BaseT 的物理层标准

100BaseT 标准主要包括 100BaseTX、100BaseT4 和 100BaseFX 等 3 种主要的物理层标准，前两种使用 UTP，100BaseFX 则使用光纤。主要应用的是 100BaseTX，下面简要介绍。

1）100BaseTX

100BaseTX 是使用 5 类 UTP 的快速以太网，100BaseTX 产品在 1994 年年初就已上市，比其他物理层标准要早，它是 100BaseT 中使用最广泛的一种。

100BaseTX 与 10BaseT 有许多相似之处：都使用双绞线的两对线芯，一对用于发送，另一对用于接收；最大网段长度均为 100m，但 10BaseT 可使用 3 类 UTP，而 100BaseTX 使用 5 类 UTP，也可使用 IBM 的 1 型 STP，100BaseTX 的 MDI 也使用 RJ45 连接器。

100BaseTX 采用 4B/5B-MLT3 两级编码。发送时，由 MII 传过来的 4B 数据块由 PCS 编为 5B 码块。以太网帧的前导序列的第一字节用 5B 控制码元中的一个码流开始标志符替代，在帧的最后加上一个码流结束标志符，起到帧定界的作用。5B 的空闲码元用来在 IFG 期间持续发送，而不转入物理的空闲状态。这些码元都是数据码元中没有的。

100BaseTX 使用一种称为多电平发送 3（MLT-3）的线路编码规则将 5B 编码编为在双绞线上传输的物理信号，波特率为 125Mbaud。MLT-3 使用正、负和零 3 种电平。当输入的 5B 码元为"0"时，MLT-3 的输出电平不变；当 5B 码为"1"时，MLT-3 的输出电平改变，若前面的电平为正或负就输出零，若前面的电平为零，就输出与上一个非零电平相反的电平。

2）100BaseT 的物理层标准汇总

100BaseT 的各种物理层标准及其相关参数汇总于表 4.5。表中，8B/6T（8 binary/6 ternary）编码方式，指 8 位二进制数据转变为 6 位三进制电信号（共有 3 种电平）。

表 4.5　100BaseT 的物理层标准及相关参数

物理层标准	传输媒体	网段长度/m 半/全双工	编码方式
100BaseTX	2 对 5 类 UTP 或 STP	100/100	4B/5B-MLT-3
100BaseT4	4 对 3 类 UTP	100/不支持	8B/6T
100BaseFX	MMF	与 hub 相关（见表 4.6）/2k	4B/5B-NRZ-I
	SMF（厂商）	全双工 20k/40k（厂商）	

4. 100BaseT 半双工以太网组网

100BaseT 标准定义了两种类型的集线器：Ⅰ类和Ⅱ类。Ⅰ类 hub 可以连接采用不同编码技术的媒体类型,在输入端口对信号进行解码,其他端口转发时再进行编码。Ⅱ类 hub 只能连接采用相同编码技术的媒体类型,可以中继 100BaseTX 和 100BaseFX(合称 100BaseX)的信号,它们使用相同的 4B/5B 编码。

100BaseT 半双工以太网规定:受冲突域的最大跨距的限制,系统只能使用 1 个Ⅰ类或 1~2 个Ⅱ类 hub,表 4.6 给出了不同情况下网络的最大跨距。

表 4.6　100BaseT 半双工以太网的最大网络跨距

集线器类型	铜缆	MMF	混 合 媒 体
无集线器,计算机点对点连接	100	412	不使用
1 个Ⅰ类 hub	200	272	260(100m TX 加 FX)
1 个Ⅱ类 hub	200	320	308(100m TX 加 FX)
2 个Ⅱ类 hub	205	228	216(100m TX 加 FX)

表 4.6 的最后一行,2 个Ⅱ类集线器之间为 5m 双绞线。如果计算机和集线器间网段长度减小,那么集线器之间的长度也可以相应增加。

5. 10/100Mb/s 自动协商模式

100BaseT 问世以后,RJ45 连接器连接的 UTP 上传输的不再是单一的 10Mb/s 信号,IEEE 设计了自动协商(auto-negotiation)模式,使用该模式的 hub 和 NIC 能自动把它们的速度调节到最高的公共水平。自动协商功能位于物理层中的较低层次,在图 4.14 所示的 100Mb/s 以太网物理层结构中,它相当于 PMD 之下的一个模块。

自动协商是链路初始化时进行的一种准静态的机制。它工作在点到点链路上而不是整个网络。具有自动协商模式的 NIC 和 hub 等设备,在上电、人为或故障后重启时发送一个称为快速链路突发脉冲 FLP 的序列给链路的对方,其中 16 比特的链路代码字 LCW 包含了自己的链路类型及流量控制配置等信息。链路另一端能够识别 FLP,协商选择双方都具备的最优的工作模式并进入工作状态。

链路类型协商的优先级由高到低是:100BaseTX 全双工,100BaseT4,100BaseTX 半双工,10BaseT 全双工,10BaseT 半双工。

4.3.4　吉比特以太网

吉比特以太网(Gigabit Ethernet,GbE)的数据传输速率为 1Gb/s,即 1000Mb/s,按照中国传统的计量称谓,有时称千兆以太网,10GbE 称万兆以太网。

1998 年,IEEE 制定了称为 1000BaseX 的光纤 GbE 物理层标准 802.3z,以后又制定了 1000BaseT 双绞线 GbE 标准 802.3ab。

1. 吉比特以太网的特点

GbE 与 10/100Mb/s 以太网相比,在 MAC 层和物理层主要有如下特点。

1) MAC 子层

半双工 GbE 使用了与 10/100Mb/s 以太网相同的帧格式和基本相同的 CSMA/CD 协议,包含了原 CSMA/CD 的基本内容,但做了如下修改。

① 与 10/100Mb/s 以太网相同的帧格式和基本相同的 CSMA/CD:最大帧长 1518 字

节,最小帧长 64 字节,重试上限 16 次,后退上限 10 次,阻塞信号 32 位,帧间间隔 IFG 96位等。

② 时槽增大到 4096 位时(512 字节时)。如果保持 10/100Mb/s 以太网 512 位时的时槽不变,GbE 的最大网络跨距将减小到 20m,失去了实用价值。为此,GbE 标准将时槽从 512 位时增大到 4096 位时,最大网络跨距仍可达到 200m。

③ 为了使短帧的传输(64 字节)与大的时槽(512 字节)协调,GbE 增加了载波扩展(carrier extension)措施。

④ 为了改善短帧的传送效率,GbE 标准又增加了帧突发(frame bursting)功能。

2) 物理层

如图 4.15 对照地画出了 GbE 物理层结构(右)和 100BaseT 物理层结构(左),它们的组成及各部分功能相似,可参看 4.3.3 节 100BaseT 物理层结构的说明。1Gb/s 的传输速率使得 GbE 物理层有了如下变化。

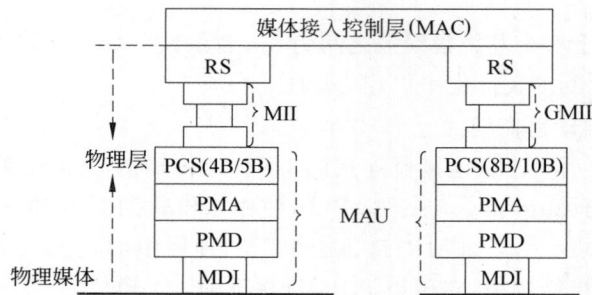

图 4.15　GbE 物理层(右)和 100BaseT 物理层(左)对照

① 主要的 GbE 即光纤 GbE 标准,使用 8B/10B-NRZ 编码方式,一个 8 位二进制码组编成一个 10 位二进制码组,产生 25% 的编码开销,1Gb/s 数据率产生 1.25G baud 的发送信号。

② 如图 4.15 所示,100BaseT 的 MII 扩展为吉比特媒体无关接口 GMII。GMII 的发送和接收数据宽度由 MII 的 4 位增加到 8 位,使用 125MHz 的时钟就可实现 1000Mb/s 的数据速率。GMII 不支持连接器和电缆,只是内置做集成电路之间的接口。

③ 半双工 GbE 组网只能使用一个集线器。

2. GbE 物理层标准

1000BaseX 使用光纤传输,包括 1000BaseSX、1000BaseLX 和 1000BaseZX 几种标准,其中 1000BaseZX 是著名网络公司 Cisco 提出的,而非 IEEE 标准。

1000BaseT 使用 4 对 5 类 UTP 传输,在最长 100m 的距离上支持 GbE。为了在 4 对UTP 上达到 1000Mb/s 的比特率,IEEE 802.3ab 委员会使用一种称为 5 级脉冲幅度调制PAM-5 的编码方法,电信号有 5 种电平,其中 4 种用于传输数据,每种电平携带 2 比特数据。超 5 类和 6 类 UTP 运行 1000BaseT 更为合适。

GbE 各种物理层在半双工和全双工模式的网段长度限制汇总于表 4.7 中。

表 4.7 中,1000BaseCX 的网段长度只有 25m 是受传输媒体自身的限制,高速信号在铜缆中传输会有很大的衰减。除它之外,半双工模式下网段长度的 2 倍(GbE 组网只使用一个集线器)即是冲突域最大跨距。

表 4.7　GbE 的物理层和最大网段长度

物理层标准	激光中心波长	50μm MMF 半/全双工	62.5μm MMF 半/全双工	SMF 半/全双工	150ΩSTP 半/全双工	5 类 UTP 半/全双工
1000BaseSX	850nm	110/550	110/275			
1000BaseLX	1310nm	110/550	110/550	110/5k		
1000BaseZX(厂商)	1550nm			全双工 70k		
1000BaseCX					25/25	
1000BaseT						100/100

虽然 10/100/1000Mb/s 以太网都支持半双工/全双工传输模式,但 GbE 大多应用于全双工模式,主要是 LAN(校园网、企业网、园区网等),也用于 MAN。短距离的铜缆 GbE 用于互联网数据中心(Internet Data Center,IDC),如交换机和服务器群之间的短距离 1Gb/s 连接。

3. 半双工 GbE 的载波扩展和帧突发

1) 载波扩展(carrier extension)

半双工 GbE 标准将时槽增大到 4096 位时,但仍维持最小帧长 64 字节不变。如果将最小帧长改变,在使用网络设备互连不同速率的以太网时,对短帧要进行重构,造成麻烦。

GbE 中最小帧长的传输时间远小于时槽,不能正常进冲突检测。为了正常进行冲突检测,GbE 在 MAC 子层定义了载波扩展机制。

在发送长度小于一个时槽的短帧时,载波扩展功能使用非数据信号进行扩展,扩展后帧长达到 4096 比特,即 512B。对于长度为 46~493B 的数据字段,载波扩展的长度为 448~1B。载波扩展的帧如图 4.16 所示。

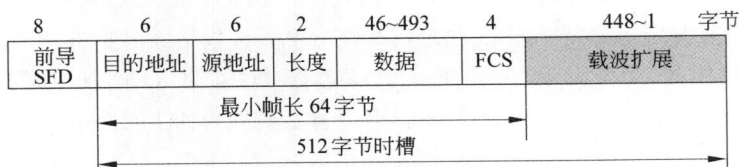

图 4.16　载波扩展

虽然载波扩展位不是帧的有效成分,但也要进行冲突检测,检测到冲突时也会停止发送并发出阻塞信号,然后执行退避重试算法。

若接收方收到的帧长度小于一个时槽,则作为冲突碎片丢弃,即使帧前面的有效部分是完整正确的,只是在载波扩展部分发生了冲突,此帧也要丢弃。因为此时发方因检测到冲突要进行重传,收方会收到重复帧,而以太网协议不能处理接收重复帧的情况。

2) 帧突发(frame bursting)

载波扩展扩大了冲突域,但在传送短帧时带来了额外的开销。为了改善短帧的传送效率,半双工 GbE 在 MAC 子层又定义了帧突发的机制。

帧突发机制如图 4.17 所示。发方被允许连续发几个帧,其中第一个帧按 CSMA/CD 规则发送。如果第一个是短帧,必须发送载波扩展位直至发送时间满一个时槽。若该帧发送成功,发方就可继续发其他帧直至发完数据或达到一次帧突发的最大长度限制。帧突发机制规定,连续发送的最大长度为 8KB(8192B)。

最大长度 8192 字节

前导 SFD	帧 1	扩展位 (如需要)	IFG	前导 SFD	帧 2	IFG	前导 SFD	帧 3	…	前导 SFD	帧 n

512 字节时槽

图 4.17　帧突发

发送方为了连续占用信道,用 96 比特载波扩展填充 IFG,其他主机在 IFG 期间仍然会监听到载波,发送主机成功发送第一个帧后不会再遇到冲突,可连续进行发送。后续发送的各帧,不必再进行冲突检测,因此即使是短帧也不必再进行载波扩展。

4. 1000BaseX 自动协商

1000BaseT UTP GbE 支持 UTP 自动协商功能,对 10BaseT 和 100BaseT 向后兼容以太网数据速率。

1000BaseX 光纤 GbE 也具有自动协商功能,与 UTP 的自动协商不同,其特点如下。

① 只用于配置 1000BaseX 类型,包括半双工/全双工传输模式和流量控制方式。1000BaseX 只支持 1000Mb/s 的数据传输速率,不进行数据速率的协商。

② 是物理编码子层 PCS 的一个功能,使用 8B/10B 编码中的控制码元组合传递自动协商的信息,不再使用 UTP 自动协商的 FLP。

③ 重新定义了 16 比特的交换信息的格式,不再包含 FLP 中标明链路类型的信息,只包含配置传输模式和流量控制方式的信息,支持非对称/对称的流量控制方式。

4.3.5　10 吉比特以太网

10 吉比特以太网(10 Gigabit Ethernet,10GbE),又称万兆以太网。

2002 年,IEEE 制定了光纤 10GbE 物理层标准 802.3ae,包括 3 种标准 10GBaseX/R/W,这是 10GbE 的主要标准;2004 年和 2006 年分别制定了 10GBaseCX4 同轴电缆标准 802.3ak 和 10GBaseT 双绞线标准 802.3ab;2007 年又制定了背板传输标准 802.3ap,包括 10GBaseKX4 和 10GBaseKR。

1. 10 吉比特以太网的特点

1) MAC 层

① MAC 子层仍使用 IEEE 802.3 帧格式,维持其最大、最小帧长度不变。

② 不再使用 CSMA/CD MAC 方式,只定义了全双工方式,因此 10GbE 突破了 CSMA/CD 冲突域的限制,进入了 MAN 和 WAN 的范畴。

2) 物理层

① 如图 4.18 所示,10GbE 物理层(右侧 3 个)与 GbE 物理层(左侧 1 个)结构相似。不同的是,GMII 变为 10 吉比特媒体无关接口 XGMII,它是一个 74 位信号宽度的接口,发送与接收用的数据路径各占 32 位,XGMII 把 MAC 层与物理层相连。另外,对于 WAN 物理层 10GBaseW,增加了广域网接口子层(WAN Interface Sublayer,WIS)。

② 在通用网的指导思想下,定义了两种类型的物理层:LAN 物理层和 WAN 物理层,

包括多个不同的物理层标准，主要使用光纤。

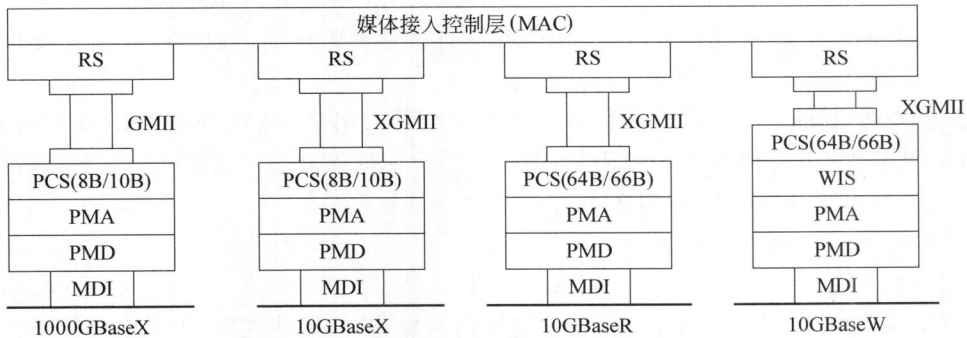

图 4.18　10GbE 物理层与 GbE（左）物理层

2. 10 吉比特以太网物理层标准

1）光纤 10GbE 物理层标准

光纤 10GbE 物理层标准 IEEE 802.3ae，包括 3 种标准 10GBaseX/R/W。

（1）10GBaseX。

LAN 类型的物理层，是与使用光纤的 1000BaseX 相对应的物理层标准，物理编码子层 PCS 中使用与 1000BaseX 相同的 8B/10B 编码。数据传输速率为 10Gb/s。

10GBaseX 只包含一个标准：并行的 10GBaseLX4。为了达到 10Gb/s 的传输速率，使用稀疏波分复用 CWDM 技术，在 1310nm 波长附近以 25nm 为间隔并列地配置了 4 对激光发送器/接收器，组成了 4 条通道。为了保证每条通道的传输速率达到 2.5Gb/s，每条通道的 10B 码的码元速率为 3.125Gbaud。采用并行物理层技术的好处是，将原来速率很高的比特流拆分成多列，PCS 和 PMA 子层的处理速度降低，因而降低了对器件的要求。

（2）10GBaseR。

串行的 LAN 类型的物理层，使用 64B/66B 编码，相比 8B/10B 编码，它产生的编码开销由 25% 降到 3.125%，数据传输速率为 10Gb/s。

10GBaseR 和下面要讲到的 10GBaseW 都属于串行的物理层技术，串行方式是指数据流发送接收直接进行，不拆分，66B 码的码元速率高达 10.3125G 波特。串行技术在逻辑上比并行技术简单，但对物理层器件的要求更高。

10GBaseR 包含 3 个标准：10GBaseSR/LR/ER（SR/LR/ER 分别表示 Short Range/Long Range/Extended Range），分别使用 850nm 短波长/1310nm 长波长/1550nm 超长波长激光。

（3）10GBaseW。

串行的 WAN 类型的物理层，采用 64B/66B 编码，使用与 SDH/SONET 基本一致的帧格式以及与 OC-192c 相同的 9.58464Gb/s 的传输速率。10GBaseW 可以对 SDH/SONET 基础设施提供访问能力，这样以太网可以将 WAN 传输主干上的 SDH/SONET 作为其传输网，利用了原有的通信资源。

10GBaseW 包含 3 个标准：10GBaseSW/LW/EW，分别使用 850nm 短波长/1310nm 长波长/1550nm 超长波长激光。

要实现 10GbE 和 OC-192c 帧格式和数据传输速率的转换和适配，如图 4.18 所示，在 10GBaseW 的 PCS 和 PMA 子层之间，加入了一个可选的 WIS，它将以太网的数据流转换为 SDH/SONET OC-192c 帧格式传输。

MAC 层 10Gb/s 的数据传输速率与 OC-192c 的 9.58464Gb/s 数据传输速率不相同,因此要通过调整以便与稍慢的 OC-192c 相匹配。有多种调整方法,例如在 XGMII 接口发送 "hold"信号,使 MAC 层在一个时钟周期停止发送。

注意,10GbE 的 LAN 类型的物理层,并不意味着只用于 LAN,也可用于 WAN。命名为 LAN 和 WAN 类型物理层的原因是,前者更适合支持原来基于以太网的业务和应用,而后者适合以现有的 WAN 中的 SDH/SONET 作为传输网。

2)铜缆 10GbE 物理层标准

(1)10GBaseCX4。

10GBaseCX4 使用并行的 4 芯同轴电缆作为传输媒体,提供互联网数据中心 IDC 的以太网交换机和服务器群之间的短距离 10Gb/s 连接的经济方式。

(2)10GBaseT。

10GBaseT 使用高质量的双绞线作为传输媒体,是 10/100/1000MBaseT 双绞线以太网的 10Gb/s 的升级版,编码方式不再是 1000MBaseT 的 PAM-5,而是 PAM-16。

3)背板传输物理层标准

10GBaseKX4 和 10GBaseKR 分别提供并行和串行的背板传输物理层标准。用于背板传输应用,如刀片服务器、路由器和交换机的线路卡等。

3. 10GbE 物理层标准及应用汇总

10GbE 的各种物理层标准汇总于表 4.8,除了使用的传输媒体和传输距离,表中也给出了它们的适用的应用场合。表中 10GBaseZR 和 10GBaseZW 是由 Cisco 公司提出的标准,而非 IEEE 标准,它们可以提供更大的传输距离。

表 4.8　10GbE 物理层标准及应用

种　　类	100GbE 标准	激光波长/传输媒体	传输距离	应用场合
并行 LAN 类	10GBaseLX4	1310nm/MMF/SMF	300/10km	LAN/MAN
串行 LAN 类 10GBaseR	10GBaseSR	850nm/MMF	300m	LAN
	10GBaseLR	1310nm/SMF	10km	LAN、MAN
	10GBaseER	1550nm/SMF	40km	MAN、WAN
	10GBaseZR(厂商)	1550nm/SMF	80km	MAN、WAN
串行 WAN 类 10GBaseW	10GBaseSW	850nm/MMF	300m	LAN
	10GBaseLW	1310nm/SMF	10km	LAN、MAN
	10GBaseEW	1550nm/SMF	40km	MAN、WAN
	10GBaseZW(厂商)	1550nm/SMF	80km	MAN、WAN
铜缆	10GBaseCX4	4 芯同轴电缆	15m	IDC
	10GBaseT	6 类/6a 类 UTP	55/100m	IDC、LAN
背板	10GBaseKX4	铜线	1m	背板传输
	10GBaseKR	铜线	1m	背板传输

10GbE 已经不是 LAN 的概念,强势进入 MAN 和 WAN 的应用领域。10GbE 在 MAN、WAN 主干网方面有着很好的前景。首先,带宽 10Gb/s 可以满足现阶段以及未来一段时间内城域骨干网带宽需求。其次,40km/80km 的传输距离可以满足大多数城市 MAN 和一部分 WAN 的覆盖范围。再有,10GbE 作为 MAN 骨干可以不使用骨干网的 ATM 或 SDH/SONET 链路,简化网络设备,使端到端可以采用统一的以太网帧格式,省掉传输中的数据链路层的封装和解封以及可能的数据包分片。另外,相对 ATM 或 SDH/SONET,10GbE 的价格也有明显的优势。

*4.3.6　40/100 吉比特以太网

2010 年,IEEE 推出了 IEEE 802.3ba 和 IEEE 802.3bm 高速以太网标准,包括传输速率为 40Gb/s 的 40 吉比特以太网(40 Gigabit Ethernet,40GbE)和传输速率为 100Gb/s 的 100 吉比特以太网(100 Gigabit Ethernet,100GbE)。

1) MAC 层

40GbE 和 100GbE 的 MAC 层和 10GbE 有同样的特点。

① MAC 层仍使用 IEEE 802.3 帧格式,维持其最大、最小帧长度。

② 不再使用 CSMA/CD 媒体接入控制机制,只使用全双工传输方式。

2) 物理层

40GbE/100GbE 的物理层定义了多种物理层标准,其中有 1m 背板连接(仅 40GbE)、7m 铜缆、100m 并行多模光纤和 10km 单模光纤(基于波分复用 WDM 技术)。100GbE 接口最大定义了 40km 传输距离,这需要使用 WDM 技术在一根单模光纤上复用 4 路 25Gb/s 的信道,以达到 100Gb/s 的传输速率。物理层编码采用 64B/66B,提供两种速率,意在保证能够更高效、更经济地满足不同应用的需要。

表 4.9 汇总了 40GbE 和 100GbE 的各种物理层标准,包括使用的传输媒体、传输距离和主要应用场合。

表 4.9　40GbE/100GbE 物理层标准及应用

40GbE 标准	100GbE 标准	传输媒体	传输距离	应用场合
	100GBaseSR10	MMF	100m	IDC、LAN
40GBaseSR4	100GBaseSR4	MMF	100m	IDC、LAN
40GBaseLR4	100GBaseLR4	SMF	10km	LAN、MAN
40GBaseER4	100GBaseER4	SMF	40km	MAN、WAN
40GBaseCR4	100GBaseCR10	铜缆	7m	IDC
40GBaseKR4		铜线	1m	背板传输

*4.3.7　向太比特以太网迈进

2010 年推出的 100GbE 速率比传统以太网提高了 1000 倍,但以太网并没有停下前进的脚步,继续发展。2017 年 12 月批准了 IEEE 802.3bs 和 802.3cd 以太网标准,包括速率 200Gb/s 的 200GbE 和速率 400Gb/s 的 400GbE,目前已有多家网络设备供应商为 200GbE

和 400GbE 提供解决方案。以太网又向速率为 1Tb/s 的太比特以太网(Terabit Ethernet,TbE)的新目标迈进,业内专家预测,2020 年之后,有可能逐步推出 800GbE、1TbE、1.6TbE。

200GbE 和 400GbE 的 MAC 层仍使用 IEEE 802.3 帧格式,维持其最大、最小帧长度,也不再使用 CSMA/CD 媒体接入控制机制,只使用全双工传输方式。

表 4.10 汇总了 200GbE/400GbE 的各种物理层标准。

表 4.10　200GbE/400GbE 物理层标准

200GbE 标准	400GbE 标准	传 输 媒 体	传 输 距 离
200GBaseSR4	400GBaseSR16	4/16 条光纤,每条 50/25 Gb/s	100m
200GBaseDR4	400GBaseDR4	4 条光纤,每条 50/100 Gb/s	500m
200GBaseFR4	400GBaseFR8	4/8 个波长复用一条 SMF,每个波长 50 Gb/s	2km
200GBaseLR4	400GBaseLR8	4/8 个波长复用一条 SMF,每个波长 50 Gb/s	10km
200GBaseCR4		铜缆	3m
200GBaseKR4		铜线	背板传输

4.4　交换式以太网

以太网的 CSMA/CD 媒体接入控制方式给以太网带来下述问题。

① 众多的站点处于一个冲突域中,冲突域中的各站点共享公共传输媒体,在任何给定时间内,只能有一个工作站发送信息。

② 各站点共享网络固定的网络带宽,如果网上共连接了 n 个站点,那么每个站点平均分享到的带宽只有总带宽的 $1/n$,网络系统的效率会随着结点数的增加而大幅降低。

③ 由于冲突域最大跨距的限制,难以构造较大规模的网络。

20 世纪 90 年代初出现了以太网交换机(switch),也称为交换式集线器(switching hub)。由交换机连接的交换式以太网能增加以太网的带宽和规模,同时又能与传统的电缆线和网络适配卡协调工作,因而可以保留已有的网络基本设施。

交换机是由网桥(bridge)发展而来的,技术上非常类似网桥,使用新的名字主要是市场的原因。网桥在 1984 年就开始进入市场,用于连接扩展 LAN。早期的网桥一般只有两个端口,连接两个 LAN 网段,就像一座桥连接两段路一样。而交换机有多个端口,而且它的功能由网桥的基于软件转向基于先进的专用集成电路 ASIC 硬件,转发速度大大加快,交换机本质上是一个高速的多口网桥(multiport bridge)。

4.4.1　网桥

1. 网桥工作机制

网桥一般有两个端口,连接两个网段。每个端口有一块网卡,有自己的 MAC 子层和物理层,但端口自己的 MAC 地址是无意义的。图 4.19(a)是网桥工作原理示例,端口 1 与网段 A 相连,端口 2 则连接到网段 B。

在数据链路层的 MAC 子层,网桥的基本功能是在不同 LAN 网段之间转发帧,转发中

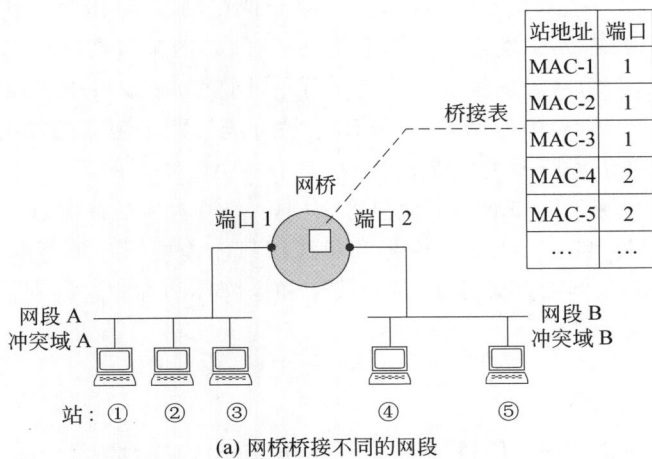

站地址	端口
MAC-1	1
MAC-2	1
MAC-3	1
MAC-4	2
MAC-5	2
…	…

桥接表

网桥

端口 1　　端口 2

网段 A
冲突域 A

网段 B
冲突域 B

站：① ② ③　　　④ ⑤

(a) 网桥桥接不同的网段

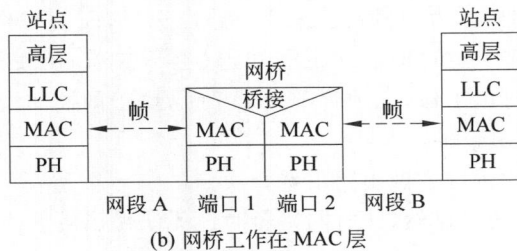

站点

| 高层 |
| LLC |
| MAC |
| PH |

网桥
桥接

| MAC | MAC |
| PH | PH |

站点

| 高层 |
| LLC |
| MAC |
| PH |

帧　　　　帧

网段 A　　端口 1　端口 2　　网段 B

(b) 网桥工作在 MAC 层

图 4.19　网桥工作原理

不修改帧的源地址。网桥从端口接收所连接的网段上传输的帧，先存于缓存中。若此帧未出现传输差错而且目的站属于其他网段，根据目的地址通过查找存有端口-MAC 地址映射的桥接表，找到对应的转发端口，将帧从该端口发送出去；否则，就丢弃此帧。而在同一个网段中通信的帧，网桥不进行转发。

图 4.19(a)为网桥工作原理示例，网桥的端口 1 与网段 A 相连，而端口 2 则连接到网段 B。设网段 A 的 3 个站①、②和③的 MAC 地址分别为 MAC-1、MAC-2 和 MAC-3，而网段 B 的两个站④和⑤的 MAC 地址分别为 MAC-4 和 MAC-5。若端口 1 收到站①发给站④的帧，目的地址为 MAC-4，查找桥接表后知道 MAC-4 所在网段连接在端口 2，属于向不同的网段上传输的帧，若此帧没有传输差错，就将它经端口 2 转发到网段 B。若网桥的端口 1 收到站①发给站②的帧，根据桥接表知道此帧属于同一网段上传输的帧，网桥就不转发，将它丢弃。

2. 网桥的特点

网桥和中继器、集线器都能扩展局域网，但网桥工作在更高的层次，主要特点如下。

① 工作在 MAC 子层，进行帧转发。如图 4.19(b)所示，网桥要检查帧的 MAC 地址，并据此查找桥接表，进行帧的转发。

② 进行帧过滤，减少了通信量。同一个网段上各工作站之间的通信量不会经过网桥传到 LAN 的其他网段上去，仅局限于本网段之内。

③ 隔离了冲突域，扩大了网络跨距。帧过滤功能使得由网桥连接的以太网的不同网段上同时传送数据时不会产生冲突。例如，图 4.19(a)网段 A 上的站①和网段 B 上的站④同

时发送数据,站①发给站③,站④发给站⑤,则帧分别在网段 A 和 B 上传送,不会冲突。即使帧发送情形有所改变,站④发给网段 1 上的站②,站④的帧将在网段 B 发出,网桥的端口 2 将接收,与网段 A 上的站①发送也不冲突。可见,网桥每个端口所连接的网段各属于一个独立的冲突域。图 4.19(a)中的网段 A 和 B,就被分隔为两个独立的冲突域,使整个网络跨距不受以太网冲突域最大跨距的限制。注意,具有 MAC 实体的网桥端口也包含于它所连接的网段对应的冲突域。例如端口 1 就包含于网段 A 所对应的冲突域。

④ 可连接不同类型的 LAN。中继器和集线器只能连接同一类型的 LAN,而网桥可以连接不同类型的 LAN,例如以太网、令牌总线网和令牌环网等。这种网桥要复杂一些,它需要进行帧格式的转换。

3. 地址学习

1) 透明网桥

常用的以太网网桥是透明网桥(transparent bridge),其标准是 1990 年的 IEEE 802.1d或 ISO 8802.1d。透明网桥是由网桥自己来决定路由选择,而 LAN 上的各站都不介入路由选择。透明的意思是 LAN 上的每个站不需知道(也不知道)所发送的帧将经过哪几个网桥。透明网桥上电后就可以工作,无须管理人员干预,属于即插即用设备。

2) 使用洪泛法进行初始转发

网桥是依据网桥中的桥接表做出路由选择决定的。一个透明网桥刚刚连接到 LAN 上时,其初始的桥接表是空的。显然,此时网桥暂时还无法做出转发决策。此时网桥若收到一个帧,就采用洪泛法(flooding)转发它,即向除上游端口(接收此帧的端口)以外的所有端口转发。这样进行下去就一定可以使该帧到达其目的站。

3) 使用逆向学习法进行地址学习

网桥在转发过程中通过学习将其桥接表逐步建立起来,学习的方法是逆向学习法(backward learning)。例如,图 4.19(a)的情况,假定网桥收到从端口 1 发来的帧,从帧中得知源站的地址为 MAC-1。于是,网桥就可以推论出,在相反的方向上,只要以后收到发往目的地址 MAC-1 的帧,就应当由端口 1 转发出去。于是就将地址 MAC-1 和端口 1 作为一个表项登记在桥接表中,如图 4.19(a)中桥接表的第 1 行所示。这样,在转发过程中通过学习就把桥接表逐步建立起来。

LAN 的拓扑可能会发生变化。为了使桥接表能动态地反映出网络的最新拓扑,可以在登记一个表项时将帧到达网桥的时间也记录下来。网桥中的软件周期性地扫描桥接表,只要是在规定的时间(如几分钟)之前登记的表项,则予以清除,重新学习。

4.4.2 交换机

1. 交换机工作原理

交换机(2 层交换机)本质上是一个多口网桥,在 MAC 子层转发数据帧。交换机也通过学习生成并维护一个包含端口-MAC 地址映射的交换表,并根据交换表进行帧的转发。

交换机的多个端口可以并行地工作,可以同时接收从不同端口上发来的信息帧,又能将信息帧转发到许多其他端口上。这一过程展示在图 4.20(a)和图 4.20(b)中,从图中可以看出,从端口 A、B、C 和 D 发来的帧同时分别传到端口 F、E、G 和 H。交换机和网桥一样,可以避免发生在集线器中那种多个站点同时发送时产生的冲突。

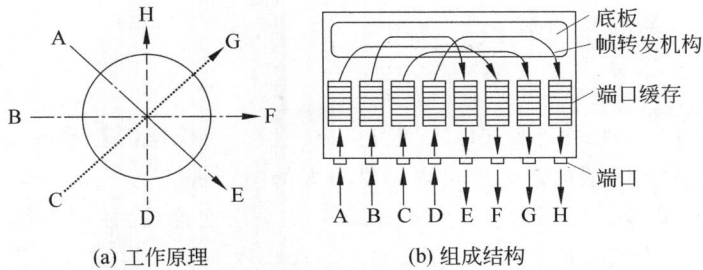

(a) 工作原理   (b) 组成结构

图 4.20　交换机

2. 交换机的组成结构

交换机体系结构如图 4.20(b)所示,由 4 个基本部分组成:端口、端口缓存、帧转发机构和底板体系,底板也称母版。

1)端口

端口用来连接计算机,支持不同的数据传输速率,端口类型视具体产品设计而定。

2)端口缓存

端口缓存提供缓冲能力,特别是在同时具有不同速率的端口时,交换机的缓存会起很大作用。由高速的端口向低速端口转发数据,必须有足够的缓冲能力。

3)帧转发机构

帧转发机构在端口之间转发信息。有 3 种类型的交换机转发机构。

① 存储转发交换(store-forward)。在数据帧发送到一个端口之前先全部存储在内部缓存中,经差错检验后再转发出去,交换机的转发时延多于整个帧的发送时间。存储转发类型交换机要进行差错检验,能滤掉传输有问题的帧。

② 直通交换(cut-through)。查看到帧的目的地址就立即转发,转发时延远小于帧的发送时间,因此帧几乎可以立即转发出去,从而使时延时间大大缩短。但它把目的地址有效的所有信息帧全部转发出去,包括有差错的帧,不进行差错检验。

③ 无碎片交换(fragment-free)。结合上述两种类型交换机的优点,其做法是只暂存查看帧的前 64 字节,如果是有冲突的帧,冲突碎片小于 64 字节,就立即舍弃,否则就转发。它不进行差错检验,无法查出有差错的帧。转发的效率和速度上是前两种方式的折中。

如果要求高的速度和低的转发时延,则直通型交换机是最好的选择类型;如果需要好的效率,则存储转发类型较好;而改进直通型是一个折中的选择。

4)底板体系结构

底板体系结构是交换机内部的电子线路,在端口之间进行快速数据交换,有总线交换结构、共享内存交换结构和矩阵交换结构等不同形式。

交换机的底板传输速率可以决定它支持的并发交叉连接的能力和进行广播式传输的能力。例如,一个 48 端口的 100Mb/s 交换机最多可支持 24 个交叉连接,它的底板传输速率至少应该有 $24 \times 100Mb/s = 2400Mb/s$。当某端口接收的帧在端口-地址表中找不到时,它要把该帧广播输出到其他所有的端口,交换机应该有 $48 \times 100Mb/s = 4800Mb/s$ 的底板传输速率。

4.4.3　交换式以太网及其特点

1. 交换式以太网

一个小规模的工作组级交换式以太网可以由一台交换机连接若干台计算机组成。如前所述,交换式以太网比一般的以太网可以提供更大的网络带宽。

大规模的交换式以太网通常将交换机划分为几个层次连接,使网络结构更加合理。例如,可以由低到高分为接入层、汇聚层和核心层3个层次。接入层交换机供用户计算机接入使用,若干台接入一台汇聚层交换机,汇聚网络流量,若干台汇聚层交换机再接入一台核心层交换机,核心层交换机连接成主干网。

2. 交换式以太网的特点

1) 突破了共享带宽的限制,增大了网络带宽

网络交换机的总带宽通过每个端口增加的可用带宽来确定。n 个端口数据传输速率均为 x Mb/s 的以太网交换机,最大可提供 $0.5 \times n \times x$ Mb/s 的总带宽,当 n 增大时,总的网络带宽也随之增大。而 n 个端口数据传输率为 x Mb/s 的集线器只能提供 x Mb/s 的带宽。例如,16 个端口的 100Mb/s 快速以太网交换机最大可提供 800Mb/s 的总带宽。可见,网络交换机突破了以太网共享带宽的限制。

2) 隔离了冲突域,增大了网络跨距和规模

交换机的端口可以连接计算机,也可以连接以太网段,如图 4.21 所示,一个交换机连接了 3 个共享式网段,2 个服务器,构成了 5 个独立的冲突域。交换机将它各端口所连接的各网段隔离成独立的冲突域,交换式以太网的跨距突破了单个冲突域的限制,可以构造更大跨距和规模的网络。

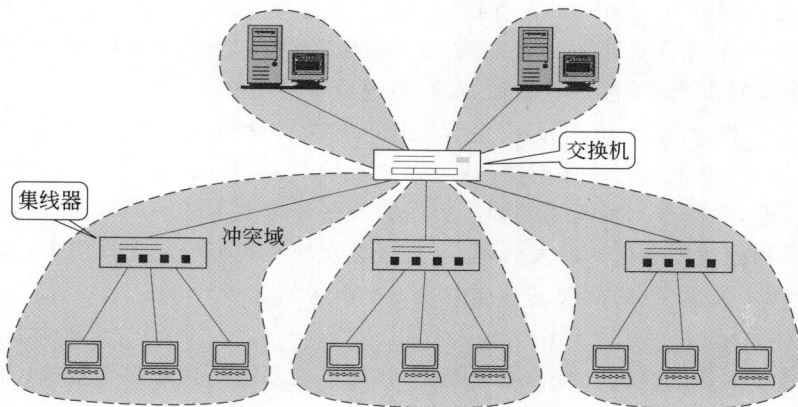

图 4.21　交换机隔离了 5 个独立的冲突域

在交换机每个端口连接的冲突域中,如图 4.21 中下部的共享式网段以及上部服务器和交换机之间的链路,其长度仍受以太网冲突域的限制。

3) 处于一个广播域,可能产生广播风暴

虽然交换机将它连接的多个网段划分为多个独立的冲突域,但交换机工作于 OSI 参考模型的第 2 层,它无阻碍地传播广播帧和组播帧,因此交换机连接的网段均处在一个广播域(broadcast domain)。广播域处于网络的第 2 层,MAC 地址为广播地址的帧都能够到达。

一个 LAN 的广播流量一般比较小，但在一个由许多交换机连接的大规模的交换式以太网上，当广播通信较多时，问题就变得严重，它可能带来所谓的广播风暴（broadcast storm）。特别是包含不同数据速率的网段时，高速网段产生的广播流量可能导致低速网段严重拥挤，乃至网络崩溃。虚拟局域网 VLAN 技术，可以解决广播风暴的问题。

4.5 虚拟局域网（VLAN）

4.5.1 VLAN 及其特点

1. 什么是 VLAN

VLAN(Virtual LAN)不是一个新型的网络，只是给用户提供的一种网络服务。

VLAN 建立在交换式网络的基础之上，主要的交换设备是以太网交换机。在像交换式以太网这样的支持 VLAN 的网络上，使用 VLAN 技术将网络从逻辑上划分出一个个与地理位置无关的子集，每个子集构成一个 VLAN。一个站点的广播帧只能发送到同一个 VLAN 中的其他站点，不管它们在什么物理位置，而其他 VLAN 中的站点则接收不到该广播帧。因此，VLAN 是由一些交换机连接的以太网网段构成的与物理连接和地理位置无关的逻辑工作组，是一个广播域。

图 4.22 是一个 VLAN 的示例，两台交换机和多台计算机组成了交换式以太网，并划分了 3 个 VLAN：VLAN1、VLAN2 和 VLAN3，分别包含 7、6 和 3 台计算机。

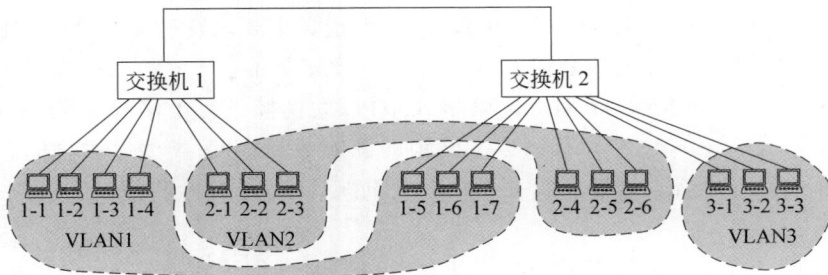

图 4.22　VLAN 示例

2. VLAN 的特点

VLAN 比一般的 LAN 有更好的安全性。可以通过划分 VLAN 进行 VLAN 之间的信息隔离，禁止访问 VLAN 中的某些应用等。例如，一个行政单位的网络可以基于下属职能部门（人事部、财务部等）划分若干 VLAN，以限制对某些部门内部信息的访问。

VLAN 的划分可以控制通信流量，提高网络带宽利用率。日常的通信流量大部分限制在 VLAN 内部，减少不必要的广播数据在网络上传播，使得网络带宽得到有效利用。

VLAN 是一个广播域，一个 VLAN 的广播风暴不会影响到其他的 VLAN。

3. VLAN 划分

VLAN 的划分主要有以下几种方式。

1）基于端口（port-based）

基于交换机的端口进行 VLAN 的划分是最常用的方法，端口的逻辑划分就对应了 VLAN 的划分。基于端口划分也允许跨越多个交换机的不同端口进行划分。这种划分方法简单、安全、实用,应用广泛。

但这种划分难以解决设备移动和变更的问题。当工作站从一个交换端口移动到另一个交换端口时,需要改变 VLAN 的设置。另外,也不能使一个端口的设备划分到多个 VLAN 中。

2）基于 MAC 地址（MAC address-based）

按 MAC 地址的不同组合来划分 VLAN,一个 VLAN 实际上是一组 MAC 地址的集合,多个集合就是多个 VLAN。

这种划分方式解决了按端口划分难以解决的设备移动问题,因为 MAC 地址是全球唯一的,计算机等设备移动之后 MAC 地址不变,所属 VLAN 也不变。另外,一个 MAC 地址可以对应多个 VLAN。

这种方式中,MAC 地址最初必须被网络管理员手工配置到至少一个 VLAN 中,在大规模的网络中,增加了管理的复杂性。

3）基于协议（protocol-based）

可以基于协议类型（如 IP 或 IPX）或网络地址即 IP 子网号（subnet-id）进行划分,可在第 3 层上实现 VLAN。

4.5.2   VLAN 帧格式

IEEE 802.1Q 是 IEEE 802.1 Internetworking 委员会 1996 年制定的关于 VLAN 的标准。新一代的 LAN 交换机都支持 IEEE 802.1Q。

VLAN 开始在 IEEE 802.1Q 标准中定义的,但定义中要求发送帧中携带 VLAN 信息,影响到帧的长度,为此又有了与之相关的 IEEE 802.3ac 标准。

IEEE 802.3ac 标准定义了 VLAN 帧格式,对以太网帧进行了修改。VLAN 帧中携带一个 VLAN 标记（Tag）,4 字节,插入以太网帧的源地址和长度/类型字段之间。VLAN 标记是一个"插入性"的标记,当插入或去掉时必须重新计算 CRC 检验值,而且帧长度也应加 4 或减 4。

为了容纳 VLAN 标记,IEEE 802.3 以太网帧长度也作了相应修改,最大帧长由 1518 字节扩大到 1522 字节,它只适用于 VLAN 帧,其他以太网帧的最大帧长仍是 1518 字节。

图 4.23 是 VLAN 的帧格式。插入性的 VLAN 标记分为两个字段。

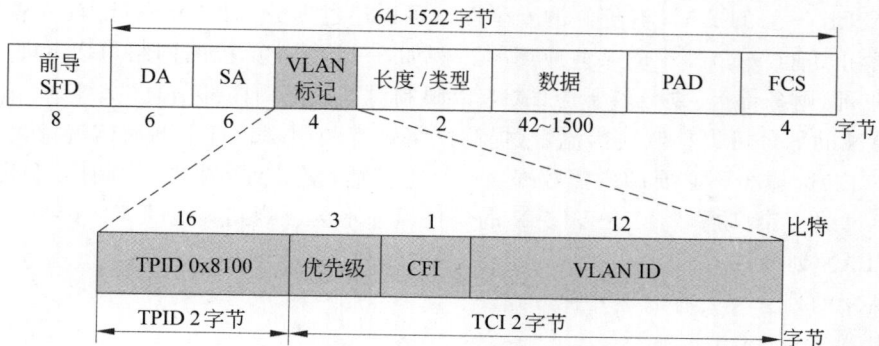

图 4.23   VLAN 帧格式

① TPID(Tag Protocol IDentifier)。标记协议标识符,2 字节,是一个全局赋予的 VLAN 以太网类型,其值为 0x8100。

② TCI(Tag Control Information)。标记控制信息,2 字节,它又分为 3 个字段。3 比特的用户优先级 0～7 级,0 级最高,允许以太网支持服务级别的概念。1 比特的规范格式指示器 CFI,以太网不使用这一位,置为 0;置 1 时表示以太网帧封装令牌环帧。其余12 比特作为 VLAN 标识符(VLAN IDentifier,VID)用于标识某个 VLAN。范围为 0～4095,0 表示空 VLAN,不含 VID 信息;4095(0xFFF)保留未用;1 为基于端口方式中 VLAN 号的默认值。

4.5.3　VLAN 内广播

1. 相关概念

802.1Q 交换机的端口分为两类:标记端口(tagged port)和非标记端口(untagged port),标记端口也称为干线端口(trunk port),它属于所有的 VLAN。

网络中传输的以太网帧也分为标记帧(tagged frame)和非标记帧(untagged frame),前者携带 VLAN 标记,而后者不携带。当非标记帧从标记端口出来时要打上 VLAN 标记变为标记帧,帧长度加 4 并重新计算帧检验序列 FCS;而标记帧从非标记端口出来时要去掉 VLAN 标记变为非标记帧,长度减 4 并重新计算 FCS。

当 VLAN 跨越多个交换机时,在交换机之间传输必须使用标记端口,交换机之间链路称为干线(trunk),它在交换机之间中继标记帧,可属于所有的 VLAN。如果交换机之间传输不使用标记端口,每个 VLAN 必须与一个独立的 VLAN 连接,会占用较多的交换机端口。

2. VLAN 内广播示例

下面用图 4.22 的例子说明 VLAN 之内的广播,并绘于图 4.24 中。

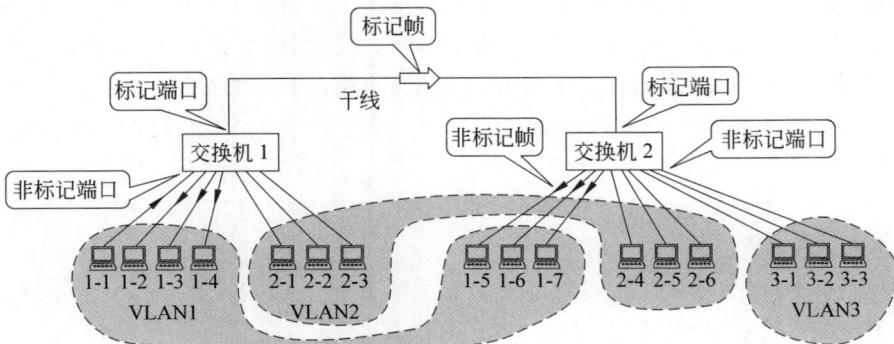

图 4.24　VLAN 内广播

VLAN1 的某一台计算机 1-1 向广播地址发送的数据流量只在 VLAN1 内传输,不会广播到全网。交换机 1 收到计算机 1-1 的广播帧后,根据交换机 1 中维护的 VLAN 和端口的关联信息,将广播帧转发到连接计算机 1-2、1-3 和 1-4 的 3 个端口。

连接两个交换机的端口为标记端口,它属于所有的 VLAN。因此交换机 1 也向其连接交换机 2 的标记端口转发计算机 1-1 的广播帧。但当广播帧向标记端口转发时,它将被打上标记,注明它属于 VLAN1。当交换机 2 通过中继线接收到该打了 VLAN1 标记的广播帧后,去掉标记变为非标记帧,并根据标记的信息和本交换机中维护的 VLAN 和端口的关联信息,将该非标记帧转发到所有连接了 VLAN1 成员的非标记端口,于是广播帧发送到计算机 1-5、1-6 和 1-7。

这样,计算机 1-1 的广播帧发送到 VLAN1 的所有成员,而不会发送到 VLAN2 和 VLAN3。

*4.5.4 VLAN 间访问

1. 单臂路由器方式

VLAN 之间的通信采用路由技术,可以使用支持 IEEE 802.1Q 的路由器或 3 层交换机(layer 3 switch)实现。

为实现跨 VLAN 的通信,可以把一个路由器和下层的交换机以 VLAN 为单位分别用网线连接,但这样消耗的路由器和交换机的端口较多。一般采用单臂路由器方式(router on a stick),路由器到交换机只有一个物理连接,使用标记端口,形成 trunk,支持多个逻辑连接。

对这个路由器的物理接口要定义对应各 VLAN 的子接口(subinterface)。尽管路由器只有一个物理接口与交换机连接,只有一个 MAC 地址,但要把它分割为多个逻辑(虚拟)的子接口,每个子接口对应一个 VLAN,并分配一个 IP 地址。

每个 VLAN 都构成一个独立的网络,其上的计算机的 IP 地址都有相同的网络号(net-id)。对应的路由器接口的子接口也须在该网络或子网中,配置 IP 地址,并作为该 VLAN 的默认网关(default gateway)。

2. VLAN 间访问示例

如图 4.25 所示,是跨 VLAN 访问的例子。两个 2 层交换机 1 和 2 基于端口划分了 VLAN1 和 VLAN2,并通过标记端口形成 trunk 连接。交换机 1 的标记端口 5 连接了单臂路由器 R。交换机的端口类型和所连接结点的 MAC 及 IP 地址的配置情况如图 4.25 中表(1)和(2)所示(其中 MAC 地址是一种简单的表示)。路由器 R 的物理接口划分了两个子接口 1 和 2,IP 地址分别是 192.6.1.32 和 192.6.2.32,分别作为 VLAN1 和 VLAN2 的默认网关。

VLAN1 中的主机 1-1 发往 VLAN2 中的主机 2-3 的数据包,传输步骤为(1)~(5)。

(1) 主机 1-1。

- 根据目的地址 192.6.2.3,查路由表得下一跳 IP 地址 192.6.1.32(默认网关)。
- ARP 解析得对应的 MAC 地址 MAC-R,交数据链路层。
- 数据链路层组成非标记帧①,发送到交换机端口 1。

(2) 交换机 1。

- 由表关联 1,数据帧来自 VLAN1,在 VLAN1 内发往 MAC-R 的帧,应由标记端口 5 转发。
- 打上 VLAN1 标记,帧长度加 4,重新计算 FCS,变为标记帧②,由端口 5 发给路由器。

(3) 路由器。

- 根据 VLAN 标记,由子接口 1 接收。

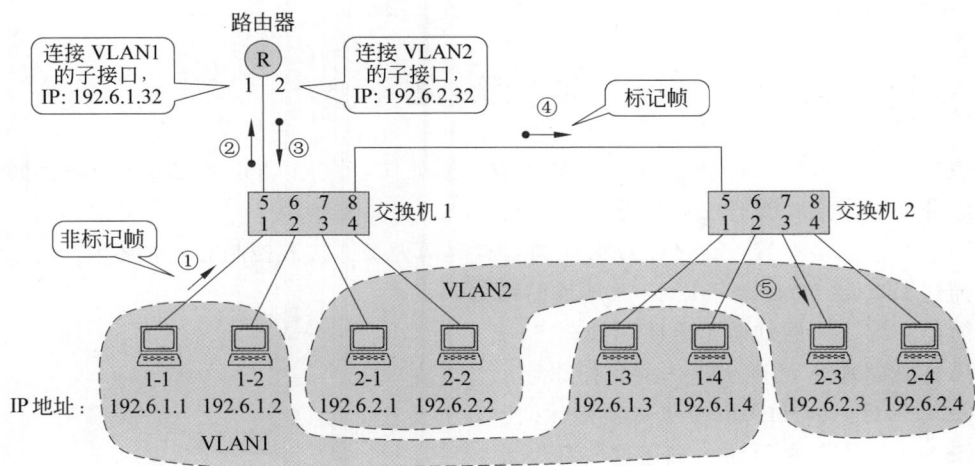

图 4.25 跨 VLAN 访问

表 (1) 交换机 1 端口信息			表 (2) 交换机 2 端口信息		
端口	连接结点的 MAC 地址	端口类型，所属 VLAN	端口	连接结点的 MAC 地址	端口类型，所属 VLAN
1	MAC1-1	非标记端口，1	1	MAC1-3	非标记端口，1
2	MAC1-2	非标记端口，1	2	MAC1-4	非标记端口，1
3	MAC2-1	非标记端口，2	3	MAC2-3	非标记端口，2
4	MAC2-2	非标记端口，2	4	MAC2-4	非标记端口，2
5	MAC-R	标记端口，1 和 2	5	—	标记端口，1 和 2
6	—	—	6	—	—
7	—	—	7	—	—
8	—	标记端口，1 和 2	8	—	—

- 根据目的地址 192.6.2.3,查路由表知下一跳是直接交付,目的站就在子接口 2 所在网络。
- ARP 地址解析,知目的站的 MAC 地址为 MAC2-3,交数据链路层。
- 数据链路层成帧,打上 VLAN2 标记,重新计算 FCS,变为标记帧③,由子接口 2 发送给交换机 1 的标记端口 5。

以上路由器的处理涉及网络层的概念,如路由表、ARP 地址解析等,第 6 章将详细介绍。

（4）交换机 1。

- 接收到标记帧③,知帧来自 VLAN2。
- 查关联表 1,在 VLAN2 内,发往 MAC2-3 的帧,应由标记端口 8 转发出去。
- 标记仍是 VLAN2,由标记端口 8 发出,即标记帧④。

（5）交换机 2。

- 标记端口 5 接收到标记帧④,知帧来自 VLAN2。
- 由关联表 2,去往目的地址 MAC2-3 的帧应该由非标记端口 3 转发。
- 去掉 VLAN 标记,帧长度减 4,重新计算 FCS,变为非标记帧⑤,由端口 3 发送给目的站 2-3。

思 考 题

4.1 IEEE 802 LAN/RM 和 OSI/RM 的对应关系如何？IEEE 802 LAN/RM 把数据链路层分为哪两层？为什么这样分？

4.2 共享信道的多点接入会产生什么问题？有哪两种媒体接入控制方法？各有什么特点？

4.3 描述 IEEE 802 LAN MAC-48 地址的结构。

4.4 简单介绍以太网的两个重要的规范。

4.5 描述 ALOHA 的随机接入的工作原理。

4.6 CSMA 对 ALOHA 的改进主要是什么？目的是什么？

4.7 CSMA 有哪 3 种算法？描述这些算法。

4.8 CSMA 使用了载波监听的机制，但还可能产生冲突，为什么？试画图分析。

4.9 CSMA/CD 对 CSMA 的改进主要是什么？目的是什么？对于 10Mb/s 的帧长 1500 字节的以太网，改进后可以减少多长时间的因冲突造成的信道浪费？

4.10 CSMA/CD 以太网正常进行 CD 的必要条件是什么？试分析由此引发的以太网技术演进。

4.11 以太网帧所携带数据的最小长度是多少？为什么？

4.12 什么是冲突域？在 10Mb/s100Mb/s 和 1000Mb/s 以太网中，时槽规定为多大？相应的冲突域最大跨距有多大？

4.13 什么是冲突碎片？冲突碎片的长度是多少？

4.14 自己设计一个 CSMA/CD 网络，数据传输速率为 100Mb/s，网络最大跨距为 10km，电缆中信号传播速度为 $1km/5\mu s$，网络设备的处理时延共 $10\mu s$，要保证网络正常进行冲突检测，最小帧长度应该是多少？若数据发送速率为 1Gb/s 呢？

4.15 以太网冲突以后采用什么退避算法？对该算法进行说明。在严重冲突的情况下，以太网随机选择的重试时机最多有多少个？

4.16 以太网的退避算法中，假设总线上有两个站要发送数据，问：在它们第 2 次发送冲突后，发生发送冲突和发送成功的概率是多少？第 3 次和第 4 次冲突之后呢？

4.17 参数 a 即归一化的传播时延与以太网性能有很大关系，试举例分析参数 a 对以太网利用率的影响（不考虑冲突）。

4.18 在 DIX 以太网和 IEEE 802.3 以太网的帧结构中，长度/类型字段的意义有什么不同？

4.19 为什么说 CSMA/CD 是一种半双工工作方式？

4.20 在 Internet 中，为什么说以太网为 IP 数据报提供的是无连接、不可靠的传输服务？

4.21 全双工以太网有哪些特点？

4.22 IEEE 802.3 10Mb/s 以太网的物理层包括哪几部分？它们的功能是什么？10Mb/s 以太网网络接口卡 NIC 包括哪几部分？它们的功能是什么？

4.23 以太网中继器工作在什么层次？它的主要功能是什么？

4.24 描述 10BaseT 以太网的连网方法和网络扩展方式。

4.25 比较 100BaseT 和 10Mb/s 以太网的 MAC 子层。

4.26 简述 100BaseTX 的物理层。

4.27 什么是 10/100Mb/s 自动协商模式？如何实现？

4.28 和 10Mb/s 和 100Mb/s 以太网相对比，简述半双工吉比特以太网的 MAC 子层。

4.29 吉比特以太网有哪两种物理层标准？它们使用什么传输媒体？链路长度有多少？

4.30 吉比特以太网为什么要进行载波扩展？载波扩展如何进行？

4.31 吉比特以太网为什么要采用帧突发机制？帧突发如何进行？

4.32 叙述 10 吉比特以太网的特点和应用。

4.33 简述 10 吉比特以太网物理层标准。

4.34 和中继器相比，网桥有什么特点？

4.35 透明网桥如何通过学习建立和维护端口-MAC 地址桥接表？

4.36 交换机为什么能提高网络传输的流量？一个 24 口的 100Mb/s 的交换机可提供的最大带宽是多少？

4.37 交换机由哪几部分组成？帧转发机构有哪几种类型？它们的特点是什么？

4.38 一个工作组级的 100BaseTX 以太网，由一台 16 口 hub 连接 16 台计算机组成。现在要把它改造为交换式以太网，需要更新什么设备？改造前网络的带宽是多少？改造后网络能提供的最大带宽是多少？

4.39 什么是 VLAN？为什么它可以解决广播风暴问题？

4.40 描述 IEEE 802 标准中定义的 VLAN 帧格式。

4.41 图 4.26 中基于端口划分了 3 个 VLAN：VLAN1、VLAN2 和 VLAN3，分别包含 6、6 和 2 台计算机。结合此图说明计算机 2-1 向广播地址发送广播帧的传送过程。

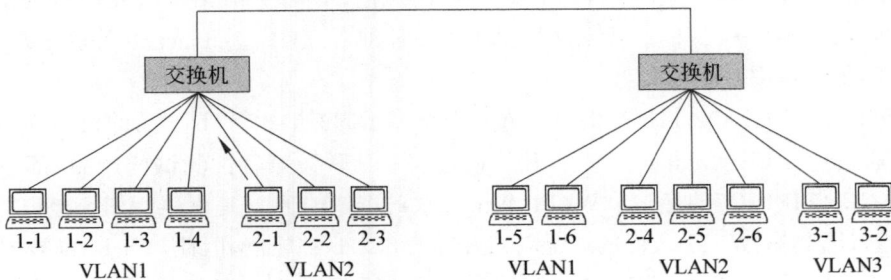

图 4.26 思考题 4.41 的图

第5章 无线计算机网络

本章介绍逐步兴起的无线计算机网络,与第4章介绍的 LAN 一样,IEEE 802 委员会也为无线计算机网络定义了相关标准,如 IEEE 802.11、IEEE 802.15 和 IEEE 802.16 分别是 WLAN、WPAN 和 WMAN 的标准,主要是物理层和 MAC 层的技术规范,因此本章内容也像第4章一样,实际上是第2章物理层和第3章数据链路层的延续以及在无线网络中的实例化。

本章将介绍无线局域网 WLAN、无线城域网 WMAN 技术 WiMAX、无线个人区域网 WPAN 技术蓝牙系统和 ZigBee、无线人体域网 WBAN,重点是其中应用最为广泛的 WLAN。由于其无线传输的特点,IEEE 802.11WLAN 的 MAC 层设计了一种带冲突避免的载波监听多点接入即 CSMA/CA(CSMA with Collision Avoidance)媒体接入控制机制。

5.1 无线局域网(WLAN)

5.1.1 IEEE 802.11 WLAN

无线局域网(Wireless LAN,WLAN)广泛应用于站点移动和难以布线的应用场合。

IEEE 802.11 WLAN 是最有影响的 WLAN。1997 年,IEEE 制定了 WLAN 的协议标准 IEEE 802.11,它提供了物理层和 MAC 子层的规范,国际标准化组织 ISO 也接纳了这一标准,标准号为 ISO 8802-11。后来又推出了 IEEE 802.11a/b/g/n/ac/ad 等的物理层标准,支持更高的传输速率。

自 1999 年 IEEE 802.11b 产生,WLAN 产品多了起来,802.11b 产品的兼容性由厂商组织 Wi-Fi 联盟(Wi-Fi Alliance)负责。凡是通过 Wi-Fi 联盟兼容性测试的产品,都被准予打上"Wi-Fi CERTIFIED"的标记。Wi-Fi(Wireless Fidelity)原意是无线保真,这里实际上是一种商业认证,具有 Wi-Fi 认证的产品符合 IEEE 802.11b 规范,因此,Wi-Fi 也被视为 802.11b WLAN 的别称。随着 IEEE 802.11g 等新标准不断出现,Wi-Fi 的含义也扩充到整个 IEEE 802.11WLAN,视为同义语。

1. IEEE 802.11 WLAN 网络结构

IEEE 802.11 WLAN 的最小组件称为基本服务集(Basic Service Set,BSS)。一个 BSS 包括一个基站(base station)和若干移动站,它们共享 BSS 内的无线传输媒体,基站也称为接入点(Access Point,AP)。BSS 有一个服务集标识(Service Set IDentifier,SSID),可以用 AP 的 MAC 地址表示。一个 BSS 所覆盖的范围称为基本服务区 BSA(Basic Service Area),通常有 100m 左右。

一个 BSS 可以是独立的,也可以通过 AP 连接到一个分布系统(Distribution System,DS)。DS 是一个有线或无线的主干 LAN,例如,常用的交换式以太网。在同时具有有线和无线网络的情况下,AP 可以通过标准的以太网电缆与传统的有线以太网相连,作为无线网络和有线网络的连接点。这样,BSS 中的移动站点就可以通过 AP 访问 DS 连接的主机。多个 BSS 通过 DS 连接就构成了扩展服务集（Extended Service Set，ESS）。ESS 还可以通过路由器连接 Internet，为无线用户提供到 Internet 的访问。IEEE 802.11 WLAN 的网络结构如图 5.1 所示。

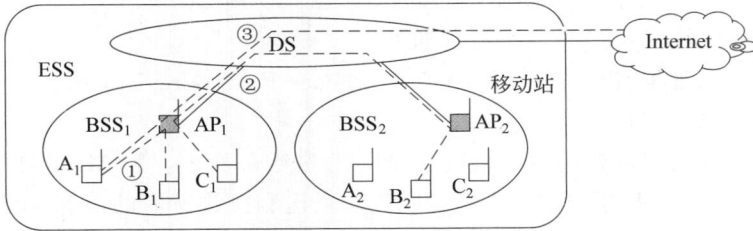

图 5.1　IEEE 802.11 WLAN 的网络结构

一个 BSS 内的移动站相互访问需通过本 BSS 的 AP，不能直接通信。移动站与 BSS 外的移动站通信，也要通过本 BSS 的 AP 并通过 DS 进行。图 5.1 所示的 WLAN 中，虚线①表示 BSS$_1$ 内的移动站 A$_1$ 访问 BSS$_1$ 内的移动站 B$_1$，无线信号的路径是 A$_1$—AP$_1$—B$_1$；虚线②表示 BSS$_1$ 内的移动站 C$_1$ 访问 BSS$_2$ 内的移动站 B$_2$，无线信号的路径是 C$_1$—AP$_1$—DS—AP$_2$—B$_2$；虚线③表示 A$_1$ 访问 Internet，无线信号的路径是 A$_1$—AP$_1$—DS—Internet。

IEEE 802.11 还支持另一种结构的 WLAN，称为自组网络（ad hoc network），在一些对等的移动站点之间通信，没有网络基础设施基站，如同图 5.1 中没有 AP 的 BSS。在没有 AP 管理的情况下，ad hoc 网络中的移动站点可以通过特有的路由算法协调相邻站点之间的通信关系，自主地组成网络。通过多跳方式进行通信，传输信号需要相邻站点之间的转发。当有新的站点接入、老的站点退出或位置移动，可以找到新的相邻站点，动态地重新组网，形成新的网络拓扑。ad hoc 网络的这些特点，使得它在某些没有基站可用的场合有很好的应用价值，如军事作战或地震救灾，战场上难有基站，地震中基站常常损坏。

2. IEEE 802.11 WLAN 体系结构

1）层次结构及各层功能

IEEE 802.11 WLAN 协议定义了物理层和媒体接入控制 MAC 层，它们又划分了子层，IEEE 802.11 体系结构如图 5.2 所示。

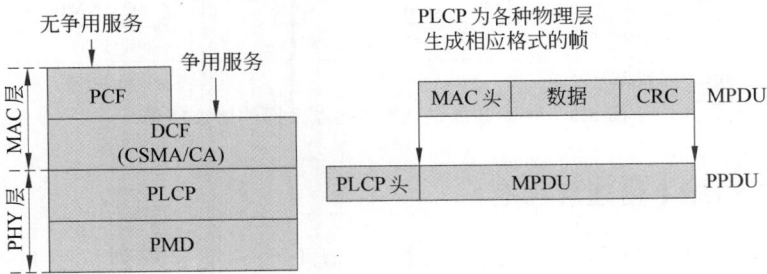

图 5.2　IEEE 802.11 体系结构

媒体接入控制 MAC 层定义了两个子层，自上而下分别如下。

① 点协调功能（Point Coordination Function，PCF）。

PCF 使用集中控制方式，向上提供无争用服务。集中控制在 AP 上实现，用类似轮询的方法使各个结点得到发送权。PCF 一般用于对时间敏感的业务。

② 分布协调功能(Distributed Coordination Function,DCF)。

DCF 向上提供信道争用服务,各结点通过竞争得到发送权。DCF 使用一种带冲突避免的 CSMA 协议 CSMA/CA(CSMA with Collision Avoidance)。DCF 是基本的媒体接入方法,所有的移动站点都要求支持 DCF,自组网络站点只使用 DCF。

物理层分为两个子层,自上而下分别如下。

① 物理层汇聚过程(Physical Layer Convergence Procedure,PLCP)。

PLCP 的主要功能如下。

- 为各种物理层生成相应格式的帧,如图 5.2 右半部所示。为 MAC 层协议数据单元 MPDU 附加字段,字段中包含特定物理层发送和接收所需的信息,组成 PLCP 层协议数据单元 PPDU。PLCP 降低了 MAC 层对 PMD 层的依赖程度。
- 进行载波监听信号的分析,发出信道评价信号。无线传输中信号衰减和干扰因素比有线情况严重,载波监听困难。如果无线接口监听检测到传输的比特或者接收的载波信号强度超过了规定的阈值,PLCP 就发出信道评价信号。可以采用这两种方式的结合,效果更好。

② 物理媒体相关(Physical Medium Dependent,PMD)。

PMD 直接面向无线媒体,主要功能如下。

- 检查媒体状态实现载波监听。
- 进行数据编码和调制。
- 通过无线信道进行信号的发送和接收。

2) 移动站通过 AP 接入以太网的协议结构

移动站通过 AP 访问有线 DS 上的主机的协议结构图 5.3 所示。BSS 中的移动站点有无线网络接口,支持 802.11 物理层和 MAC 子层;802.3 以太网上的主机使用 802.3 物理层和 MAC 子层;接入点 AP 像一个网桥,有一个无线网络接口和一个有线网络接口,支持这两种类型的物理层和 MAC 子层,在它们之间中继 LLC 帧。

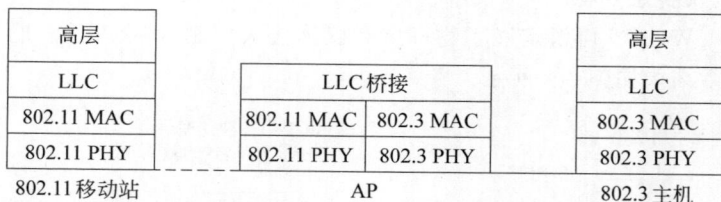

高层			高层
LLC	LLC桥接		LLC
802.11 MAC	802.11 MAC	802.3 MAC	802.3 MAC
802.11 PHY	802.11 PHY	802.3 PHY	802.3 PHY
802.11移动站	AP		802.3主机

图 5.3 移动站通过 AP 访问以太网的协议结构

5.1.2 IEEE 802.11 物理层标准

1997 年,IEEE 802.11 WLAN 定义了跳频扩频 FHSS、直接序列扩频 DSSS 和红外 IR 等 3 种不同的物理层标准,之后的十几年里,又陆续定义了 IEEE 802.11a/b/g/n/ac/ad 等新的物理层标准。

1. FHSS,DSSS 和 IR

1) 跳频扩频(Frequency Hopping Spread Spectrum,FHSS)

FHSS 使用没有授权限制的 2.4GHz(2.4~2.4835GHz)的工业、科学和医药 ISM 频段

（见 2.7 节）。

扩频是指在更宽的频带上有规则地扩展发射信号的带宽,虽然增加传输信号的带宽对信道的要求会提高,但在无线通信中,抗干扰和防窃听等要求更为重要。在窄带噪声信道增加发送信号带宽,可以使抗干扰性增强,扩频技术还有防窃听的作用。

跳频扩频 FHSS 是扩频技术的一种,发射信号的频率按某种随机模式不断跳变,跳变的模式只有发射器和相应的接收器知道,而其他的接收器不知道,FHSS 信号只能算是一种噪声。由于信号传输频率一直在改变,因此不易受到干扰,也不易被窃听。如果发射器的中心频率在 n 个不同频率间变化,发射带宽是基本带宽的 n 倍。

IEEE 802.11 FHSS 每 1MHz 带宽有一个跳频频道,共 78 个频道(2.402~2.480GHz),分为 3 组,每组 26 个:(0,3,6,…,75)、(1,4,7,…,76)、(2,5,8,…,77)。一个 BSS 可选择其中一组。跳频到下一个频率的滞留时间(dwell time)为 400ms,即 2.5 跳/秒。带宽为 1MHz 的每个频道上采用 2 级或 4 级高斯频移键控(Gaussian FSK,GFSK)调制方式对信号进行调制,可提供 1Mb/s 或 2Mb/s 的传输速率。

图 5.4 是 FHSS 方式的 PLCP 帧格式。

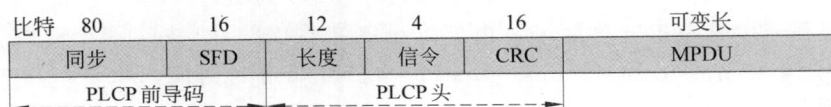

比特	80	16	12	4	16	可变长
	同步	SFD	长度	信令	CRC	MPDU

PLCP 前导码   PLCP 头

图 5.4　FHSS 方式的 PLCP 帧格式

① 同步:80 比特的 01010101…同步信号序列,接收站用它检测信号的存在,提取载波的时钟频率,进行位同步。

② 帧起始定界符 SFD:16 比特的 00001100 10111101,标志 PLCP 帧的开始。

③ 长度:12 比特,LPDU 的最大长度可达 4095 字节。

④ 信令:从 1Mb/s 开始步进 500kb/s 的数据速率。向物理层指示传输使用的速率和相应的调制方式,0000 和 0010 分别代表 1Mb/s 的二级 GFSK 和 2Mb/s 的四级 GFSK。但前导码和帧头总是使用 1Mb/s 的速率。

⑤ CRC 校验码:使用 CCITT-16 生成多项式,对帧头的 16 比特进行 CRC 校验。

2) 直接序列扩频(Direct Sequence Spread Spectrum,DSSS)

DSSS 也使用 2.4GHz ISM 频段。它将传输数据进行编码,把每比特扩展成 n 个 0/1 表示的码片序列,称为巴克序列(Barker sequence),n 为扩展率,802.11 标准中 $n=11$。由于码片宽度只是数据比特的 1/11,因此 DSSS 编码信号的带宽是未扩频时的 11 倍,DSSS 编码信号传输的波特率是原数据传输速率(比特率)的 11 倍。即使丢失的码片达到 40%,原来的传输数据也可以重建。如果窃听者不知道巴克序列的组成,DSSS 扩频也可以提供保密。

对所有码片都用调制解调器调制到 2.4GHz 的 ISM 频段内的一个信道进行发送。DSSS 使用二级相移键控 BPSK 和四级相移键控 QPSK 调制,分别可提供 1Mb/s 和 2Mb/s 的数据传输速率。

DSSS 方式的 PLCP 帧格式如图 5.5 所示。

① 同步、帧起始定界符(SFD)和 CRC 校验码:作用与 FHSS 方式的对应字段一样。

② 信令:8 比特,从 0 开始步进 100kb/s 的数据速率,向物理层指示传输使用的速率和

比特	128	16	8	8	16	16	可变长
	同步	SFD	信令	业务	长度	CRC	MPDU

PLCP前导码 ← → PLCP头

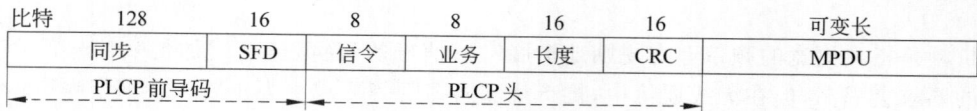

图 5.5 DSSS 方式的 PLCP 帧格式

相应的调制方式。0x0A 和 0x14 分别表示 1Mb/s 的二级相移键控 BPSK 和 2Mb/s 的四级相移键控 QPSK。但前导码和帧头总是使用 1Mb/s 的速率。

③ 长度:16 比特,MPDU 的长度。

④ 业务:保留,待将来使用。

3) 红外线(InfraRed,IR)

使用波长为 850～950nm 的红外线,在室外受太阳光的干扰,用于室内传输,但不能穿过墙壁,可提供 1Mb/s 或 2Mb/s 的传输速率,传输距离在 10～20m。

IR 物理层使用脉冲位置调制 PPM 方式。PPM 把二进制数据映射成一组包含脉冲的时隙。1Mb/s 和 2Mb/s 的物理层分别使用 16-PPM 和 4-PPM,它们分别对数据中的每 4 和 2 比特进行编码,映射成 16 和 4 个时隙,时隙间隔都是 250ns。

PPM 只在一个时隙中安排脉冲。根据二进制数据的大小,决定哪个时隙包含脉冲。16-PPM 和 4-PPM 分别在 $16 \times 250 \text{ns} = 4\mu s$ 和 $4 \times 250 \text{ns} = 1\mu s$ 时间内携带 4 和 2 比特的数据,因此数据传输速率分别为 $4b/4\mu s = 1\text{Mb/s}$ 和 $2b/1\mu s = 2\text{Mb/s}$。时隙安排如图 5.6 所示,其中标记为 1 的时隙为包含脉冲的时隙。

4 比特数据		16 个时隙
0 0 0 0	→	0 0 0 0 0 0 0 0 0 0 0 0 0 0 0 1
0 0 0 1	→	0 0 0 0 0 0 0 0 0 0 0 0 0 0 1 0
0 0 1 0	→	0 0 0 0 0 0 0 0 0 0 0 0 0 1 0 0
…	…	…
1 1 1 1	→	1 0 0 0 0 0 0 0 0 0 0 0 0 0 0 0

2 比特数据		4 个时隙
0 0	→	0 0 0 1
0 1	→	0 0 1 0
1 0	→	0 1 0 0
1 1	→	1 0 0 0

图 5.6 16-PPM(上)和 4-PPM(下)

IR 方式的 PLCP 帧格式如图 5.7 所示。

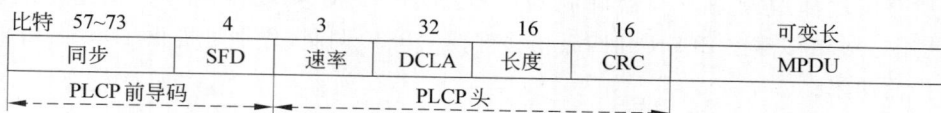

比特	57~73	4	3	32	16	16	可变长
	同步	SFD	速率	DCLA	长度	CRC	MPDU

PLCP前导码 ← → PLCP头

图 5.7 IR 方式的 PLCP 帧格式

① 同步、SFD 和 CRC 校验码:作用与 FHSS 方式的对应字段一样。

② 数据传输速率：3 比特，000 和 001 分别表示 1Mb/s 和 2Mb/s。

③ 直流电平调整（DCLA）：通过发送 32 比特的 PPM 时隙脉冲序列，使接收器据此设定接收信号的电平，确定接收 0 和 1 的阈值。

④ 长度：16 比特，MPDU 的长度，0～2500 字节。

2. IEEE 802.11a/b/g/n/ac/ad

1）IEEE 802.11a（1999 年）

IEEE 802.11a 定义在 5GHz 频段，最高支持 54Mb/s 的传输速率。

IEEE 802.11a 采用正交频分复用 OFDM 的技术，在 48 个子信道上进行并行传输，将高速数据流转换成并行的 48 个低速子数据流，从而使子数据流具有低得多的比特率，每个子信道用这些子数据流对该子信道的子载波进行调制。为减弱子信道间的信号干扰，子信道的信号带宽要小于子信道的带宽。

IEEE 802.11a 物理层和欧洲 WLAN 标准高性能无线局域网（High PErformance Radio LAN，HIPERLAN-2）一样，基本原理是将高速数据流分成多个低速流，然后在多个载波频率上传输。

2）IEEE 802.11b（1999 年）

IEEE 802.11b 定义在 2.4GHz 的 ISM 频段，可支持 5.5Mb/s 和 11Mb/s 的传输速率。

IEEE 802.11b 使用高速率直接序列扩频（High Rate DSSS，HR-DSSS）方式，与 DSSS 的编码方法不同，不再使用巴克序列，而是采用一种称为互补编码键控（Complementary Code Keying，CCK）的编码方法。对于 5.5/11Mb/s 的传输速率，CCK 每次将 4/8 比特的数据进行编码，编码后的信号用二级相移键控 BPSK/四级相移键控 QPSK 的调制方式调制后发送。

3）IEEE 802.11g（2003 年）

IEEE 802.11g 定义在 2.4GHz 的 ISM 频段，但最高速率达到与 IEEE 802.11a 同样的 54Mb/s，向后兼容 IEEE 802.11b。

IEEE 802.11g 同时支持 IEEE 802.11b 的使用 CCK 的 HR-DSSS 技术和 IEEE 802.11a 的 OFDM 技术。IEEE 802.11g 向后兼容 IEEE 802.11b，它们的站点可以共存于一个 BSS 中互相通信，IEEE 802.11g 价格上也有优势，这使得 IEEE 802.11a 逐渐淡出市场。

常用的 IEEE 802.11b 和 IEEE 802.11g 都是使用 2.4GHz ISM 频段（2.4～2.485GHz），带宽为 85MHz，划分为 14 个信道，相邻信道的中心频率相距 5MHz。一般都采用第 1、6 和 11 3 个频道，信道带宽为 20MLz，这种情形下，它们之间的相互影响很小。

4）IEEE 802.11n（2009 年）

IEEE 802.11n WLAN 的最高传输速率可达 600Mb/s，100Mb/s 传输速率下传输距离最大可达几千米。IEEE 802.11n 协议为双频工作模式，可运行于 2.4GHz 和 5GHz 频段，向后兼容 IEEE 802.11a/b/g。

IEEE 802.11a/b/g 使用 20MHz 的信道带宽，而 IEEE 802.11n 定义了 20/40MHz 两种信道带宽。在双倍的 40MHz 带宽情况下，可以实现最高传输速率达 600Mb/s。

IEEE 802.11n 的核心技术是 MIMO 与 OFDM。MIMO（Multiple Input Multiple Output）即多输入多输出，是 20 世纪末由贝尔实验室提出的，在发射端和接收端均采用多天线系统。MIMO 将传输数据分割之后，经过多个独立的天线经由多个空间信道并行发送,接收端也具备多个天线进行接收,并将分割的数据重新组合起来。这大幅改善了传输质量。IEEE 802.11n 支持的最大天线数是 4×4,即 4 对发送天线和 4 对接收天线。

5) 双频多模 WLAN

IEEE 802.11 工作组先后推出了 IEEE 802.11a/b/g/n 等物理层标准,提升了 WLAN 的性能,同时也引起了网络兼容性的问题。双频模式指可工作在 2.4GHz 和 5GHz 两种频率的自适应方式,可自动辨认 IEEE 802.11a 和 IEEE 802.11b 信号并支持漫游连接。后来,双频产品也将 IEEE 802.11g/n 标准融入其中,例如同时支持 IEEE 802.11a/b/g 或 IEEE 802.11b/g/n,成为全方位的解决方案,称为双频多模(dual band and multimode)WLAN。

6) IEEE 802.11ac(2013 年)和 IEEE 802.11ad(2012 年)

IEEE 802.11ac 继续工作在 5.0GHz 频段上以保证向下兼容性,数据传输通道会大幅扩充,信道带宽在 20MHz 的基础上增至 40MHz、80MHz 乃至 160MHz,最高传输速率可达 1Gb/s。

IEEE 802.11ac 采用并扩展了 IEEE 802.11n 的技术:MIMO 的最大天线数扩大到 8×8,采用更高级别的调制解调技术 256QAM。

IEEE 802.11ad 使用 60GHz 频段,支持高达 7Gb/s 的数据传输速率。与 2.4/5GHz 两种频段相比,60GHz 频段有更多频谱可供使用,从而能够支持高达 7Gb/s 的传输速率。IEEE 802.11ad 适合室内短距离连接,应用于包括视频在内的多媒体信息传输。

5.1.3 IEEE 802.11 MAC 层帧和帧格式

1. 3 种类型的帧

① 管理帧。实现站点和 AP 间的通信管理,建立关联、越区切换和认证等,主要包括:

* 探测请求/响应帧,信标帧。
* 关联请求/响应帧,重关联请求/响应帧,去关联帧。
* 认证/解除认证帧等。

② 控制帧。为数据发送提供辅助的握手联络功能,主要有:

* 请求发送帧(Request To Send,RTS)。
* 允许发送帧(Clear To Send,CTS)。
* 确认帧(ACK)。
* 节能轮询帧等。

③ 数据帧。用于发送数据。

2. 数据帧

各种 MAC 帧均包含帧头 Header、帧体 Frame Body 和 CRC 校验码,具体帧格式有所不同。数据帧的格式如图 5.8 所示,帧体前面的字段为帧头。

① 帧控制。分为以下字段。

* 协议版本:使用协议的版本号。
* 类型:注明帧的功能,如类型包括管理/控制。
* 子类:关联请求/ACK。
* To DS:为"1"代表 BSS 中的站点传给 DS 的数据帧。
* From DS:为"1"代表 DS 传给 BSS 中的站点的数据帧。

字节	2	2	6	6	6	2	6	0~2312	4
	帧控制	持续时间/ID	地址1	地址2	地址3	序号控制	地址4	帧体	CRC

比特	2	2	4	1	1	1	1	1	1	1	1
	协议版本	类型	子类	To DS	From DS	更多分段	重试	电源管理	更多数据	WEP	保留

To DS	From DS	地址1	地址2	地址3	地址4	说明
0	0	DA	SA	BSS ID	/	BSS内站点到站点
0	1	DA	BSS ID	SA	/	从DS到BSS中的站点
1	0	BSS ID	SA	DA	/	从BSS中的站点到DS
1	1	接收AP	发送AP	DA	SA	ESS中BSS之间

图 5.8　数据帧的帧格式

- 更多分段：为"1"代表该帧后边有其他分段。
- 重试：为"1"代表重传的帧。
- 电源管理：表示电源的工作模式，休眠/唤醒状态。
- 更多数据：当站点处于休眠模式，AP通知它还有缓存的数据帧要传送给它。
- WEP：有线等效保密（Wired Equivalent Privacy，WEP）协议是一种数据加密算法，使用该算法加密的帧其值为1。WEP的安全性较差，被更全的WPA（WiFi Protected Access）或其第2版本WPA2逐步代替，WPA2是802.11n中强制执行的加密方案。WPA可以保证WLAN用户受保护，并且只有授权用户才可以访问WLAN。

② 持续时间/ID。一般表示媒体接入持续时间，提供网络分配向量（NAV）。一个例外是在节能轮询帧中表示站点的ID。

③ 地址。4个地址都是6字节的IEEE 802 MAC地址，可以是单/组/广播地址。根据帧控制字段的To DS和From DS的取值，4个地址表示不同的含义，如图5.8所示。这里SA和DA分别表示源地址和目的地址。To DS和From D5实际上是To AP和From AP。BSS ID一般由该BSS中的AP的MAC地址表示。

④ 序号控制。表示帧的序号空间（12b）和帧的分段顺序号（4b）。802.11支持帧的分段与重组，虽然这会带来额外开销，但在无线传输存在较大干扰或发送拥挤的情况下，重传因干扰或冲突损坏的短分段比重传损坏的长帧更划算。同一帧的各分段，有相同的帧序号和不同的段序号。

⑤ 帧体。包含要传输的数据，0~2312字节。

⑥ CRC。循环冗余校检码，用于差错检验。

3. 管理帧

管理帧的格式比数据帧简单，如图5.9所示。

字节	2	2	6	6	6	2	0~2312	4
	帧控制	持续时间	DA	SA	BSS ID	序号控制	帧体	CRC

图 5.9　管理帧的帧格式

4. 控制帧

控制帧的格式更简单，RTS 为 20 字节，CTS 和 ACK 均为 14 字节，如图 5.10 所示。

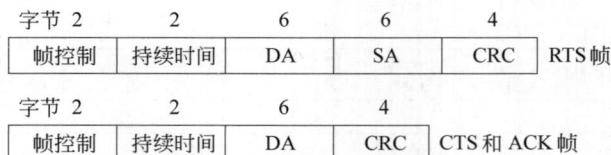

字节 2	2	6	6	4	
帧控制	持续时间	DA	SA	CRC	RTS 帧

字节 2	2	6	4	
帧控制	持续时间	DA	CRC	CTS 和 ACK 帧

图 5.10 控制帧的帧格式

5.1.4 IEEE 802.11 MAC 层 DCF

1. 无线信道的特点

WLAN 使用无线电波传输，自由空间作为传输共享的无导向媒体，有以下特点可以影响媒体接入控制方式。

1）隐蔽站点问题

WLAN 使用自由空间作为传输的共享媒体，可能产生发送冲突，这和有线以太网是一样的。但又有不同之处。WLAN 中，由于信号强度随着传输距离增长的快速衰减或无线站点之间可能有传输屏障等因素，超出接收范围或被物体屏蔽的站点将接收不到信号，导致了所谓的隐蔽站点问题（hidden station problem）。

图 5.11 说明隐蔽站点问题。图 5.11(a) 中，假设无线电信号的传输范围因衰减只能到达邻站。A 站先向 B 站发送数据。由于 C 收不到 A 的信号，误认为网上无人发送，因此 C 站也向 B 站发送数据。B 同时收到 A 和 C 的数据（图中实线所示），产生了冲突。图 5.11(b) 中，A、B 和 C 3 个站都在信号的有效传输距离之内，但 A 和 C 之间有一个信号屏蔽物，也会产生同样的后果。

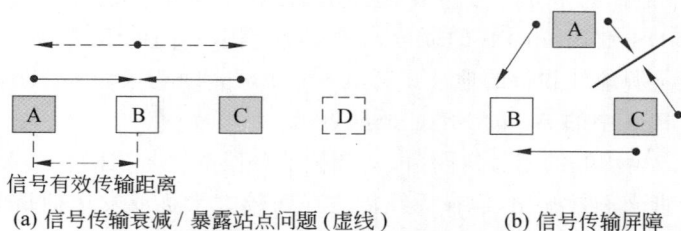

(a) 信号传输衰减 / 暴露站点问题（虚线）　　　(b) 信号传输屏障

图 5.11 WLAN 的隐蔽站点问题/暴露站点问题

如果两个隐蔽站点同时发送数据，CSMA 发送前监听不到对方的信号，但发送后会在其他站点产生冲突，两个同时发送数据的隐蔽站点也都无法检测到发送冲突，冲突检测失去效果。另外，对于无线射频信号，进行冲突检测（需边发送边接收）也非常难实现。因而 WLAN 不能采用 CSMA/CD，而采用了 CSMA/CA。

2）暴露站点问题

另外，WLAN 中还存在暴露站点问题（exposed station problem）。假设图 5.11(a) 中，C 的右边还有一个 D 站，C 有数据向 D 发送。但 B 先向 A 发送了数据，C 也能监听到 B 的信号（图中虚线所示），B 暴露给 C。于是 C 怕引起相互干扰不敢再进行发送。实际上，B 向 A 发送并不影响 C 向 D 发送数据。在不发生干扰的情况下，WLAN 可以设计成允许多个移动站进行通信,这有别于有线 LAN。

2. 帧间间隔(Inter Frame Space,IFS)

1) 3 种 IFS

为了协调 DCF 和 PCF 的操作,尽量避免冲突,IEEE 802.11 定义了 3 种 IFS:

① 短帧间间隔(Short IFS,SIFS)。是 3 种 IFS 中最短的,确认 ACK 帧、CTS 帧和分片后的数据帧等使用。

② 点协调功能帧间间隔(PCF IFS,PIFS)。PCF 轮询时使用。在 SIFS 的基础上加上一个时隙长度。时隙还用在后面要讲到的退避算法中。

③ 分布调功能帧间间隔(DCF IFS,DIFS)。在 DCF 方式中使用,在 PIFS 的基础上加上一个时隙长度,是最长的 IFS。发送数据帧一般使用 DIFS。

2) IFS 的作用

欲发送的站点先监听信道是否忙,如果信道空闲,就具备了占用信道进行发送的条件。但信道由忙变空闲的瞬间,是发送冲突的高发时间。MAC 监听到信道空闲后,要继续监听一个 IFS,若信道仍然空闲,就进行发送。这样,若多个站点同时监听到信道空闲,小的 IFS 将先占用信道得到发送权,大的 IFS 随后就将监听到信道忙,只得推迟发送。

可见,不同的 IFS 将帧划分为不同的优先级,IFS 越小优先级就越高,实现基于 IFS 的优先级信道接入,同时不同的 IFS 可以避免发生发送冲突。

3. CSMA/CA 工作机制

1) CSMA/CA 数据帧发送过程

CSMA/CA 数据帧发送过程如图 5.12 所示,包括的步骤可以是①、③或①、②、③。

① 载波监听。设置重传次数初值,准备发送。发送前须先监听信道,有以下两种情况。

a. 信道空闲(无帧发送),继续监听一个 IFS(实现基于 IFS 的优先级接入),若信道仍然空闲,转入③进行发送;若信道变忙(此刻有高优先级的帧也要发送),则转入②。

b. 信道忙(有帧发送),转入②。

② 执行退避算法,争用信道。分以下 3 步。

a. 计算一个随机的退避时间(截断式二进制指数退避算法),用它设置退避定时器(Backoff Timer,BT)的初值。

b. 继续监听信道,有两种情况。

• 信道变空闲(其他帧已发完),继续监听一个 IFS(实现基于 IFS 的优先级接入),若信道仍然空闲,转入②-c;若信道变忙(此刻有高优先级的帧也要发送),返回②-b。

• 信道仍忙(其他帧未发完),返回②-b。

c. 进入争用窗口(Contention Windows,CW),BT 倒计时,CW 中执行退避算法。进入 CW 的站点(可能有多个竞争发送)持续监听信道,有两种情况。

• 信道持续空闲,BT 倒计时,直至减到 0(本次 CW 中,没有 BT 时间更短的站点),转入③进行发送。

• 监听过程中信道变忙(本 CW 中,有 BT 时间更短的站点先减到 0 发送数据),BT 倒计时未减到 0,则暂停(冻结)BT,转回②-b。(冻结的 BT 进入下一个 CW 又重启后,BT 将在上一个 CW 剩余时间的基础上继续倒计时。这种方式有利于各站点公平地争用信道,平均讲是一种先来先服务的原则。)

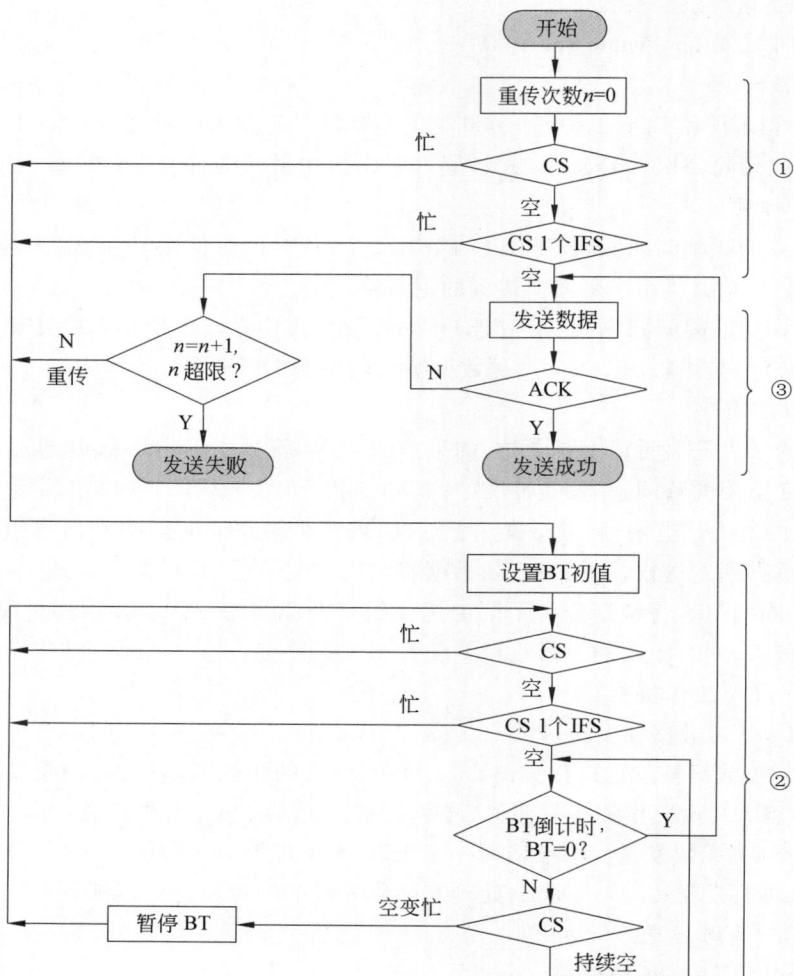

图 5.12　CSMA/CA 数据帧发送过程

③ 发送数据。站点把帧发送出去。数据帧要等待确认 ACK，若在规定的时间内收到 ACK，则发送成功；否则将重传次数加 1，进行重传。

重传帧则须从②开始，调整退避时间（方法见下），执行退避算法。若重传次数超限后仍收不到 ACK，则放弃发送，发送失败。

当站点有多个帧连续发送，第 1 帧使用上述流程，后面的帧要从②开始，执行退避算法。

2）确认机制

因为无线信道信号质量差，CSMA/CA 数据帧传输控制中采用了 DATA-ACK 两次握手方式的确认机制。接收站收到数据帧后进行差错检验。检验正确时进行确认，使用高优先级的 SIFS 发回 ACK 帧，否则不发 ACK。

发送站在发送多个帧时，只有收到 ACK 后，才能发送下一帧，若在规定的时间内收不到 ACK，将进行重传。这相当于使用了停等 ARQ 机制，提供可靠的传输服务（见 7.4.1 节），而有线以太网的 CSMA/CD 提供的是不可靠的帧传输服务。

3）退避时间调整

CSMA/CA 信道接入控制中使用了退避时间调整。CSMA/CA 减小了产生发送冲突的可能性,但不能完全消除冲突。在上述 CSMA/CA 信道接入过程①中,若有多个站点同时监听到信道空闲且继续监听一个 IFS 仍然空闲,它们都将转入发送,产生冲突。在过程②-c 中,若多个站点的 BT 同时减到 0,也会产生发送冲突。冲突将导致发送站收不到 ACK,引起数据帧的重传。为了减小冲突重复发生的概率,CSMA/CA 对退避时间实行调整机制。

IEEE 802.11 采用和 IEEE 802.3 类似的截断式二进制指数退避算法调整退避时间,随着重传次数的增加,退避时间呈指数增长。算法是:第 i 次重传时,退避时间在 $0 \sim 2^{i+2}-1$ 个时隙中随机选取。例如,$i=2$ 时,要在 $0,1,2,\cdots,15$ 个时隙中随机选取。当 i 增到 6 即最大时隙增到 255 后,就不再增加了。

4）CSMA/CA 信道接入示例

图 5.13 是 A、B、C 和 D 4 个站点使用 CSMA/CA 信道接入过程的例子,A 先向 C 发送数据,而后 B 又要发送数据,D 又要向 C 发送数据。

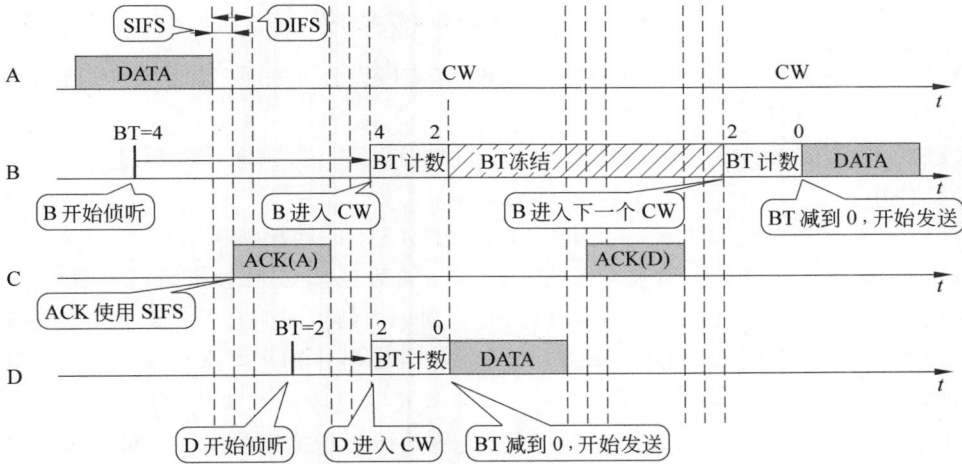

图 5.13　CSMA/CA 信道接入过程示例

4. 虚拟载波监听

由于无线传输的信号衰减和干扰比有线情况严重,载波监听比较困难。为此,除了使用物理载波监听方式外,MAC 层还使用网络分配向量(Network Allocation Vector,NAV)提供一种虚拟载波监听(virtual carrier sense)。

数据帧及 RTS、CTS 帧的第二个字段为持续时间字段,利用它发送站显式地通知其他站:本次传输(从开始到 ACK 结束)将占用信道的持续时间。其他站检测到这个字段就据此设置为自己的 NAV,作为内部的一种提醒信号。

在信道监听中,站点将同时利用虚拟载波监听和物理载波监听信号。如果虚拟载波监听发现 NAV 信号存在,会继续监听直到 NAV 信号消失,然后监听物理载波信号。

图 5.14 示意了 NAV 的作用。

5. RTS/CTS 信道预约机制

1）RTS/CTS 信道预约工作方式

基本的 CSMA/CA 采取了冲突避免措施,可以减少冲突,但不能解决隐蔽站点问题。

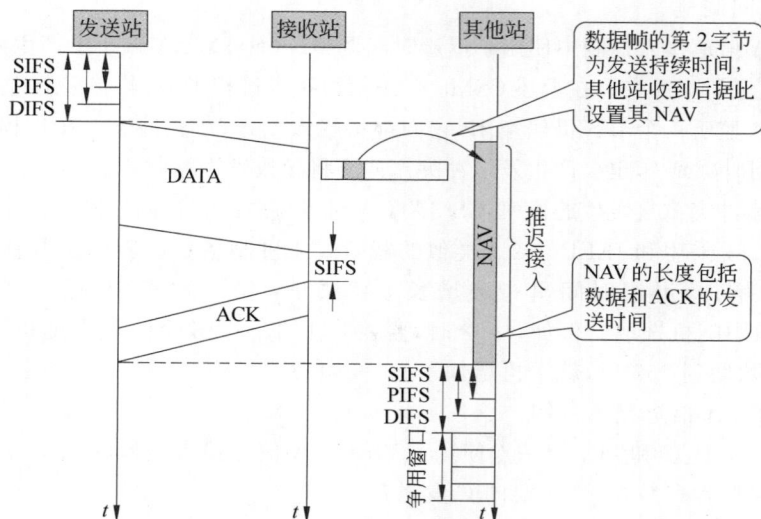

图 5.14 NAV 实现虚拟载波监听

为了在隐蔽站点的情况下使用 CSMA/CA，WLAN 还设计了一种 RTS/CTS 信道预约机制，进行媒体接入控制。

RTS/CTS 信道预约是一种可选方式，有 3 种选择：使用、数据长度超过某一数值时使用以及不使用。

RTS/CTS 信道预约机制使用 RTS-CTS-DATA-ACK 四次握手方式，在 DATA-ACK 两次握手的基础上，又使用了请求发送帧 RTS 和允许发送帧 CTS 帧进行信道预约。

发送站在发送数据之前，先对信道进行预约，向周围站点表明它的发送意图和传输的持续时间。为此，使用 DIFS 向目的站发送一个短帧 RTS，其中附有本次传输的持续时间。

目的站收到 RTS 后，向发送站响应一个 CTS，其中也包括本次传输的持续时间，它由 RTS 得来。RTS 和 CTS 都提供了持续时间，其他站检测到持续时间字段就设置为自己的 NAV。CTS 使用高优先级的 SIFS，可以保证发出 RTS 的站能够优先得到发送权。发送站收到 CTS 后就可以发送数据了。

图 5.15 表示了 RTS/CTS 信道预约机制的信道接入过程。

2）RTS/CTS 信道预约机制如何解决隐蔽站点问题

如图 5.16 所示，分析一下 RTS/CTS 信道预约机制如何解决隐蔽站点问题。假设 B 站向 C 站发送 RTS，C 站响应 CTS，B 站和 C 站周围的站点分为 3 类。

① 处于 C 的传输范围但不在 B 的传输范围。例如，D 站，D 不能收到 B 发送的 RTS，但能收到 C 的 CTS，它使 D 向所有的站关闭，直至 B 向 C 发送结束；否则，D 向 C 发送就会在 C 产生冲突。D 和 B 本来存在隐蔽站点问题，但 CTS 使 D 知道媒体上有传输活动。

② 处于 B 的传输范围但不在 C 的传输范围。例如，A 站，A 收不到 C 的响应 CTS，但 A 能收到 B 的 RTS，A 向 B 关闭，使 B 可以无冲突地收 C 站的 CTS。

③ 既处于 B 的传输范围又处于 C 的传输范围。例如，E 站，E 既能收到 B 的 RTS，又能收到 C 的 CTS，E 也保持沉默。

可见，由于采用了 RTS/CTS 信道预约机制，避免了隐蔽站点问题，减少了冲突。

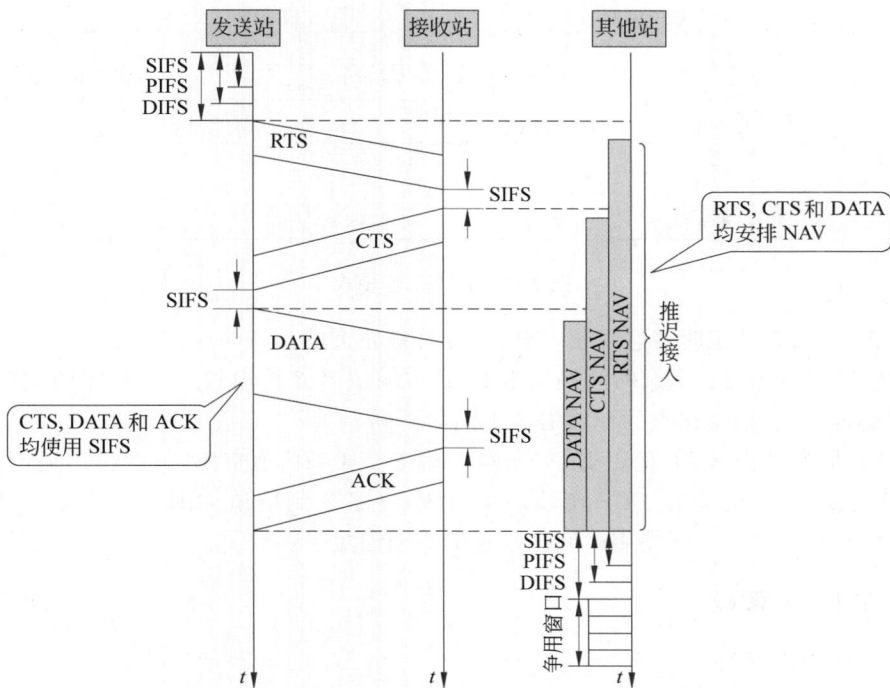

图 5.15 RTS/CTS 信道预约机制的信道接入过程

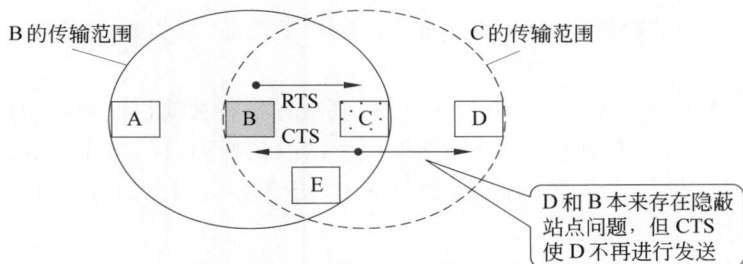

图 5.16 RTS/CTS 信道预约机制解决隐蔽站点问题

但使用 RTS/CTS 信道预约机制后仍会有发送冲突存在。例如,B 站和 D 站同时向 C 站发送 RTS,就会产生冲突。但 RTS 只有 20 字节,损失不大。若不使用 RTS,数据帧就可能发生冲突,而数据帧最长可达 2346 字节,损失将更大。

*5.1.5 IEEE 802.11 MAC 层 PCF

PCF 是在 DCF 顶部实现的一个可选功能,向上提供无争用服务。PCF 可用于对时间敏感的业务,如话音等多媒体传输。

AP 进行集中控制实现 PCF,使用类似轮询的方法使各结点得到发送权。轮询时使用 PIFS,PIFS 比 DIFS 短,因此能够优先得到信道。AP 周期性地安排一些无争用周期(Contention-Free Period,CFP),有组织地进行 PCF 的传输活动,如图 5.17 所示。

① 每个 CFP 的开始时间段,PCF 获得信道的控制,用于无竞争传输。AP 对配置为 PCF 的各站点进行轮询,并对其他站点安排 NAV 信号。AP 在 PCF 开始时先安排一个大

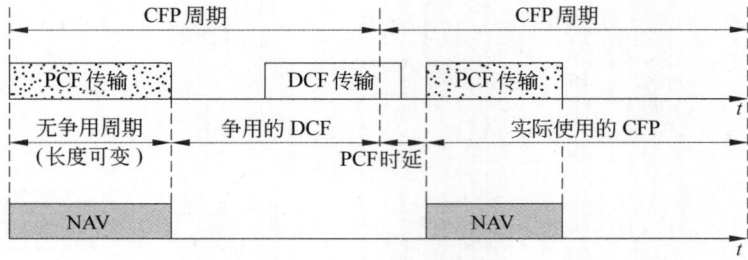

图 5.17 PCF 工作模式

的 NAV,而在 PCF 结束时将它复位,期间只允许被轮询的站点响应。

② PCF 之后的 CFP 剩余时间段用于 DCF 传输。PCF 传输和 DCF 传输的两个时间段的长度都是可变的,根据站点的传输需求不同而不同。

③ CFP 周期结束,PCF 使用 PIFS 来竞争信道。如果信道空闲,就获得信道,开始新一轮的 CFP 周期;如果信道忙,DCF 传输还未完成,PCF 要到信道空闲下来才能获得信道控制权,这就导致 CFP 的实际使用时间比预定的周期缩短了。

*5.1.6 WLAN 管理

1. 接入和退出网络

1) 接入网络

无线站点要接入一个 BSS,通过与 AP 建立关联(association)来实现。关联是无线站点向 AP 登记的过程。关联后无线站点就和 AP 建立了联系,可以通过 AP 与 DS 进行数据交换。

建立关联前无线站点要先与 AP 进行联络,联络方式有被动扫描和主动扫描两种。

① 被动扫描。站点被动等待 AP 周期性地发出的信标帧(beacom frame),周期通常为 100ms。信标帧包含与 AP 有关的信息,如 BSS ID、用于站点同步的时间戳、传输速率、信标间隔、业务指示表等。

② 主动扫描。无线站点主动发出探测请求帧(probe request frame),AP 发回探测响应帧(probe response frame),探测响应帧也包含 AP 的有关信息。

扫描之后,无线站点选择一个信号最强的 AP,启动关联过程:发送关联请求帧(association request frame),AP 发回关联响应帧(association response frame),这样就接入了网络。一个无线工作站同时只能与一个 AP 关联。

站点接入网络的过程(使用主动扫描方式)如图 5.18 所示,分为以下 5 步。

① 无线站点主动发出探测请求帧。

② AP1 和 AP2 发回探测响应帧。

③ 无线站点选择信号最强的 AP1。

④ 无线站点向 AP1 发出关联请求帧。

⑤ AP1 发回关联响应帧。

2) 退出网络

无线站点退出网络要进行去关联(disassociation)操作。去关联用于解除现有的关联,不是请求,而是一种通知,不能被拒绝。去关联帧(disassociation frame)可以由 AP 或无线

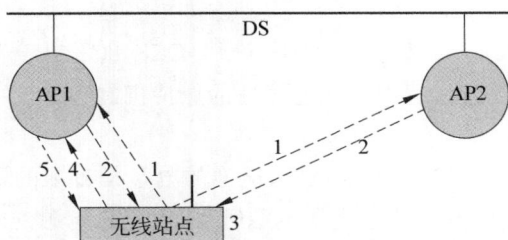

图 5.18　站点接入网络的过程（主动扫描）

站点任何一方发出。无线站点退出网络或关闭之前,应该先发送一个去关联帧给它关联的 AP。

2. 越区漫游

无线站点可以从一个 BSS 越区切换到另一个 BSS,即处在漫游(roam)过程。漫游指无线工作站在一组 AP 之间移动,与新的 AP 关联。虽然 IEEE 标准中没有明确规定,为支持漫游,BSS 之间应该有 20%～30% 的交叠。

漫游包括两种情况:一种是移动站在同一个 ESS 范围内从一个 BSS 移动到另一个 BSS;另一种是移动站从一个 ESS 中的一个 BSS 移动到另一个 ESS 中的一个 BSS,这种情况下网络的上层连接就可能中断了。

当移动站在同一个 ESS 内的 BSS 之间漫游时,要使用重关联(reassociation)服务,关联从一个 AP 转移到另一个 AP。重关联服务可以使转移过程不丢失数据。

移动站越区漫游如图 5.19 所示,分为以下几步。

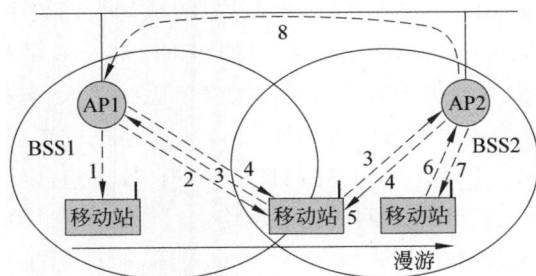

图 5.19　移动站越区漫游

① 移动站跟踪它关联的 AP1 的信标的信号强度,此时信号强度还比较大。

② 移动到交界处,移动站发现 AP1 信标的信号强度变弱,引发搜索更强的 AP 信号。

③ 移动站开始搜索。搜索过程可以是被动扫描或主动扫描,与站点接入网络的扫描过程一样。图中所示为主动扫描,无线站点发出探测请求帧。

④ 收到探测请求帧的 AP1 和 AP2 发回探测响应帧。

⑤ 移动站选择信号最强的 AP2。

⑥ 移动站向 AP2 发出重关联请求帧,帧中包含它以前关联的 AP1 的有关信息。

⑦ AP2 发回重关联响应帧。

⑧ 移动站不必通知 AP1 其位置已经改变,而是由 AP2 通过接入点间协议(InterAccess Point Protocol,IAPP)解决。AP2 使用 IAPP 通过 DS 通知 AP1,这个移动站发生了越区

切换。

IAPP 开始由 WLAN 厂商开发,后来制定了 IEEE 802.11f 标准,规定了管理 DS 和 ESS 的规范,包括站点在漫游过程中信息连续性的保持机制等。

3. 电源管理

WLAN 中的移动站通常只能用电池供电,电池的电量是有限的资源,因此节电控制就变得非常有意义。IEEE 802.11 协议中包含了电源管理,以延长电源的寿命。IEEE 802.11 的电源管理协议可以使移动站在无传输活动时处于休眠状态,以节约电能。

但是,如何使发往休眠站点的数据帧不丢失呢?方法是:发往休眠站点的数据帧先在 AP 中缓存,当休眠站点被唤醒时 AP 再把缓存的数据帧发给它们。这种方案更适合突发数据的应用。

移动站通过帧控制字段的电源管理比特表明自己是否处于休眠状态。AP 维护一个记录表,记录当前处于休眠状态的站点,并提供缓存来暂存发往这些站点的数据帧。

AP 发送的信标帧中包含一个业务指示表,包含了 AP 中有缓存数据的站点的列表,从而唤醒这些站点。移动站通过业务指示表,了解自己是否在 AP 中有缓存的数据帧,从而进入唤醒状态,并向 AP 发送一个节能轮询帧,AP 把缓存的数据帧发送给站点。

5.2　无线城域网(WMAN)

5.2.1　IEEE 802.16 标准和 WiMAX

无线城域网(Wireless MAN,WMAN)技术的发展成为人们关注的一个热点,其中最有影响的是被称为 IEEE Wireless MAN 空中接口的 IEEE 802.16 系列标准以及该标准的实际实施技术 WiMAX,它们主要用于解决城域网的宽带无线接入,包括固定的和移动的宽带无线接入。WiMAX 信号传输距离最高可达 50km,一个基站的覆盖范围一般有几千米,提供 75Mb/s 的带宽。WiMAX 可以是 xDSL、HFC 和 FTTx 等有线接入方式的互补或替代,也能够将 802.11 WLAN 连接到城域网的核心网络。

最早的 IEEE 802.16 系列标准是 2001 年的 802.16,初衷是在 MAN 领域提供高性能的、工作于 10～66GHz 频段的最后一千米宽带无线接入技术,正式名称是"固定宽带无线接入系统空中接口"(Air Interface for Fixed Broadband Wireless Access Systems),又称为 IEEE Wireless MAN 空中接口。802.16 系列标准中比较成熟的是后来的 802.16d 和 802.16e。

802.16d 工作在 2～66GHz 频段,可提供非视距(Non Line of Sight,NLOS)传输的固定(非移动)宽带无线接入空中接口。所谓非视距是指通信的两点间有阻挡物,视线受阻,彼此看不到对方。而原来的 IEEE 802.16 只能是视距(LOS)传输。

2004 年 5 月,IEEE 802.16 工作组第 31 次会议在深圳召开,重点是讨论 802.16e,这是 IEEE 802 在中国召开的第一次会议。802.16e 是 802.16 的增强版,在 2～6GHz 频段支持移动宽带无线接入空中接口。802.16e 向下兼容 802.16d。

2011 年 5 月,IEEE 批准 802.16m 成为下一代 WiMAX 标准,该标准可支持超过 300Mb/s 的下行速率。

为确保 IEEE 802.16 系列标准的不同厂家技术和产品的兼容性，部分厂家于 2003 年成立了旨在推进无线宽带接入技术的 WiMAX 论坛。WiMAX(World Interoperability for Microwave Access)即全球微波接入互操作性。如同 Wi-Fi 联盟极大促进了 WLAN 的快速发展一样，WiMAX 论坛的目标也是促进 IEEE 802.16 系列标准的推广应用。该论坛由 Intel 牵头，包括西门子、富士通、AT ＆T、英国电信、法国电信、我国中兴通讯等来自 100 多个国家的 500 多个会员。正如 Wi-Fi 成了 IEEE 802.11WLAN 技术的代名词一样，WiMAX 现在也成了 IEEE Wireless MAN 空中接口技术的代名词。

5.2.2 WiMAX 网络

WiMAX 网络的主要设备是基站(Base Station,BS)，可以分为中心站(Center Station, CS)、用户站(Subscriber Station,SS)和中继站(Repeat Station，RS)。

中心站是 WiMAX 网络的核心，向上可以通过光纤等方式连接到互联网，向下通过 802.16 无线链路连接用户侧的 SS。必要时可以在 CS 和 SS 中间加入 RS 以扩大覆盖范围。基站的天线一般安装在塔架上或大楼顶上，信号比较强的地方 SS 也可以使用室内天线。SS 可以通过 802.16 无线链路连接配置有 WiMAX 适配器的家庭、办公场所或移动的用户终端，也可以以一定的方式连接 802.11 WLAN 或普通的 LAN。图 5.20 就是一个 WiMAX 网络组成结构的示意图。

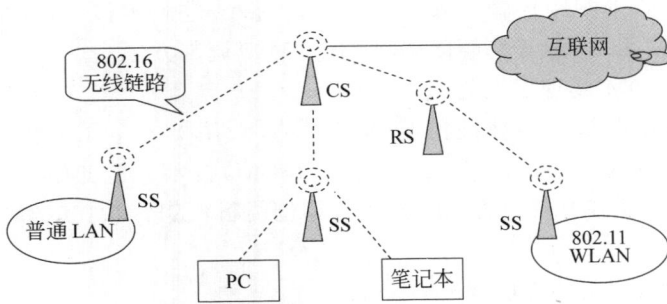

图 5.20　WiMAX 网络

*5.2.3　IEEE 802.16 WMAN 体系结构

1. 层次结构

IEEE 802.16 WMAN 体系结构类似于 IEEE 802.11 WLAN 划分为物理层和媒体接入控制层(MAC 层)，如图 5.21 所示，MAC 层又分为特定服务汇聚子层(service specific Convergence Sub-layer,CS)、公共部分子层(Common Part Sub-layer,CPS)和安全子层(Security Sub-layer,SS)。

图 5.21 所示的 IEEE 802.16 WMAN 体系结构是其数据控制平面，IEEE 802.16 还定义了一个和它平行的管理平面。数据控制平面实现网络的核心功能，主要是保证数据的正常传输及其必要的辅助控制，管理平面的实体通过和数据控制平面的实体的交互，可以协助外部网络管理系统实现网络管理方面的功能。有兴趣的读者可查看相关文献资料，了解管理平面的功能。

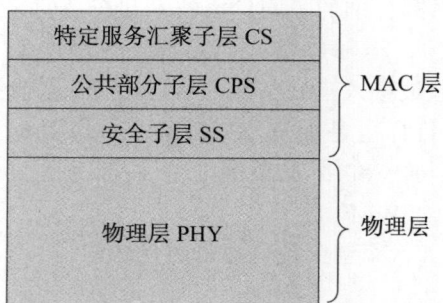

图 5.21　IEEE 802.16 WMAN 体系结构(数据控制平面)

2. 物理层规范

IEEE 802.16 WMAN 定义了 4 种物理层规范。

1) WMAN-SC 物理层规范

WMAN-SC 即基于单载波的物理层规范,工作于 10～66GHz 频段,适合于视距传输。采用单载波,支持正交相移键控 QPSK(4 级相位调制)和 16 级正交幅度调制 16QAM(16 级幅相复合调制)等调制方法。调制技术见 2.2.2 节。

2) WMAN-SCa 物理层规范

WMAN-SCa 也是基于单载波的物理层规范,是 WMAN-SC 的增强版。它工作于 2～11GHz 频段,可以非视距传输。采用单载波,支持二进制相移键控 BPSK(2 级相位调制)、QPSK、16QAM 和 64 级正交幅度调制 64QAM 等调制方法。

3) WMAN-OFDM 物理层规范

WMAN-OFDM 是基于多载波的物理层规范,采用 256 个子载波的正交频分复用(Orthogonal Frequency Division Multiplexing,OFDM)技术。它工作于 2～11GHz 频段,非视距传输。支持二进制相移键控 BPSK(2 级相位调制)、QPSK、16QAM 和 64QAM 等调制方法。

4) WMAN-OFDMA 物理层规范

WMAN-OFDMA 也是基于多载波的物理层规范,采用 2048 个子载波的正交频分多址接入(Orthogonal Frequency Division Multiple Access,OFDMA)技术。它工作于 2～11GHz 频段,非视距传输。支持 QPSK、16QAM 等调制方法。

3. MAC 层

MAC 层分为特定服务汇聚子层 CS、公共部分子层 CPS 和安全子层 SS。

汇聚子层处于 MAC 层的顶部,直接面对外部协议,提供不同的 CS 规范与外部协议接口。IEEE 802.16 标准中定义了两种类型的 CS 规范:IP 包汇聚子层和 ATM 汇聚子层,它可以把 IP 和 ATM 业务映射到 MAC 层,提供不同的服务功能。

共用部分子层提供了 MAC 层的核心功能,例如协议数据单元 PDU 的处理、网络接入、带宽分配、连接的建立和维护、链路控制、多播广播等。

安全子层提供数据传输的保密性,它包括两部分:一是加密封装协议,负责空中传输数据的加密,IEEE 802.16 仅对 PDU 的净荷部分加密;二是密钥管理协议 PKM,基于 X.509 建议书制定的公钥证书及其交换协议,负责密钥的安全分配和对接入用户的身份认证(见 9.4.3 节)。

4. 多址接入技术

802.16 WMAN 为了进行多路通信,无线信道必须实现多址接入(Multiple Access),即多个用户能够同时使用同一通信信道。IEEE 802.16 标准支持基于时分和频分的方式实现多址接入。

1) 时分多址接入(TDMA)

2.4.3 节介绍了信道时分复用(Time Division Multiplexing,TDM)技术。TDM 在一个频率的信道上,把时间分割成周期性的帧(Frame),每个帧再分割成 n 个时隙(time slot),n 个用户在不同的时隙使用相同的载波频率进行通信,每个用户在每个帧中都使用分配给自己的固定时隙,相当于在逻辑上将信道划分了 n 个子信道,可以实现多路通信。

时分多址接入(Time Division Multiple Access,TDMA),是对时分信道的多址接入技术,即如何为多个用户分配时分信道的技术。传统的 TDM 信道的分配方式是固定分配,每个用户分配一个固定的时隙,即使暂时不使用它。TDMA 则可以实现动态的时隙分配,当一个用户接入时分信道时就分配它一个时隙,当本次通信结束时,该时隙被释放并可以分配给其他用户使用。同一个用户每次接入这个时分信道,可以分配不同的时隙。802.16WMAN 还使用了按需分配多址接入(Demand Assigned Multiple Access,DAMA)方式,即根据不同用户的容量需要的不同而动态地分配信道容量的方式,可以根据每个用户的需要为它分配一定数量的时隙。

2) 正交频分多址接入(OFDMA)

经典的频分复用(Frequency Division Multiplexing,FDM)技术,将整个信道的频带分成 n 个子频带,子频带之间不重叠,为了避免子频带间相互干扰,其间通常加有保护带宽,n 个用户在不同的子频带并行传送数据,这也相当于在逻辑上将信道划分了 n 个子信道,实现了多路通信。在此基础上,正交频分复用(Orthogonal FDM,OFDM)采用 n 个重叠的子频带,子频带正交而互不干扰,达到了与 FDM 同样的划分子信道目的,但它提高了频谱的利用率。

正交频分多址接入(Orthogonal Frequency Division Multiple Access,OFDMA),是正交频分信道的多址接入技术。OFDMA 是 OFDM 技术的演进,在利用 OFDM 对信道进行子载波化后,OFDMA 多址接入技术将它们划分成一系列子载波集,即一系列子信道,将不同的子信道分配给不同的用户实现多址接入。OFDMA 可动态地把子信道分配给需要的用户,可以选择条件较好的子信道进行数据传输,容易实现系统带宽资源的优化利用。

5.3 无线个人区域网(WPAN)

个人区域网(Personal Area Network,PAN)是将个人操作空间(Personal Operating Space,POS)的计算机、笔记本电脑、平板电脑、智能手机、智能家电等连接起来的网络,范围在 10m 左右。PAN 一般使用无线方式连接,即无线个人区域网络(Wireless PAN,WPAN)。WPAN 中,设备可以是固定的,也可以是移动的,它们可以相互通信,还可以接入 Internet。WPAN 不要求像基站之类的固定的基础设施,易于使用。

WPAN 现有 4 个标准。

- IEEE 802.15.1:中等速率近距离的 WPAN 标准,又称蓝牙(Bluetooth) WPAN

标准。

- IEEE 802.15.2：IEEE 802.15.1 与 IEEE 802.11 WLAN 共存的标准。
- IEEE 802.15.3：高传输速率标准，可提供高传输速率与高服务品质的多媒体传输服务。
- IEEE 802.15.4：低速率 WPAN（low-rate WPAN，LR-WPAN）标准，以低能量消耗、低成本作为重点目标，提供低速无线互连。

5.3.1 蓝牙系统

蓝牙名称带有传奇色彩，来自于 10 世纪丹麦国王哈拉尔蓝牙王 King Harold Bluetooth，他喜欢吃蓝梅，牙齿常常带着蓝色。蓝牙王大有作为，将纷争不断的丹麦部落统一为一个王国。蓝牙技术由此命名，寄望成为一个全球通信标准。

蓝牙技术由一个包括 25 000 多家国际厂商的蓝牙技术联盟（Bluetooth SIG）推动。最早使用的蓝牙系统由爱立信公司基于 IEEE 802.15.1 标准开发。

1. 蓝牙系统的网络结构

蓝牙系统的基本网络称为微微网（piconet），微微网使用主从架构，包括一个主设备（master），1~7 个活动状态的从设备（active slave），它们之间可以转换角色。一个微微网还可以包括最多 256 个暂停状态的从设备（packed slave），它们可以转换为活动状态。图 5.22 中包含了两个微微网，微微网 1 和微微网 2。

蓝牙系统的通信只在主设备和从设备之间进行，从设备之间不能通信。蓝牙支持点对点和点对多点连接，由主设备选择要访问的从设备进行时分双工通信，典型的应用情况是主设备对所有从设备进行轮询。

通过共享主设备或从设备，可以将几个微微网连接在一起，构成更大规模的蓝牙系统，称为扩散网（scatternet）。图 5.22 中两个微微网组成了一个扩散网，处于两个微微网空间交叠位置上的设备，在微微网 1 中是主设备，在微微网 2 中是从设备，它为两个微微网共享，桥接两个微微网。一个扩散网最多可包含 10 个微微网。

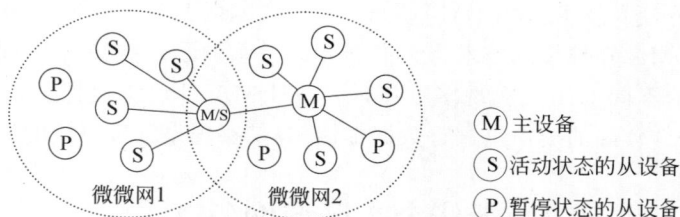

图 5.22 蓝牙系统网络结构

2. 蓝牙传输技术简介

1）无线信号

电磁波频谱中，蓝牙系统工作在 2.4GHz 的 ISM（Industrial，Scientific and Medical）频段，即工业、科学和医学频段，无须授权许可（Free License），并将它分为 79 个带宽为 1MHz 的通道。每个通道 $n(0,1,2,\cdots,78)$ 的载波频率：

$$f_n = 2402 + n \, (\mathrm{MHz})$$

后来，蓝牙 4.0 使用 2MHz 带宽，可容纳 40 个通道。

蓝牙使用跳频扩频 FHSS 技术(见 5.1.2 节),每秒跳 1600 次,即每个设备每秒改变其调制频率达 1600 次。每个频率的滞留时间为 $625\mu s$(1/1600s)。

为了将数字数据转变为射频信号,蓝牙使用的基本调制方式为高斯频移键控 GFSK,比特"1"由一个载波频率之上的偏移来表示,比特"0"由一个载波频率之下的偏移来表示。后来蓝牙又增加了其他的调制方法。

2) TDD-TDMA 传输方式

一个微微网有一个由跳频序列组成的共享信道,跳频序列和时钟由主设备控制并同步其他从设备。主设备定义了以 $312.5\mu s$ 为间隔运行的基础时钟,两个时钟周期构成一个 $625\mu s$ 的时隙,等于每个跳频的滞留时间。

主设备控制数据传输过程,由主设备选择要访问的从设备进行通信,典型的应用情况是主设备对所有从设备进行轮询,数据传输的方式称为时分双工 TDMA(Time-Division Duplex TDMA,TDD-TDMA)。

TDD-TDMA 是半双工传输的一种方式(见 2.1 节),发送方和接收方可双向传输数据,但不在同一时间段,并且使用不同的跳频。蓝牙系统数据传输过程是以时隙为节拍的,规定主设备在偶数时隙发送信息,在奇数时隙接收信息;从设备则正好相反,在偶数时隙监听和接收数据,在奇数时隙可以发送数据。主设备在某偶数时隙(例如时隙 2)发送信息后,下一个奇数时隙(时隙 3)发送数据的从设备是上一个时隙(时隙 2)主设备轮询到的那个从设备。如果被轮询的从设备没有数据要发送,那么该时隙就保持静止状态。

3) SCO 和 ACL 传输链路

主设备和从设备之间可以建立两种类型的传输链路:面向连接的同步传输(Synchronous Connection-Oriented,SCO)链路和异步无连接链路(Asynchronous Connectionless Link,ACL)。

在 SCO 链路中,系统会在一定的时间内为主、从设备保留特定的时隙,基本单元是一个时隙对,每个传输方向一个,不管是否有数据要传输,其他从设备不能占用。如果一个数据帧出现传输差错,SCO 链路不会重传。SCO 链路适合传输实时性要求高的音视频信号,因为这种场合避免数据传输时延比保证完整性更重要。

相反,当保证传输数据完整性比避免传输时延重要时,则使用 ACL,比如传输一般的数据文件。在 ACL 中,当数据帧出现传输差错时,则需要重传,以保证数据的完整性。ACL 可以使用 SCO 链路未占用的任意时隙传输数据。ACL 可以和 SCO 链路同时使用。

*5.3.2　ZigBee

ZigBee 的名称来自蜂群的一种通信方式。蜜蜂通过跳 Z 形(ZigZag)舞蹈通知伙伴发现了新的食物地点的信息,ZigBee 由此命名。

ZigBee 是基于 IEEE 802.15.4 的一种 LR-WPAN,由 ZigBee 联盟推出,ZigBee 联盟是与无线通信相关的一个国际厂商联盟。

1. ZigBee 及其特点

ZigBee 网络体系结构分为 4 个层次,自下而上分别是物理层、MAC 层、网络层和应用层。IEEE 仅制定物理层和 MAC 层标准,而 ZigBee 联盟对网络层协议和应用层标准化。IEEE 在 2003 年就制定了 IEEE 802.15.4 标准,2006 年进行了更新,针对智能电网应用制定了 IEEE 802.15.4g,针对工业控制应用制定了 IEEE 802.15.4e。

ZigBee 的物理层信号使用 2.4GHz ISM 频段(全球流行)、868MHz(欧洲流行)和915MHz(美国流行)3 个频段,分别具有最高 250kb/s、20kb/s 和 40kb/s 的数据传输速率,它的传输距离在 10～75m,但可以进一步增加。

ZigBee 的 MAC 层采用了与 IEEE 802.11 WLAN 基本相同的带冲突避免的载波监听多点接入 CSMA/CA 策略(见 5.1 节),从而避免了不必要的发送冲突,而且 MAC 层还使用了数据帧的循环冗余校验 CRC(见 3.3 节)和确认重传机制,提高了传输的可靠性。

作为一种无线通信技术,ZigBee 具有如下特点。

① 速率低。是一种 LR-WPAN,数据传输速率仅为 20～250kb/s。

② 功耗低。发射功率仅为 1mW,而且采用了休眠模式,功耗低。据估算,ZigBee 设备使用两节 5 号电池就可以维持长达半年至两年的时间。

③ 成本低。ZigBee 芯片的成本可以控制到 2 美元左右,并且 ZigBee 协议是免专利费的。

④ 时延小。典型的搜索设备时延 30ms,休眠激活的时延是 15ms,活动设备信道接入的时延为 15ms,因此 ZigBee 技术可适用于对实时性要求较高的应用场合,如工业控制等。

⑤ 网络容量大。一个星状结构的 ZigBee 网络最多可以容纳 254 个从设备和一个主设备,通过多个 ZigBee 协调器互相连接可以构成包含多达 65 000 个结点的大规模网络。

⑥ 安全性好。采取了一定的网络安全措施,支持身份认证,采用了高级加密标准 AES 用于数据加密(见 9.2 节)。

鉴于以上特点,目前 ZigBee 主要作为物联网用于各种固定或移动设备之间的无线通信,如工业监控网络、无线传感器网络等,可应用于智能电网、智能交通、智能建筑、智能家居、工业自动化、数字化医疗、环保、气象、消防等各种领域。

2. ZigBee 网络结构

ZigBee 网络中,根据设备所具功能强弱可以分为两种:全功能设备(Full Function Device,FFD)和精简功能设备或称半功能设备(Reduced Function Device,RFD)。FFD 可以与 FFD、RFD 进行通信,而 RFD 只能与 FFD 通信。ZigBee 网络中根据设备的作用又可分为 3 种角色:协调器(Coordinator)、路由器(Router)、端设备(End Device)。

图 5.23 表示一个 ZigBee 网络的示意图,下面结合该图介绍 ZigBee 网络如何组成。

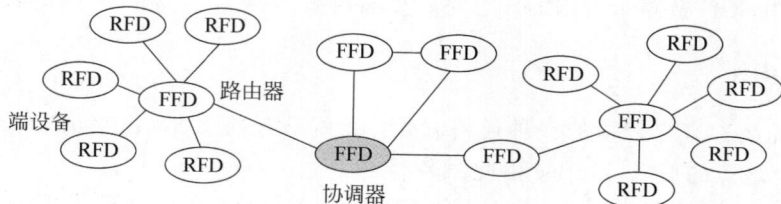

图 5.23 ZigBee 网络

RFD 只能用于 ZigBee 网络的端设备,端设备与网络的应用场合密切相关,如各种传感器、控制系统的电磁阀和调节阀、照明系统的灯开关和调光器等,一般传输的数据量少,可周期性唤醒执行任务,具有低功耗特征。ZigBee 网络中,一般有多个 RFD 连接于一个 FFD,构成一个星状结构,各 RFD 与这个 FFD 交换数据。图 5.23 的两侧部分表示了这种情况。

FFD 具有数据交换功能,它汇聚与它连接的各 RFD 的数据并转发出去,也把来自与它连接的其他 FFD 的数据进行转发,起到路由器的作用。一个 ZigBee 网络中可以有多个点对点连接的 FFD,构成某种拓扑结构,实现数据转发。图 5.23 中包含了 6 个 FFD 构成了数据转发的网络。

在一个 ZigBee 网络中,要有一个且仅有一个 FFD 作为该网络的协调器,负责维护该网络的结点信息,同时还可以与其他 ZigBee 网络的协调器交换数据。这就组成了一个 ZigBee 网络,它最多可以包含 255 个结点。

多个 ZigBee 网络的协调器互相连接,可以构成多种网络拓扑结构(星状、树状、网状等),可以得到最多 65 000 个结点的更大规模的 ZigBee 网络。

*5.4　无线人体域网(WBAN)

顾名思义,人体域网(Body Area Network,BAN)是布置在一个人体的区域范围,大约为 1m。BAN 多使用无线方式连接,即无线人体域网(Wireless BAN,WBAN)。WBAN 用于连接植入式或可穿戴式传感器,采集传感器的信号,并可接入 Internet,属于物联网的范畴。

WBAN 的标准是 IEEE 802.15.6 人体域网规范,于 2012 年 3 月正式公布。

IEEE 802.15.6 定义了 3 种传输媒体,包括窄频(Narrow Band)和超宽频(Ultra Wideband,UWB)的无线传输及人体通信(Human Body Communication,HBC)。较之窄频及超宽频无线传输信号,HBC 不容易受到其他无线信号干扰,通信的安全性更高。HBC 有更好的传输性能,可降低传输功耗。超低能源消耗是 WBAN 设计上的一个关键重点,以期延长电池的工作寿命。

WBAN 一个重要应用领域是智能医疗,用于人体各种生理信号监测,包括心电图、脑电图、肌电图、体温、血压、血糖等等。通过 WBAN,医护人员可持续监控与分析病人生理信号,给予正确医疗和康复指导,若病人出现突发状况,医护人员也可即时得知并做出应急处理。另外,WBAN 也可用于多媒体娱乐、体育运动监测、单兵作战装备等诸多领域。

至此,本章介绍了无线计算机网络技术,本书给出的很多参考文献都涉及无线网络技术,也有很多专著,例如参考文献[24]、[25]、[26],读者可参阅。

思　考　题

5.1　说明 IEEE 802.11 WLAN 的网络结构,涉及关键词:BSS、AP、DS、ESS 和自组网络。

5.2　说明 IEEE 802.11 WLAN 的协议层次结构。

5.3　画图说明 IEEE 802.11 WLAN 中移动站通过 AP 接入以太网 DS 的通信协议结构。

5.4　IEEE 802.11 WLAN MAC 层定义了哪两个子层?它们向上提供什么样的服务?

5.5　IEEE 802.11 CSMA/CA 定义了哪 3 种帧间间隔 IFS?IFS 的作用是什么?

5.6　叙述 IEEE 802.11 CSMA/CA 的退避算法。

5.7　叙述网络分配向量 NAV 及其作用。

5.8　画图说明什么是隐蔽站点问题,它的影响是什么?

5.9 说明 IEEE 802.11 无线站点以主动扫描方式接入网络的过程。

5.10 说明 IEEE 802.11 无线站点在一个 ESS 范围内从一个 BSS 漫游到另一个 BSS 的过程。

5.11 描述 IEEE 802.11 电源管理机制。

5.12 简述 IEEE 802.16 标准和 WiMAX。

5.13 描述 WiMAX 网络的组成结构。

5.14 描述 IEEE 802.16 WMAN 体系结构。

5.15 解释时分复用 TDM 和时分多址接入 TDMA。

5.16 解释频分复用 FDM、正交频分复用 OFDM 和正交频分多址接入 OFDMA。

5.17 描述蓝牙系统的网络结构。

5.18 蓝牙系统主、从设备之间采用的数据传输方式是什么？描述这种传输方式。

5.19 蓝牙系统主、从设备之间可以建立哪两种类型的传输链路？它们的特点是什么？

5.20 描述 ZigBee 的特点和网络结构。

5.21 什么是 WBAN？

第6章 网 络 层

从本章开始的 3 章,讲述五层体系结构上面的 3 层,主要内容是 Internet 的网际层、传输层和应用层,涉及了 TCP/IP 体系的核心技术。

网络层是实现网络互连的基础,源主机网络层发送的分组逐跳地(hop by hop)穿越若干子网组成的互联网传送至目的主机,传送的路径由路由表指示。网络层的另一个重要功能是实现动态路由选择,即维护优化的路由表。

Internet 网际层向传输层提供无连接、不可靠但尽力而为的分组传送服务,实现这种服务的核心的协议是网际协议 IP,还有配套的 ARP、ICMP、IGMP 以及 RIP、OSPF、BGP 等诸多协议,相当复杂,本章将逐一进行介绍。

为了应对地址资源的日益匮乏,网际层推出了新版本 IPv6,本章也将进行讲述。最后,介绍实现分组在 Internet 上长距离传送的 IP 主干网技术。

6.1 网络层的功能

6.1.1 网络层核心功能——网络互联

互联网是网络的集合。若干底层网络(LAN、MAN、WAN 以及点对点链路等),通过路由器(router)互连在一起便组成了互联网(internet),它们称互联网的子网。图 6.1 表示了一个互联网的例子,由 4 个路由器 $R_1 \sim R_4$ 连接 4 个 LAN 和一个 WAN 组成。

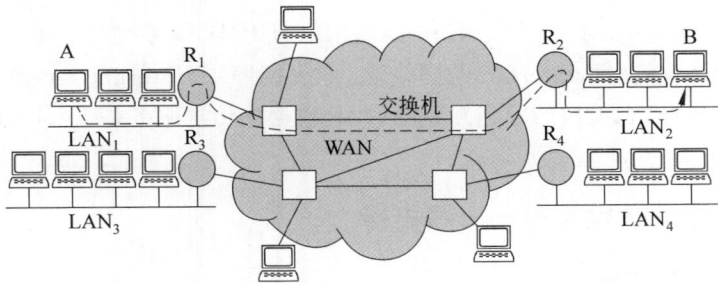

图 6.1 一个互联网通信的例子

穿越使用各种标准的异构网络进行通信,即实现网络互连,是构造互联网的关键。在网络体系结构的设计上,构造互联网的基本思路是,在底层网络与用户之间加入中间层次,实现跨网络的数据传输,并屏蔽底层细节,向用户提供通用一致的网络服务。在用户看来,虽然互联网在物理上由很多异构的底层网络组成,但逻辑上是一个整体。

在底层网络与用户之间加入的中间层次自下而上是网络层、传输层和应用层,其中网络层是构建互联网的基础,实现网络互连是网络层的核心功能,网络层的协议实现了分组穿越互联网的传送。

图 6.2 中,路由器(中间系统 IS)是网络互连的关键设备,包含两个或以上的接口,连接

两个或以上的子网。路由器包含物理层、数据链路层和网络层。前面章节已经介绍，物理层在其网络接口所连接的传输媒体上进行比特流的传输服务，数据链路层在单个链路上提供单跳(one hop)的帧传输服务。而在关键的网络层，在网络层协议的控制下，路由器逐跳(hop by hop)地转发分组，将分组从源主机穿越若干子网发送到目的主机，从而实现了网络的互联互通。当然，这个过程也包括源主机和目的主机网络层的参与。

以图 6.2 的主机 A 和 B(端系统 ES)之间通信为例。在网络层协议的控制下，在底层协议的支持下，若 A 向 B 发送数据(反方向的数据传输，情况是类似的)，数据传输的路径为：A→LAN$_1$→R$_1$→WAN→R$_2$→LAN$_2$→B，穿越了互联网。

图 6.2 是和图 6.1 对应的主机 A 和 B 通信的协议层次结构，画出了通信路径上与网络层相关的设备(A、R$_1$、R$_2$、B，它们安装了网络层协议)上的各层协议。图 6.2 中带箭头的实线表示了图 6.1 的数据传输的实际路径。我们可以想象，在 A→R$_1$→R$_2$→B 路径上的各网络层，网络层协议相互合作，在它们的控制下，分组在横向流动，穿越了互联网，图 6.2 中带箭头的虚线表示了这一过程。从这个角度看，互联网可以看成一个虚拟的分组传送网。当然，支撑这个虚拟分组传送网的是其下面的底层网络。

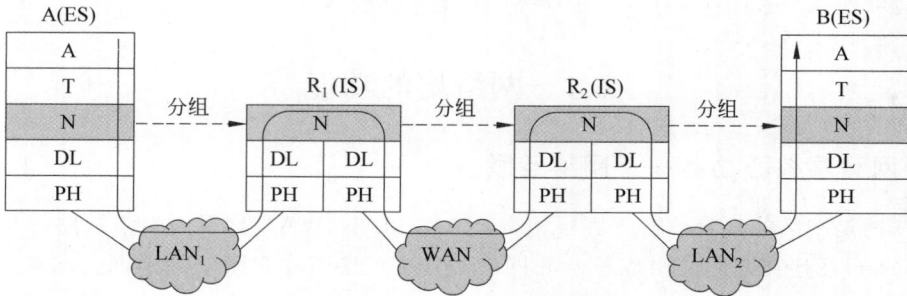

图 6.2　网络层实现分组穿越互联网的传输

Internet 是覆盖全球的互联网。Internet 使用 TCP/IP 体系结构，TCP/IP 当初设计的宗旨就是实现网络互连，而 Internet 的网络层，称为网际层(internet layer)，则承担了实现网络互联的核心任务，它提供的穿越互联网的 IP 数据报传送服务是 Internet 所有应用得以实现的基础。

6.1.2　网络互连的关键设备——路由器

1. 路由器的结构和功能

网络层的核心功能是实现网络互连，而实现网络互连的关键设备是路由器。路由器连接两个或两个以上的网络，路由器系统构成了互联网的交通枢纽。

路由器的结构如图 6.3 所示，主要包括 4 部分，这 4 部分及其功能如下。

① 网络接口。包括输入端口和输出端口，由网络接口卡实现，在路由器中常称为线路接口卡。路由器有两个或以上网络接口，每个网络接口连接一个网络，网络接口根据它所连接的网络类型的不同而不同。

② 转发引擎(forwarding engine)。工作在网络层，根据分组的首部信息，查找路由表，决策分组的转发路径。

功能更大的网络接口还可以包含一个微处理器，具有转发引擎的基本功能。

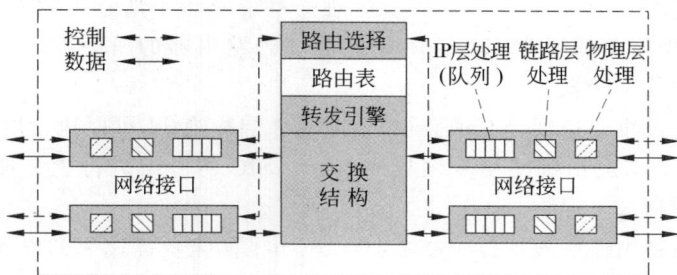

图 6.3　路由器的结构

③ 交换结构(switching fabric)。用于连接多个网络接口,在转发引擎控制下提供高速数据通道,分组由输入端口到输出端口的转发通过交换结构实现。交换结构有共享总线交换结构、共享内存交换结构和交叉开关(crossbar)交换结构等不同形式。后者通过纵横交叉的网络连接输入端口和输出端口,每对输入端口和输出端口之间都有一个交叉开关,实现高速交叉互连,是更先进的交换结构。

④ 路由选择模块(routing module)。Internet 环境下,网络拓扑和负载是不断变化的,路由不是一成不变的,路由选择模块工作在网络层,在路由器之间不断交换路由信息(控制信息),动态地更新优化路由表(routing table)。

路由器的两个基本功能是分组转发和路由选择,上述路由器结构的前 3 部分,即网络接口、转发引擎和交换结构,其功能是分组转发,分组转发的数据流如图 6.3 中的带箭头的实线所示。而最后一部分,即路由选择模块,其功能是动态路由优化,使用的是控制信息,如图 6.3 中的带箭头的虚线所示。6.2 节将要讲述 Internet 的分组转发机制,6.6 节将要讲述 Internet 的两级路由选择机制,包括 RIP、OSPF、BGP 等路由选择协议。

路由表是路由器中一个非常重要的数据结构,它包含了路由器转发分组的经优化的路径信息。不难看出,它在路由选择功能和分组转发功能之间起着承上启下的作用,它是前者的优化结果,又是后者的转发向导。

这里需要指出的是,有的资料关于路由器的讲述中会出现两种表:路由表和转发表,分别用于路由选择和分组转发。后者是从前者得来,内容略有不同,例如转发表包含转发需用的输出端口 MAC 地址信息、标志信息等,而且为了提高转发速度,转发表在某些实际系统中可能使用专用集成电路 ASIC 来实现。在讲述网络层的工作原理时,大多数资料都统一使用路由表,不再区分,本书也是如此处理。

2. 路由器技术的改进

传统的路由器是基于软件的,IP 根据路由表执行数据报转发等功能。在转发引擎的控制下,分组从输入端口经过交换结构送到输出端口输出。路由器转发分组有一定的处理时延,比如查找路由表就需要一定的时间。另外,输入端口和输出端口都有缓冲区,当网络负载很大,可能引起分组在缓冲区排队,如图 6.3 所示,造成排队时延。今天多媒体信息流量迅猛增长,给路由器带来了巨大的负担和压力,它已成为高速网络通信的一种瓶颈。因此,改进路由器技术,提高路由器的转发性能,是一个非常重要的研究课题。

表示路由器转发数据包能力的指标是分组转发速率,或称吞吐量(throughput),即路由器单位时间能同时转发的分组数量,单位是 pps(每秒分组)或 Mpps(每秒百万分组)。

比较理想的情况是,路由器的分组转发处理速度能够跟上所连接的网络通信线路上的数据传输速度,实现所谓的线速(line speed)转发。当路由器的所有端口均能线速工作时,可以实现无阻塞的分组转发。

路由器技术的最重要进展是交换路由器,或称 3 层交换机,可以执行网络模型中第 3 层即网络层的功能。3 层交换机使用专用集成电路 ASIC 对分组进行更迅速的处理,分组转发性能得以大幅提高。

商品化的交换路由器一般支持 100M/1G/10Gb/s 乃至更高速率的以太网接口和 OC3/12/48/192 等 POS(Packet Over SDH)接口(见 2.4.5 节),时延为微秒级。另外,高性能交换路由器还通过优先级控制等措施,从尽力而为的服务向提供服务质量(QoS)的方面改进,并安装防火墙提供网络安全服务。高性能路由器技术可参阅文献[10]、[16]。

交换路由器得到广泛的应用,不失一般性,下文中统称为路由器。

6.1.3　Internet 网际层

1. 网际层提供的服务及其特点

Internet 网际层负责将分组从源主机传送到目的主机,提供无连接的、不可靠的但尽力而为的分组传送服务。

网际层服务最重要的特点是无连接的(connectionless)。传输之前,通信双方并不建立连接,使用数据报分组交换方式,每个分组都被独立地进行转发,可能不按顺序到达。

网际层服务是不可靠的(unreliable)。没有提供完善的可靠性措施,只是对数据报报头进行检验,对数据不检验,报头检验有差错的数据报也只是简单地丢弃。

网际层服务是尽力而为的(best-effort)。互联网软件会尽力发送每个分组,它并不轻易地放弃每个分组,只有当资源用尽或底层网络出现故障时才会放弃分组,出现不可靠性。

2. 网际层的协议

网际层最基本最重要的协议是网际协议(internet protocol),通常称为 IP[RFC 791,因特网标准],目前使用的主要是第 4 版本 IPv4,并逐步向第 6 版本 IPv6 过渡。IP 主要提供 3 方面的内容。

① IP 定义了网际层的 PDU,即 IP 数据报,规定了它的格式。

② IP 软件实现数据报转发功能,选择数据报发送的路由并转发。

③ IP 还包括了一组体现了不可靠、尽力分组传送的规则。这些规则规定了主机和路由器应该如何处理分组、何时及如何发出错误信息以及在什么情况下可以放弃分组等。

与 IP 配套使用的网际层协议还有:地址解析协议 ARP 和逆向地址解析协议 RARP;因特网控制报文协议 ICMP;路由选择协议 RIP、OSPF 和 BGP 等;因特网组管理协议 IGMP 以及多播路由选择协议 DVMRP 等。

6.2　网际协议(IP)

6.2.1　基本的 IP 地址——分类二级 IPv4 地址

1. IP 地址及存在的问题

IP 地址由因特网名字与号码指派公司 ICANN 负责管理和分配,是标识互联网上的每台主机和网络设备的唯一地址。严格来讲,IP地址标识的是主机或网络设备与网络的连接,物理上则是由网络接口卡NIC实现的。一般来说,主机与网络只有一个连接,它只有一个IP地址,路由器和网络可以有多个连接,因此它们可以有多个IP地址。

4.1.3节曾经讲到,数据链路层在数据链路上使用物理地址或称硬件地址进行寻址,在IEEE 802 LAN网中也称为MAC地址。物理地址是由NIC的硬件实现的,作用于单跳的链路上。IP地址则是由软件实现的,从这个意义上,它可以看作逻辑地址,IP地址作用于整个互联网范围。在分组穿越互联网的多跳转发之中,每经过一个物理网络都会经过一次IP地址到物理地址的转换(见6.3节)。

Internet上主机数的迅猛增长是IP地址的设计者始料未及的,其中地址块大的IPv4 A类和B类地址较快耗尽,剩余的基本上是地址块小的C类地址。大量C类网络的使用又加剧了路由表的膨胀(从几千个增长到几万个),这又会大大消耗路由器的运行资源。到2011年2月,ICANN宣布IPv4地址已经耗尽了。

IPv4开始定义的是分类二级IP地址,是基本的编址方式。在此基础上,1985年又提出了划分子网(subnetting)技术,增加了子网编址方式,使用了便于网络划分管理的分类三级地址。1993年又提出了构造超网(supernetting)技术,正式名称是无类别域间路由(Classless Inter-Domain Routing,CIDR),使用无类别编址方式,是一个缓解地址IP紧张的暂时办法。1998年的IPv6成为因特网的草案标准,IPv6使用128比特的地址空间,比IPv4地址空间大7.9×10^{28}倍,它可以让地球上每个人都拥有大约6×10^{28}个IP地址,提供了彻底解决IP地址空间匮乏问题的方案,但IPv6完全实施需要一个相当长的过程。6.7节将介绍IPv6。

2. 基本的IPv4编址方式——分类二级地址

1)IP地址结构和记法

IPv4定义的IP地址采用分级编址方案(hierarchical addressing scheme),为分类二级地址结构,32比特长度,包括3个字段。

① 类别字段。

② 网络号字段net-id。

③ 主机号字段host-id。

使用二级的IP地址进行寻址,首先使用net-id字段可将数据报转发到目的网络,最后使用host-id字段将数据报交付到目的网络上的目的主机,这将极大简化路由表。

IP地址分为A、B、C、D、E 5类,其中D类为多播地址,将在6.6节介绍;E类保留,作为以后使用;用户使用的是A、B、C 3类,称为基本类,它们的字段结构如图6.4所示。

中继器和网桥、2层交换机分别在物理层和数据链路层扩展LAN,扩展后仍为一个LAN,具有同样的net-id。而路由器在网络层连接网络,所连接的多个网络分别具有各自的net-id,而每个网络中的每台主机都有各自的host-id。

为书写和记忆方便,32比特的IP地址常记为用点相连的4个十进制数,每个十进制数对应8比特的二进制,称为点分十进制记法(dotted decimal notation)。例如一个B类IP地址:10000000 00100001 00000100 10000001,记为128.33.4.129。

2)IP地址范围

由图6.4可以归纳出各类IP地址的使用范围,如表6.1所示。

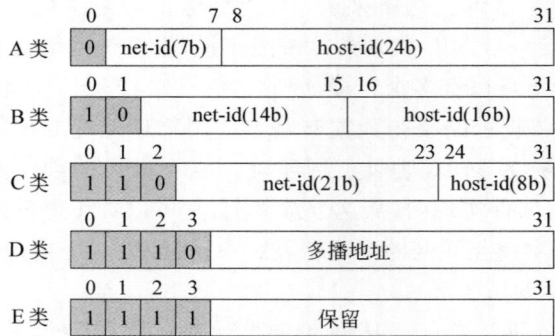

图 6.4 IP 地址结构

表 6.1 IP 地址的范围

类别	最大网络数	网络号范围	每个网络中最大主机数	主机号范围	IP 地址范围
A	126	1～126	16 777 214	0.0.1～255.255.254	1.0.0.1～126.255.255.254
B	16 382	128.1～191.254	65 534	0.1～255.254	128.1.0.1～191.254.255.254
C	2 097 150	192.0.1～223.225.254	254	1～254	192.0.1.1～223.255.254.254

A、B、C 3 类地址,网络数可达 211 万,主机数可达 37.2 亿。

3) 特殊的 IP 地址

全 0 或全 1 的网络号和主机号有特殊用途,较少使用,汇总于表 6.2 中。

表 6.2 特殊形式的 IP 地址

IP 地址		用　　途
网络号	主机号	
全为 0	全为 0	表示本主机,只作源地址,启动时用,之后获得了 IP 地址不再使用
全为 0	host-id	本地网络上主机号为 host-id 的主机,只作源地址
全为 1	全为 1	本地网络上有限广播(limited broadcast),各路由器都不转发,只作目的地址
net-id	全为 1	向 net-id 标识的网络定向广播(directed broadcast),只作目的地址
net-id	全为 0	标识一个网络
127	任意	本地软件回送测试(loopback test),Internet 上不能出现这种地址

4) 私有地址

(1) 私有地址及其使用。

Internet 地址分配组织将 IP 地址分为两类: 公有地址和私有地址。公有地址是在 Internet 上使用的全球唯一的 IP 地址。而私有地址是 Internet 保留的,不在 Internet 上分配。使用私有地址可以节省 IP 地址空间。

私有地址在企业内部网络中使用,与外部地址相独立。私有地址在 Internet 上是看不见的,Internet 不能访问使用私有地址的主机,Internet 路由器将丢弃发往私有地址的分组;反过来,私有地址的主机也不能直接访问 Internet。

私有地址也能和公有地址在企业内混合使用,私有地址主机能与企业内的所有其他主机通信,包括公有地址和私有地址的主机。

Internet 地址分配组织保留了表 6.3 所示的私有 IP 地址[RFC 1918]。

表 6.3 私有 IP 地址

类别	地址块	地 址 范 围	类别	地址块	地 址 范 围
A	1	10.0.0.0～10.255.255.255	C	256	192.168.0.0～192.168.255.255
B	16	172.16.0.0～176.31.255.255			

上述地址空间可以被许多专用网络自由重复使用,不需要与 Internet 地址分配组织进行登记,仅在一个专用网络内保证唯一即可,这可以大幅减少网络地址的消耗。

(2) 网络地址转换(Network Address Translation,NAT)。

如果私有地址网络上的主机需要访问 Internet 服务,私有地址网络需要通过 NAT 路由器连接到 Internet。NAT 路由器装有 NAT 软件,它至少有一个公有 IP 地址,它把访问 Internet 服务的 IP 数据报的私有源地址转换为自己的公有地址,然后转发出去。当服务响应的 IP 数据报返回时,再对目的地址进行相反的转换。若 NAT 路由器有 n 个公有 IP 地址,最多可以同时支持 n 个私有地址主机访问 Internet。但 NAT 不支持 Internet 上的主机发起的对私有地址主机的访问,当 IP 数据报到达 NAT 路由器时,它不知道把公有目的 IP 地址转换成哪一个私有 IP 地址。

6.2.2 划分子网——分类三级 IPv4 地址

1. 使用三级地址划分子网

IPv4 地址中,一个 net-id 下可以接很多台主机,如 B 类地址,可包含 65 534 台主机。一个单位在一个网络号下有大量计算机并不便于管理,可以根据单位的所属部门及其地理分布位置等划分子网(subnetting)[RFC 950,因特网标准],以便管理。IPv4 地址允许将单位自己控制的 host-id 字段中的前若干比特划分出来作为子网号(subnet-id),在本单位内使用路由器将各子网互连。子网号使用多少比特,单位根据需要自己决定。

一个子网划分的示例如图 6.5 所示。其中图 6.5(a)是一个 B 类 IPv4 地址,图 6.5(b)从 host-id 中划分出了 4 比特的 subnet-id,那么可以在内部划分为 14 个子网,每个子网可包含 4094 台主机。划分的子网和子网中的主机,不使用全 0 和全 1 的子网号和主机号。

不难看出,划分子网使用了分类三级编址方式,分类三级地址比基本的分类二级地址更加灵活,便于网络的划分和管理。

2. 子网掩码

为了在划分了子网的网络中寻址,定义了子网掩码(subnet mask)。子网掩码是一个网络或子网的重要属性,在 IP 数据报转发中有重要的用途。路由表中的每一项,除了给出目的网络地址外,还必须给出其子网掩码。

子网掩码长度也是 32 比特,它各比特的赋值对应 host-id 的比特为 0,其余均为 1。

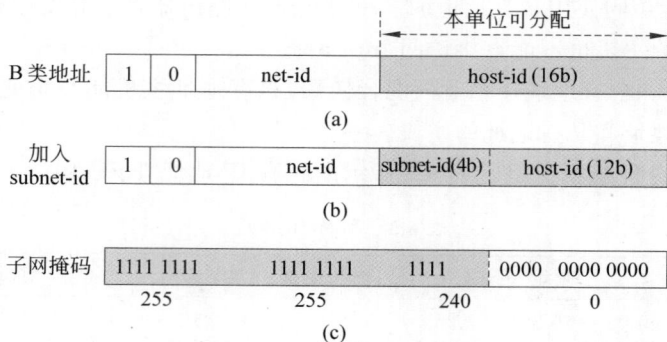

图 6.5 子网号和子网掩码示例

图 6.5 例子中的子网掩码如图 6.5(c)所示。

对于不划分子网的网络，为了便于在互联网寻址中统一处理，也规定了子网掩码。A、B 和 C 三类 IPv4 地址，其子网掩码分别规定为 255.0.0.0、255.255.0.0 和 255.255.255.0，即对应 IP 地址 net-id 的比特为 1，对应 host-id 的比特为 0。

子网划分属于本单位内部的事，不必上报上级网管。从外部看，这个单位仍只有一个 net-id，看不到划分的子网。当外部的分组根据 net-id 传入本单位的入口路由器之后，本单位的路由器负责把 IP 数据报在内部网络的子网间转发，直至目的站，期间要使用子网掩码，见 6.2.6 节。

6.2.3 构造超网——无类别二级 IPv4 地址

1. CIDR 地址及记法

1993 年发表的无类别域间路由 CIDR［RFC 1517～1520，建议标准］提供了构造超网 (supernetting)的方法，把当时剩余的约 200 万个 C 类 IPv4 地址切成大小可变的连续地址块来分配，可以给用户分配一个大小合适的地址块，明显减少了路由表的增长。

CIDR 消除了传统 IPv4 地址的 A、B、C 三类地址的类别以及划分子网的概念，其基本思想是将地址空间分成若干大小为 2^n 的连续的地址块，可为用户可分配其中的一块。实际上，当 $n=8/16/24$ 时，就相当于 C/B/A 类地址。但 CIDR 中 n 可连续变化，例如，当 $n=8\sim12$ 时，相当于 $2^{n-8}(1,2,\cdots,16)$ 个 C 类地址。因此，CIDR 地址切分的细度更大，分配更加灵活。

CIDR 地址使用的是无类别二级编址方式，无类别二级地址包括网络前缀(network-prefix)和主机号。CIDR 使用斜线记法(slash notation)，即在地址后加一斜线"/"，斜线之后写上网络前缀占的比特数。前缀表示网络号，余下的表示主机号。

CIDR 仍使用掩码(屏蔽码，mask)的概念，掩码长度也是 32 比特，对应原来分类地址中划分子网时使用的子网掩码，掩码与 CIDR 地址"与"运算得到网络前缀，CIDR 地址斜线之后的数字是掩码中"1"的比特个数。

下面是一个 CIDR 地址的例子：

$$192.36.160.7/20$$

"/"之后的"20"表示其网络前缀占 20 比特，其余为主机号，占 12(32−20)比特。该地址相应的二进制表示为

11000000 . 00100100 . 1010 0000 . 00000111

网络前缀（20 比特）　　　主机号（12 比特）

其掩码为

11111111 . 11111111 . 11110000 . 00000000

（　255　.　255　.　240　.　0　）

由 CIDR 无类别二级编址方式不难看出，它也可以表示原来的分类编址，分类编址是它的一种特例，掩码的长度为 8/16/24 时，就对应于 A/B/C 类地址。例如一个 C 类地址 192.200.100.50，CIDR 地址记法表示为 192.200.100.50/24。

CIDR 地址斜线记法有时用来表示一个地址块。前面的 CIDR 地址例子 192.36.160.7/20 所在的地址块有 $2^{12}=4096$ 个地址，不难看出，其首地址和末地址分别如下。

首地址：192.36.160.0　　　11000000 . 00100100 . 10100000 . 00000000

末地址：192.36.175.255　　11000000 . 00100100 . 1010 1111 . 11111111

当斜线前面的 IP 地址为地址块的首地址时，也可以用来表示一个地址块，如 192.36.160.0/20 可以表示上述地址块，全为 0 或全为 1 的主机号一般不使用，可使用其中的 4094 个地址。因此，见到一个斜线记法的地址应该根据上下文弄清它是一个单地址还是一个地址块。在不需要指明起始地址时，可以用"/n"表示一个包含 2^{32-n} 个地址的地址块。

下面举一个例子，说明 CIDR 地址的应用。

若某 ISP 拥有地址块 192.36.128.0/17，它包含了 $2^{15}=32768$ 个地址，相当于 128 个 C 类 IPv4 地址。某企业有 3600 台计算机，从中分配了 192.36.160.0/20 的地址块，包含 $2^{12}=4096$ 个地址，相当于 16 个 C 类地址。若按原分类地址方案分配一个 B 类地址，则要占用 65 536 个地址空间，造成非常大的浪费。

假若这个企业下属 4 个部门：企业管理机关、一分厂、二分厂、三分厂，分别有 1800、900、450、450 台计算机，企业网络管理员为它们分配了相应的地址块，见表 6.4。

表 6.4　CIDR 地址分配的例子

单　位	现有机器数	地　址　块	二进制地址的前缀部分	地址数（C 类）
ISP		192.36.128.0/17	11000000 . 00100100 . 1	32768(128)
企业	3600	192.36.160.0/20	11000000 . 00100100 . 1010	4096(16)
机关	1800	192.36.160.0/21	11000000 . 00100100 . 10100	2048(8)
一分厂	900	192.36.168.0/22	11000000 . 00100100 . 101010	1024(4)
二分厂	450	192.36.172.0/23	11000000 . 00100100 . 1010110	512(2)
三分厂	450	192.36.174.0/23	11000000 . 00100100 . 1010111	512(2)

2. 构造超网

由于 CIDR 地址块可以包含大小不同的很多地址，可以给用户分配一个大小合适的 CIDR 地址块，代替多个 C 类地址块，使得路由表中的一个表项就可以代替原来分类地址路由表中的多个路由表项，这称为构造超网（supernetting），也称作路由聚合（route aggregation）。如果可以申请到连续的 C 类网络地址，构造超网使得这些网络看起来像个大的网络,并且可以使路由表大大减小。

表 6.4 的例子中,该企业分到的地址相当于分类地址的连续的 16 个 C 类网络地址块。如果使用分类地址路由表,则外部路由器的路由表中到该企业的路由表项就会有 16 个。如果使用 CIDR 地址,企业又使用统一的对外连接的路由器,则外部路由器的路由表中,到该企业的路由表项将聚合为一项,目的 IP 地址 192.36.160.0/20。而且,使用分类地址时,该企业还要在内部的 16 个网络之间进行路由选择。

6.2.4 IP 数据报格式

1. IP 数据报的各字段

IP 数据报(IP datagram),简称数据报,其格式如图 6.6 所示,分为报头或称首部(header)和数据区两部分。各字段解释如下。

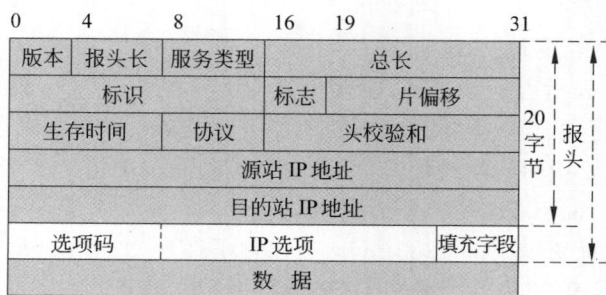

(a) IP 数据报格式

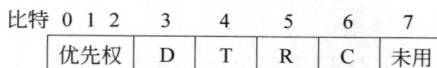

(b) 服务类型子字段结构

图 6.6　IP 数据报格式及服务类型子字段结构

① 版本(version)。4 比特,表示传送数据报的 IP 的版本号。IPv4 版本号为 4。

② 协议(protocol)。8 比特,表示创建数据报数据区数据的协议的类型,例如,TCP 为 6、UDP 为 17、ICMP 为 1、IGMP 为 2、IPv6 为 41、OSPF 为 89、IGP 为 9、EGP 为 8 等。该字段将 IP 与使用它的传输层及本层的协议绑定在一起,以复用 IP。协议类型代码统一管理,在 Internet 范围内全局一致。

③ 报头长(header length)。4 比特,指示 IP 数据报报头的长度,以 4 字节为单位。报头中除 IP 选项和填充字段外,其他各字段都是定长的,定长字段长度之和为 20 字节,因此,一个不含选项字段的数据报的报头长字段值为 5。含有选项的数据报报头长度取决于选项字段的长度,选项的最大长度为 40 字节。报头长应当是 4 字节的整数倍,如不满足,由填充字段添 0 补齐。

④ 总长(total length)。16 比特,指示整个数据报(报头和数据区)的长度,单位为字节。总长最大可达 65 535B(64KB)。当数据报分片传送时,总长指分片后每片的长度。

⑤ 服务类型(Type of Service,TOS)。8 比特,规定对本数据报的处理方式。

如图 6.6(b)所示,TOS 划分为 6 个子字段。3 比特的优先级子字段指示数据报的优先级,自低至高取值,其取值范围为 0~7,0 为一般优先级,7 为网络控制优先级,优先级由用户指定。D、T、R 和 C 4 位表示数据报所希望的服务类型。其中,D(delay)代表低时延,T(throughput)代表高吞吐率,R(reliability)代表高可靠性,C(cost)表示费用低的路由。TOS 只表示用户的请求,不具有强制性。实际应用中极少使用 TOS,路由器通常忽略该字段。1998 年,IETF 将此字段改名为区分服务(Differentiated Services,DS),当使用区分服务 DiffServ[RFC 2475]时使用 DS 字段,路由器增加了区分服务的功能,利用 DS 字段的不同数值提供不同的服务质量。

⑥ 头检验和(header checksum)。16 比特,用于验证数据报首部在传送中的正确性,检验和计算的具体算法见 6.2.5 节。传输中数据报每经过一个结点都要重新计算头检验和,因为生存时间、标志、片偏移等字段可能发生变化。

IP 数据报传送中只进行报头检验,而不对数据区进行检验,而且检验有差错时也只是简单丢弃。这是 IP 层只能提供不可靠分组传输服务的重要原因。这给高层软件遗留下数据不可靠的问题,高层可根据具体情况,选择自己的差错控制方法。从另一个角度看,只进行报头的检验,可以提高路由器的处理效率。在 IPv6 中,连报头检验也不做了。

⑦ 地址。32 比特,地址有源站地址(source address)和目的站地址(destination address)两种,分别表示数据报源和目的站的 IP 地址。在整个数据报传送过程中,可能经过不同的路径,也可能被分片,但这两个地址的值始终保持不变。

⑧ 生存时间(Time To Live,TTL)。生存时间 TTL 字段用于数据报的时延监控。

由于路由器的路由表出错等原因,数据报可能会进入一条循环路径,无休止地在互联网中循环,称为路由环(routing cycle)。因此,IP 必须对数据报的传输时延进行监控。

为此,设置了 TTL 字段。每当产生一个新数据报,TTL 均设置成最大生存时间值(以秒为单位,最大值为 120s)。传送过程中,路由器要从该字段减去已经历的时间。一旦 TTL 减到 0,便将数据报从网中清除,并使用 ICMP 向源站报告出错信息。

TTL 要进行精确的计时需要网络中所有结点的时钟精确同步,这难以做到。一般只是使用数据报所经历的最大跳数(hop count),其初始值由源站设置,一般为 32 或 64,最大为 255,路径上的路由器处理报头时,只简单地从 TTL 中减 1。

另外,对分片数据报采用了重组定时器,也可解决寻径圈引起的超时。

IP 数据报报头的其他字段用于数据报分片与重组控制,将在后面介绍。

2. IP 差错检验算法

IP 的差错检验算法称为检验和(checksum)[RFC 1071],在 ICMP、TCP 和 UDP 中也使用这种差错检验算法,介绍如下。

1) 发送方生成检验和

① 将发送的进行检验和运算的数据分成若干 16 位的位串,每个位串看成一个二进制数,这里并不管字符串代表什么,是整数、浮点数还是位图都无关。

② 将 IP、UDP 或 TCP 的 PDU 首部中的检验和字段置为 0,该字段也参与检验和运算。

③ 对这些 16 位的二进制数进行 1 的反码和(one's complement sum)运算,累加的结果再取反码即生成了检验码。将检验码放入检验和字段中。

所谓 1 的反码和运算,即带循环进位的加法,最高位有进位应循环进到最低位。反码即二进制各位取反,例如,0111 的反码为 1000。

2) 接收方校验检验和

① 接收方将接收的数据(包括检验和字段)按发送方同样的方法进行 1 的反码和运算,累加的结果再取反码。

② 校验,如果上步的结果为 0,表示传输正确;否则,说明传输有差错。

3) 检验和算法示例

图 6.7 是一个对包含 4 个 16 位二进制数进行检验和运算的简单例子。图 6.7(a)是发送方的运算,①、②、③是 3 个数据,④是检验和,先置 0,也参加检验和运算,⑤是它们的 1 的反码和,⑥是⑤的反码。发送方将⑥放到检验和字段和数据一起发出。图 6.7(b)是接收方的运算,如果没有传输差错,最后结果应为 0。图中右侧是十六进制表示的检验和运算。

①	数据	1 0 0 1 1 1 0 0 0 0 0 1 1 0 1 0	9 C 1 A
②	数据	0 1 0 1 1 0 1 0 1 0 0 0 1 0 0 0	5 A 8 8
③	数据	1 0 1 0 1 1 0 1 0 0 1 1 0 1 0 0	A D 3 4
④	检验和	0 0 0 0 0 0 0 0 0 0 0 0 0 0 0 0	0 0 0 0
		0 1 0 1 1 1 0 0 0 0 1 0 1 0 0 0	5 C 2 8
⑤	1 的反码和	1 0 1 0 0 0 1 1 1 1 0 1 0 1 1 1	A 3 D 7
⑥	反码	0 1 0 1 1 1 0 0 0 0 1 0 1 0 0 0	5 C 2 8

(a) 发送方的运算

①	数据	1 0 0 1 1 1 0 0 0 0 0 1 1 0 1 0	9 C 1 A
②	数据	0 1 0 1 1 0 1 0 1 0 0 0 1 0 0 0	5 A 8 8
③	数据	1 0 1 0 1 1 0 1 0 0 1 1 0 1 0 0	A D 3 4
④	检验和	0 1 0 1 1 1 0 0 0 0 1 0 1 0 0 0	5 C 2 8
⑤	1 的反码和	1 1 1 1 1 1 1 1 1 1 1 1 1 1 1 1	F F F F
⑥	反码	0 0 0 0 0 0 0 0 0 0 0 0 0 0 0 0	0 0 0 0

(b) 接收方的运算

图 6.7　检验和算法的例子

6.2.5　IP 数据报的分片与重组

1. IP 数据报封装中的问题及解决方案

1) 最大传输单元(MTU)及其对封装的影响

在 Internet 中,IP 数据报是封装在底层网络的帧中传送的,每跨越一个网络之前,数据链路层都要按该网络的帧格式将 IP 数据报重新进行封装。

封装是影响传输效率的一个重要因素,因为因特网环境中一个 IP 数据报不一定恰好能在一个帧里封装。各种底层网络的数据帧,对可携带的净荷的上限有自己的规定,称为最大传输单元(Maximum Transfer Unit,MTU)。如以太网为 1500 字节,X.25 是 576 字节,光纤分布数据接口 FDDI 是 4500 字节等。

IP 数据报的大小可以在一定范围内选择,最大为 65 535 字节。那么,如何选择适当的数据报的长度以适应路径上各网络的 MTU？如果以底层网络最大的 MTU 作为数据报的长度，MTU 较小的网络将装不下；如果以最小的 MTU 作为数据报的长度，在 MTU 较大的网络上将装不满，造成传输能力的浪费。因此，这是一个矛盾的问题。

2）IP 的解决方案

针对上述问题，如何确定 IP 数据报的长度呢？IP 的解决方法是，在不超过版本规定的数据报大小的前提下，选择一个合适的初始数据报大小，使其在源站所在网络上能进行最大限度的封装。但可能在后续的网络中装不下，因此，IP 又提供一种数据报分片与重组机制。在路径中如果经过 MTU 较小的网络，就将数据报分成若干较小的片进行传输。已经分过片的数据报，如果在后面的传输中又遇到 MTU 更小的网络，那么还要再次分片。分片总是出现在网络的交界处，由路由器负责。最终，分片到达目的站后，IP 将各分片重组，恢复成原数据报。

2. IP 数据报分片

分片（fragmentation）的方法及片（fragment）的格式用图 6.8 的例子来说明。该图例表示了一个报头长为 20 字节、数据区长为 3600 字节的 IP 数据报到达连接 MTU 为 1500 字节的以太网路由器时的分片情况，3600 字节的 IP 数据报数据字段共分为 1480 字节、1480字节和 640 字节数据的 3 个片，它们的首字节相对于原数据字段首字节的偏移量分别是 0、1480 和 2960 字节。

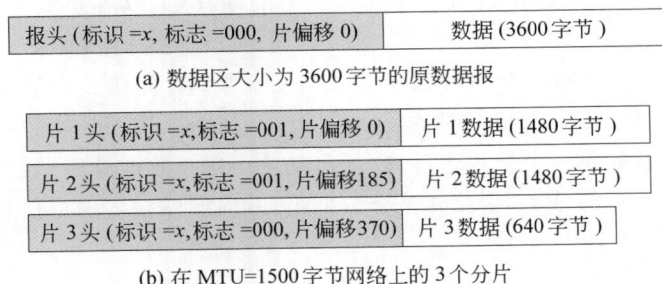

报头 (标识 =*x*, 标志 =000, 片偏移 0)	数据 (3600字节)

(a) 数据区大小为3600字节的原数据报

片 1 头 (标识 =*x*,标志 =001, 片偏移 0)	片 1 数据 (1480字节)

片 2 头 (标识 =*x*,标志 =001, 片偏移185)	片 2 数据 (1480字节)

片 3 头 (标识 =*x*,标志 =000, 片偏移370)	片 3 数据 (640字节)

(b) 在MTU=1500字节网络上的3个分片

图 6.8 数据报分片示例

图 6.8 中的片头字段基本上从初始数据报中复制而来（标志字段及片偏移字段除外），其长度为 20 字节（无选项数据报报头长度）。3600 字节的数据报数据以 1480 字节（MTU减片头长，$1500-20=1480$）为单位分成 3 片，其中最后一片为 640 字节，不足 1480 字节。最后一片不足一个 MTU 在数据报分片中是不可避免的。

由于片头中先偏移字段规定以 8 字节为单位，所以 3 个片的偏移量除以 8 即为片头中该字段数值，那么，3 个分片偏移字段的值分别为 0、185 和 370。

可见，分片应该满足两个条件：第一，各片尽可能大，但必须能为帧所封装（即片长度≤MTU）；第二，片大小（以字节为单位）必须为 8 的整数倍，否则无法表示其偏移量。

3. 片重组

片重组（reassembly）是分片的逆过程，但片重组只在目的站进行，中途路由器不进行重组。这种重组方式简化了路由器的处理。但也有缺点：首先，如果数据报先通过 MTU 小的网络，而接下去又经过 MTU 大的网络，将导致网络带宽的浪费；其次，一个分片丢失将导致整个数据报不能重组。因此,分片越多,整个数据报丢失的概率就越大。

4. 分片与重组控制

在 IP 数据报报头中有 3 个与分片和重组控制有关的字段,即标识(identification)字段、标志(flags)字段和片偏移(fragment offset)字段。

① 标识。源站赋予数据报的标识符,对于同一个原始的数据报,标识符必须是唯一的,目的站利用标识符和源站 IP 地址判断收到的分片属于哪个 IP 数据报,以便进行重组。分片时标识字段原样不动地复制到新的片头中。产生标识的一个可行的方法是在源站维持一个全局计数器,每产生一个新的数据报,计数器的值加 1。

② 标志。3 比特,只有低两位有效,各位的意义如表 6.5 所示。

表 6.5　标志字段各位的意义

标 志 位	意 义
2	未用
1	不分片(Don't Fragment,DF),DF=1,数据报不能分片。分片和重组是系统自动完成的,但 DF 位使程序员可以对分片过程进行人工控制,可用于软件调试等
0	片未完(More Fragment,MF),MF=1/0 说明该片不是/是原数据报的最后一片

③ 片偏移。指出本片在初始数据报数据区中的偏移量,以 8 字节为单位,片重组时提供重组顺序。

在图 6.8 数据报分片的示例中,也给出了标识、标志和片偏移 3 个字段的值。

在接收端还设置了一个重组定时器(reassembly timer),用于分片的传输时延控制。接收端收到某个数据报的第一个分片之后,立即启动一个重组定时器开始计时,如果在规定时间限制之内还未收到全部分片,则放弃整个数据报,并向源站报告出错信息。

6.2.6　IP 数据报转发

Internet 网际层的一项重要功能是进行 IP 数据报的转发(forwarding)。源站和路由器都参与数据报的转发,主要的是路由器。IP 数据报的转发是基于数据报方式的分组交换技术(1.2.4 节),这里交换的分组即 IP 数据报。

1. 基本的 IP 数据报转发机制

1) 直接交付和间接交付(direct delivery & indirect delivery)

IP 数据报有直接交付和间接交付两种转发形式。直接交付是指源站或路由器将数据报直接传送到目的站,中间不需要其他路由器转发,否则就是间接交付。

当目的站与源站在同一个网络上时,源站才能进行直接交付。数据报路径上的最后一个路由器也是直接交付,而在它之前进行转发的路由器都是间接交付。显然,源站或路由器传送数据报的过程,大部分都是间接交付。

发送者判断目的站是否在同一个网络上的方法很简单,把目的 IP 地址中的网络号(net-id)和自己 IP 地址中的网络号相比较看是否相同即可。

2) 基于路由表的下一跳转发机制

最基本的 IP 路由表(routing table)包含了如下序偶:

（目的网络 IP 地址，下一跳 IP 地址）

其中，目的网络 IP 地址是将 IP 地址中 host-id 部分置为 0，下一跳 IP 地址是到目的网络路径上的下一跳（next hop）的 IP 地址。路由表中没有源站地址，因为分组转发与源站地址无关，这称为源站无关性（source independence）。

下一跳 IP 地址是通过单个底层网络直接可以到达的结点。在间接交付的情况下，下一跳是到达目的网络路径上的下一个转发的路由器。可见，路由表仅仅指明了到达目的网络路径上的下一跳，转发结点并不知道到达目的网络的全部路径。直接交付则简单得多，数据报中的目的站就是下一跳，只要在路由表中注明是直接交付，数据报的目的地址就是下一跳的 IP 地址。

下一跳 IP 地址指明下一步把数据报发往何处，IP 通过 ARP（见 6.3 节）把下一跳 IP 地址转换为一个物理地址，交给底层网络。数据链路层使用这个物理地址形成一个帧，把数据报封装在该帧中发送出去。下一跳 IP 地址映射到一个物理地址后就被丢弃。

因此，IP 数据报转发机制是基于路由表的下一跳转发，整个传送过程是逐跳（hop by hop）进行的。每个结点只负责转发到下一跳。

IP 使用数据报的目的网络地址作为索引去查路由表，由匹配的表项得到下一跳的 IP 地址，从对应的端口转发出去。

实际的路由表，除了上述基本信息外还包括一些其他信息，如网络接口（interface），指明从哪个接口转发数据报，包含了该接口的物理地址，这在交与数据链路层封装时是要用到的；标志（flags），G 表示下一跳是路由器，因而是间接交付，不标 G 则为直接交付；H 表示该路由是到一个主机，不标 H 则表示该路由是到一个网络。另外还有到达目的网络的跳数（hop count）等，可用于路由表的优化。

3）目的地址使用网络前缀的好处

路由表中目的地址只使用网络前缀的信息而不是目的站的 IP 地址，这使路由表大幅减小。若每个网络都连接了 n 台计算机，则简化的路由表就只有原来的 n 分之一，其存储空间和搜索时间将大幅减小。而且，在最后交付之前，转发到目的站和转发到目的站所在网络对数据报转发而言，有着同样的意义。

分级的 IP 地址设计为 IP 数据报的转发机制提供了方便。

4）为什么不直接使用物理地址进行转发

下一跳的 IP 地址需要通过 ARP 映射成对应的物理地址。那么，路由表直接使用物理地址不是更为简便吗？实际上问题并不这么简单。首先，各种各样的底层网络定义了各式各样的物理地址，不便于处理；其次，物理地址一般不包含所在网络的信息，不能按目的网络简化路由表；再者，若物理地址因接口更换而改变时，还要设法进行通告，以变更路由表中相应的表项。使用统一的 IP 地址就不存在上述问题，它在 IP 软件和高层软件之间提供了一个统一的、独立于硬件的接口，使 IP 隐藏了底层网络的细节和复杂性，建立了一个独立于底层的虚拟的 IP 网络，这正符合网际层设计的指导思想。

5）数据报转发机制示例

一个路由表的示例如图 6.9 所示。其中，图 6.9（a）给出一个包含 5 个网络的互联网，它们的网络 IP 地址示于图中，为 B 类地址。4 个路由器 R_1、R_2、R_3 和 R_4 的 IP 地址和其网络接口的对应关系示于图 6.9（b），每个接口是一个 NIC，有一个物理地址（图 6.9 中未具体标出，只简单地给出接口号)，对应一个 IP 地址。图 6.9(c)是 R$_1$ 的路由表。例如，路由器 R$_1$ 路由表的第二行序偶(128.2.0.0,128.1.0.2)表明，经 R$_1$ 发往网络 128.2.0.0 的数据报的下一跳的 IP 地址为 128.1.0.2。由图 6.9(b)，它通过 ARP 绑定的物理地址将是 R$_2$ 的接口 1;根据路由表，数据报封装在物理帧中后，R$_1$ 要通过其接口 3 转发出去。

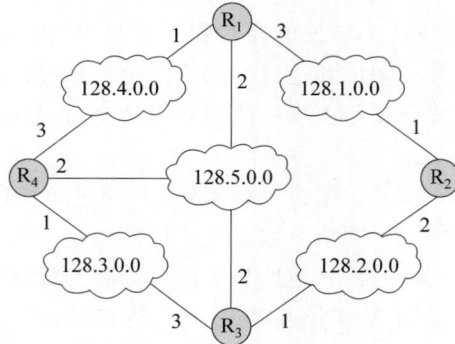

(a) 网络图

路由器	接口 1 对应 IP 地址	接口 2 对应 IP 地址	接口 3 对应 IP 地址
R$_1$	128.4.0.1	128.5.0.1	128.1.0.1
R$_2$	128.1.0.2	128.2.0.1	无
R$_3$	128.2.0.2	128.5.0.2	128.3.0.1
R$_4$	128.3.0.2	128.5.0.3	128.4.0.2

(b) 路由器接口和 IP 地址的对应关系

目的站所在网络	下一跳地址	转发接口	跳数
128.1.0.0	直接交付	3	1
128.2.0.0	128.1.0.2	3	2
128.3.0.0	128.4.0.2	1	2
128.4.0.0	直接交付	1	1
128.5.0.0	直接交付	2	1

(c) 路由器 R$_1$ 的路由表

图 6.9 路由表示例

2. 基本的 IP 数据报转发算法

1) 默认路由

IP 转发中常常使用默认路由(default route)。IP 首先在路由表中查找目的网络，如果表中没有相应的路由，则把数据报发给一个默认路由器。

如果一个网络只通过唯一的路由器接入因特网，使用默认路由尤为方便。对于该网络上的主机，整个路由决策过程就简化到只包括两个匹配尝试：一个用于本地网络，另一个是对默认路由器。若不使用默认路由，就会进行和目的网络数目同样多的匹配尝试。

进行 TCP/IP 网络设置时，除了要配置主机的 IP 地址和子网掩码外，还要配置默认网关(default gateway)，就是指定默认路由。

2）特定主机路由

路由表中一般使用目的主机所在的网络而不是单个主机,但作为特例,IP 也允许使用完整的 IP 地址指定某个目的主机的路由,称为特定主机路由。特定主机路由使网络管理员对网络可以有更多的控制,例如,调试网络连接以及安全访问控制等。

3）基本的 IP 数据报转发算法

基于路由表的下一跳转发机制,并考虑了默认路由与特定主机路由,可以得到基本的 IP 数据报转发算法,算法流程如下。

① 从数据报中提取目的站 IP 地址 D,并得到其网络前缀 N,查找路由表。

② 如果 N 与任何直接相连的网络地址匹配,则通过该网络把数据报直接交付到目的地址 D(其中涉及使用 ARP 把 D 转换成一个物理地址、封装数据报并发送该帧),转发结束;否则,执行③。

③ 如果路由表中包含一个到 D 的特定主机路由,则把数据报发送到表中指定的下一跳,转发结束;否则,执行④。

④ 如果路由表中包含到网络 N 的一个路由,则把数据报发送到表中指定的下一跳(间接交付),转发结束;否则,执行⑤。

⑤ 如果路由表中包含一个默认路由,则把数据报发送到表中指定的默认路由器,转发结束;否则,执行⑥。

⑥ 宣布数据报转发出错(因特网控制报文协议 ICMP 会发送一个主机不可达差错报文给源站)。

上述算法中,默认路由是最后的选项,在路由表的其他表项测试完之后处理。按路由表表项的排列顺序处理,应该放在路由表的最后。

使用目的主机 IP 地址(例如 128.5.1.2)的特定主机路由,应该比使用目的网络地址的一般间接交付的表项先行处理,因为后者可能与前者有相同的目的网络号(128.5.0.0)。倘若先处理后者,从发往目的主机(128.5.1.2)的数据报本应走特定主机路由,但从中提取的目的网络号(128.5.0.0),也与后者匹配,结果按后者的路由转发。特定主机路由的表项应该放在一般间接交付表项的前面。

3. 子网 IP 数据报转发机制

在划分了子网的网络中进行数据报转发有其特殊性。为划分子网在 IP 地址中引入了 subnet-id,变为三级地址结构。为了将分组在子网间进一步转发,需要在目的 IP 地址中分辨出 subnet-id,为此,基本路由表中要增加子网掩码:

(目的网络 IP 地址,子网掩码,下一跳 IP 地址)

其中,目的网络 IP 地址包含 net-id 和 subnet-id,host-id 部分置为"0"。

子网 IP 数据报转发的处理是:对于若干子网路由表的表项,将 IP 数据报的目的 IP 地址和子网掩码进行"与"运算,将得到的包含 net-id 和 subnet-id 的地址和表项中的目的网络地址进行匹配测试,若匹配,则由该表项得到下一跳地址;若不匹配,进入下一个表项的匹配测试。

子网 IP 数据报转发机制只用于目的网络地址在本网络内的情况。对于目的网络是外部网络的情况,即使它划分了子网,但仍视为一个整体,使用基本的 IP 数据报转发流程即可,实际上发送者也不知道外部网络是如何划分子网的。当数据报进入外部网络后,在其内部,则需使用子网 IP 数据报的转发机制。

图 6.10 是一个子网 IP 数据报转发的例子。IP 数据报从网络 130.9.0.0 上的 R_0 转发到网络 128.5.0.0 上的主机 128.5.3.1。网络 128.5.0.0 划分了 3 个子网：128.5.1.0、128.5.2.0 和 128.5.3.0(subnet-id 占 8 比特),通过 R_1 和 R_2 把它们连接起来,它们要运行子网数据报转发算法,而 R_0 向网络 128.5.0.0 的转发则使用基本的转发算法。

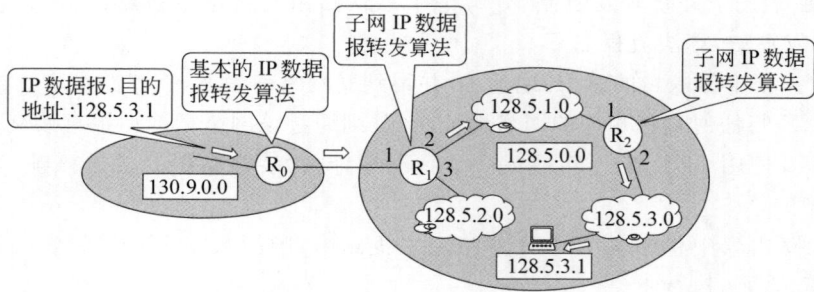

(a) 从网络 130.9.0.0 向划分了子网的网络 128.5.0.0 转发数据报

R_1 路由表

目的网络	子网掩码	下一跳	接口
128.5.1.0	255.255.255.0	直接交付	2
128.5.2.0	255.255.255.0	直接交付	3
128.5.3.0	255.255.255.0	R_2 接口 1 IP地址	2

R_0 路由表

目的网络	下一跳
128.5.0.0	R_1 接口 1 IP地址

(b) R_0 路由表中到外部
网络 128.5.0.0 的表项

(c) R_1 路由表中到网络内各子网的表项
(R_2 和网络内主机也有类似的表项)

图 6.10　子网 IP 数据报转发

4. 统一形式的 IP 数据报转发算法

子网 IP 数据报转发机制较基本的不划分子网的 IP 数据报转发机制,路由表中增加了子网掩码,如果允许规定和使用任意形式的子网掩码,子网 IP 数据报转发算法就可以兼容不划分子网的 IP 数据报转发算法,得到统一的形式。为此,需要对子网掩码进一步做出以下规定。

① 划分了子网的网络,子网掩码规定不变。

② 不划分子网的网络,其子网掩码形式规定为 IP 地址的 host-id 部分对应的比特为"0",其余为"1"。

③ 特定主机路由,规定子网掩码为全"1"。

④ 默认路由,规定目的网络地址为 0.0.0.0,规定子网掩码为全"0"。如果路由表包含默认路由,它应该放在路由表的最后一项。

在上述子网掩码的规定下,可以得到如下统一形式的 IP 数据报转发算法。

① 从数据报中提取目的站 IP 地址 D,设指向路由表表项的指针变量为 i,并赋初值 $i=1$,即从第 1 项开始进行匹配测试。

② 对路由表的第 i 表项,把 D 与该项子网掩码进行"与"得到目的网络地址 N,将 N 和该表项中的目的网络地址进行匹配测试,如果匹配成功则执行③;否则,执行④。

③ 把数据报发送到该表项下一跳地址指定的结点,转发结束。

④ 调整路由表指针变量 $i=i+1$,指向下一个表项,如果路由表已测试完则执行⑤;否则,返回②继续测试。

⑤ 在路由表中找不到匹配成功的表项,宣布数据报转发出错。

5. CIDR 地址的最长掩码匹配

当使用 CIDR 地址时,转发 IP 数据报的路由表的目的网络应该变为 CIDR 网络前缀代表的网络,使用 CIDR 地址的掩码。路由器收到 IP 数据报时,转发处理的算法是一样的,将目的地址和掩码做"与"运算,得到的值和目的网络逐一测试,找到匹配项,根据匹配项的下一跳地址进行转发。

但不同的是,使用 CIDR 地址时可能产生多个匹配项。例如,表 6.4 的例子中,假如距离较远的三分厂希望 ISP 转发给他们的数据报直接发到三分厂而不经由企业的路由器转发,在 CIDR 路由表中,应该包含企业和三分厂的网络地址 192.36.160.0/20 和 192.36.174.0/23,它们的掩码分别为 255.255.240.0 和 255.255.254.0。现在 ISP 的路由器收到一个目的地址 $D = 192.36.175.8$ 的数据报,将 D 和 CIDR 路由表逐项地进行匹配测试,和掩码进行"与"运算,结果产生了两个匹配项:

D 与 11111111. 11111111. 11110000. 00000000,结果和 192.36.160.0/20 匹配
　　(255 . 255 . 240 . 0)

D 与 11111111. 11111111. 11111110. 00000000,结果和 192.36.174.0/23 匹配
　　(255 . 255 . 254 . 0)

因为目的地址 D 属于三分厂网络,显然路由应取后者,它的掩码/网络前缀最长。虽然这只是一个特例,但这种取法是普遍正确的。产生多个匹配项时,取匹配项中掩码/网络前缀最长的项,称为最长掩码匹配(longest mask matching)或最长前缀匹配(longest-prefix matching)。

因为长掩码匹配的网络(三分厂)包含于短掩码匹配的更大的网络(企业)之中,是企业网络父集合的一个子集。显然,当目的地址 D 在子集中时,长掩码目的网络匹配,当然 D 也在父集合中,因此也会有短掩码目的网络匹配,因此应该取最长掩码匹配。

为此,CIDR 地址路由表中,长掩码的表项总是放在前面,从长到短依次排列。

*6.2.7　IP 数据报选项

IP 数据报中的 IP 选项(IP options)字段主要用于网络测试或调试。虽然选项字段是任选的,但是选项的处理是 IP 的组成部分,标准的协议实现应该包括它。

IP 选项字段的长度为 1~40 字节不等,取决于所选的项。在一个数据报中,选项是连续出现的,中间无须添加任何分隔符。

每个选项都由选项码(option code)开始,选项码如图 6.11 所示,由 1 比特的复制标志、2 比特的选项类和 5 比特的选项号组成。

比特	0	1	2	3	4	5	6	7
	复制	选项类		选项号				

图 6.11　选项码

① 复制标志(copy)。控制路由器在数据报分片过程中对选项的处理。该标志置"1"

时,这个选项应复制到所有分片中去;如果置"0",则仅把该选项复制到第一个分片中。

②选项类和选项号(option class,option number)。用来指明选项的类别和在该类中的一个具体选项。选项类有 0～3 共 4 类,1 类和 3 类目前未使用,只有 0 类和 2 类使用。0 类表示数据报或网络控制,2 类表示调试。

表 6.6 列出了 IP 数据报中的部分选项,并给出了它们的选项类和选项号以及功能说明。

表 6.6 IP 选项

选 项 类	选 项 号	长　　度	功 能 说 明
0	0	—	选项表结束
0	1	—	无操作。按 4 字节对齐选项表,与填充字段功能一样
0	2	11	安全性和处理限制(用于军事应用程序)
0	3	可变	宽松的源站路由选择。源站指定一条数据报通过互联网的路径,选项中包含一个 IP 地址序列,数据报必须沿着 IP 地址序列传输,但是允许相邻的两个地址之间有多个网络跳
0	7	可变	记录所经过的路径
0	9	可变	严格的源站路由选择,源站指定一条数据报通过互联网的路径,选项中包含一个 IP 地址序列,数据报必须沿着 IP 地址序列传输
0	11	4	MTU 探测,用于发现路由的 MTU
0	12	4	MTU 应答,用于发现路由的 MTU
0	20	4	路由器警告,即使不是被访问的地址,路由器也要检查这个数据报
2	4	可变	Internet 时间戳,用于记录数据报路径上路由器的 IP 地址和处理数据报的时间

6.3 地址解析协议(ARP)

6.3.1 IP 数据报传输中的地址转换

1. IP 数据报传输过程中地址的使用

图 6.12 表示互联网中 IP 地址和物理地址的使用,其中图的上部表示 3 个 LAN 用两个路由器互连起来。LAN_1 上的主机 H_1 要和 LAN_3 上的主机 H_2 通信,它们的 IP 地址分别为 IP_1 和 IP_2,物理地址分别为 HA_1 和 HA_2。路由器 R_1 和 R_2 都有两个 IP 地址,分别为 IP_3、IP_4 和 IP_5、IP_6,对应的物理地址分别为 HA_3、HA_4 和 HA_5、HA_6。这些地址标在了所在层次的两侧。

IP 数据报从 H_1 发往 H_2 的过程中,其首部始终使用 IP_1(源)到 IP_2(目的)的地址。

IP 数据报要封装在数据链路层的 MAC 帧中传输,逐跳地通过底层网络,其间要使用物理地址(MAC 地址,硬件地址)。物理地址只作用于同一个底层网络,因此,在如图 6.12 所示的互联网中,在 LAN_1、LAN_2 和 LAN_3 的传输过程中,源物理地址和目的物理地址都在不断地进行调整。IP 数据报从 H_1 发往 H_2 的过程中,IP 地址和 MAC 地址的使

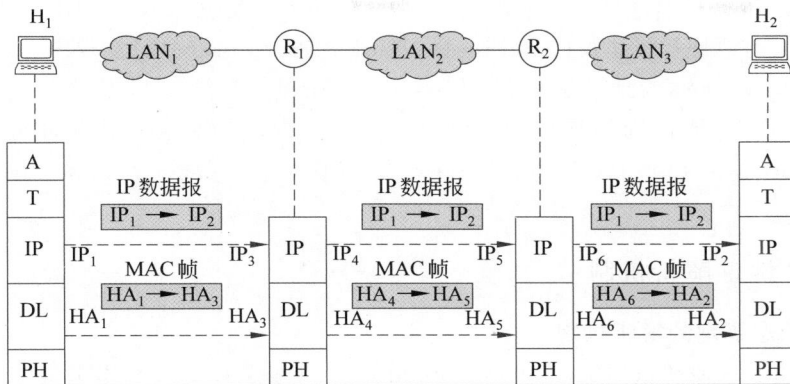

图 6.12 IP 地址和物理地址的使用

用情况汇总于表 6.7 中。

表 6.7 图 6.12 中 IP 地址和 MAC 地址的使用情况

作 用 范 围	IP 数据报首部		MAC 帧首部	
	源地址	目的地址	源地址	目的地址
LAN_1,从 H_1 到 R_1	IP_1	IP_2	HA_1	HA_3
LAN_2,从 R_1 到 R_2	IP_1	IP_2	HA_4	HA_5
LAN_3,从 R_2 到 H_2	IP_1	IP_2	HA_6	HA_2

2. 如何由 IP 地址得到物理地址

转发过程中,转发站如何从 IP 数据报首部中不变的 IP_1 到 IP_2 的地址中得到 MAC 帧首部中变化的源和目的物理地址呢? 这在 IP 层解决,结合图 6.13,解释如下。

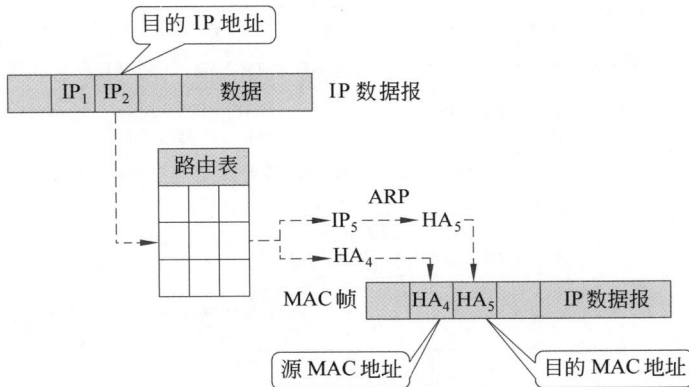

图 6.13 R_1 中地址的查找和转换

① 源物理地址。路由表中,对于每个目的网络,除提供下一跳的 IP 地址外,还包含转发接口的信息,例如图 6.12 的 R_1 的路由表中,对于发往 IP_2 所在网络的表项,对应的转发接口的地址是 HA_4,由此得到 MAC 帧的源物理地址。

② 目的物理地址。IP 根据数据报的目的 IP 地址查找路由表,得到下一跳的 IP 地址,

例如上例中 R_1 根据目的地址 IP_2 查找路由表,得到的下一跳就是 R_2 的 IP_5。然后,R_1 将由 IP_5 得到 HA_5,由地址解析协议(Address Resolution Protocol,ARP)实现。

地址之间的转换称为地址解析(address resolution),IP 层专门提供了地址解析协议(ARP),用于从 IP 地址到物理地址的转换。另外,相反的转换使用逆向地址解析协议(Reverse Address Resolution Protocol,RARP),一般用于无盘机(diskless machine),现在很少使用。

6.3.2 ARP 地址解析机制

1. 基于动态绑定的解析机制

ARP 设计了一种动态绑定(dynamic binding)方式进行 IP 地址到物理地址的转换。动态绑定是在同一个底层网络上进行的,网络应该支持广播方式。

当 IP 数据报穿越由众多子网组成的互联网时,从源站到目的站的路径上,每一跳转发都要执行一次 ARP。

图 6.14 是一个 ARP 地址解析的例子,说明了地址解析的过程。在某一 LAN 上,某主机 B 向主机 D 转发 IP 数据报,B 要解析 D 的 IP 地址 IP_D。B 先在本网络上广播一个 ARP 请求报文,请求 IP 地址为 IP_D 的主机回答其物理地址 HA_D。网上所有主机都将收到该 ARP 请求,但只有 D 识别出 IP_D 是自己的地址,并做出应答,向 B 发回一个 ARP 响应报文,回答自己的物理地址 HA_D,应答使用单播方式。这样,HA_D 就绑定到了 IP_D。由于 B 每次向 D 转发 IP 数据报都需进行绑定,因此称为动态绑定。显然,其解析效率不高。

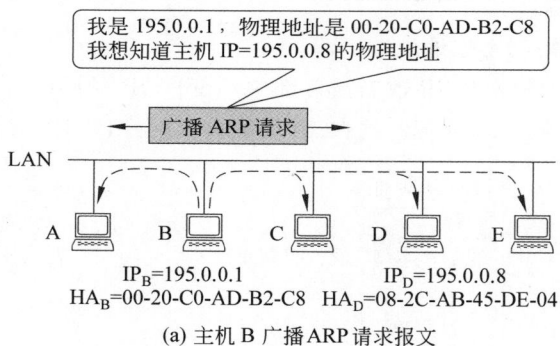

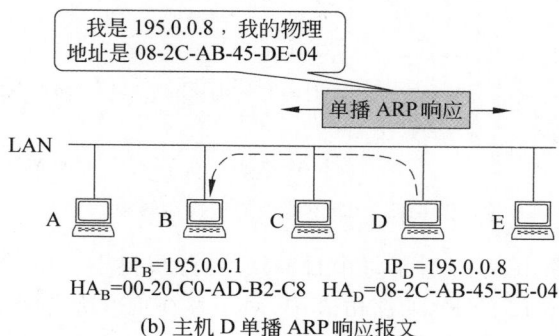

我是 195.0.0.1,物理地址是 00-20-C0-AD-B2-C8
我想知道主机 IP=195.0.0.8的物理地址

广播 ARP 请求

LAN

A B C D E

IP_B=195.0.0.1 IP_D=195.0.0.8
HA_B=00-20-C0-AD-B2-C8 HA_D=08-2C-AB-45-DE-04

(a) 主机 B 广播ARP请求报文

我是 195.0.0.8,我的物理地址是 08-2C-AB-45-DE-04

单播 ARP 响应

LAN

A B C D E

IP_B=195.0.0.1 IP_D=195.0.0.8
HA_B=00-20-C0-AD-B2-C8 HA_D=08-2C-AB-45-DE-04

(b) 主机 D 单播 ARP响应报文

图 6.14 ARP 地址解析的工作过程

2. 首先使用 ARP 缓存

ARP 使用缓存(caching)技术来提高地址解析的速度和效率。每台 ARP 的主机中都保留了一个专用的 ARP 缓存(ARP Cache),存放最近获得的 IP 地址和物理地址的映射。每次收到 ARP 应答,主机就将目标机的 IP 地址和物理地址的映射存入 ARP 缓存。当需要进行地址解析时,首先在 ARP 缓存进行查找,若找不到,再通过网络进行地址解析。由于很多通信都需要持续发送多个报文,缓存技术可以大幅提高 ARP 的效率。

除上述主机收到 ARP 应答时将地址映射存入缓存外,ARP 还采取以下措施进一步增补 ARP 缓存中的地址映射。

- 在 ARP 请求报文中也放入源站自己的 IP 地址和物理地址的映射,以免目标机紧接着为解析源站的物理地址而再进行一次动态绑定操作。
- 源站在广播自己的地址映射时,网上所有主机都将它存入自己的 ARP 缓存。
- 新的主机入网时,主动广播自己的地址映射,其他主机可以存入自己的 ARP 缓存,以后就可不必对该新主机运行 ARP 请求。

当 IP 数据报穿越由众多的网络组成的互联网时,从源站到目的站的路径上,每一跳转发都要执行一次 ARP 地址转换。

6.4 因特网控制报文协议(ICMP)

6.4.1 ICMP 及其报文格式

IP 是一种不可靠的传输协议,一旦发生传输错误,IP 本身并没有一种内在的机制获取差错信息并进行相应的控制。ICMP(Internet Control Message Protocol)[RFC 792,因特网标准]弥补了 IP 可靠性方面的不足,提供了一定的差错报告和控制功能。

ICMP 报文是封装在 IP 数据报的数据部分中进行传输的,如图 6.15 所示。包含 ICMP 报文的 IP 数据报报头的"协议"字段应置为"1",指明是 ICMP 报文。

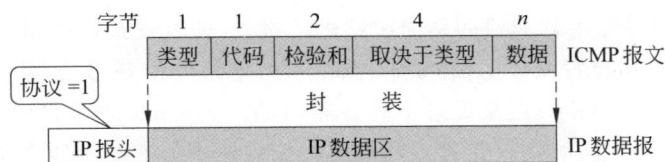

图 6.15 ICMP 数据的封装

虽然 ICMP 报文也像 TCP 和 UDP 那样由 IP 数据报传输,但不能把 ICMP 看作比 IP 更高层的协议,只是作为整个 IP 软件的一个模块,解决网际层中的一类特殊问题,不能构成上层协议赖以存在的基础,在概念上不能构成一个独立的层次。

ICMP 报文也分为报头和数据区两部分,其中报头的前 4 字节是各种类型的 ICMP 报文共同的,后 4 字节则与报文的类型有关。共同部分包括类型、代码和检验和 3 个字段。

① 类型(type)。1 字节,ICMP 报文的类型,如表 6.8 所示。

② 代码(code)。1 字节,报文类型的进一步信息,同一类型又可细分为不同的情况,下文将有说明。

表 6.8　ICMP 报文类型

类型域	ICMP 报文类型	类型域	ICMP 报文类型
0	回应应答(echo reply)	11	数据报超时(datagram time exceeded)
3	目的不可到达(destination unreachable)	12	数据报参数错(datagram parameter problem)
4	源抑制(source quench)	13	时间戳请求(timestamp request)
5	重定向(redirect)	14	时间戳应答(timestamp reply)
8	回应请求(echo request)	17	地址掩码请求(subnet mask request)
9	路由器通告(router advertisement)	18	地址掩码响应(subnet mask reply)
10	路由器恳求(router solicitation)		

③ 检验和(checksum)。2 字节,整个 ICMP 报文的检验和,其算法与 IP 数据报报头检验和算法相同。

数据区的长度和内容也取决于 ICMP 报文的类型,对于 ICMP 差错报告报文,它总是包含出错数据报的报头以及数据区的前 8 字节数据。之所以提供这些信息是为了便于源站分析出错的数据报,确定涉及出错数据报的高层协议和应用程序,高层协议的一些重要信息如传输层的端口号和发送序号等包含在前 8 字节数据中。

6.4.2　ICMP 报文

1. 差错报告报文

1) 差错报告功能的特点

① 差错报告报文基本的功能是提供差错报告,并不严格规定对差错应采取什么样的处理方式。源站接到 ICMP 差错报告后,需将差错报告交给一个应用程序或采取其他措施才能进行相应的差错处理。

② 差错报告是伴随着抛弃出错的数据报而进行的。

③ 差错报告都是路由器或目的站向源站进行报告,即发现差错的路由器或目的站向源站发出报告,并不通知转发该数据报的相关路由器。这是因为 IP 数据报只包含源站地址和目的站地址,并不知道出错数据报经过了哪些路由器。另外,报告给目的站是无意义的,传输错误与它无关。这种向源站报告方式的缺点在于差错报告有时不能真正解决问题。数据报传输错误并不一定是源站引起的,如果是中间路由器引起的,而它得不到差错报告,无法进行相应的处理。

2) ICMP 差错报告的种类

① 目的不可到达报告。路由器可能发现目的不可达,如目的站出现故障或关机、路由器不知道去往目的站的路径等。此时,路由器便向源站发送目的不可到达报文。

ICMP 目的不可达又通过代码字段细分为网络不可达、主机不可达、协议不可达和端口不可达。网络不可达说明可能有寻径故障;主机不可达可能是目的站不在运行中或出现故障,而寻径是正常的,所以,这类问题是转发路径中的最后一个路由器发现的;协议和端口不可达涉及高层的协议,由目的站本身产生这两种报文。IP 数据报传送的数据可能通过不同的协议使用不同的端口交给目的站的应用程序,协议号和端口号可视为目的的一种层次概念。

② 超时报告。为应对 IP 数据报寻径圈引起的传输超时，IP 采取了两种措施：一是数据报报头设置 TTL 字段，二是对分片数据报采用重组定时器技术。一旦 TTL 值减到 0 或重组定时器定时时间到，路由器或目的站立即抛弃该数据报，并向源站发送 ICMP 超时报告。ICMP 超时报文的代码取值 0 和 1，分别代表 TTL 超时和片重组超时。

在 TCP/IP 工具软件中，用户命令 traceroute 就是建立在 ICMP 超时报告的基础上。一个主机向目的站发送一系列的 IP 数据报，其中 TTL 字段的值逐步增 1，路径上的转发路由器将 TTL 减 1，当 TTL 值减到 0，路由器向源站发回 ICMP 超时报告，从而得知经过的路径。

③ 参数出错报告。参数出错报文报告数据报报头和数据报选项有错误的参数。代码只有 0 和 1 两种情况：0 码值报告一个出错参数，1 码值报告缺少必要的选项。

2. ICMP 控制报文

IP 层控制主要包括拥塞控制、路由控制两方面内容，ICMP 提供相应的控制报文。

1）源抑制报文

TCP/IP 采用源抑制（source quench）技术进行拥塞控制。路由器周期性测试每条输出线路，监视拥塞的发生并向源站发送源抑制报文。路由器可以根据缓冲队列中数据报的排队情况判定是否发生拥塞。源站收到源抑制报文后，按一定的算法调节数据报传输速率，主要是由 TCP 实现拥塞控制（见 7.4.6 节）。

2）重定向报文

在 Internet 中，主机并不和路由器一起执行路由选择算法动态更新路由表。如果主机也参与，因为主机数量太大，会大大加重网络负担。主机启动时路由表一般是由人工配置，初始的路由表一般都比较小，例如，可能只有一个默认路由器，可以保证主机将数据报发送出去，但初始的路径很难是最优的。

默认路由器一旦检测到某数据报经过了非优的路径传输，一方面继续将该数据报转发出去，另一方面将向主机发送一个路由重定向报文，如图 6.16 所示。重定向报文中包含了原数据报的报头（包含目的站 IP 地址）和前 8 字节的数据以及重定向的最优路径上的下一跳路由器的 IP 地址。这样，主机开机后路由表逐渐得到充实和优化。

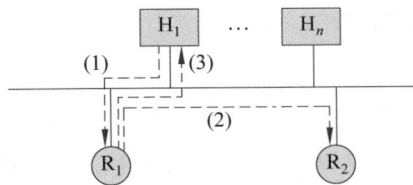

(1) 主机 H₁ 发送 IP 数据报，通过路由器 R₁（默认路由器）转发。
(2) 路由器 R₁ 通过路由器 R₂ 转发 IP 数据报。
(3) 路由器 R₁ 向主机 H₁ 发送 ICMP 重定向报文。

图 6.16　ICMP 路由重定向

ICMP 重定向机制保证主机拥有一个动态的优化的路由表，它只用于同一网络上的主机与路由器之间，路由信息来源于连接在同一网络上的路由器。

显然，ICMP 重定向机制的前提是路由器知道优化的路径。互联网的动态路由选择问题除了主机路由的优化更新外,更重要的是路由器路由的优化更新,ICMP重定向机制不解决这一问题,它是由路由器的路由选择协议(routing protocol)来解决的(见6.5节)。

3. ICMP 请求/应答(request/reply)报文

ICMP 请求/应答报文以请求—应答的方式双向传输,用于从网上获取某些信息。

1) 回应请求/应答

回应请求/应答报文用于测试目的站的可达性。请求者向某目的站发送一个回应请求(类型8),报文中包含一个任选的数据块。目的站收到请求后,发回应答报文(类型0),其中包含请求报文中任选数据的拷贝。如果请求者收到一个应答,而且应答报文中的数据拷贝与请求报文中的数据完全一致,说明目的站可以到达,而且数据报传输系统工作正常。

在 TCP/IP 工具软件中,用户命令 ping 便是利用回应请求/应答报文测试目的站的可达性的。由于请求和应答报文中都有时间戳,因此也容易得出往返时间。

2) 时间戳请求/应答

互联网中各机器基本上都是独立运行,有各自的时钟。时间戳请求/应答报文可用于时钟同步。利用时间戳请求/应答报文从其他机器获取其时钟的当前时间,然后经估算后再同步时钟。之所以要经过估算,是因为传输线路上有时延。

3) 子网掩码请求/应答

主机为了了解本地网络使用的子网掩码,向路由器发出子网掩码请求报文,路由器发回相应的应答。

4. 路由器发现(router discovery)报文

ICMP 支持一种路由器发现方式,使得主机在自举后能发现本地网络上至少一台路由器的地址。路由器恳求(router solicitation)和路由器通告(router advertisement)报文支持路由器发现。

主机启动后可以广播或多播路由器恳请报文,一台或多台本地网络上的路由器响应一份路由器通告报文。另外,路由器可以定期地广播或多播路由器通告报文。

6.5 路由选择协议

6.5.1 路由器的动态路由选择

1. 路由表的优化更新问题

ICMP 重定向保证了主机拥有一个动态的优化的路由表,但不能解决路由器路由表的优化更新问题。路由选择协议或称路由协议(routing protocol)用于路由器的路由表优化更新。

路由表有静态和动态两种构造方式。静态路由选择或称静态路由(static routing)是由人工配置和维护,网络发生变化时,必须由人工更新。路由器启动时设置初始路由表,并不断自动更新路由表,使到目的网络的路由(route,路径)适应网络的变化保持最优,称为动态路由选择或称动态路由(dynamic routing),也称自适应路由选择。

在 Internet 环境下,网络负载和网络拓扑的动态变化是经常发生的,动态路由选择能够不断优化更新路由表,适应网络的动态变化,因此非常重要。所以在 Internet 中使用动态路由选择。但其代价是需要运行路由选择算法，增加了路由器的处理开销。

路由选择算法或称路由算法（routing algorithm）是求解最优路径的算法。交换路由信息、执行路由选择算法、更新路由表的工作由路由选择协议来实现。

那么什么是最优路由呢？最优一般指路由的某种度量（metric）指标最优，例如：

- 距离，路由的长度；
- 跳数（hop count），路由所经过的路由器数目；
- 时延，分组由源站到达目的站所花费的时间；
- 费用，借助电信等部门的通信线路需交纳费用；
- 可靠性，链路的误码率。

尽管度量指标可以有不同的含义，但都可以用数字来表示。在通用算法研究中，度量指标常常统称为"距离"。

2. 两类路由选择协议

1）自治系统

整个 Internet 并不是采用一种全局性的路由选择算法。Internet 的规模非常之大，路由器数量达几百万个，路由的动态变化要及时反映到全部路由表中非常困难，一旦发生变化会使路由表在一段时间内丧失一致性；而且，这种全局性的路由更新会占用很大的网络带宽。

为解决上述问题，整个 Internet 划分为许多较小的单位，称为自治系统（Autonomous System，AS）。一个 AS 是一个包含一定范围的互联网络，有一个全局管理的唯一的识别编号。AS 的最重要的特点是它自己有权决定在本自治系统内部采用哪种路由选择协议。一般情况下，一个 AS 内部的所有网络由某一个大的单位或一个 ISP 来管辖。

2）两级路由选择与两类路由选择协议

AS 之间的路由选择称为域间路由选择（interdomain routing），AS 内部的路由选择称为域内路由选择（intradomain routing），这实际上是两级路由选择。相应地，路由选择协议分为如下两类。

① 内部网关协议（Interior Gateway Protocol，IGP）。域内路由选择使用的路由选择协议，由 AS 自主决定。IGP 常用的有 RIP 和 OSPF 协议等。

② 外部网关协议（External Gateway Protocol，EGP）。域间路由选择使用的路由选择协议。运行 EGP 的路由器称外部网关。EGP 目前常用的是 BGP-4。

3. 动态路由选择示例

图 6.17 表示动态路由选择应用的一个简单例子，由 3 个自治系统 AS1～AS3 组成一个互联网，在 AS1～AS3 内部使用 IGP，如 RIP 和 OSPF，而在 AS 之间使用 BGP。IGP 和 EGP 协同工作，使得全网范围都可以实现相互访问。

AS1 中 $R_{1.1}$～$R_{1.4}$ 运行内部网关协议 RIP，进行 AS1 内部的路由更新；AS2 中 $R_{2.1}$～$R_{2.4}$ 运行内部网关协议 OSPF，进行 AS2 内部的路由更新；AS3 中 $R_{3.1}$～$R_{3.4}$ 运行内部网关协议 OSPF，进行 AS3 内部的路由更新。

$R_{1.1}$、$R_{2.1}$ 和 $R_{3.1}$ 又是外部网关，它们又运行外部网关协议 BGP，在运行内部网关协议的基础上，交换在 AS 之间访问的路由。

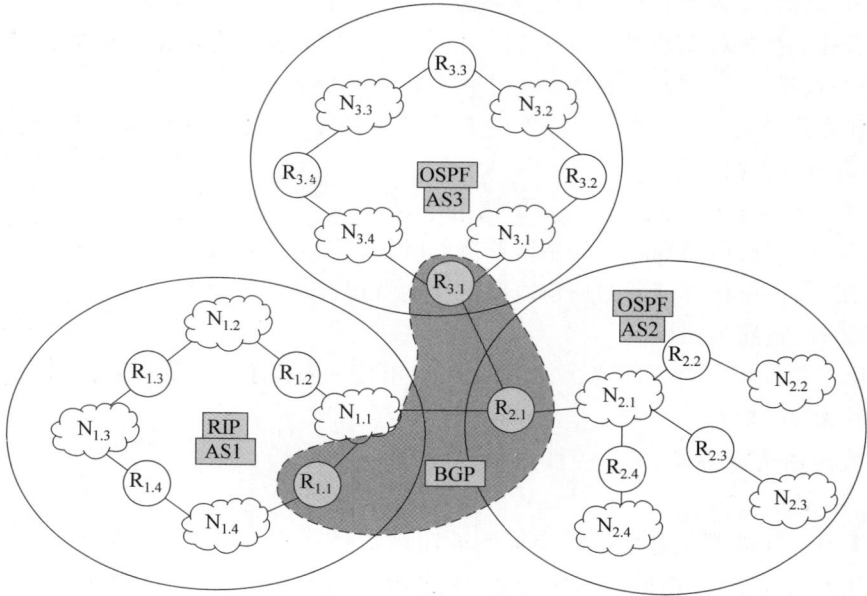

图 6.17　动态路由选择的简单例子

6.5.2　路由信息协议(RIP)

1. 距离矢量路由算法

RIP(Routing Information Protocol)是基于距离矢量(distance-vector)算法的路由选择协议。距离矢量路由选择算法又称 Ballman-Ford 算法,是一种基本的路由选择算法。

距离矢量这个术语来源于路由器交换的信息内容。交换的报文包含(D,V)序偶的列表,D 是到该目的网络的距离,V 标识目的网络,称为矢量。所有的路由器都要参与交换距离矢量信息,优化更新路由,处理的过程是一个分布式处理过程。

1) 距离矢量算法原理

我们以图 6.18 为例,说明距离矢量算法的原理。图 6.18(a)所示的是一种抽象的网络拓扑图。图中的圆圈表示结点,结点之间用边连接。结点可以代表路由器等,边表示连接结点的链路,链路可标有表示其某种度量的数值。可以用距离等度量指标。在不同的方向上,同一链路的度量值可以相同,也可以不同。

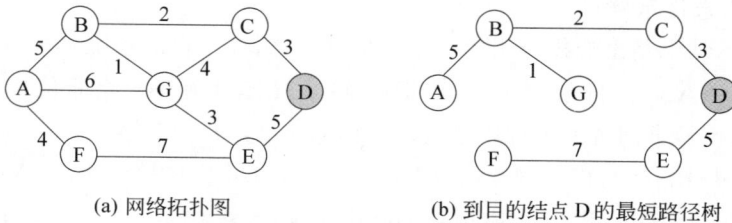

(a) 网络拓扑图　　　　　(b) 到目的结点 D 的最短路径树

图 6.18　距离矢量算法的例子

如图 6.18(a)所示,假如求结点 A 到目的结点 D 的最短路径。为了到达 D,A 必须通过与它直接连于同一网络上的 B、G 或 F,它们称为 A 的邻站(neighbor)。如果已知 B、G 和 F

到 D 的最短距离分别是 5、7 和 12，A 又知道它分别到达 B、G 和 F 的距离分别是 5、6 和 4，于是 A 通过 B、G 或 F 到 D 的距离就分别是 5+5=10、7+6=13 和 4+12=16。因此，A 到目的结点 D 的最短路径的下一跳应该是结点 B，最短距离是 10。

实际的算法步骤是一个逐步迭代的过程，示于表 6.9。表中 $(k, D(i))$ 表示计算结果，其中 k 为当前最短路径的下一跳，$D(i)$ 为结点 i 到 D 的最短距离。初始化时下一跳置为 no，$D(i)$ 置为 ∞。在每轮次迭代中，有阴影的表项表示得到更短的路由，而无阴影的表项表示经过计算没有得到更短的路由。

表 6.9　图 6.18(a)中各结点到目的结点 D 的路由的迭代过程

迭代轮次	结点 A	结点 B	结点 C	结点 E	结点 F	结点 G
初始化	(no, ∞)	(no, ∞)	(no, ∞)	(no, ∞)	(no, ∞)	(no, ∞)
1	(no, ∞)	(no, ∞)	$(D, 3)$	$(D, 5)$	(no, ∞)	(no, ∞)
2	(no, ∞)	$(C, 5)$	$(D, 3)$	$(D, 5)$	$(E, 12)$	$(C, 7)$
3	$(B, 10)$	$(C, 5)$	$(D, 3)$	$(D, 5)$	$(E, 12)$	$(B, 6)$
4	$(B, 10)$	$(C, 5)$	$(D, 3)$	$(D, 5)$	$(E, 12)$	$(B, 6)$

显然，第 1 步迭代，路由得到更新的是与目的结点 D 直接相连的 C 和 E。第 2 步迭代，路由得到更新的是与 C 和 E 直接相连的结点 B、F、G。第 3 次迭代，A 得到更新，而且 G 又得到了比第 2 次迭代更短的路由 $(B, 7)$。但 B、C、E、F 则没能计算到更短的路由。到第 4 次迭代，结果已经收敛。图 6.18(b)就是最后得到的以目的结点 D 为树根的最短路径树（Shortest Path Tree，SPT）。

2）距离矢量算法的形式化表示

现在我们把距离矢量算法形式化。

设：网络所有结点的集合为 N；

　　　$D(i)$ 表示 N 中任意结点 i 到某一目的结点 d 的距离；

　　　$L(i, j)$ 表示 N 中两个结点 i 和 j 之间的距离，$i \neq j$，并有如下原始数据：

　　　　当 i 和 j 为邻站即直接相连接时，$L(i, j)$ 就是图 6.18 上所标的距离；

　　　　当 i 和 j 不直接相连接时，$L(i, j) = \infty$。

那么，求各结点 i 到目的结点 d 的最短距离 $D(i)$ 的算法如下：

① 初始化　$D(i) = \infty, i \in N$ 但 $i \neq d$;　　　#除目的结点外，所有结点到目的结点的距离初始化为 ∞#
　　　　　　$D(d) = 0$。
② 更新最小距离　对每个 $i \in N$ 但　　　#除目的结点外，更新每个结点 i 到目的结点的距离 $D(i)$#
　　　　　　　　　　$i \neq d$:
　　$D(i) = \min_{j \in N \text{但} j \neq i} \{L(i, j) + D(j)\}$;　　#对于每个 i，求 i 经过其他所有结点到目的结点的距离，取其中的最小者为 $D(i)$#

重复步骤②，直至迭代中的所有 $D(i)$ 不再变化。

3）距离矢量算法实现的例子

距离矢量算法的前提是所有路由器周期性地和邻站交换路由信息。邻站连接在同一个底层网络上，IP 数据报只是一跳传输。

在每个周期中，一个路由器应该收到所有邻站的路由信息，然后运行上述的路由选择算法。真正实现时，路由器也可以不用等到所有的邻站的路由信息报文都到达后再运行路由选择算法。每收到一个邻站的报文,就可进行路由更新,下面举例说明。

设路由器 A 与 B 是邻站。当 B 收到 A 发来的路由表之后,检查它的每一个表项,进行路由更新。根据距离矢量算法原理,在下述 4 种情况下,B 将修改其路由表:

① A 知道去某个目的网络距离更短的路由。

② A 给出了 B 不知道的路由。

③ B 到某个目的网络的路由经过 A,而且 A 到该网络的距离有了变化(变小或变大)。

④ 在规定的时间内收不到 A 的路由报文,则下一跳为 A 的表项,距离修改为最大值。

图 6.19 给出了路由器 B 原有的路由表、从路由器 A 传来的更新报文和路由器 B 更新后的路由表。其中箭头所指表项为引起更新的表项。

目的	距离	下一跳
网络 1	1	直接
网络 2	1	直接
网络 6	8	路由器 E
网络 12	5	路由器 F
网络 24	6	路由器 A
网络 35	2	路由器 H
网络 48	2	路由器 A

(a) B 原有的路由表

目的	距离
网络 1	2
网络 6	3
网络 12	6
网络 20	4
网络 24	5
网络 35	10
网络 48	3

修改 →
新增 →
修改 →

(b) B 收到的 A 的路由表

目的	距离	下一跳
网络 1	1	直接
网络 2	1	直接
网络 6	4 (3+1)	路由器 A
网络 12	5	路由器 F
网络 20	5 (4+1)	路由器 A
网络 24	6	路由器 A
网络 35	2	路由器 H
网络 48	4 (3+1)	路由器 A

(c) B 更新后的路由表

图 6.19　路由更新

当路由器 B 根据来自路由器 A 的报文添加或更新某个表项时,它把路由器 A 作为该表项的下一跳。此例中距离用跳数来表示,如果 A 报告到某目的网络距离是 n,那么 B 中更新过的表项中距离就是 $n+1$。

除 A 外,B 一般还有其他邻站。在一个轮次内 B 收到全部邻站的报文并进行更新后,其路由器表的每一个表项都得到了当时到达某一网络的最短距离及对应的下一跳地址。

路由信息报文的交互顺序具有随机性,可以导致不同的路由更新过程,但不管顺序如何,在网络拓扑稳定的情况下,最终会收敛到同样的优化路由。

2. 路由信息协议(RIP)

1) RIP 及其特点

在内部网关协议中使用得最广泛的是路由信息协议(RIP)[RFC 1058,因特网标准]。1998 年 11 月又公布了 RIP2[RFC 2453,因特网标准],协议本身并无多大变化,但性能有所提高,如支持 CIDR 等,RIP2 向后兼容 RIP。1997 年提出的 RIPng[RFC 2080,建议标准],用于 IPv6。

RIP 的主要特点是非常简单。RIP 规定"距离"为到目的网络所经过的跳数(hop count),便于处理,每经过一个路由器,跳数就加 1。如果路由器与某一目的网络直接相连,RIP 规定距离为 1。跳数越少,路径就越优。RIP 不能在两个网络之间同时使用多条路径。

RIP 允许一条路径的最大跳数为 15,达到 16 时,即认为距离无穷远,不可达。可见,RIP 只适用于小规模的网络,用得较为广泛。

RIP 的路由更新操作如下:互联网中每个 RIP 路由器每隔 30s 周期性地向所有邻站广

播自己的路由表,由更新定时器(update timer)控制。路由器根据交换的路由信息使用距离矢量路由选择算法进行路由更新。

RIP 报文使用广播,RIP2 报文还可以使用组播,这可以减轻不接收 RIP2 报文的主机的负担。

2)RIP2 报文格式

RIP 报文是在 UDP 中封装传输的,使用 UDP 端口 520。图 6.20 是 RIP2 报文及其在UDP 中的封装格式。

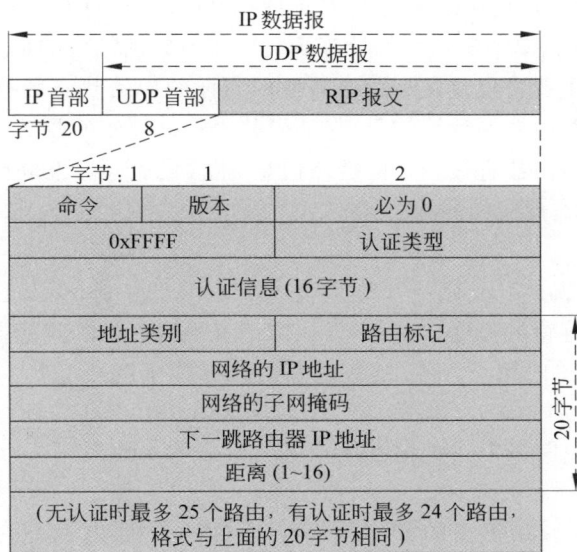

图 6.20　RIP2 报文格式

RIP2 的报文包括一个 4 字节的首部以及若干路由信息,还可以包含 20 字节的认证(authentication)字段。无认证时,一个 RIP 报文最多可携带 25 个路由,有认证时,最多可携带24 个路由。

RIP2 支持数据包的认证,目前认证是简单的明文口令,认证类型为"2"。口令包含在16 字节的认证信息字段,不满 16 字节最后补"0"。

RIP2 每个路由信息占 20 字节,其中地址类别字段,目的网络的 IP 地址和到此网络的距离 3 个字段和 RIP 一样。在请求报文中,地址类别应设置为"0",距离设置为"16"。在应答报文中,地址类别一般应设置为"2",表示采用 IP 地址,距离设置为到该网络的跳数。

RIP2 路由信息中还包括路由标记、子网掩码和下一跳路由器 IP 地址,这是比 RIP 增加的信息。在应答报文中,路由标记填写路由对应的 AS 号,可用于路由选择协议的交互。子网掩码字段使得 RIP2 支持 CIDR,而下一跳地址可用于防止不必要的跳。

*6.5.3　开放最短路径优先协议(OSPF)

1. SPF 路由选择算法

1)SPF 路由选择算法及其特点

最短路径优先(Shortest Path First,SPF)路由选择算法也称为链路状态(link state)

算法。

与距离矢量算法不同,SPF 算法的特点是每个路由器都要知道全部的网络拓扑结构信息。互联网拓扑图描述了网络的拓扑结构,路由器存储了网络拓扑图的信息。

SPF 路由器发现其链路状态发生变化时或经过一个较长的周期就向 AS 的其他所有路由器传播链路状态信息。链路状态报文只包括源发路由器与其邻站的链路状态信息,说明它与哪些路由器邻接,以及连接链路的度量。

链路状态报文到达之后,路由器使用链路状态信息更新自己的网络拓扑图。然后,依据链路状态的新数据,路由器使用著名的迪杰斯特拉(Dijkstra)算法,对网络拓扑图求最短路径。Dijkstra 算法可以从单个源点开始计算到其他所有目的结点的最短路径。

SPF 算法的一个重要特点是每个路由器使用同样的原始状态数据,独立地进行最短路由计算而不依赖中间路由器的计算结果,保证了路由选择算法的收敛性。另外,由于链路状态报文仅携带与单个路由器直接相连的链路信息,报文的长短与互联网中的网络数无关,所以 SPF 算法更适合于大规模的网络。

2) Dijkstra 算法

Dijkstra 算法在 1959 年由荷兰计算机科学家 Dijkstra 提出,其前提条件是已知整个网络的拓扑结构和各链路的长度,目标是寻找源结点到网络中的其他各结点的最短路径。

图 6.21 是一个简单的例子。图中,各链路的距离标于链路上,如 b 到 c 的链路距离为 20。设源结点为 a,Dijkstra 算法的目标是寻找源结点 a 到网络中的其他各结点 b、c、d、e 和 f 的最短路径。

下面先给出 Dijkstra 算法的形式化表示,然后再给出图 6.21 示例的计算结果。

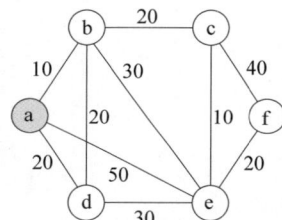

图 6.21　Dijkstra 算法示例

设:$D(i)$ 表示任意结点 i 到源结点 s 之间的距离,$i \neq s$;

　　$L(i,j)$ 表示结点 i 和 j 之间的链路距离,$i \neq j$,

　　　　当 i 和 j 直接相连接时,$L(i,j)$ 就是图上所标的距离,

　　　　当 i 和 j 不直接相连接时,$L(i,j)=\infty$;

　　N 为一个集合,它包含了到 s 的最短距离已得到的诸结点;

那么,Dijkstra 算法可按下述步骤进行:

① 初始化

　　$N=\{s\}$;　　　　　　　　　　　　　#初始化时,N 中只有源结点#

　　$D(i)=L(i,s),i \notin N$。　　　　　　#初始化 $D(i)$,$\notin$ 表示不属于#

② 迭代

　　寻找结点一个 $i_0 \notin N$ 使得:　　　　#求不在 N 中的距离 s 最近的结点,将其放入 N#

　　$D(i_0)=\min\limits_{i \notin N} D(i)$;

　　将结点 i_0 加入集合 N;

　　如果 N 包含了所有结点,结束;否则进入③。　#如果 N 包含了所有结点,结束;否则,进入下一步#

③ 更新最小距离

对每个结点 $i \notin N$:

$D(i) = \min\{D(i), L(i, i_0) + D(i_0)\}$;

返回到②,进入下一步迭代。

#对每个不在 N 中的结点 i,使用上步得到的 $D(i_0)$,更新到 s 的最短距离#

3) Dijkstra 算法示例

表 6.10 是对图 6.21 的例子使用 Dijkstra 算法求解的过程的表示,因为网络有 6 个结点,所以共执行了 5 次迭代。表中 $(k, D(i))$ 表示计算结果,其中 k 为当前最短路径的下一跳,$D(i)$ 表示结点 i 到源结点 s 之间的距离,距离为 ∞ 时下一跳置为 no。表中的带"*"的项是最终得到的最短路径,有阴影的项表示在某轮次的迭代中,又发现了更短的路径。

表 6.10 图 6.21 网络的计算过程

迭代轮次	集合 N	结点 b	结点 c	结点 d	结点 e	结点 f
初始化	{a}	(a,10)	(no,∞)	(a,20)	(a,50)	(no,∞)
1	{a,b}	(a,10)*	(b,30)	(a,20)	(b,40)	(no,∞)
2	{a,b,d}		(b,30)	(a,20)*	(b,40)	(no,∞)
3	{a,b,d,c}		(b,30)*		(b,40)	(c,70)
4	{a,b,d,c,e}				(b,40)*	(e,60)
5	{a,b,d,c,e,f}					(e,60)*

Dijkstra 算法的过程是:从源站出发,从其邻站开始,按照最短距离的原则,逐步向外扩展,逐个找出与源站距离最近的结点,并得到其到源站的路由,找出的结点不再参与后面的迭代。直至找出所有的结点。

经过上述计算,就可得到以 a 为根的最短路径树,如图 6.22 所示。由最短路径树可以清楚地看到由源结点 a 到网络中任意一个结点的最短路径。

如果 $L(i, j)$ 代表的是链路传输的时延或费用等其他度量,则 Dijkstra 算法求出的最短路径树实际上是最小时延树或最小费用树,可统称为最小代价树。

2. OSPF 路由选择协议概述

OSPF(Open SPF)是基于 SPF 算法的路由选择协议,于 1990 年成为标准,新的版本是 OSPF2[RFC 2328,因特网标准]。OSPF 的"开放"表明 OSPF 协议是公开发表的,不受某一家厂商控制。

OSPF 是一种分布式的链路状态协议,所有的 OSPF

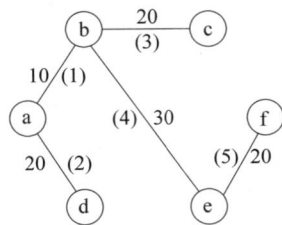

图 6.22 以 a 为根的最短路径树
(括号内的数字表示第几次迭代得到结果)

路由器都维持一个链路状态数据库(LSDB),存储的链路状态信息描绘了整个 AS 的网络拓扑以及各链路的度量。链路的度量用 1～65 535 无量纲的整数来描述。而 RIP 路由器则不知道整个 AS 的网络拓扑结构。

为了描述动态的链路状态,OSPF 的每个链路状态带有一个 32 位的序号,序号越大表示状态就越新。OSPF 规定链路状态序号增长的时间间隔不能小于 5 秒,32 位的序号空间使得 600 多年内序号不会重复。

OSPF 路由器之间要不断地相互交换链路状态信息并扩散到整个 AS,以保持 LSDB 的动态性和在 AS 范围内的一致性。AS 的所有路由器都有相同的 LSDB，即 LSDB 同步。路由器在此基础上执行 Dijkstra 算法，计算出以自己为根的最短路径树，再得到路由表。

如果 AS 很大，链路状态信息难以管理。实际应用中，OSPF 允许将一个 AS 划分成若干个区（area），每个区维护本区的 LSDB，并由专门的路由器负责跨区的链路状态信息交换。OSPF 与 RIP 不同，可以用于大规模的网络。

OSPF 很复杂，下面作简要介绍。

3. OSPF 报文

1) OSPF 报文类型

① 问候报文 Hello，建立和维护与邻站的邻接关系。

② 数据库描述报文（DataBase Description，DBD），向邻站发出本站 LSDB 中链路状态的简要信息。

③ 链路状态请求报文（Link State Request，LSR），向邻站请求发送某些指定链路的链路状态信息。

④ 链路状态更新报文（Link State Update，LSU），用可靠的洪泛法向自治系统所有路由器发送链路状态，这是最重要的报文，对于不同的链路类型，有 5 种不同的格式。

⑤ 链路状态确认报文（Link State Acknowledgment，LSAck），用来确认 LSU 报文。

2) OSPF 报文格式

OSPF 报文直接用 IP 数据报传送，IP 数据报报头的协议字段的值为 89。OSPF 报文格式如图 6.23 所示，前面是公共首部，后面是上述的 5 种类型的报文，首部各字段意义如下。

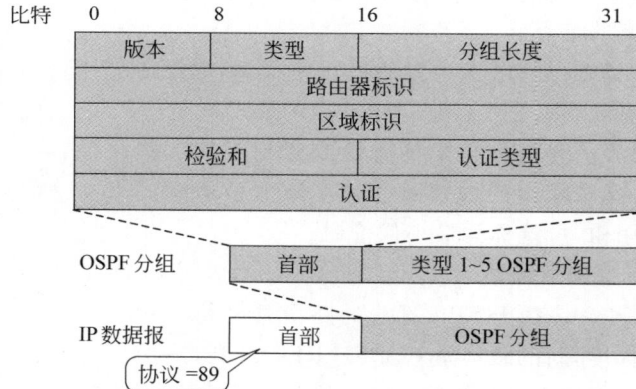

图 6.23　OSPF 报文格式

① 版本。当前版本号为 2。

② 类型。有 5 种类型的报文。

③ 分组长度。包括 OSPF 首部的分组长度，以字节为单位。

④ 路由器标识。发送该分组的路由器的网络接口的 IP 地址。

⑤ 区域标识。分组属于的区域标识符。

⑥ 检验和。用于检测分组的差错。

⑦ 认证类型。目前只有两种，"0"为不用，"1"为口令。

⑧ 认证。认证类型为"0"时填入 0，认证类型为"1"时填入 8 个字符的口令。

4. 单区 OSPF 操作

1）建立和维护与邻站的邻接关系

物理上的邻站必须在建立了邻接（adjacent）关系后才能交换链路状态信息。OSPF 路由器（例如 A）每隔 10 秒由每个接口使用组地址 224.0.0.5 组播 Hello 报文给 OSPF 邻站，Hello 报文报头中包含了自己的 ID 即 IP 地址。邻站以 Hello 报文响应，并将收到的路由器 A 的 ID 加到自己 Hello 报文中。这样，A 就得知 B 的存在，与 B 建立了邻接关系。如果 40 秒还没有收到某个邻站发来的 Hello 报文，就认为它不可达，应修改 LSDB。

2）选举指定路由器和备份指定路由器

对于像以太网这样的广播网络，网络上可能有多个路由器，它们物理上都是邻站，如果全部建立邻接关系并相互交换链路状态信息，就会增加网络的负担，此时要选举指定路由器（Designated Router，DR）。DR 与广播网络上的其他路由器建立邻接关系，作为网络中链路状态更新的集散点，这就减轻了网络的负担。点对点网络不需要 DR。

选举 DR 也是通过 Hello 报文，优先级字段的值反映了网络管理员设置的优先级，优先级高的被选为 DR。若优先级相等，其中 ID 高的当选。次高优先级的当选为备份指定路由器（Backup DR，BDR），以防止 DR 故障。DR 和 BDR 的组地址为 224.0.0.6。

3）同步 LSDB

建立了邻接关系，邻接的路由器可以使用 DBD 报文交换链路状态简要信息，包括链路状态 ID、链路类型、链路状态序号等。系统启动时，当邻接的路由器用 DBD 报文提供了新的链路状态，路由器便发回一个 LSR 报文，请求链路状态信息（详细信息）。邻接的路由器则用 LSU 报文通告请求的链路状态信息。

LSU 报文包括若干链路状态通报（Link State Advertisement，LSA）。LSDB 也是由 LSA 组成，它们代表网络的拓扑结构并用来计算最短路径。LSA 有 5 种类型，即路由器、网络、路由器汇总、网络汇总和 AS 外部链路，它们都有各自的内容和格式。

在运行过程中，若路由器发现它的链路状态发生变化，也会用 LSU 报文主动通告新的链路状态信息，并洪泛到全区所有的路由器，以保持 LSDB 的动态性和在全区范围内的一致性，即维护 LSDB 的同步。即使链路状态没有发生变化，LSDB 也周期性地更新，但周期较长。每个 LSA 条目有一个年龄定时器（age timer），默认值为 30 分钟，到期后要用 LSU 报文刷新 LSDB 的链路状态信息。

例如，某广播网络上的一个路由器发现了链路状态变化，它会使用 LSU 报文通过组地址 224.0.0.6 向该网络的 DR 发送 LSA，DR 再使用 LSU 报文通过组地址 224.0.0.5 向该网络的路由器组播这些 LSA。如果某路由器还连接了另外的广播网络，它会转发给这个网络的 DR，DR 再在这个网络中组播；如果这个路由器连接的是点对点网络，它就转发给邻接的路由器。这种洪泛扩散会延续下去，直到全区范围。上述洪泛过程中，接收端会使用 LSAck 报文对 LSU 报文进行确认，称为可靠洪泛法（reliable flooding）。为了避免路由环，OSPF 路由器对同一个链路状态报文最多只向下游接口转发一次。

4）计算最短路径树并生成路由表

路由器的 LSDB 存储的链路状态信息描绘了整个区的网络拓扑图以及各链路的度量。每个路由器根据 LSDB 中的数据，使用 Dijkstra 算法计算出以自己为根的最短路径树，并由此生成路由表。

如果到同一目的网络有多条相同度量的路径,OSPF 可以将通信量分配给它们,这称为负载均衡(load balancing)。OSPF 路由表中最多可以有 4 条度量相等的路径。负载均衡也是 OSPF 的一个特点。

5. 链路状态信息的分区管理

1) OSPF 自治系统分区

Internet 中有的 AS 很大,OSPF 可以将 AS 划分成若干区,用 32 比特的区标识符标识,用点分十进制表示。

OSPF 采取层次结构的区划分,每个 AS 有一个主干区(backbone area),标识符为 0.0.0.0,用来连通所有的其他区,主干区内还有一个路由器和其他 AS 相连接。每个区至少有一个路由器连到主干区,都可通过主干区到达其他区。

每个区都有自己本区的 LSDB,区内的路由器交换链路状态信息,只知道本区的详细网络拓扑。这种链路状态信息的隔离,减小了 LSDB 的规模和网络上链路状态数据交换的流量。连接多个区的路由器需要有多个区的 LSDB,为每个区运行 OSPF 算法,并负责在区间传递路由信息。

一个 OSPF AS 分区管理的例子如图 6.24 所示,这个 AS 划分了 4 个区,包括一个主干区。

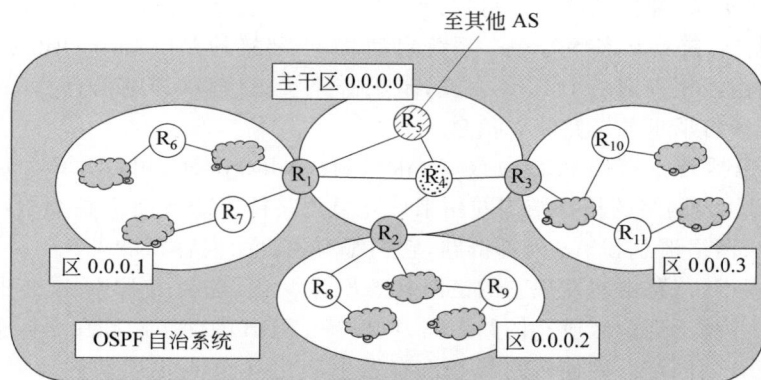

图 6.24 OSPF 自治系统分区示例

2) OSPF 路由器及其功能

OSPF 的分区管理把路由器分为了 4 类。

① 内部路由器(internal router)。只连接同一个区内网络的路由器,在本区范围运行路由选择算法,如图 6.24 中的 $R_6 \sim R_{11}$。

② 区界路由器(area boarder router)。连接两个或多个区(包括一个主干区)的路由器,为每个所连接的区都运行路由选择算法(如图 6.24 中的 R_1、R_2 和 R_3)。

③ 主干路由器(backbone router)。连接在主干区的路由器,包括主干区的内部路由器和所有区界路由器(至少有一个网络接口连接了主干区),在主干区运行路由选择算法(如图 6.24 中的 $R_1 \sim R_5$),区界路由器一定是主干路由器,如图 6.24 中的 R_1、R_2 和 R_3。

④ 自治系统边界路由器(AS boundary router)。连接到其他 AS 的路由器,它产生到外部 AS 的路由信息(如图 6.24 中的 R_5)。

区界路由器连接本区和主干区,起着重要的桥梁作用。

- 计算本区的最短路径树,概括本区的路由信息并将它扩散到主干区,主干区再分发到其他区,概括的路由信息包括从区界路由器到本区各网络的路径距离;
- 计算主干区的最短路径树,得到到达所有区界路由器的最短路径;
- 从主干区接收其他区概括的路由信息,计算到区外所有网络的最短路径距离,并将此信息扩散到本区的内部路由器。

这样,每个内部路由器就可以得到整个 AS 内所有网络(包括到本区网络和到区外网络)的最短路径距离。其中,跨区传送的路径分三段计算:从源区到区界路由器的源区内路径段,源区和目的区之间的主干区路径段,目的区内路径段。

另外,区界路由器还从 AS 边界路由器得到外部 AS 路由信息并扩散到区内。AS 边界路由器要运行外部网关协议。

*6.5.4 边界网关协议(BGP)

1. BGP 及其特点

边界网关协议(Border Gateway Protocol,BGP)是一种 EGP。1995 年发表了第 4 版本 BGP-4[RFC 1771~1772,草案标准],目前又有了新的文档 RFC 4271~4278。下面 BGP-4 简记为 BGP。

BGP 用来在不同 AS 的路由器之间交换路由信息。运行 BGP 的路由器即 BGP 路由器或 BGP 网关,称为 BGP 发言人(BGP speaker)。一个 AS 也可以有一台以上的 BGP 网关,BGP 网关一般位于 AS 的边缘。

从 BGP 网关的角度来看,整个 Internet 是一个由 BGP 网关连接起来的很多 AS。BGP 要求每个 AS 有一个唯一的标识。每个 AS 至少有一个 BGP 网关。如果两个 BGP 网关共享一个网络,可以通过这个网络通信,则这两个 BGP 网关是邻站(neighbour)或对等站(peer)。

BGP 中由 BGP 网关交换路由信息,参与交换信息的结点数目是 AS 数的量级,这要比 AS 中路由器数少很多,因此简化了协议。

BGP 基本上是一个距离矢量协议,但它与一般的 RIP 又有所不同。与 RIP 一样,BGP 只与邻站交换路由信息。但 RIP 交换的报文包含到目的网络的距离,而 BGP 并不通报距离,它将到达每个目的网络的整个路径通知其邻站。BGP 交换的路由信息主要是到目的网络的路径和目的网络地址,因此 BGP 实际上是一种路径矢量(path-vector)协议。

BGP 开始运行时,与邻站交换整个 BGP 路由表,但以后只是在路由信息发生变化时才将变化的部分传输给邻站,减小了处理开销和网络负载,这与 RIP 也不同。

BGP 不通报距离,不能像 RIP 那样得到最短距离路由,BGP 是一种可达性协议,而不是最优路由选择协议。这有以下几方面的原因。

① Internet 规模太大,AS 之间的路由选择非常困难。主干网上的路由器应该对任何有效的 IP 地址都能在其路由表中找到匹配的网络前缀,目前主干网路由器的路由表早已超过 5 万个网络前缀,这些网络的性能差异太大,如果使用 RIP 的跳数来度量这些路径的性能,难以反映真实情况。如果使用 OSPF 协议,每个路由器必须维持一个很大的 LSDB,计算最短路径的开销也太大。

② 对于各 AS 之间的路由选择,计算最优路径也是不现实的。各 AS 运行自己选定的内部路由选择协议,使用本 AS 指定的路径度量指标,它们可能不同,即使相同,同样的度量值也可能代表不同的意义,因此难以得到一致合理的优化指标。

③ AS 之间的路由跨越不同国家和大洲,路由选择必须考虑有关策略。路由选择策略可以和费用、安全乃至政治因素有关。

2. BGP 路由选择示例

如图 6.25 所示,说明 BGP 路由选择的过程,图中的结点可以看作 AS。图 6.25(a)中列出了 G 的所有相邻结点发给它的到目的结点 D 的路径信息,从这些信息决策出到 D 的路径。

(a)G 的相邻结点发给它的到目的结点 D 的路由信息   (b)G 到其他 AS 的连通图

图 6.25   BGP 路由选择示例

结点 G 收到这些信息后要选择最优的一个路径。由 A 的路由信息看,A 到 D 要经过 G 本身,这会造成路由环,这一信息不能用。由 B 的路径信息看,B 到 D 要经过 C→D,不如直接用 C→D。因此要在经过 C 和 H 的两条路径即 G→C→D 和 G→H→D 中选择。这两条路径都可以到达 D,但并不包含有关路径的度量信息。因此,BGP 是一种可达性协议。

可达目的结点的路径可能有多条,必须做出决策,从中找出一种合适的。路由选择策略与一些相关因素有关,例如路径经过的 AS 数目。另外还和 BGP 之外的经济、安全乃至政治因素有关,例如,可以不选择通过一个发生战争国家的路径,这些因素由系统管理员预先配置,存于策略信息库(Policy Information Base,PIB)中。

本例中,根据 PIB 中的信息,假设最终 G 选择了路径 G→H→D。用同样的方法,BGP 网关通过不断交换路由信息,就可构造出一个 AS 的连通图,它是树状结构,不存在环路,图 6.25(b)是结点 G 到其他自治系统的连通图,并且是根据 PIB 决策的择优路径。

3. BGP 报文

1) BGP 的功能步骤

① 邻站关系的建立,即邻站探测(neighbor acquisition)。

② 邻站关系的维护,即邻站可达性(neighbor reachability)。

③ 可达网络数据库的建立与维护,即网络可达性(network reachability)。

为了实现上述功能,BGP 使用报文交换 BGP 消息。BGP 消息交换前使用 179 号端口建立 TCP 连接,然后在此连接上进行 BGP 会话(BGP session)。TCP 连接提供了可靠的会话传输服务。

2) BGP 的 4 种报文

① 打开报文(Open)。Open 用于与邻接的另一个 BGP 网关建立邻站关系。在双方能够交换路径信息之前,每一方都必须发送一个 Open,Open 要声明自己的一些参数,如"AS 号"、"BGP 标志符"(一般用 BGP 网关的一个 IP 地址)和"保持时间"。保持时间是以秒计

的保持邻站关系的时间,超过此时限,则认为发送方不再可用,停止使用发送方传送来的路径信息。接收方接收到 Open,若同意建立邻站关系,则发送保活报文 Keepalive 进行确认。这样双方就建立了邻站关系。

② 保活报文(Keepalive)。邻站关系建立后,双方还要周期性地交换只有 19 字节的 Keepalive,以维护邻站可达性,证实双方继续可用。BGP 推荐 Keepalive 的时间间隔为 Open 报文"保持时间"的三分之一,一般为 30 秒。

③ 更新报文(Update)。每个 BGP 网关建立并维护一个数据库,包含它能够到达的网络及其路径。当数据库发生变化时,使用 Update 传送消息,这一消息将扩散到所有其他 BGP 网关,从而更新维护它们的数据库。Update 不但可以报告新的可达目的网络,而且还可撤销原来的路径。

④ 通知报文(Notification)。Notification 用来通知检测到的错误,如报文的语法错误、保持时间计时器超时等。

4. BGP 的路由信息交换过程示例

下面以图 6.26 为例,介绍 BGP 的路由信息交换过程。

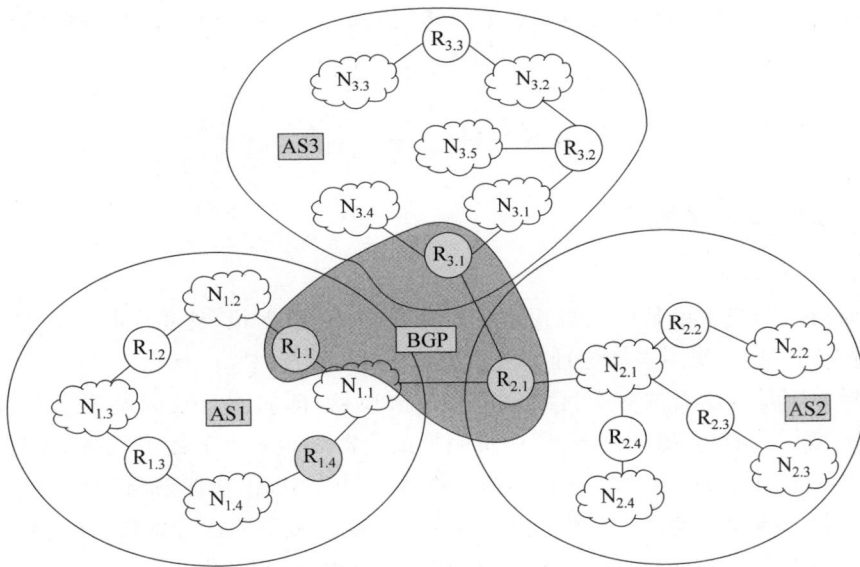

图 6.26　BGP 路由信息交换的例子

图 6.26 中的 AS1 的路由器 $R_{1.1}$ 是一个 AS1 的 BGP 网关,和 AS2 的 BGP 网关 $R_{2.1}$ 是对等站,同时 $R_{1.1}$ 在 AS1 内部也是一个 RIP 内部网关,它知道 AS1 内部路由的信息。现在假设 $R_{1.1}$ 通过 RIP 得到了关于子网 $N_{1.2}$ 和 $N_{1.3}$ 的新的路由消息,$R_{1.1}$ 可以给 AS2 的 $R_{2.1}$ 发送一个 BGP Update 报文,报告这一新路由的主要路由信息是:

- AS Path　AS1 标识。
- Next Hop　$R_{1.1}$ 的 IP 地址。
- NLRI　$N_{1.2}$ 网络 ID,$N_{1.3}$ 网络 ID。

这个报文告知 $R_{2.1}$:列在网络层可达信息(Network Layer Reachability Information,NLRI)项目中的子网 $N_{1.2}$ 和 $N_{1.3}$ 经 $R_{1.1}$ 可到达,经过的自治系统路径只有 AS1。如果 $R_{2.1}$ 认为这个

报文提供的路由是可以接受的,就将它加载到数据库中,并可通过 AS2 的内部路由选择协议 OSPF 通告 AS2 内的路由器。

$R_{2.1}$ 又和 AS3 的 BGP 网关 $R_{3.1}$ 是对等站,$R_{2.1}$ 将通过一个新的 Update 报文将从 $R_{1.1}$ 收到的消息进一步发送给 $R_{3.1}$,新报文的主要路由信息是:

- AS Path   AS2 标识,AS1 标识。
- Next Hop $R_{2.1}$ 的 IP 地址。
- NLRI $N_{1.2}$ 网络 ID,$N_{1.3}$ 网络 ID。

该报文告知 $R_{3.1}$:可以通过 $R_{2.1}$ 到达子网 $N_{1.2}$ 和 $N_{1.3}$,路由是 AS2 和 AS1 两个自治系统。如果 $R_{3.1}$ 认为这个报文提供的路由是可以接受的,它将其加载到数据库中。假若 $R_{3.1}$ 还连接了其他 AS,它可将到达目的网络 $N_{1.2}$ 和 $N_{1.3}$ 路由信息进一步转发到与它邻接的 BGP 网关。如此下去,可将关于子网 $N_{1.2}$ 和 $N_{1.3}$ 的新的路由消息通知全网。

BGP 网关报告的下一跳从外部来看应该是最佳的路由,例如,$R_{1.1}$ 报告给 $R_{2.1}$ 到达 $N_{1.4}$ 网络的 Next Hop 应该是 $R_{1.4}$。

在各 AS 内部,BGP 网关通过 BGP 得到的路由信息还要经过内部网关协议 IGP 向内部的路由器传送。这样,AS 内部也知道如何访问外部的网络。这样,整个网络就知道如何访问各 AS 中的各网络。

6.6 IP 多播

6.6.1 IP 多播和多播协议

1. 什么是 IP 多播

IP 多播指对网络中由某些主机组成的子集传送 IP 数据报,这些主机可以位于互联网的同一或不同子网上,使用多播地址。多播也称组播。

IP 多播并不是发送者向多个目的站进行多次单播,即向多个目的站独立发送 IP 数据报。图 6.27 是一个 IP 多播的例子,图中带阴影的机器表示一个多播组,发送站向其 6 个组成员(H_1、H_3、H_4、H_5、H_7 和 H_9)进行多播。在多播过程中,仅在传输路径必须分岔时才将 IP 数据报复制后继续转发,如 R_1 将从 H_0 收到的数据报复制 1 次分别传送给 H_1 和 R_3。

如果不是多播,那么发送站 H_0 就得分别向这 6 个目的站各发送一个数据报,总共发送 6 个数据报。因此多播可以减少网络的负荷。

图 6.27 中,发送站 H_0 不一定是多播组成员,任意主机都可以向任何多播组发送多播数据报,多播组只用于确定某主机是否接收发往该多播组的数据报。

多播组的成员可以是动态的,一台主机可以在任何时候加入或退出一个多播组。而且,一台主机可以是多个多播组的成员。主机加入或退出某一个多播组是通过进程来实现的,主机上的进程可以要求主机加入或退出某个多播组。主机维护了一个包含进程及其所加入多播组的表。所以,进程要加入哪个多播组,它自己是预先知道的。

IP 多播数据报传送还要依赖底层网络实现,一般情况下,底层网络(如以太网)支持多播,否则 IP 使用广播或单播交付 IP 多播数据报。

多播组成员可以在一个网络上,也可以在多个网络上,转发 IP 多播数据报需要特殊的

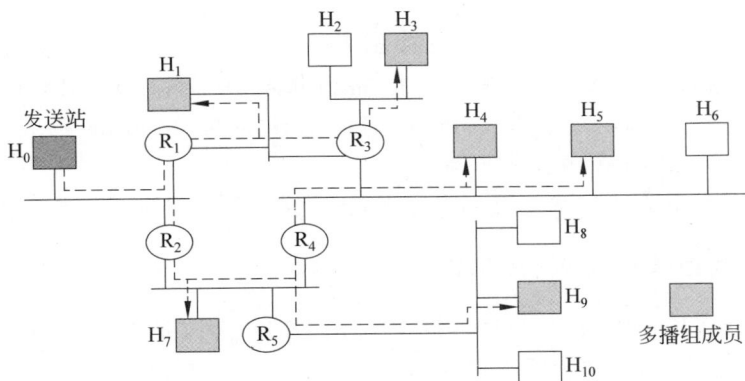

图 6.27　多播示例

多播路由器,通常是给常规的路由器增加多播功能。

2. IP 多播地址

IP 使用 D 类地址支持 IP 多播。IPv4 的 D 类地址的前缀是"1110",占 4 比特,其余 28 比特可以标识超过 2.68 亿个组。D 类地址范围是 224.0.0.0～239.255.255.255。每台主机的单播地址和它所加入的多播组的地址是完全独立的。

有临时多播地址和永久多播地址两类多播地址。前者是在每次使用前必须创建的多播主机组,后者不需要每次都重新建立,是永久性的。多播地址是应用于一个多播组的,有时也称多播组地址或组地址。以下是 IANA 分配的几个永久多播地址的例子。

224.0.0.1　本地网络上所有的系统;

224.0.0.2　本地网络上所有的路由器;

224.0.0.4　本地网络上所有的 DVMRP 多播路由器;

224.0.0.5　本地网络上所有 OSPF 路由器。

IP 多播数据报传送依赖于底层网络,应用最广泛的以太网数据链路层支持多播功能。以太网的物理地址为 48 比特,其中第 1 字节的最低位为 1 则为组地址。IANA 拥有高 24 位为 0x00005E 的以太网物理地址块,用于多播的以太网地址范围是 0x01005E000000～0x01005E7FFFFF,共有 2^{23} 个地址,有 800 多万个。当 IP 多播数据报交到底层以太网进行传送时,IP 多播地址要转换为以太网多播物理地址。

3. IP 多播协议

因特网组管理协议(Internet Group Management Protocol,IGMP)支持 IP 多播。IGMP 报文在同一个子网内传送,IGMP 在本地网络中指定主机如何和本地多播路由器交互,使多播路由器知道它每个接口所连接的网络上的主机当前所加入的多播组。

要实现 Internet 上的数据报多播,仅有 IGMP 是不够的,它解决不了互联网中多播路由器如何交换多播组成员的信息、如何将多播数据报传送到位于不同子网上的所有多播组成员的问题,这使得 IGMP 的名称容易引起误解。要解决上述问题,还需要有多播路由选择(multicast routing)协议。

多播路由选择协议也分为域内和域间多播路由选择协议,前者用于一个 AS 内部,后者用于 AS 之间。已经提出的域内多播路由选择协议有距离矢量多播路由选择协议(Distance

Vector Multicast Routing Protocol，DVMRP）、OSPF 多播扩展（Multicast extensions to OSPF，MOSPF）、核心树协议（Core Based Trees，CBT）和协议无关多播（Protocol Independent Multicast，PIM）等，域间多播路由选择协议有 QoSMIC（QoS Sensitive Multicast Routing Protocol）、PTMR（Policy Tree Multicast Routing Protocol）和 BGMP（Border Gateway Multicast Protocol）等。

IP 多播协议比较复杂，读者可参阅参考文献[1]、[10]、[13]等。本节介绍 IGMP。

*6.6.2　因特网组管理协议（IGMP）

1989 年公布了 IGMP［RFC 1112，因特网标准］，1997 年又推出了 IGMPv2［RFC 2236，建议标准］，向后兼容，目前的新版本是 IGMPv3［RFC 3376，建议标准］。

如 ICMP 一样，IGMP 也被当作整个 IP 的一部分，而不是一个独立的层次，所有接收组播的机器都需要 IGMP。

1. IGMP 报文

IGMP 报文也是通过 IP 数据报进行传输，其长度固定。图 6.28 显示了 IGMP 报文的封装及其报文格式，IP 数据报首部中协议字段的值应置为"2"。IGMPv2 报文有 4 个字段。

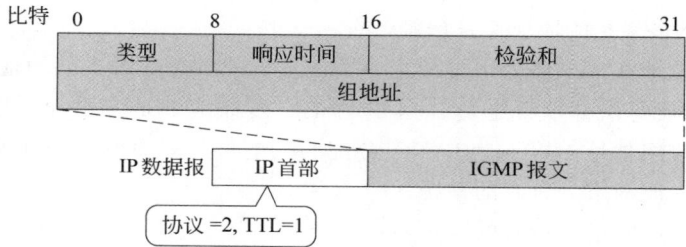

图 6.28　IGMP 报文格式及其封装

① 类型。IGMP 报文类型见表 6.11。

表 6.11　IGMP 报文类型

类　型	组地址	发送者	意　　义
0x11	填入 0	路由器	一般组成员关系查询
0x11	使用	路由器	特定组成员关系查询
0x16	使用	主机	组成员关系报告
0x17	使用	主机	离组
0x12	使用	主机	组成员关系报告（IGMPv1 使用）

IGMP 报文主要是成员关系查询（query）和成员关系报告（report），离组报告是可选的。

② 响应时间。指定主机对查询报文响应的最大时间，默认值是 10 秒，间隔为 0.1 秒。

③ 检验和。对整个 IGMP 报文进行检验，计算方法和 ICMP 相同。

④ 组地址。为 D 类 IP 地址，在查询报文中组地址设置为 0，当查询特定的组时，多播路由器就填入该组的地址，在报告报文中组地址字段要填入欲加入的多播组的地址。

2. IGMP 工作机制

多播路由器的多个接口连接不同的网络,对每个接口它都动态地维护一张多播组表,表中记录了与该接口连接的网络上的主机当前所加入的多播组地址。路由器收到多播数据报时,根据该数据报的组地址,就可以在表中查到相应的接口并通过它转发出去。对于每个接口,不管是一台还是多台主机属于某一个多播组,表中只包含一个该组的组地址。因为多播路由器只关心一个接口连接的网络中有还是没有主机加入某一多播组,并不关心有多少台主机属于这个组,不管是一台还是多台,它都会向这个接口转发该组的数据报。

主机如果欲加入某一新的多播组,通过发送 IGMP 报告报文来声明。携带报告报文的 IP 数据报的目的地址使用欲加入的多播组的 IP 地址,IGMP 报文中的组地址字段也填入这个地址,IP 数据报的源地址为主机的 IP 地址,TTL=1(本地网络传送)。本地多播路由器接收到这个报告报文后,检查接收该报文的接口的多播组表,如果没有声明的组地址,便将它加入表中。另外,本地多播路由器还要使用多播路由选择协议将这一组成员关系传播给因特网上的其他多播路由器。

组的成员关系是动态的。多播路由器是通过周期性地(典型是 125 秒)轮询本地网络上的主机,动态维护多播组表。轮询通过发送 IGMP 查询报文实现。组地址 224.0.0.1 作为携带 IGMP 查询报文的 IP 数据报的目的地址(每个多播的主机必须加入永久多播组 224.0.0.1),源地址使用轮询的多播路由器的地址,TTL=1。IGMP 查询报文的组地址字段置为 0。多播路由器向它的每个接口都必须发送 IGMP 查询。

主机通过发送 IGMP 报告报文来响应多播路由器的查询。携带报告报文的 IP 数据报的目的地址使用欲继续维持的多播组的 IP 地址,IGMP 报文中的组地址字段也填入这个地址,IP 数据报的源地址为该主机的 IP 地址,TTL=1。一个主机中可能有一个或多个进程加入不同的组,对每个组都要发回 IGMP 报告。当主机检测到参加某个组的进程全部都退出后,对于这个组,就不再发回 IGMP 响应报文。另外,也可使用离组报告报文声明退出多播组。

IGMP 并未提供主机发现多播组 IP 地址的功能,应用程序在使用 IGMP 加入某一多播组之前必须知道该组的 IP 地址。主机中应该维护一个表,它包含了所有参与多播的进程和它们所加入的多播组的 IP 地址。

3. 提高 IGMP 工作效率

为了提高 IGMP 工作效率,减少网络负担,IGMP 采用了一些措施。

① 多播路由器周期性地轮询本地网络的查询报文,一般并不针对某一多播组(虽然也可以使用特定成员关系查询),这样可以减少网络的使用负担。

② 当同一个网络上有多个多播路由器时,它们会有效地选择其中一个负责查询主机的多播成员关系(例如 IP 地址小的一个)。

③ 当一台主机上有多个进程要求加入同一个多播组时,则只有一个进程发出声明成员关系的报告报文。多播路由器并不关心一台主机上有多少个进程加入同一组(但主机是关心的)。

④ 当主机收到查询后,时延一个随机时间再响应,时延时间在 0 至最大时间内随机选择(默认值是 10 秒),间隔为 0.1 秒。这样,在同一网络上属于同一多播组的多台主机发送响应报文的时间将在 0~10 秒的 101 个时间内随机分布。由于响应报文的目的 IP 地址是

多播组的组地址,因此,后发送响应的主机在等待发送过程中就可能收到本地其他同组主机相同的 IGMP 响应报告,它们就不必再发送自己的响应报文了。

6.7 下一代的网际协议 IPv6

6.7.1 IPv6 及其特点

Internet 规模爆炸式的增长远远超出互联网的先驱们制定 TCP/IP 时的想象,为解决 IPv4 地址空间消耗殆尽(有人称为"网络泰坦尼克危机")的问题,工程部 IETF 在 1992 年 6 月就提出要制订下一代 IP,即 IP_{ng}(IP next generation)。IP_{ng} 称为 IPv6(中间的 IPv5 打算用作面向连接网际层协议)。1998 年开始有 IPv6 RFC 文档,目前 IPv6 RFC[2460,4443,4862]等仍是因特网的草案标准,相应的 ICMP 新版本是 ICMPv6[RFC 2463,草案标准]。

IPv6 和 IPv4 一样,仍是无连接的传送。IPv6 和 IPv4 不兼容,但它与 Internet 上层的 TCP、UDP 兼容。IPv6 和 IPv4 相比,主要的改进和特点如下。

① 极大地扩充了地址空间(128 比特),多级地址结构,无类别地址。

② 新的简化的首部格式。首部由 IPv4 的 13 个字段减少到 8 个,使用固定长度的首部和扩展首部。

③ 简化了协议,加快了数据报转发的速度。例如,取消了数据报首部差错检验,改进了分片机制。

④ 对流的支持。流是特定源和目的之间的数据报序列,IPv6 首部中有专门的流标号字段,提供对流的支持。

⑤ 安全功能。IPv6 将 IP 安全 IPSec 的认证首部 AH 和封装安全净荷 ESP 作为标准配置,规定了身份认证扩展首部和封装安全净荷扩展首部,保证信息在传输中的安全。

⑥ 即插即用(plug & play)功能。计算机接入 Internet 时可自动获取 IP 地址。端点设备可以将路由器发来的网络前缀和本身的网卡地址综合,自动生成自己的 IP 地址,提供了极大的方便。

6.7.2 IPv6 地址

1. IPv6 地址类型和地址空间

IPv6 数据报的目的地址可以包括以下 3 种基本类型的地址。

① 单播(unicast)。点对点通信。

② 多播(multicast)。一点对多点的通信。IPv6 没有采用广播的概念,而是将它看作多播的特例。

③ 任播(anycast)。IPv6 增加的地址类型。任播地址只能作目的地址,它可以表示一个机构或连接于一个特定网络的一组机器。发到一个任播地址的数据报只交付给该组的某一个成员,通常是距离最近的一个。

IPv6 128 比特的地址空间包容 3.4×10^{38} 个地址,比 IPv4 地址空间要大 7.9×10^{28} 倍,它可以让地球上每个人都拥有大约 6×10^{28} 个 IP 地址,可见,IPv6 的地址空间是何等之巨大。当然,实际分配的可用总数要小得多,但也是一个巨大的数字。IPv6 的地址空间被划分为若干大小不等的地址块,用前面不等长的类型前缀规定了地址块的应用类型。

2. IPv6 地址记法

如果还用点分十进制记法来标记 IPv6 地址就显得太长,使用起来颇为不便。为此,IPv6 地址使用冒分十六进制记法(colon hexadecimal notation,简写为 colon hex)标记地址,它把每 16 比特的量用十六进制值表示,各量之间用冒号分隔。例如:

$$686E:8064:FFF0:3F00:0:1180:927A:32$$

其中,0000 和 0032 简记为 0 和 32,前面的 0 可省略。为进一步简化,冒分十六进制记法还采用以下两种技术。

① 允许零压缩(zero compression),即多个连续的零可以用一对冒号来代替,如:

$$FF06:0:0:0:0:0:0:BB1$$

可以写成如下简洁形式:

$$FF06::BB1$$

IPv6 规定,在一个 IPv6 地址中只能使用一次零压缩。

② 可以和点分十进制记法的后缀联合使用。这种方法在 IPv4 向 IPv6 的过渡阶段特别有用。例如,下面是一个合法的冒分十六进制记法:

$$0:0:0:0:0:0:192.10.12.17$$

在这种记法中,冒号所分隔的每个值是一个 16 比特的量,而每个点分十进制部分是 1 字节的值。再使用零压缩即可得出:

$$::192.10.12.17$$

另外,CIDR 斜线表示法在 IPv6 地址表示中仍然适用。例如,一个有 80 比特前缀的子网,可使用下面的格式:

$$204A:0:0:B5::/80$$

3. 全球单播地址

全球单播地址(global unicast address)是 IPv6 最主要的地址形式,用来给全世界接入 Internet 上的主机分配单播地址,其结构如图 6.29 所示。

比特:	48	16	64
(001)	全球路由选择前缀	子网标识	接口标识

图 6.29　IPv6 全球单播地址

IPv6 全球单播地址采用三级层次结构,包含 3 个字段,各字段长度设计为固定长度,分别如下。

① 全球路由选择前缀(global routing prefix)。48 比特,分配给各公司和组织,用于因特网中路由器的路由选择。各地区的因特网登记机构可以自己决定如何划分这部分地址空间。其中,最前面 3 比特规定为 001,表示是全球单播地址;其余 45 比特可进行分配,相当于 IPv4 地址中的网络号字段,可以分配 2^{45} ＝ 35 万亿个网络。

② 子网标识(subnet ID)。16 比特,用于各公司和组织标识自己进一步划分的子网;若不再划分子网,可以置为全 0。

③ 接口标识(interface ID)。64 比特,标识特定的网络接口,相当于 IPv4 地址中的主机号字段。64 比特的接口标识足以适应物理地址的直接编码,把物理地址编入 IP 地址会导

致如下两个后果。

- 不再使用 ARP 进行地址解析。
- 为了保证互用性,所有的物理地址须使用统一的格式规范。

接口标识选择 64 比特的原因是基于 64 比特的 IEEE EUI-64 地址格式规范。IEEE 定义的全球统一的物理地址格式被称为 EUI-64。EUI-64 和 EUI-48 类似,前 24 比特为组织唯一标识符 OUI,后面的 40 比特是扩展标识符。

IPv6 还定义其他一些地址形式。本地链路单播地址只有本地意义,一般只能在每个单位内使用。映射 IPv4 的 IPv6 地址,它们将 IPv4 地址嵌入 IPv6 地址中。另外还有任播地址和多播地址等。

6.7.3 IPv6 数据报格式

1. IPv6 数据报

IPv6 数据报的格式如图 6.30 所示。最前面是基本首部(base header),其后有可选的 0 个或多个扩展首部(extension header),后面是数据区。

图 6.30 IPv6 数据报的一般形式

2. IPv6 数据报基本首部

IPv6 基本首部的格式如图 6.31 所示,长度为 40 字节。IPv6 基本首部的不少字段和 IPv4 首部中的字段意义相同。

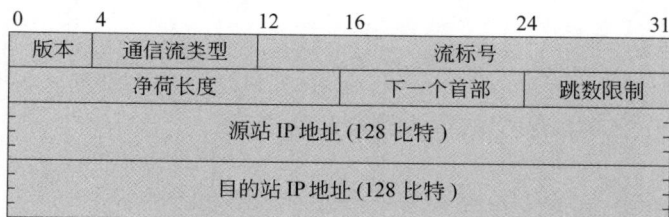

图 6.31 IPv6 数据报基本首部格式

IPv6 基本首部中的各字段解释如下。

① 版本(version)。4 比特,指明了协议的版本,对 IPv6 该字段为 6。

② 通信流类型(traffic class)。8 比特,为了区分不同的 IPv6 数据报类别或优先级,特别是为音频和视频等实时的传输提供支持。

③ 流标号(flow label)。20 比特,实验性的字段,多媒体传输对带宽要求高、持续时间长,为此 IPv6 引入流的概念以适应对多媒体传输的处理。流是指从一个特定源站传送到一个特定目的站的以某种方式相互关联的(如服务质量、身份认证等)一个数据报序列。

所有属于同一个流的数据报都具有相同的流标号。源站在建立流时是在 $2^{20}-1$ 个流标号中随机选择。流标号 0 保留,指明没有采用流标号。任何一个非零的流标号都不具有特定的意义。路由器将一个数据报与一个特定的流相关联时,使用数据报的源地址、目的地址和流标号的组合,而不只是流标号,所以随机选择流标号并不会因为偶然的同号而产生矛盾。

例如,从某主机的一个进程到另一台主机的一个进程之间的数据报流可能有严格的时延要求,因此需要预留带宽,可以建立一个流。路由器收到流中的数据报后,根据流标号查找路由器中保存的流的信息,对流中的数据报进行同样的处理,以保证指明的 QoS。

④ 净荷长度(payload length)。16 比特。指明除定长的基本首部以外数据报所包含的字节数,包括扩展首部和数据,最多有 64KB。

⑤ 下一个首部(next header)。8 比特。每个中间的路由器以及最终目的站对数据报进行处理时,要使用这个字段对数据报进行分析。当数据报有扩展首部时,"下一个首部"字段标识基本首部之后的扩展首部(即第一个扩展首部)的类型;当没有扩展首部时,则指明其后的数据区的数据类型,这时与 IPv4 数据报首部中的"协议"字段含义相同,如 TCP=6、UDP=17 等。

⑥ 跳数限制(hop limit)。8 比特。相当于 IPv4 首部中的 TTL 字段,用来防止数据报在网络中无限期地生存。源站在每个数据报发出时设定一个跳数限制,每个路由器转发时将其减1,当减为 0 时,就要将它丢弃。8 比特的长度意味着数据报最多可经过 254 个路由器。

⑦ 源站 IP 地址和目的站 IP 地址。各 128 比特。

与 IPv4 相比,IPv6 数据报使用了固定长度的首部和扩展首部而不是 IPv4 不定长度的首部;IPv6 数据报基本首部中没有了头检验和字段,它不再进行头检验;去掉了分片控制有关的字段,转发的路由器不再进行分片处理,只在源站进行分片,源站有两种分片方式,使用1280 字节的最小保证 MTU 或使用路径 MTU 发现技术。

3. IPv6 数据报扩展首部

IPv6 的扩展首部与 IPv4 的选项相似,通过使用某些可选的扩展首部指明源站希望对数据报进行的某些特殊处理。表 6.12 所示的是已定义的 6 种 IPv6 扩展首部及其功能。

表 6.12 IPv6 扩展首部

扩 展 首 部	功 能
逐跳选项(hop by hop options)	给路由器的各种信息
路由选项(routing options)	源站指定严格或宽松的路由
分片选项(fragmentation options)	数据报的分片控制
目标选项(destination options)	给目标的附加信息
身份认证选项(authentication options)	对发送主机身份的验证
载荷安全封装选项(encapsulating security options)	为数据报提供加密

和基本首部一样,每个扩展首部也包含一个"下一个首部"字段,标识下一个扩展首部的类型,例如,如果下一个扩展首部是路由选项,"下一个首部"字段的值是 43。数据报的最后一个扩展首部的"下一个首部"字段,则指明其后的数据区的数据类型,如 TCP=6、UDP=17 等。图 6.32 表示了有一个路由选项扩展首部然后封装了 TCP 报文段的 IPv6 数据报。

下面以路由选项为例来说明扩展首部。路由选项扩展首部用于源站路由,如图 6.32 上部所示,它具有如下一些字段。

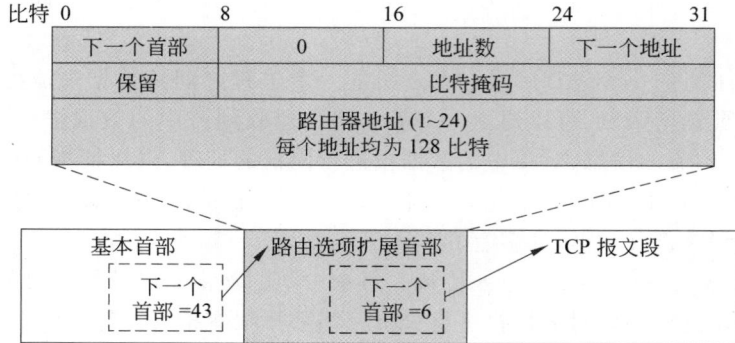

图 6.32 有路由选项扩展首部的 IPv6 数据报

① 下一个首部(8 比特)。标识该扩展首部之后的下一个扩展首部的类型。

② 路由选择类型(8 比特)。当前为 0。

③ 地址数(8 比特)。在此扩展首部中的地址数(1～24)。

④ 下一个地址(8 比特)。下一个要访问的路由器地址的索引,这个字段在初始化时为零,以后每经过一个路由器,此字段的值加 1。

⑤ 比特掩码(24 比特)。依次对应路由器的 24 个地址。若某比特为 1,表示所对应地址是严格的源站路由,即该地址必须是路径上的下一跳;为 0,则表示是宽松的源站路由,即该地址不一定是路径上的下一跳,中间还可以经过其他路由器。

⑥ 路由器地址(128 比特)。源站用 1～24 个路由器 IP 地址指明数据报的路由。

6.7.4 IPv4 向 IPv6 过渡

实现 IPv4 到 IPv6 网络的转变是相当困难的,IPv6 和 IPv4 将共存很长的时间。解决 IPv4 向 IPv6 过渡的两种基本技术是双协议栈(dual stack)和隧道(tunneling)。

1. 双协议栈技术

1) 双协议栈工作机制

IPv6 和 IPv4 不兼容,但它们向上与 TCP、UDP 兼容,向下它与 IPv4 使用同样的底层网络,因此,双协议栈技术在主机或路由器的 IP 层同时安装 IPv6 和 IPv4 协议,具有 IPv6 和 IPv4 两种地址,结点可以转发 IPv6 和 IPv4 分组。双协议栈结点和 IPv6 结点通信时,使用 IPv6 数据报和 IPv6 地址,而和 IPv4 结点通信时使用 IPv4 数据报和 IPv4 地址。

双协议栈主机如何知道目的主机是采用哪一种地址呢?这可通过域名系统 DNS 来查询;若 DNS 返回的是 IPv6 地址,双协议栈源主机就使用 IPv6 地址;若 DNS 返回的是 IPv4 地址,双协议栈源主机就使用 IPv4 地址。为此 DNS 服务器的解析软件需要升级。DNS 见 8.2 节。

2) 双协议栈传输过程示例

图 6.33 是一个双协议栈技术进行传输的例子。设源站 A 向目的站 B 传输 IPv6 数据报,中间依次经过 4 个转发路由器 R_1、R_2、R_3、R_4,各结点的协议配置情况在图上部标出,其中 R_1、R_4 为双协议栈。那么,数据报的传输和转换过程依次是:

① A→R_1 传输。运行 IPv6 协议,传输 IPv6 数据报。

② R_1 转换。双协议栈结点将 IPv6 格式的数据报转换为 IPv4 格式的数据报。

③ $R_1 \rightarrow R_2 \rightarrow R_3 \rightarrow R_4$ 传输。运行 IPv4 协议,传输 IPv4 数据报。

④ R_4 转换。双协议栈结点将 IPv4 格式的数据报再转换为 IPv6 格式的数据报。

⑤ $R_4 \rightarrow B$ 传输。运行 IPv6 协议,传输 IPv6 数据报。

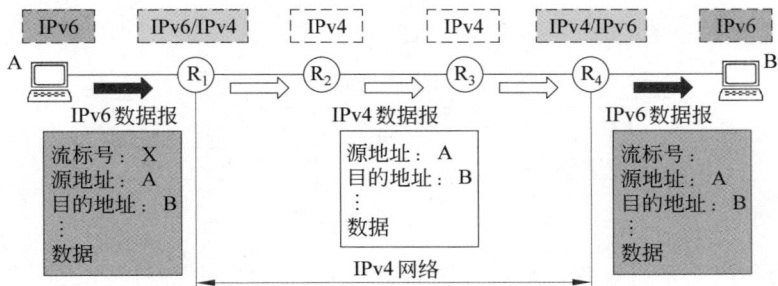

图 6.33 双协议栈传送 IPv6 数据报示例

3) 存在的问题

由上面的例子可见,IPv6 数据报由源结点最终传输到目的结点,中间经过了 IPv6→IPv4→IPv6 的格式转换。但数据报格式转换的过程中,却丢失了部分信息,IPv6 数据报首部的某些字段,如流标号等在上述步骤②R_1 结点将 IPv6 格式转换为 IPv4 格式时丢失,在步骤④R_4 结点逆向转换时也无法恢复,只能空缺,这是双协议栈技术无法避免的。

下面的隧道技术不存在这个问题。

2. 隧道技术

1) 隧道传输机制

隧道技术是实现端对端的 IPv6 over IPv4 的 IPv6 数据报传输的一种可行的方法。在隧道两端使用 IPv6/IPv4 双协议栈结点,它们将 IPv6 数据报作为无结构无意义的数据,封装于 IPv4 数据报的净荷部分,同时将 IPv4 数据报首部"协议"字段的值置为"41"(表示净荷为 IPv6 数据报),源地址和目的地址分别置为隧道首末端结点的地址。这种数据报的封装方式即 IPv6-in-IPv4。

携带了 IPv6 数据报的 IPv4 数据报,将穿过若干 IPv4 路由器组成的隧道,到达隧道的末端。在隧道的末端,进行 IPv4 数据报的解封,将 IPv6 数据报从 IPv4 数据报中剥离出来,通过 IPv6 送往目的结点。

1996 年,IETF 创建了世界上规模最大的全球范围的 IPv6 试验床(testbed)6bone。6bone 利用隧道技术将各国家维护的 IPv6 网络连接在一起。2002 年,6bone 的规模已经扩展到 57 个国家和地区,连接了近千个站点。1998 年,我国 CERNET IPv6 Testbed 加入 6bone。

2) 隧道传输过程示例

图 6.34 是隧道技术的示意图。图中,E-1 和 E-2 为运行 IPv6 的两个以太网,路由器 R_1 和 R_7 运行 IPv6 协议,路由器 R_3、R_4 和 R_5 运行 IPv4 协议,隧道两端是使用 IPv6/IPv4 双协议栈的路由器 R_2 和 R_6。图中的实线箭头是 E-1 上的主机 H_1 发给 E-2 上的主机 H_3 的 IPv6 数据报,虚线箭头表示 IPv4 数据报穿过隧道,该数据报用 IPv6-in-IPv4 方式封装,其格式示于图 6.34 的下半部。

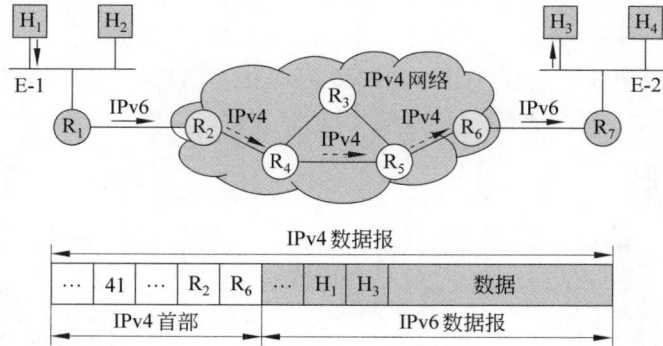

图 6.34 隧道技术

隧道的类型取决于封装和解封数据报的结点类型,有路由器对路由器、主机对路由器、主机对主机、路由器对主机等类型。

需要指出的是,双协议栈技术并不具备创建隧道的能力,而创建隧道则必须要求有双协议栈技术的支持。

3)6to4 隧道技术

6to4 隧道技术是一种自动构造隧道的技术,它采用特殊的 6to4 格式的 IPv6 地址,使得在 IPv4 海洋中的 IPv6 孤岛能相互连接。

Internet 编号管理部门 ICANN 专门为 6to4 机制分配了一个永久性的网络前缀 2002∷/16,一个 6to4 地址为 2002:IPv4Addr∷/48,嵌入了 32 比特的 IPv4 地址。

6to4 机制使 IPv6 的出口路由器与其他的 IPv6 域建立隧道连接。隧道端口的 6to4 路由器,当它接收到 IPv6 分组时,从首部的 6to4 地址域中提取出隧道末端的 IPv4 地址,将 IPv6 报文封装在以此 IPv4 地址为目的地址的 IPv4 报文的数据字段,同时将 IPv4 首部中的 "协议"字段设置为"41",将数据报穿过 IPv4 路由器组成的隧道。隧道末端结点的操作正好相反,将 IPv4 数据报解封得到 IPv6 报文,将此报文在本地 IPv6 结点中传送。

6to4 技术的优点在于只需要 IPv4 地址便可以建立 IPv6 站点间的连接,而不需要向地址注册机构申请 IPv6 地址空间,站点可以很快升级到 IPv6,这也简化了 ISP 的管理工作。

6.8 IP 主干网

IP 主干网即 Internet 主干网,由高速交换式路由器连接,构成 Internet 交通系统的主干网络。它汇集了来自全世界范围各行各业的海量 IP 包,实现跨越省市、国家乃至大洲的长距离高速传输。

高速 IP 主干网技术依托于底层的广域网技术的发展,而不断发展,主要包括:IP over ATM(ATM 上运行 IP,简称 IPOA)、多协议标记交换 MPLS、IP over SDH/SONET 和 IP over WDM 等,本节作一简要介绍。

另外,第 4 章已经介绍过的各种高速率的全双工以太网,其最大传输距离已经达到几十千米,也可以作为 IP 主干网,并且和它连接的 LAN 和 MAN 使用统一的以太网帧格式,可以实现无缝连接。

*6.8.1 基于 ATM 的 IP 传输机制

1. 异步传输模式 ATM

在介绍 IP over ATM 之前,先简单介绍异步传输模式(Asynchronous Transfer Mode,ATM),它是一种 WAN 技术。

与 ATM 相对应的是同步传输模式(Synchronous Transfer Mode,STM),STM 使用时分复用 TDM 技术(见 2.4 节),一个用户的数据总是对应一个固定的时隙。而 ATM 采用统计时分复用 STDM 技术,一个用户的数据在每个帧(TDM 中的概念)中所占用时隙的位置不是固定不变的,而且还可以根据需要在一个帧中分配多个时隙,只要帧中有空闲时隙,就可占用。这使得一个特定用户的数据在信道中的传输没有规律和周期性,因此这种传输方式称为异步传输模式。

1) 信元交换

ATM 使用的一个关键技术称为信元交换(Cell Switching),它是基于数据交换技术中的虚电路方式的分组交换技术(1.2.4 节)。

ATM 传输的协议数据单元 PDU 是信元(cell)。信元是具有固定长度的短分组,长度为 53 字节,其中 5 字节为首部,用于传输控制,另外 48 字节为净荷。长度固定而且很短的信元使得交换结点只用硬件电路就可以进行信元处理,大大缩短了处理时间。而且,当交换结点收到信头而不用等到全部信元,ATM 就开始转发信元,属于快速分组交换(Fast Packet Switching,FPS)。ATM 交换的分组是信元,因此,这种分组交换方式称为信元交换。

ATM 是面向连接的,使用虚电路方式的快速分组交换方式。在信元传输之前建立源站和目的站的连接,连接是在信令协议的控制下建立的。ATM 连接也分为交换虚电路(SVC)和永久虚电路(PVC)两种。

ATM 网络实现信元交换。ATM 网络包括 ATM 端系统和 ATM 交换机,它们之间通过点对点的链路相连。ATM 端系统是能够产生和接收信元的源站和目的站。ATM 交换机是一个交换容量可达数百 Gb/s 的快速分组交换机,它主要由输入输出端口、交换结构(switching fabric)和缓存组成。

信元交换的一个明显问题是信元首部开销大,5 字节的首部在 53 字节的信元中占相当大的比例,有人戏称为"信元税"。

2) ATM 体系结构及各层功能

ITU-T 制定的 ATM 参考模型将 ATM 网络结构分为 4 层,自下而上分别是物理层、ATM 层、ATM 适配层(ATM Adaptation Layer,AAL)和应用层,ATM 技术主要是指下面3 层,它们为各种应用提供以信元为单位的数据传输服务。

① 物理层。物理层负责比特流的发送和接收。发送时,物理层将 ATM 层交下来的信元流转换成比特流发送出去,接收时进行相反的操作。物理层与传输媒体有关,提供与媒体相关的接口,负责在物理媒体上发送和接收比特流,进行线路编码和解码、比特定时和光电转换等。传输媒体为光纤,短距离时也可使用双绞线。ITU-T 和 ATM 论坛制定了多种媒体相关接口,主要是 155.52Mb/s 和 622.08Mb/s 的 SDH/SONET 接口,使用 SDH/SONET 帧来承载 ATM 信元,还有一种直接用 ATM 信元传输的纯信元接口。

② ATM 层。ATM 层实现信元的发送和接收,它与上层业务无关,各种业务如音频、视频和数据等均以统一的 53 字节的信元形式在 ATM 层传输。

ATM 连接使用虚通道(Virtual Channel,VC)和虚通路(Virtual Path,VP)表示。VC 是 ATM 层的基本传输单元,一个 VC 代表一条传输 ATM 信元的通道,并由 VCI(VC Identifier)标识。一个 VP 包含多个 VC,最多可达 65 536 个,并由 VPI(VP Identifier)标识。在同一个 VP 内,所有 VC 共享相同的 VPI,但具有不同的 VCI;而在不同的 VP 中,VC 可以使用相同的 VCI。因此,VPI 和 VCI 需要结合在一起(即 VPI/VCI)才能唯一地标识一个 VC。VPI/VCI 信息存储在 ATM 信元的首部路由字段中。需要注意的是,VPI 和 VCI 仅具有本地意义,它们分别标识相邻两个结点之间的一段 VP 或 VC,而非整个端到端的连接。

VP 和 VC 是逻辑概念,一条实际的物理线路可以用 STDM 技术建立多条 VP 和 VC。

ATM 层进行信元交换,根据信元首部的 VPI/VCI 和 ATM 交换机的 VPI/VCI 转换表转发信元。VPI/VCI 转换表是在建立连接时由信令协议在交换结点上建立的。转换表的基本信息是:

(入口端口号,入口 VPI/VCI;出口端口号,出口 VPI/VCI)

在交换结点,从某一输入端口接收到一个信元后,查找转换表,根据端口号和信元首部的 VPI/VCI 得到出口的 VPI/VCI 和端口号,将出口的 VPI/VCI 填入信元首部,更新 VPI/VCI 字段,并将信元由查到的出口端口输出。这样利用 VPI/VCI 逐结点转发信元,直至到达目的站。

图 6.35 是 ATM 信元传输的一个例子,包括 5 台 ATM 交换机,线路的端点标注了交换机的端口号。交换机之间的同一条物理线路对于不同的逻辑连接,有不同的 VPI/VCI。图的下方是交换机的 VPI/VCI 转换表。一个从源主机发出的 VPI/VCI＝4/15 的信元,经过 ATM 交换机 A→B→C 传输到目的主机,其 VPI/VCI 经历了下述变化:4/15→8/39→16/39→12/72。

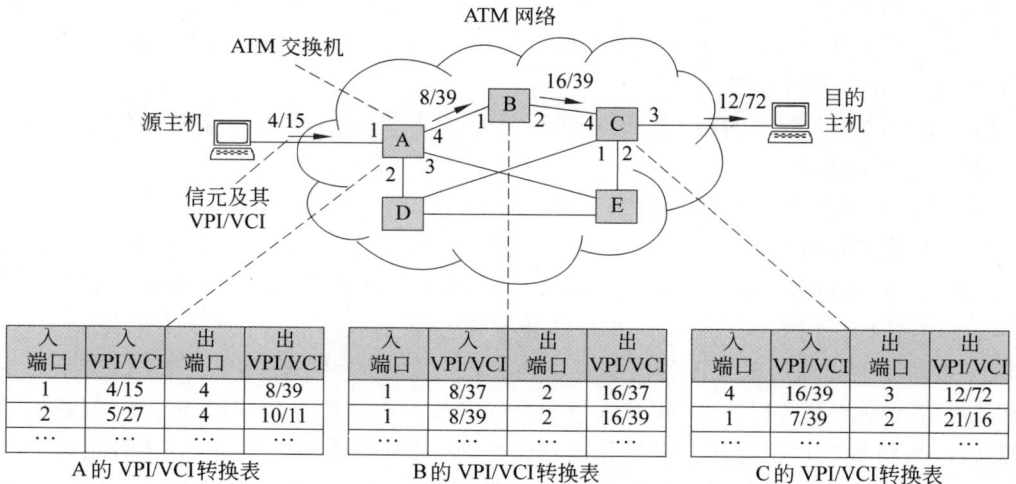

入端口	入 VPI/VCI	出端口	出 VPI/VCI
1	4/15	4	8/39
2	5/27	4	10/11
…	…	…	…

A 的 VPI/VCI 转换表

入端口	入 VPI/VCI	出端口	出 VPI/VCI
1	8/37	2	16/37
1	8/39	2	16/39
…	…	…	…

B 的 VPI/VCI 转换表

入端口	入 VPI/VCI	出端口	出 VPI/VCI
4	16/39	3	12/72
1	7/39	2	21/16
…	…	…	…

C 的 VPI/VCI 转换表

图 6.35　ATM 信元传输示例

③ AAL 层。AAL 层的功能是增强 ATM 层所提供的服务,对用户屏蔽 ATM 层的具

体特性,实现端到端的通信,向上层用户,如 IP,提供所需要的服务。如图 6.36 所示,AAL 仅在 ATM 网络的端点(主机、IP 路由器等)实现,而在网络的中间交换结点(ATM 交换机)只需要 ATM 层和物理层,从这个角度看,AAL 层类似于五层体系结构的传输层。

在 Internet 中,ATM 网络为上层的 IP 传输 IP 数据报。在发送端,IP 交下来的 IP 数据报,经过 AAL 层的处理,变成若干 48 字节长度的数据块,然后交给 ATM 层,封装成 53 字节的信元进行传送。在接收端,AAL 层从 ATM 层接收 ATM 信元,再组装成原来的 IP 数据报,交给 IP。在 IP 来看,ATM 网络是为它传送 IP 数据报的底层网络,工作在物理层和数据链路层。图 6.36 中带箭头的实线和虚线,分别表示 IP 数据报实际的和虚拟的传输路径。

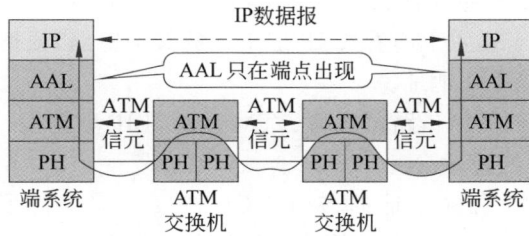

图 6.36 AAL 仅在 ATM 网络的端点出现

ITU 和 ATM 论坛制定了 4 种类型 AAL 协议,即 AAL1、AAL2、AAL3/4 和 AAL5,AAL5 应用最广泛,称为简单有效的适配层(Simple and Efficient Adaptive Layer,SEAL),有兴趣的读者请参看相关文献[1]、[8]、[41]等。

2. IP over ATM

1) IPOA 的网络结构

IPOA(IP over ATM),把 ATM 作为底层网络,在其上运行 IP,承载 IP 业务,把 IP 数据报封装在 AAL5 的 PDU 中通过 ATM 网络进行传送。图 6.37 给出了传统 IPOA 的一种网络结构。

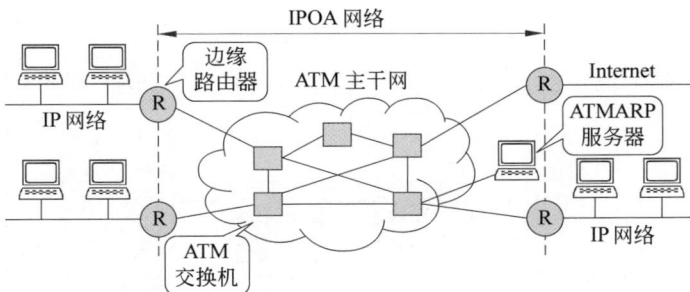

图 6.37 传统 IPOA 网络示例

图 6.37 的例子中 ATM 主干网有 5 台 ATM 交换机,实际的 ATM 主干可以跨越大洲,可以有十几个甚至上百个 ATM 交换机。图中 ATM 主干网有提供 Internet IP 流量的 4 个入口/出口点,每个入口/出口点都是一个 IP 路由器,称为边缘路由器。大多数 ATM 主干在每对入口/出口点上都有一个永久虚电路 PVC。

对于 4 个边缘路由器来说,ATM 主干网看上去就像一个逻辑链路,ATM 将这 4 个路由器互连就像以太网来连接这 4 个路由器一样。我们将数据报进入 ATM 网络的所在路由器称为"入口路由器",数据报离开 ATM 网络时所在的路由器称为"出口路由器"。

每个边缘路由器需要有两个地址,与 Internet 中一般的路由器一样,需要有一个 IP 地址,并且还要有一个 ATM 地址。

2) IP 数据报通过 ATM 网络

现在来看一下图 6.37 中 IP 数据报如何穿过 ATM 网络,处理过程按顺序分为以下 3 步。

第 1 步:入口路由器的处理。

① 根据 IP 数据报的目的地址从 IP 路由表中查找出下一跳路由器的 IP 地址,也就是 ATM 主干网边缘转发 IP 数据报的某出口路由器的 IP 地址。

② 入口路由器将 ATM 主干网看成 IP 层下面的数据链路,根据出口路由器的 IP 地址解析出该出口路由器的 ATM 地址。

③ 入口路由器将得到的出口路由器的 ATM 地址与 IP 数据报一起交给 ATM 主干网。

第 2 步:ATM 网络的处理。

① 确定通向该 ATM 目的地址的 VPI/VCI,在发送端维持了一个从 ATM 地址到 VPI/VCI 的映射表,查表就可以得到。因为这里使用的是 PVC,映射表是静态的。

② 在发送端(即入口路由器的 ATM 接口)将 IP 数据报封装在 AAL5 的 PDU 中,经 AAL 层的处理分割成 48 字节的数据单元,再交给 ATM 层形成 53 字节的信元,通过 ATM 主干网传输到出口路由器。

第 3 步:出口路由器的处理。

出口路由器的 AAL5 将 ATM 信元恢复为 AAL5 PDU,取出 IP 数据报输出到 IP 网络。

3) IPOA 的协议结构

入口/出口路由器是双协议栈,它们与 ATM 主干网通信使用 ATM 协议,与 IP 网络通信使用 IP。图 6.38 表示了图 6.37 中跨越 ATM 主干网的两台主机之间通信使用的协议结构。

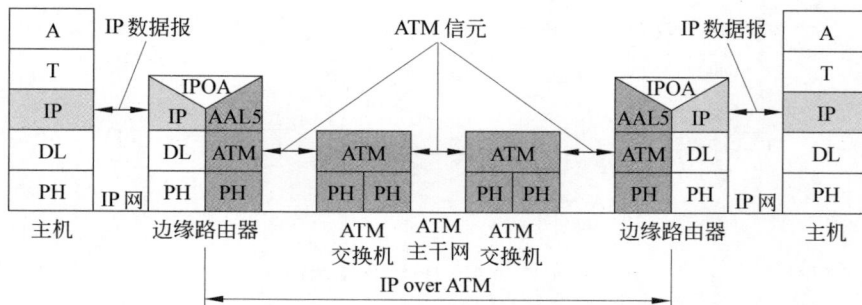

图 6.38　IP over ATM 协议结构

在普通 IP 网络中,地址解析使用 ARP,但它只用于广播网络,而 ATM 不是广播网络,因此入口路由器如何根据下一跳(某出口路由器)的 IP 地址解析出 ATM 地址,要比普通 ARP 复杂。传统的 IPOA 网络的地址解析使用 ATM 地址解析协议 ATMARP 和逆向

ATM 地址解析协议 InATMARP，它们由 ARP 和 RARP 修改而来。图 6.37 中的 ATMARP 服务器就是用来进行地址解析的。

*6.8.2 多协议标记交换

传统的 IPOA 方式，IP 在 ATM 协议之上运行，把 ATM 网看成 IP 的数据链路层。Internet 工程任务组 IETF 制定的以标记交换为基础的通用模型，称为多协议标记交换（MultiProtocol Label Switching，MPLS）。MPLS 也是 IP 骨干网采用的技术。

MPLS 始于 1997 年年初，其目标是实现在大规模 IP 网内通过 ATM 等多种媒体实现保证 QoS 的快速交换，2001 年，MPLS 成互联网建议标准［RFC 3031，3032］。MPLS 的"多协议"指出它可适用于多种网络层协议和底层网络，网络层使用 IPv4、IPv6 等协议，底层网络除 ATM 外，还可以是 PPP 链路、以太网、帧中继等。

本节简要介绍 MPLS，读者可参阅文献［8］、［10］、［13］。

1. MPLS 网络结构

图 6.39 是 MPLS 网络结构的一个例子。组成 MPLS 网络的重要设备称为标记交换路由器（Label Switching Router，LSR）。LSR 分为两类：位于 MPLS 网络内部的为核心 LSR；位于 MPLS 网络边缘的为边缘 LSR，又称为标记边缘路由器（Label Edge Router，LER）。LER 对内与核心 LSR 连接，对外与普通的 IP 路由器连接，以便将 MPLS 网络嵌入 Internet 之中。Internet 中的 MPLS 网络称为 MPLS 域（MPLS domain）。

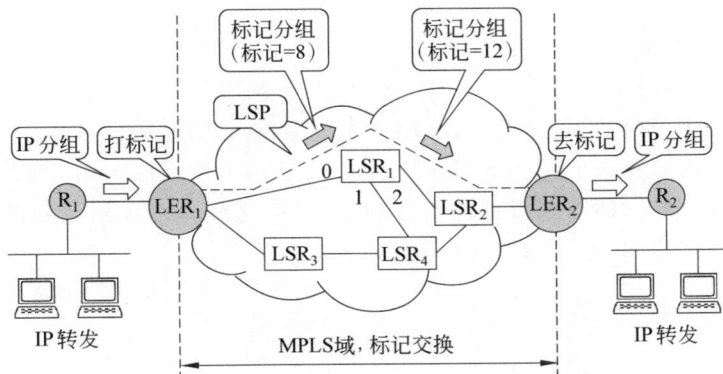

图 6.39 MPLS 网络示例

LSR 集成了第 3 层的路由功能和第 2 层的交换功能，路由功能执行 OSPF 等路由选择协议与其他路由器交换路由信息优化路由表，交换功能根据 MPLS 转发表将打上标记的分组，称为标记分组（Labeled Packet），进行快速转发。

2. 基于标记的分组转发

在图 6.39 MPLS 网络的入口一侧，IP 分组在普通路由器 R_1 和 LER_1 之间传送，使用通常的 IP，基于 IP 地址进行分组转发。到了 MPLS 域边界处的 LER_1，为传入 MPLS 网络的 IP 分组打上初始的标记，成为标记分组，基于标记进行转发，从相应端口转发出去。进入 MPLS 网络内部后，核心 LSR 基于标记进行转发，直至到了 MPLS 网络出口的 LER_2，标记被剥去，又恢复为第 3 层的 IP 分组转发，LER_2 转发给路由器 R_2。

对于核心 LSR，只需要进行标记分组的转发；对于 LER，不仅需要进行标记分组的转发,也需要与域外进行 IP 分组的转发,前者使用 MPLS 转发表,后者使用 IP 路由表。

LSR 中都有一个 MPLS 转发表,它每一表项都包含如下输入到输出的映射:

(输入端口,输入标记 → 输出端口,输出标记)

其表项数目较一般第 3 层的路由表的表项数目少,而且通过硬件进行转发处理,因此转发速度更快。

MPLS 标记转发使用 MPLS 转发表进行直接检索,找到匹配项,确定下一跳,并进行标记对换(label swapping),即用新标记替换原标记,在输出端口将携带新标记的分组转发出去。标记不包含拓扑信息,只有本地意义,每经过一个 LSR,要按照转发表进行标记对换。例如图 6.39 中,当 LSR$_1$ 从 0 端口收到标记为 8 的标记分组时,查转发表,匹配了转发表中的一个表项(0,8→2,12),于是将标记对换为 12,并从端口 2 转发出去。

3. 标记交换路径 LSP 和标记分配协议 LDP

根据初始标记和 MPLS 转发表,IP 报文就确定了在 MPLS 网络端点之间的传输路径,称为标记交换路径(Label Switched Path,LSP),LSP 是从入口到出口的一个单向路径。图 6.39 例子中,LSP 就是如图中虚线所示的 LER$_1$→LSR$_1$→LSR$_2$→LER$_2$ 的路径。LSP 实际上是一条虚电路连接(见 1.2.4 节),因此 MPLS 提供的是一种面向连接的分组传输服务。

标记交换路径 LSP 是 LSR 通过运行 MPLS 的标记分配协议(Label Distribution Protocol,LDP)来建立和维护的。LDP 提供一套信令机制建立起 MPLS 网络的转发表。这个过程需要利用沿途各 LSR 路由表中的信息,路由表中的信息是通过路由选择协议得到的。

4. 标记和标记封装

MPLS 运行在多种第 2 层协议之上,不同的协议 MPLS 标记封装也不同。ATM 信元的 VPI/VCI 可以用于封装标记。若第 2 层使用以太网或 PPP 等协议,就必须在链路层首部和 IP 层首部之间插入一个 MPLS 标记。图 6.40 表示了网络层为 IP、链路层为以太网时 MPLS 标记封装的情况,插入到以太网首部和 IP 首部之间。以太网首部的类型字段置为 0x8847,表示它封装了单播的 MPLS 标记分组。

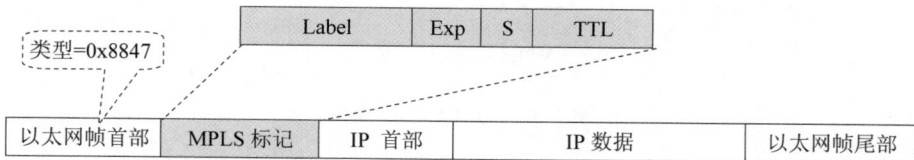

图 6.40　MPLS 标记封装(网络层为 IP,链路层为以太网)

标记共有 4 字节,包含 4 个字段。

① Label:20 比特,标记值字段,用于转发的指针。

② Exp:3 比特,保留,用于试验,现在通常用作服务类别 CoS(Class of Service)。

③ S:1 比特,栈底标识。用于大型网络有多个 MPLS 域嵌套时,支持多重标记,S=1 时表明标记为最底层标记。

④ TTL:8 比特,和 IP 分组中的 TTL(Time To Live)意义相同(见 6.2.4 节)。

5. 转发等价类 FEC

MPLS 将相同转发方式的分组归为一类,称为转发等价类(Forwarding Equivalence

Class,FEC)。入口的 LER 为具有相同 FEC 的分组都指派同样的标记,在 MPLS 网络中进行相同的转发处理。FEC 和标记是一一对应的。

FEC 指一系列具有特定属性的分组,其划分方式非常灵活,如具有特定目的 IP 地址或其网络前缀的分组,具有相同目的 IP 地址和源地址的分组,具有某种服务质量 QoS 要求的分组等。可见,采用不同的分类方法,可以得到不同的 LSP,从而实现不同类别分组通过不同的 LSP,可以均衡网络流量,提高传输的 QoS。

6. MPLS 的应用特点

1)提高分组的转发速度

最初 MPLS 结合了 IP 网络强大的三层路由功能和传统二层网络高效的转发机制,提高了分组在主干网的转发速度。但是随着专用集成电路 ASIC 技术的发展,路由表查找速度也已提高,这使得 MPLS 在提高转发速度方面的优势相对减弱。

由于 MPLS 采用面向连接方式,与现有二层网络转发方式非常相似,这些特点使得 MPLS 能够为流量工程、虚拟专用网络(Virtual Private Network,VPN)等应用提供解决方案。

2)基于 MPLS 的流量工程

MPLS 流量工程(MPLS Traffic Engineering,MPLS-TE)是为了平衡网络设备的流量负荷,进行路径分配,优化网络资源的利用,提高网络的 QoS。

可以在 MPLS 域入口的 LER 与出口的 LER 之间建立多条 LSP,根据它们的使用状况,入口的 LER 可以平衡这些 LSP 的流量负荷,以充分利用网络资源,提高的 QoS。图 6.39 的例子中,LER_1 到 LER_2 之间的 LSP,除 $LER_1 \rightarrow LSR_1 \rightarrow LSR_2 \rightarrow LER_2$ 外,还可以设置 $LER_1 \rightarrow LSR_3 \rightarrow LSR_4 \rightarrow LSR_2 \rightarrow LER_2$,虽然从路由选择的角度后者多了一跳,不是最优(常常是按跳数最少选择路由),但可以分流 R_1 到 R_2 间的数据流。

这种可以由入口 LER 决定的 LSP 称为显式路径,在 MPLS-TE 中起重要作用。

3)基于 MPLS 的 VPN

传统的 VPN 一般是通过 L2TP、PPTP、IPSec 等隧道协议来实现私有网络间数据流在公共网络(实用中是 Internet)上的传送。MPLS 的 LSP 本身就一个虚电路连接,可以作为公共网络上的一条隧道,因此,用 MPLS 来实现 VPN 有天然的优势。

基于 MPLS 的 VPN 就是通过 Internet 上的 LSP 隧道来实现。例如,将一个大型公司处于全国各地的下属单位的私有网络通过 LSP 连接起来,跨越公共的 Internet 形成一个统一的 VPN 网络。

6.8.3 IP over SDH

1. IP over SDH 及其特点

2.4.6 节介绍了采用时分多路复用 TDM 技术的光纤 SDH/SONET 数据传输系统。SDH/SONET 可简称 SDH。

电信骨干传输网很多采用 SDH/SONET 技术,全世界运营的 SDH/SONET 传输系统有几十万个,我国省级以上骨干网大多也是采用 SDH/SONET。可以让 IP 包直接在 SDH/SONET 网上传输,即所谓的 IP over SDH,或 IP over SDH/SONET,也称 POS (Packet Over SDH/SONET)。POS 的例子见图 1.4 CERNET2。

在 IP over SDH 中,SDH 以传输链路方式来支持 IP 网,它的作用是将路由器以点到点的方式连接起来,提高点到点之间的传送速率。但整体传输性能的提高还要依赖于路由器转发速度,高速交换路由器为 IP over SDH 的实现奠定了基础。

IP over SDH 有两种实现方式,一个基于 IETF 的 RFC2615[建议标准] 标准,一个基于 ITU-T 的 X.85 标准。它们都以 SDH 网作为 IP 数据报的物理传输网络,但前者使用 PPP 对 IP 数据报进行封装,然后把 PPP 帧映射到 SDH 净荷,封装到 SDH 帧中,按 SDH 各级同步传输速率进行传输,因此这一技术也称为 IP over PPP over SDH;而后者使用 LAPS 协议对 IP 数据报进行封装,即 IP over LAPS over SDH。

SDH 上的链路接入协议(Link Access Procedure SDH,LAPS)是 ITU-T X.85 定义的,与 PPP 非常类似,它提供数据链路服务及协议规范,可以用来承载 IP 包。值得提及的是,LAPS 是由我国武汉邮电科学研究院余少华博士提出的。

和 IPOA 相比,IP over SDH 通过 PPP/LAPS 将 IP 包直接映射到 SDH 帧,省去了中间的 ATM,简化了网络结构,提高了传输效率,降低了成本。但 IP over SDH 提供的 QoS 较差,对于集数据、语音、图像的多业务传输,其 QoS 不如 IPOA。

2. IP over SDH 的协议结构

IP over SDH 的协议结构如图 6.41 所示,此图例表示的是 IP over PPP over SDH 的情形。分别接于两个 LAN(如以太网)上的运行 TCP/IP 的主机通过 SDH 传输 IP 包。接入结点是双协议栈,数据链路层运行 LAN 协议和 PPP,将 IP 包封装于 PPP 帧中,再装入 SDH 帧中,跨越由高速交换路由器连接的 SDH 网络。

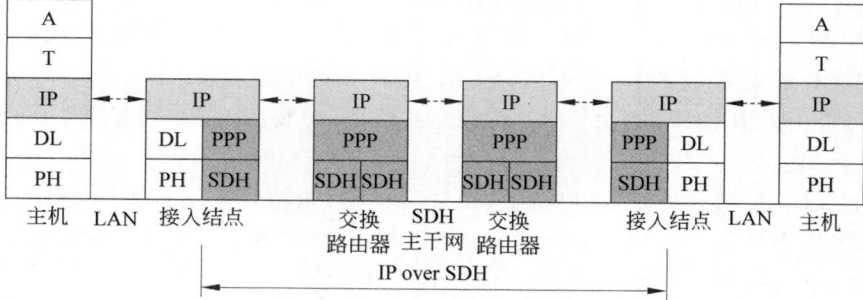

图 6.41　IP over SDH 协议结构

图 6.41 中,带箭头的虚线表示了 IP 包的跨越 IP over SDH 网络虚拟传输的情况。

6.8.4　IP over WDM

2.4.4 节介绍了波分多路复用(WDM)在一根光纤上传输多个不同波长的光信号,比 SDH/SONET 更充分利用了光纤巨大的带宽资源。

IP over WDM 不使用 ATM 和 SDH/SONET 设备,在光纤上直接传输某种帧格式封装的 IP 数据报。用高速交换路由器进行 IP 数据报的路由选择和转发,采用光通信技术将高速交换路由器之间的多个高速信道相连。高速交换路由器具有光接口,直接连接 WDM 光纤,控制波长的接入、交换、路由选择和保护。这种 WDM 技术和高速交换路由器 IP 数据报路由选择和转发功能的结合称为 IP over WDM 或 IP over DWDM(主要使用 DWDM),

也称 IP over Optical,即直接在光上运行 IP。

IP over WDM 在光纤上直接传输 IP 数据报,需要选择一种帧格式,即选择一种分帧方法。目前主要使用两种帧格式:SDH 帧格式和以太网帧格式。

在 WAN 上进行远距离传输时,除了需要进行光放大以外,为了防止光色散使波形畸变造成误码,每隔一定距离要加一个电再生器(2.5Gb/s 速率时约为 600km)。目前多数现代通信的再生器使用 SDH 帧,在这种线路上构建 IP 网,就须采用 SDH 帧格式。SDH 帧与 IP 数据报的格式不同,在路由器的 SDH 线路卡中要有分拆重组电路。SDH 帧格式的优点在于其帧头中携带有网络管理信息,有助于系统故障诊断,但 SDH 也需要有大量内部开销用于故障监控。

采用以太网帧格式是一种经济有效的方法。IP 数据报封装于以太网帧中,不需要复杂的分拆重组处理。这种系统中不使用电再生器,交换路由器同时起电再生器的作用。WAN、MAN 和 LAN 使用统一的以太网帧格式可以实现无缝连接。

IP over WDM 是一种最简单直接的 IP 传输体系,减少了网络设备和功能重叠,提高了传输效率。IP over WDM 代表着新一代高速 Internet 主干网的发展方向。

6.9 数据中心网络

6.9.1 简介

随着互联网的迅速发展和用户数量的激增,大型互联网企业如谷歌、微软和亚马逊面临着处理海量用户请求、存储海量数据、保障高可靠性和低时延的挑战。传统的服务器-客户端架构已无法满足高并发、大规模数据处理和高可用性的需求。为应对这些挑战,许多互联网企业在全球范围内部署了多个数据中心,以分担网络负载并就近为用户提供服务。这些数据中心通常位于人口密集地区,每个数据中心可容纳数万至数十万台主机,支持搜索、电子邮件、社交网络和电商等云服务。

数据中心网络(Data Center Network,DCN)是连接数据中心内数万台服务器的核心网络,使用交换机、路由器等设备组成庞大的分布式系统。DCN 不仅在数据中心内部管理高效数据传输,还与外部互联网和其他数据中心建立连接,处理用户请求和内部数据流。DCN 需具备高扩展性、可靠性、低时延和高带宽,同时要确保成本可控与绿色节能。

DCN 承载两类流量:一类是外部用户和内部服务器之间的流量,另一类是数据中心内部服务器之间的流量。为处理外部流量,DCN 通过边界路由器与互联网相连,并在内部实现高效的数据传输。传统 DCN 架构包含服务器、路由器、交换机、控制器和网关等组件,协同完成流量管理和数据包转发。

随着数据中心规模和需求的增长,DCN 架构不断演进,从早期的三层结构,到引入 Fat-Tree 和 Spine-Leaf 拓扑,再到如今的软件定义网络(Software-Defined Networking,SDN),每一阶段的技术创新都旨在提升可扩展性、性能和安全性,满足不断变化的应用需求。

6.9.2 数据中心网络的硬件设备

数据中心网络的核心在于多种硬件设备的高效协同,包括交换机、路由器、防火墙、服务器、存储设备和传输介质。它们共同构建起一个高性能、低时延且可靠性极高的网络基础设施，以支撑现代业务对大规模数据处理与传输的需求。

1. 交换机

交换机是数据中心网络（DCN）中连接服务器、存储设备和其他网络结点的核心设备，负责高速数据转发。现代交换机不仅具备高端口密度和强大的吞吐能力，能够支持10GbE、100GbE 乃至 400GbE 的以太网，还广泛支持软件定义网络（SDN）架构，使网络更易于集中管理和灵活配置。同时，它们还支持等价多路径（Equal-Cost Multi-Path，ECMP）技术，有效提升数据传输效率，缓解网络瓶颈。

2. 路由器

路由器在 DCN 中承担着不同子网及数据中心间的通信任务，负责路径选择与数据转发。通过支持 BGP、OSPF 等动态路由协议，路由器能实现高效的流量管理与网络连通。此外，路由器还支持 VPN 和 MPLS 等安全和隔离技术，为数据传输提供保障，是跨区域部署中不可或缺的重要组件。

3. 防火墙

防火墙是保障 DCN 安全的重要防线，主要部署在网络边界，用于防止未经授权的访问及各种恶意攻击。它不仅能基于 IP 地址、端口等规则进行访问控制，还具备入侵检测系统（Intrusion Detection System，IDS）、入侵防御系统（Intrusion Prevention System，IPS）以及深度包检测（Deep Packet Inspection，DPI）的能力。在大型数据中心中，分布式防火墙架构也越来越常见，有效提升了系统的整体防护能力与弹性。

4. 服务器

服务器是 DCN 提供计算资源的核心设备，负责承载各种应用与服务。根据用途不同，服务器可分为通用服务器、专用服务器和虚拟服务器。通用服务器用于日常业务系统，专用服务器用于高性能计算（High-Performance Computing，HPC）、人工智能（Artificial Intelligence，AI）、大数据等场景，而虚拟服务器则通过虚拟化技术实现资源共享与弹性调度。它们通常通过以太网或光纤通道与网络连接，以实现高效数据通信。

5. 存储设备

存储设备承担着数据的持久化存储任务，主要形式包括直接附加存储（Direct-Attached Storage，DAS）、网络附加存储（Network-Attached Storage，NAS）以及存储区域网络（Storage Area Network，SAN）。DAS 适用于小型部署，NAS 提供文件级共享访问，而SAN 则通过光纤或互联网小型计算机系统接口（Internet Small Computer Systems Interface，iSCSI）协议支持块级存储访问，具备高吞吐量和低延时优势，常用于关键数据业务系统。

6. 传输介质

在 DCN 中，传输介质的选择对数据传输的带宽、延时及稳定性有直接影响。光纤由于具备高带宽、低时延、抗电磁干扰等特性，广泛应用于核心交换、存储网络及跨机架连接。铜缆则常用于服务器与交换机之间，或机柜内部的短距离高速连接，成本相对较低。无线通信虽然在 DCN 主干中使用较少，但在应急部署、边缘计算结点或远程监控场景下，仍具一定的应用价值。

7. 设备互连方式与部署策略

设备之间的互连方式主要包括直连、通过交换机连接、路由器连接及 SAN 专用网络连接等。其中，交换机和 SAN 是最常用的连接方式，兼顾性能与扩展性。在部署策略方面，DCN 通常采用高可用架构（如设备冗余、动态路由）、链路聚合控制协议（Link Aggregation Control Protocol，LACP）、等价多路径（Equal-Cost Multi-Path，ECMP）等负载均衡机制，以及分布式架构（如叶脊拓扑（Leaf-Spine Topology）、超融合基础架构（Hyper-Converged Infrastructure，HCI）），以实现稳定、高效、可扩展的网络运行环境。

综上所述，数据中心网络的构建离不开各类硬件设备的协同配合。通过合理选择设备类型与互连方式，并结合先进的架构设计与调度策略，能够有效支撑现代企业在大数据、云计算与智能化应用背景下的多样化业务需求。

6.9.3　数据中心网络的软件技术

数据中心网络（DCN）的实现依赖多种软件技术。

1. 网络操作系统（Network Operating System，NOS）

网络操作系统是数据中心网络中的基础性软件技术之一，主要用于统一管理各类网络设备，提供配置、监控和策略控制等功能。开源 NOS 如 Cumulus Linux、Open Network Linux 和 Switch Light OS 具备高度可编程性与开放性，支持自动化部署，便于与 SDN 架构集成，提升网络运维的灵活性。而商业 NOS 如 Cisco NX-OS 和 Juniper Junos OS 则拥有更强的稳定性、安全性和硬件兼容性，广泛应用于大型企业和云数据中心中。无论是开源还是商业解决方案，NOS 都极大地推动了网络基础设施向高效、集中、智能的方向发展。

2. 软件定义网络（SDN）

软件定义网络是推动 DCN 智能化管理的关键技术。通过将网络设备中的控制平面与数据平面解耦，SDN 允许网络管理由集中控制器统一执行，实现灵活的流量控制和策略配置。这种架构不仅减少了人为配置的复杂性和误差，还大幅提升了网络的自动化水平。借助 SDN，网络管理员可以通过标准化协议（如 OpenFlow）直接编程控制流量路径与带宽分配，从而快速适配不同的业务需求。此外，SDN 的集中化优势也提升了网络的可视性与故障响应能力，为数据中心提供更高的灵活性与可维护性。

3. 虚拟化技术（Virtualization Technology）

虚拟化技术是实现资源灵活分配与高效管理的核心手段之一。它将物理服务器划分为多个相互独立的虚拟机（VM），每台虚拟机可运行不同的应用，实现资源的细粒度调度与隔离。虚拟机迁移功能进一步提升了数据中心的动态负载均衡与故障恢复能力，有助于在资源利用率和业务连续性之间实现最佳平衡。除了计算资源的虚拟化，网络与存储的虚拟化也成为关键趋势，前者通过构建虚拟网络提供更灵活的网络隔离与服务部署，后者则将分散的物理存储整合成统一的资源池，提升了可扩展性与管理效率。

4. 虚拟化与 SDN 的融合

虚拟化与 SDN 的深度融合构成了现代 DCN 的核心调度能力。SDN 提供了灵活可编程的网络控制机制，而虚拟化则带来了动态可调的计算与存储资源。二者结合使得数据中心在资源调度、服务部署、网络隔离和负载应对方面具备更高的自动化与弹性。例如，在面对突发流量或业务迁移需求时，系统可实现网络路径和计算资源的联动调整，确保整体性能的平衡与稳定。同时,这种融合架构也为实现更高水平的安全隔离与策略执行提供了基础,使多租户环境下的资源使用更加高效、安全。

DCN 的构建不仅依赖强大的硬件基础,还离不开多种关键的软件技术支持。网络操作系统为设备间的协同与管理提供了基础平台,软件定义网络通过控制平面集中化提升了网络的灵活性与可编程性,而虚拟化技术则使得资源能够以更高效、可控的方式被调度与利用。当这些技术协同工作时,数据中心可以实现智能化运维、弹性扩展和高可用性,全面满足现代企业对高性能计算、海量数据处理与快速服务部署的需求。

6.9.4 数据中心网络的拓扑结构

为了保证高效、稳定的数据传输,数据中心网络架构通常采用分层设计。如图 6.42 所示,传统的大型数据中心网络通常采用三层层次化模型:接入层、汇聚层和核心层。

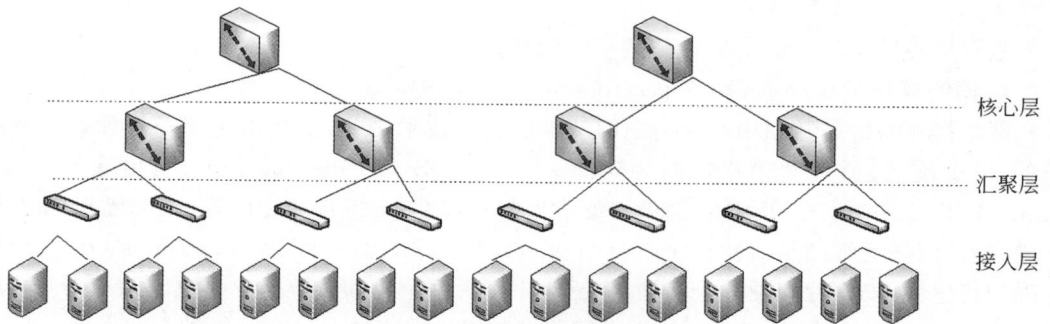

图 6.42 传统 DCN 的三层网络架构

作为数据中心网络的第一层,接入层负责连接服务器和存储设备。接入层交换机具有高密度端口和灵活配置选项,以满足服务器之间对高带宽、低时延和高可靠性的需求,通常采用低成本的交换机以确保成本效益。

汇聚层负责汇聚接入层的流量,并进行优化处理。该层使用高性能交换机,以应对高密度、高带宽、低时延和高可靠性的要求,通常支持多个高速上行链路,以增强网络的可靠性和容错能力。

作为 DCN 的中心,核心层处理汇聚层的流量,提供高带宽、低时延和高可靠的传输。核心层交换机具备高性能和高容错性,并支持大规模的网络环境,同时进行流量优化,以确保网络性能和可靠性。

三层网络架构以其简单实现、配置工作量小和强大的广播控制能力等优点,曾在传统数据中心网络中得到广泛应用。然而随着数据中心整合、虚拟化和云计算等技术的不断发展,传统三层网络架构已经无法满足不断增长的网络需求。如图 6.43 所示,目前数据中心网络(DCN)常见的拓扑结构包括树状结构、Mesh 结构和 Leaf-spine 结构。不同的拓扑结构针对特定网络场景和需求,各有优缺点,选择合适的拓扑形式可以提升数据中心的性能和可用性。

1. 树状结构

树状结构(Tree Topology)是经典的拓扑形式,以根结点为中心向外扩展,形成分层网络。其优点在于构建简单、管理方便且成本低,适合小规模 DCN。然而,树状结构的可扩展

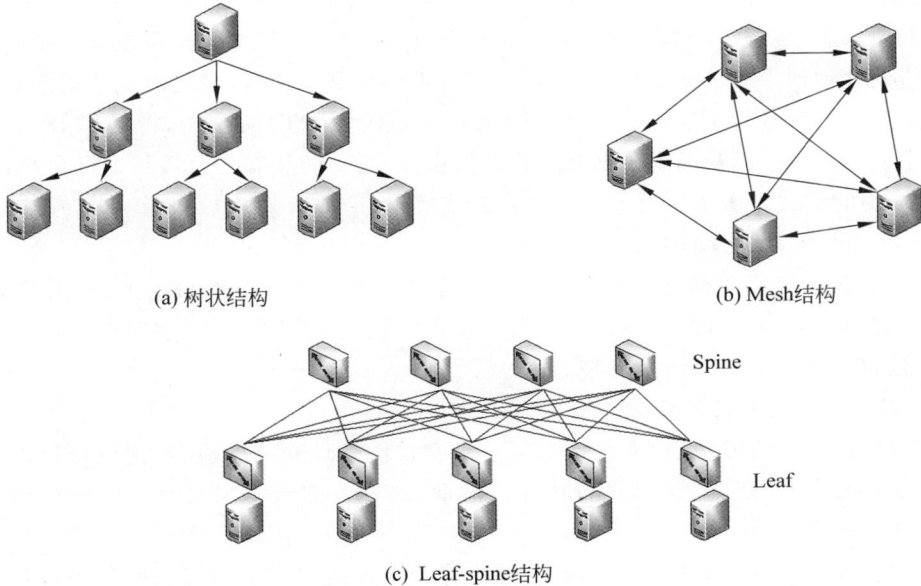

(a) 树状结构 (b) Mesh结构

(c) Leaf-spine结构

图 6.43 数据中心网络的拓扑结构

性有限,根结点故障会影响整个网络。主要应用包括构建小型 DCN 和作为其他拓扑的子结构,通过组合形成更复杂的网络,以优化性能与管理。

2. Mesh 结构

Mesh 结构(Mesh Topology)是多结点直接连接的拓扑,所有服务器都作为一个结点直接互联,形成网状结构。其优点是可扩展性强和容错性好,但成本高、管理复杂,主要用于小型高性能计算集群。直接连接减少了对中间结点的依赖,提升了容错性与性能。然而其高成本和管理复杂性使得在大规模数据中心更倾向于使用其他拓扑结构。

3. Leaf-spine 结构

Leaf-spine 结构(Leaf-spine Topology),也称为 Clos 网络,是一种高度可扩展的拓扑,由核心结点(Spine Switch)和接入结点(Leaf Switch)组成。每个 Leaf 结点与所有 Spine 结点连接,形成简单且高效的网络结构,具有良好的可扩展性和容错性。此结构广泛应用于现代 DCN,如 Google 的数据中心,支持大规模设备连接和数据传输,满足不断增长的网络需求,提供高性能和可靠性。

6.9.5 数据中心网络的负载均衡和优化设计

数据中心网络通常包含大量服务器和应用,性能特点和负载水平各异。负载均衡技术旨在将网络流量合理分配到多台服务器上,以优化资源利用、减轻服务器负载,并提升整体性能和可用性。

以云数据中心(如谷歌或微软)为例,这些数据中心同时支持搜索、电子邮件和视频等多种应用。每个应用都关联一个公开的 IP 地址,外部用户向该地址发送请求并接收响应。在数据中心内部,外部请求首先经过负载均衡器,其任务是根据主机的当前负载将请求分发到相应主机。大型数据中心通常配置多台负载均衡器,每台服务于特定的云应用。负载均衡器根据数据报的目的端口号和 IP 地址进行决策,因此常被称为"第四层交换机"。接收到特定应用的请求后,负载均衡器将请求转发至处理该应用的主机,该主机可能进一步调用其他服务来协助处理请求。请求处理完成后,响应将返回负载均衡器,最终由负载均衡器将其转发给外部客户。负载均衡器还提供类似网络地址转换(NAT)的功能,将外部 IP 地址转换为内部主机的 IP 地址,从而隐藏网络结构并增强安全性,防止客户直接与主机交互。

DCN 中的负载均衡主要通过以下两种方式实现。

(1)基于域名系统(DNS)的负载均衡。

基于 DNS 的负载均衡通过将多个服务器的 IP 地址映射到一个域名上,利用 DNS 服务器将来自客户端的请求分配至不同服务器。这种方法实施简单且无须特殊硬件,但其粒度较粗,无法进行精细的流量调度和控制。

(2)基于硬件或软件的负载均衡。

基于硬件或软件的负载均衡使用专用设备或软件管理和调度流量,提供更高的粒度和灵活性,能够根据具体应用场景进行优化。然而,这种方法通常需要专门的硬件或软件支持,成本相对较高。

在优化 DCN 设计时,除了负载均衡,还应综合考虑传输带宽、延迟、网络拓扑和成本等多个方面。首先,传输带宽是 DCN 的基础需求,提升带宽至关重要,可以通过使用更高速的网络设备(如 100Gb/s 以太网交换机)或采用多路径传输技术来实现。其次,降低网络延迟同样关键,延迟是指数据包从发送方到接收方所需的时间,可通过更快速的网络设备、优化路由算法以及引入缓存等方式进行优化。此外,合理设计网络拓扑结构有助于提升网络的整体性能和可靠性,应根据具体应用需求选择合适的拓扑形式。最后,在进行网络优化的同时,也需要关注成本控制,通过选用经济型网络设备、优化拓扑结构及实现网络虚拟化等手段,有效降低建设与运营成本。

总之,DCN 的负载均衡与优化设计是确保网络性能、可靠性和可扩展性的关键。上述方法应根据实际需求进行选择与组合。

6.10 软件定义网络技术

6.10.1 软件定义网络(SDN)技术概述

传统的网络架构通常主要依赖硬件,配置和管理工作复杂烦琐,需要大量手动干预。随着网络规模的不断扩大,这一管理过程变得越来越复杂。此外,传统网络设备内置了大量复杂协议,使得运营商在尝试定制和优化网络时面临更大的挑战。与此同时,互联网流量不断迅速增长,用户对流量的需求不断扩展,新型服务层出不穷,这进一步增加了网络运营管理成本。在不断变化的互联网业务环境中,仅仅依靠高稳定性和高性能的网络已经不足以满足业务需求,相反,灵活性和敏捷性变得更加关键。

软件定义网络是一种新型网络架构,其核心思想是将网络数据平面和控制平面分离,并利用开放的接口和协议实现对网络的编程和控制。在 SDN 架构中,控制平面通过控制—转发通信接口对网络设备进行集中控制。这部分控制信令的流量发生在控制器与网络设备之间,独立于终端间通信产生的数据流量。网络设备通过接收控制信令生成转发表,并据此决定数据流量的处理,不再需要使用复杂的分布式网络协议进行数据转发。SDN 最早可追溯到 2008 年,当时斯坦福大学的研究团队提出了一种新的网络架构,称为 OpenFlow。这种新的架构通过将网络控制平面与数据平面分离,实现了对网络的灵活编程和管理。OpenFlow 很快得到了学术界和产业界的广泛关注和支持。随着 SDN 的不断发展,OpenFlow 也成为了 SDN 中最重要的组件之一。

6.10.2　软件定义网络的架构

软件定义网络的整体架构由南到北(由下到上)分为数据平面、控制平面和应用平面,具体如图 6.44 所示。

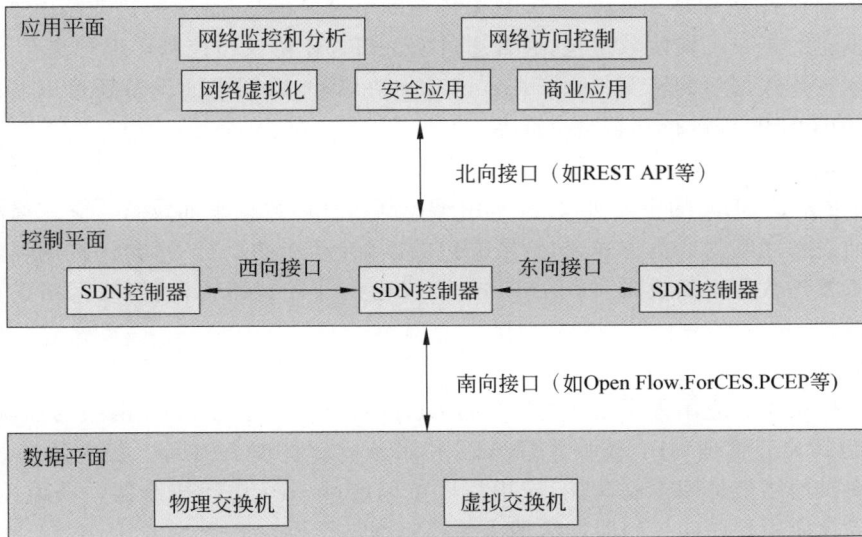

图 6.44　SDN 体系架构

控制平面是 SDN 的"大脑",负责实现网络的逻辑控制。它通常由一个或多个控制器组成,这些控制器通过与网络设备通信,向数据平面发送控制指令,从而完成网络的管理与配置。控制器与数据平面设备之间的交互通常基于 OpenFlow 协议。当前,主流的 OpenFlow 控制器分为两类:开源控制器和厂商开发的商用控制器。常见的开源控制器包括 NOX/POX 和 OpenDaylight 等。

数据平面是网络中负责实际数据传输的部分,由交换机等网络通用硬件组成。各网络设备通过不同规则构建 SDN 数据通路并相互连接。数据平面设备根据控制平面下发的指令转发数据报,这些指令通常通过 OpenFlow 协议进行传递。此外,数据平面也可以使用其他协议(如 BGP 或 OSPF)实现动态路由选择。常见的数据平面设备包括集线器、交换机和路由器等。

应用层是 SDN 的最上层,为网络管理员提供用于管理和监控网络的应用程序。这些应用程序通过控制平面的应用程序编程接口(Application Programming Interface,API)对数据平面设备进行管理,支持网络配置、优化和监控等功能。例如,应用程序可以基于网络流量实现负载均衡或服务质量管理,也可以通过网络监控工具检测安全漏洞或其他问题。用户无须关心底层实现细节,即可编程和部署新的应用。

这三层结构共同协作，实现了 SDN 的网络控制和管理。通过将网络控制与数据传输分离，SDN 提供了更高的可编程性和灵活性，使网络管理和配置更加简单和高效。

SDN 的主要组件和接口包括以下几部分。

（1）控制器。

控制器是 SDN 的核心组件，用于管理和控制网络。它接收来自应用程序的请求，并向数据平面设备发送相应的控制指令。通常，控制器会采用 OpenFlow 协议与数据平面设备进行通信，同时利用网络操作系统进行管理和配置。通过应用程序接口，控制器向应用程序提供访问网络的接口。

（2）数据平面设备。

数据平面设备是 SDN 中负责实际数据传输的组件，主要包括交换机或路由器。它们根据控制器发送的指令来转发数据包，通常通过 OpenFlow 协议与控制器进行交互，并依据控制器的指令进行数据包的转发。除了 OpenFlow 协议外，数据平面设备还可以利用其他协议如 BGP 或 OSPF 等进行动态路由选择。

（3）OpenFlow 协议。

OpenFlow 是 SDN 的主要协议之一，用于控制和管理数据平面设备。它定义了控制器和数据平面设备之间的通信方式，包括数据包的匹配、动作的执行等，允许控制器通过发送控制指令来管理数据平面设备。OpenFlow 协议还允许控制器查询、修改网络拓扑以及处理网络事件。

（4）API。

API 是控制器和应用程序之间的接口，用于实现应用程序对 SDN 网络的控制和管理。这些 API 包括流表管理 API、拓扑管理 API 和服务质量管理 API 等。控制器通过 API 向应用程序提供网络信息和控制功能，应用程序可以使用 API 访问控制器并获取网络信息。API 还可以让应用程序向控制器发送请求并控制网络行为。

（5）网络操作系统。

网络操作系统（NOS）通常被认为是 SDN 中控制平面的一部分，用于管理和配置网络。它通常运行在控制器中，提供控制器和数据平面设备之间的接口。网络操作系统负责处理控制器和数据平面设备之间的通信，处理网络事件并实现网络管理和配置功能。

（6）应用程序。

应用程序是 SDN 中的上层组件，负责实现网络控制和管理功能。它们利用控制器提供的 API 来获取网络信息和控制功能，并实现各种网络应用，如负载平衡、服务质量管理和安全监控等。

6.10.3　SDN 控制器

1. 控制器的功能

SDN 控制器是 SDN 架构中的核心组件，其主要作用是实现网络的逻辑控制，从而实现网络的可编程性和灵活性，使得网络管理和配置更加简单和高效。其主要角色和功能包括以下几方面：

① 管理和配置网络。通过向数据平面设备发送控制指令来管理和配置网络。例如，根据网络拓扑、网络流量等信息，自动配置数据平面设备的路由、流表等参数。

② 网络监控和故障排除。监控网络流量、时延、丢包等性能指标，并根据需要进行故障排除。例如，当网络出现故障时，自动检测故障原因并采取相应的措施来恢复网络。

③ 策略实施和安全控制。实施各种网络策略，如流量控制、服务质量管理和安全策略等，还可以通过流表的管理和配置，实现各种安全控制策略，如访问控制、防火墙、VPN 等。

④ 多租户支持。支持多租户网络，通过将网络资源划分为多个虚拟网络，并为每个虚拟网络分配独立的控制器实例，实现各虚拟网络之间的隔离和管理。

⑤ 应用程序支持。提供一组 API，允许应用程序通过控制器与数据平面设备交互。这些 API 包括流表管理 API 和拓扑管理 API 等，应用程序可以使用这些 API 来实现各种网络控制和管理功能。

2. 控制器的架构和分类

SDN 控制器架构可以分为两种类型：集中式和分布式。

集中式控制器将网络控制平面集中到一个中央控制器中，由该控制器负责统一管理和控制整个网络。这种架构具有出色的网络可编程性、灵活性和集中化的管理特点。然而，集中式控制器的主要风险是存在单点故障的可能性。如果中央控制器发生故障，整个网络的控制平面将受到影响，可能导致网络功能的中断或降级。

分布式控制器是一种将网络控制平面分散到多个控制器中的架构。这种设计的优势在于避免了单点故障的风险，提高了网络的可靠性和可扩展性。每个分布式控制器负责特定区域或任务，使得系统更具弹性。然而，分布式控制器的缺点在于需要控制器之间进行通信和协调，这可能引入一些复杂性和管理难度，特别是在大规模网络中。

实际应用中选择集中式还是分布式控制器架构通常取决于网络的规模、性能要求以及对可靠性和灵活性的需求。某些情况下，也可能采用混合型的架构，结合两者的优势以达到更好的平衡。

根据 SDN 控制器的不同实现方式和架构类型，还可以将其分类为以下几种。

（1）OpenFlow 控制器。使用 OpenFlow 协议与数据平面设备通信，直接访问和操作数据平面中的网络设备，控制网络转发行为，数据平面采用基于流的方式进行转发。

（2）ONOS 控制器。ONOS（Open Network Operating System）是一种开源的分布式控制器，使用多个控制器结点协同工作，实现网络的全局控制。ONOS 控制器具有较好的可扩展性和容错性，常见的应用场景包括数据中心、云计算等。

（3）Ryu 控制器。Python 是一种通用的高级编程语言，具有简单易读的语法和强大的标准库，适用于各种应用领域，包括 Web 开发、数据分析、人工智能等。Ryu 控制器是一个基于 Python 开发的 SDN 控制器。它提供了丰富的 API 和模块，使开发者能够快速构建各种 SDN 应用程序。Ryu 控制器的应用场景包括网络监控、QoS 管理、安全策略等。

（4）ODL 控制器。ODL（OpenDaylight）控制器是一个基于 Java 的开源 SDN 控制器，旨在提供一个灵活且可扩展的平台，支持多种数据平面和控制平面协议。ODL 控制器的应用场景包括数据中心、企业网络、电信运营商等。

需根据实际应用场景和需求选择不同的 SDN 控制器架构和分类，以实现网络的高效管理和控制。

3. 控制器的编程模型和 API

SDN 控制器的编程模型包括南向接口和北向接口两个重要部分，这两个接口层次为网络管理员和开发人员提供了与 SDN 网络进行交互、管理和编程的框架。

南向接口是控制器与网络设备之间的通信接口,通常用于与数据平面设备进行交流。通过南向接口,控制器向网络设备发送指令,实现网络的配置和控制。南向 API 用于与底层网络设备通信,使控制器能够发送配置、流表项和其他指令到网络设备,以灵活控制其行为。OpenFlow 协议是一种南向 API,规定了 SDN 控制器与交换机之间的通信协议。通过 OpenFlow,控制器直接管理交换机的流表,实现网络的灵活配置和精确控制。

北向接口是控制器与上层应用程序之间的通信接口,允许应用程序与 SDN 控制器进行互动。通过北向接口,应用程序可以请求网络状态信息、发送网络配置指令,并与 SDN 控制器协同实现各种网络功能。北向 API 为应用程序提供了访问网络状态、配置网络策略以及执行其他网络管理任务的途径。

RESTful API 是基于 REST(Representational State Transfer)架构的 API,使用标准的 HTTP 方法(如 GET、POST、PUT、DELETE)进行通信。控制器可以向 RESTful API 发送 HTTP 请求,获取网络设备的状态信息、配置信息和控制指令。SDN 控制器还可以提供自己的 API,允许应用程序访问和操作网络设备。

SDN 控制器的编程模型通常涉及对数据平面的抽象化。这使得控制器能够以更高级别的抽象层次上的概念来管理网络,而无须关注底层硬件细节。具体而言,SDN 控制器的编程模型和 API 的实现可能因控制器厂商、开发者社区或标准而有所不同。

6.10.4　OpenFlow 协议

OpenFlow 协议是 SDN 的核心协议之一,它定义了控制器和交换机之间的通信协议,允许控制器控制交换机的数据流转发。其主要内容包括以下几方面。

1. 协议消息格式

OpenFlow 协议定义了多种消息类型,例如交换机发出的请求消息、控制器响应的回复消息以及控制器发出的指令消息等。每个消息类型都有相应的消息格式,包括消息头和消息体。消息头包含消息类型、消息长度、交换机 ID、事务 ID 等字段,而消息体则包含具体的消息内容。

2. 协议版本

OpenFlow 协议支持多个版本,目前最常用的版本是 OpenFlow 1.3。不同版本的协议可能具有不同的消息类型和消息格式,控制器和交换机需要选择相同的协议版本才能正常通信。

3. 控制器和交换机的角色

OpenFlow 协议规定了交换机可以具有主控制器或辅助控制器两种角色。主控制器可以对交换机进行任何修改,而辅助控制器则只能对交换机进行部分修改。

4. 数据流表

OpenFlow 协议定义了数据流表的格式和内容。每个交换机上都有多个数据流表,用于匹配流量并执行相应的操作。数据流表包括多个匹配域和多个动作,每个匹配域用于匹配特定的流量,而每个动作则定义了对匹配的流量进行什么样的处理。数据流表的具体内容包括以下字段。

(1) 匹配字段(Match Fields):用于匹配数据包的各个属性,如源 IP 地址、目的 IP 地址、源 MAC 地址、目的 MAC 地址、VLAN ID 等。

（2）操作（Actions）：定义了交换机应该如何处理匹配的数据包。例如，转发到特定端口、修改数据包头部字段、输出数据包到控制器等。

（3）流优先级（Priority）：指定了匹配规则的优先级，用于解决多个规则匹配同一个数据包的情况。

（4）统计信息（Statistics）：提供了关于数据流表中规则的统计信息，如数据包计数、字节数计数、数据流持续时间等。

表 6.13 是一个简单的 OpenFlow 数据流表格式示例。

表 6.13　OpenFlow 数据流表

匹 配 字 段	操作（Actions）
源 IP 地址	转发到端口 2
目的 IP 地址	转发到端口 3
源 MAC 地址	转发到端口 2
目的 MAC 地址	转发到端口 3
IP 协议	DSCP＝6

在上面的示例中，数据流表由两部分组成：匹配字段和操作。匹配字段用于匹配传入交换机的数据包，而操作定义了交换机应该如何处理匹配的数据包。在这个例子中，当交换机接收到一个数据包时，它会将源 IP 地址和源 MAC 地址与数据流表中的值进行匹配，如果匹配成功，那么它将把数据包转发到端口 2，并将 DSCP 字段设置为 6。

OpenFlow 协议定义了交换机和控制器之间通信的消息格式，并规定了交换机中数据流表的格式和规则。这些规则允许控制器对交换机进行动态编程，从而实现更灵活、可扩展和可定制的网络管理。当交换机收到数据包时，它会将数据包的头部信息与数据流表中的匹配域进行匹配，匹配成功后执行相应的动作。如果匹配失败，交换机则会将数据包发送给控制器，控制器会根据规则生成相应的流表项，并将其发送给交换机。交换机再次接收到相同类型的数据包时，就可以直接根据新的流表项进行匹配和处理。

如图 6.45 所示是 OpenFlow 协议消息的处理流程，附带一个简单的例子说明。

假设主机 A 向主机 B 发送 IP 数据报，并且 OpenFlow 交换机中存在数据流表。OpenFlow 交换机接收 IP 数据报。

（1）OpenFlow 交换机接收数据报，并解析数据报首部。

（2）OpenFlow 交换机查询数据流表，由于数据流表为空，不知道如何转发，因此需要询问控制器。

（3）OpenFlow 交换机向控制器发送 Packet-In 消息。

（4）控制器为主机 A 发送给主机 B 的 IP 数据报计算路由。

（5）控制器向 OpenFlow 交换机下发数据流表，使用 FlowMod 消息承载数据流表信息，OpenFlow 交换机接收该消息后安装数据流表。

（6）控制器向 OpenFlow 交换机发送 Packet-Out 消息，指示 OpenFlow 交换机按照刚安装好的数据流表转发 IP 数据报。

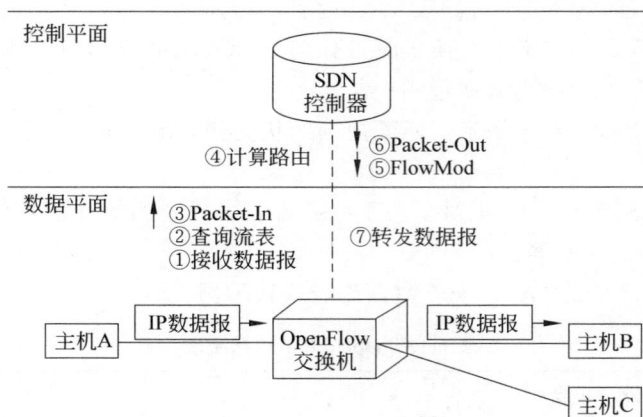

图 6.45　**OpenFlow** 协议消息的处理流程

（7）OpenFlow 交换机收到 Packet-Out 消息后转发数据报。

假设有一个包括一个控制器和两个交换机的拓扑结构，控制器与交换机之间已建立 OpenFlow 连接，并完成了握手协商和控制器注册。

控制器收到一个新的数据报，数据报的目的 IP 地址为 192.168.1.10，源 IP 地址为 10.0.0.1。控制器决定将数据报转发到交换机 1 的端口 2。

控制器发送数据流表安装消息给交换机 1，指示如果遇到目的 IP 地址为 192.168.1.10 的数据报，将其转发到端口 2。

交换机 1 收到数据报，并进行匹配。由于数据报的目的 IP 地址为 192.168.1.10，匹配成功。

交换机 1 根据数据流表中的规则，将数据报转发到端口 2。

连接到端口 2 的交换机 2 接收到数据报，根据自己的数据流表进行匹配和转发，最终将数据报交付给目的主机 192.168.1.10。

这只是 OpenFlow 消息处理流程的简单示例，实际应用可能涉及更多的消息类型和交互过程，以满足网络管理和流量控制的需求。通过将数据平面和控制平面分离，OpenFlow 实现了将网络的控制逻辑集中在控制器中，从而实现了灵活的网络管理和编程。

6.10.5　SDN 应用程序的设计和实现

本节举例说明 SDN 应用程序的设计和实现。

假设有一个企业网络，需要实现基于 SDN 的安全策略来保护网络免受恶意攻击。具体来说需要实现以下功能。

（1）检测并阻止恶意流量。当 SDN 控制器检测到流量异常时，需要立即阻止恶意流量。

（2）检测并通知管理员。当 SDN 控制器检测到异常流量时，需要向管理员发送警报通知。

基于以上需求，可采取以下步骤来设计和实现 SDN 应用程序。

1）确定应用程序需求

根据上述需求，应用程序需要实现恶意流量检测和阻止，以及管理员警报通知功能。此外，应用程序还需要考虑网络性能和可扩展性等方面的需求。

2）选择 SDN 控制器和数据平面

选择适合的 SDN 控制器和数据平面是实现 SDN 应用程序的关键步骤。在本例中，可以选择使用 OpenDaylight 作为 SDN 控制器，并使用 OpenFlow 交换机作为数据平面。

3）开发应用程序

基于上述需求和所选的控制器和数据平面，可以使用 Java 编程语言和 ONOS 框架来开发 SDN 应用程序。具体来说，可以使用 ONOS 提供的 REST API 接口与 SDN 控制器通信，并使用 OpenFlow 协议控制交换机行为。

针对本例中的恶意流量检测和阻止功能，可以使用流量统计信息和网络拓扑信息来实现。当 SDN 控制器检测到恶意流量时，可以使用 OpenFlow 协议向相应的交换机发送阻止命令，从而阻止恶意流量。同时，可以使用 ONOS 提供的事件机制来实现管理员警报通知功能，当检测到异常流量时，应用程序可以向管理员发送邮件或短信通知。

4）部署应用程序

最后，需要将开发的 SDN 应用程序部署到企业网络中。例如，可以在 OpenDaylight 控制器中安装应用程序，并在交换机中配置相应的 OpenFlow 数据流表，以确保应用程序正常工作。

总之，SDN 应用程序的设计和实现需要根据实际需求选择合适的 SDN 控制器和数据平面，并结合编程语言和框架开发相应的应用程序。在开发过程中，需要考虑网络性能、可扩展性、安全性等方面的因素，以确保应用程序的稳定性和安全性。

思 考 题

6.1 用一句话概述网际层提供什么样的网络服务。

6.2 路由器包括哪几部分？它们的功能是什么？

6.3 基本的 IPv4 的地址包括哪几个字段？分为几类？用户使用哪几类？画图表示它们的结构。它们各适用于什么规模的网络？IP 地址使用什么记法表示？你们单位的 IP 地址网络号字段是什么？是几类的？

6.4 说出特殊形式的 IP 地址及其意义。

6.5 如果没有进行子网划分，A、B 和 C 类 IP 地址的子网掩码各是什么？

6.6 某单位的网络使用 B 类 IP 地址 166.111.0.0，如果将网络上的计算机划分为 30 个子网，subnet-id 应该取几位？子网掩码应该是什么？每个子网最多可包含多少台计算机？试用二进制和点分十进制记法对应地写出 subnet-id 最小的子网上 host-id 最小和最大的主机的 IP 地址。

6.7 一个 A 类 IP 网络 17.0.0.0，欲划分为 6 个子网，子网掩码应该是什么？给出每个子网的 IP 地址的范围。

6.8 列表写出 /13，/14，…，/24 CIDR 地址块的：

(1) 掩码（点分十进制形式）；(2) 包含的地址数；(3) 包含的 B/C 类网络数。

6.9 (a) 一个单位有下面的 6 个 /24 CIDR 地址块，试进行最大程度的路由聚合，写出聚合后的 CIDR 地址块。

    (1) 211.98.136.0/24   (2) 211.98.137.0/24   (3) 211.98.138.0/24

　　　　（4）211.98.139.0/24　　　（5）211.98.140.0/24　　　（6）21198.141.0/24

　　（b）如果这个单位再增加下面两个/24 CIDR 地址块，进行最大程度的路由聚合，写出
　　　　聚合后的 CIDR 地址块。

　　　　　（7）211.98.142.0/24　　　（8）211.98.143.0/24

6.10 ARP 进行的是哪两种地址的转换？ARP 如何进行地址的转换？它采取了哪些措施
　　　　提高地址转换的效率？

6.11 IP 数据报首部的定长域的长度是多少？最大首部长度是多少？IP 数据报可携带的
　　　　数据长度最大是多少？

6.12 IP 对数据报的什么部分进行差错检验？其优、缺点是什么？IP 在什么结点进行差错
　　　　检验？为什么？

6.13 IP 使用什么方式进行差错检验？描述该检验方法。

6.14 IP 如何进行数据报传输时延监控？

6.15 什么是最大传输单元 MTU？IP 数据报传输中为什么要进行分片与重组？分片在何
　　　　处进行？重组在何处进行？

6.16 无选项 IP 数据报携带 5000 字节数据，它下一步经由 MTU 为 1500 字节的以太网，数
　　　　据报如何分片？用图形表示分片的情况，并标明每个分片的"片偏移"字段的数值。

6.17 什么是直接交付和间接交付？

6.18 最基本的路由表包含什么信息？IP 采用什么样的数据报转发机制？叙述基本的数
　　　　据报转发流程。

6.19 什么是默认路由？使用它的好处是什么？

6.20 对于图 6.9 所示的网络图和路由器物理接口和 IP 地址的对应关系，请给出路由器 R_2
　　　　和网络 128.3.0.0 上的某一计算机的基本路由表（表中只包含目的网络和下一跳地
　　　　址）。如果有多种选择，只要给出一种跳数最小的就可以。

6.21 设路由器 R 的不完整的路由表如表 6.14 所示。

表 6.14　路由表

序　号	目 的 网 络	子网掩码	下 一 跳	转发接口
1	166.111.64.0	255.255.240.0	R_1 接口 1	Port-2
2	166.111.16.0	255.255.240.0	直接交付	Port-1
3	166.111.32.0	255.255.240.0	直接交付	Port-2
4	166.111.48.0	255.255.240.0	直接交付	Port-3
5	0.0.0.0（默认路由）	0.0.0.0	R_2 接口 2	Port-1

　　现路由器 R 收到下述分别发往 6 个目的主机的数据报：

　　H_1：20.134.245.78　　　H_2：166.111.64.129　　　H_3：166.111.35.72

　　H_4：166.111.31.168　　　H_5：166.111.60.239　　　H_6：192.36.8.73

　　请回答下列问题：

　　（1）表中序号 1～4 的目的网络属于哪类网络？它们是由什么网络划分出来的？

　　（2）假如 R_1 端口 1 和 R_2 端口 2 的 IP 地址的 host-id 均为 5（十进制），请给出它们的

IP 地址。

（3）到目的主机 $H_1 \sim H_5$ 的下一跳是什么(如果是直接交付写出转发端口)?

6.22 ICMP 报文如何传输？简述 ICMP 在 TCP/IP 体系中的地位。

6.23 ICMP 差错报告的特点是什么？简要介绍主要差错报告报文。

6.24 ICMP 主要有哪些控制报文？它们的功能是什么？

6.25 什么是静态路由选择和动态路由选择？最优路径可以有哪些度量指标？

6.26 路由选择协议的作用是什么？有哪两类路由选择协议？

6.27 对于图 6.46，如果目的结点为结点 D，列表表示用距离矢量路由选择算法求各结点到目的结点的最短路径的迭代过程，并画出以 D 为根的最短路径树。

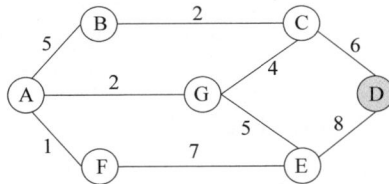

图 6.46　思考题 6.27 的图

6.28 图 6.47(a)和图 6.47(b)分别给出了路由器 B 原有的路由表和从邻接的路由器 A 传来的更新报文，使用距离矢量路由算法，距离用跳数表示，据此给出路由器 B 更新后的路由表。

6.29 已知网络拓扑和各链路长度如图 6.48 所示，请用 Dijkstra 算法计算由源结点 A 到网络的其他各结点的最短路径，用表格表示出计算过程，并画出最短路径树。

目的站	距离	下一跳
网络 1	0	直接
网络 3	0	直接
网络 7	8	路由器 D
网络 8	5	路由器 E
网络 14	7	路由器 C
网络 45	13	路由器 F
网络 78	6	路由器 A

(a)

目的站	距离
网络 1	2
网络 7	5
网络 8	6
网络 22	7
网络 14	10
网络 45	14
网络 78	9

(b)

图 6.47　思考题 6.28 的图

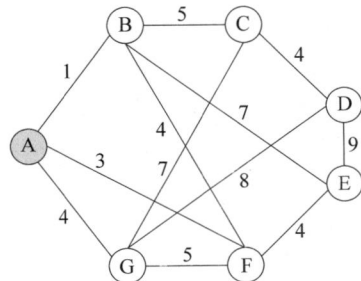

图 6.48　思考题 6.29 的图

6.30 什么是自治系统 AS？AS 内部使用哪类路由选择协议？目前主要有什么协议？

6.31 IP 如何表示多播组地址？以太网如何表示组地址？用于多播的以太网地址范围是什么？

6.32 叙述 IGMP 的工作机制。为了提高效率，IGMP 又采用了什么措施？

6.33 IPv6 和 IPv4 兼容吗？IPv6 和 Internet 上层的 TCP、UDP 兼容吗？IPv6 和 IPv4 相比，主要的改进是什么？

6.34 IPv6 的地址长度是多少？地址空间有多大？

6.35 IPv6 全球单播地址的用途是什么？它的结构如何？说明各字段的意义。

6.36 IPv6 地址使用什么记法表示？该记法中还采用了什么规定使它更为简便和实用？试举例说明。

6.37 为了简化 IPv6 地址的表达，可采用什么技术？写出下列 IPv6 地址的简洁形式：

① 211B:0052:0000:0000:0000:0000:03DE:AF45

② 15CB:0000:0000:CD76:0000:0000:0000:0000

③ 0000:0000:0000:0000:192.124.36.1

6.38 试说明 IPv4 向 IPv6 过渡使用的双协议栈技术及存在的问题。

6.39 试说明 IPv4 向 IPv6 过渡使用的隧道技术。

6.40 解释异步传输模式 ATM 一词中"异步"的含义。

6.41 从数据交换技术上讲，信元交换的特点是什么？

6.42 描述 IP 数据报如何通过 IPOA 网络（入口路由器、ATM 网络和出口路由器所做的主要工作）。

6.43 画图描述 MPLS 网络结构，描述 IP 分组通过 MPLS 网络的过程。

6.44 简要说明 IP over SDH 技术。

6.45 简要说明 IP over WDM 技术。

6.46 在数据中心网络中有哪些常见的拓扑结构？分别简要描述它们的优缺点并指出哪些场景适合使用这些拓扑。

6.47 什么是南向接口和北向接口？简述它们的定义及其在 SDN 网络管理中的作用。

6.48 在 SDN 环境中，OpenFlow 协议如何实现控制器与交换机之间的通信？简述 OpenFlow 工作机制。

第 7 章　传　输　层

网络层负责将分组从源主机传送到目的主机，在此基础上，传输层基于协议端口（protocol port）机制，为用户的应用进程之间提供了端到端的（end to end）逻辑通信服务。

传输层在网际层不可靠的 IP 服务的基础上加强了传输的服务质量（QoS）控制，主要体现在 TCP 协议上。TCP 采取了多方面的可靠性措施：面向连接、流量控制、拥塞控制和差错控制。而 UDP 协议是非连接的，也几乎没有可靠性传输措施，但较之 TCP 简便、快捷，传输服务效率高。

为适应多媒体信息传输的特点，在 UDP 之上设计了实时传输协议（RTP）和实时传输控制协议（RTCP），其应用越来越广泛。

本章首先概述传输层的功能，讲述协议端口的概念和作用，然后详细讲解 TCP 和 UDP 协议规范，最后介绍 RTP 和 RTCP。

7.1　传输层的功能

传输层（transport layer）位于网络层和应用层之间，利用网络层提供的分组传送服务，为应用层提供数据传输服务。Internet 传输层有两个并列的协议：传输控制协议（TCP）[RFC 793，因特网标准]和用户数据报协议（UDP）[RFC 768，因特网标准]。

从第 6 章我们已经看到，在 Internet 中，网际层把数据报从源主机转发到了目的主机。那么，在网际层之上为什么还要设置一个传输层呢？

实际上，Internet 上两个主机之间的通信是位于这两个主机上的两个应用进程之间的通信，应用进程才是通信的最终端点（end）。IP 协议虽然将分组从源站传送到了目的站的 IP 层，但并不能交到目的站的应用进程。而且，主机中常常同时存在多个应用进程，分组承载的数据最终必须交付给其中某一个应用进程，即目的应用进程。在网络层分组传送服务的基础上，传输层则实现了传输数据进程到进程的交付（process to process delivery）。

那么传输层怎样找到应用进程呢？网际层使用标识主机的 IP 地址进行寻址，而传输层使用端口号进行寻址。协议端口，简称端口，是传输层的一个重要概念，它用来标识一个主机应用层中的进程，当某应用进程绑定了一个端口号，它就代表了这个应用进程，标识了通信的端点，详见 7.2 节。

传输层为应用进程之间提供了端到端（end to end）的逻辑通信服务，传输层协议对通信过程进行控制，把传输数据从源应用进程交付给目的应用进程。之所以称为逻辑通信，是因为在应用层看来，通信好像是在两个传输层实体之间水平方向直接进行的，如图 7.1 中的虚线所示，但实际上，它们之间并没有一条直接的物理连接，通信是通过下面的网络层、数据链路层和物理层提供的通信服务得以实现的，如图 7.1 中的实线所示。

如图 7.1 所示，传输层基于端口机制为源和目的应用进程之间提供了端到端的逻辑通信，由通信双方的传输层实体协作实现，不涉及中间的路由器。而网络层使用 IP 地址，为主机之间提供了逻辑通信,实现这一通信,除了通信的两台主机的 IP 实体参与,还须有若干中间路由器的 IP 实体的协作。

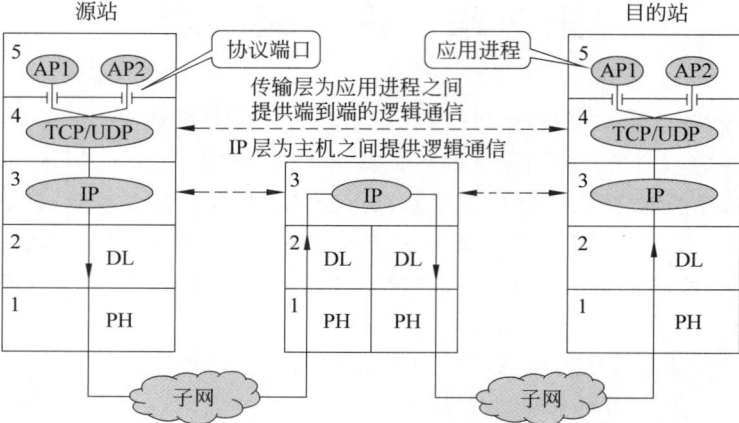

图 7.1 基于端口机制传输层为应用进程之间提供了逻辑通信

Internet 网络层提供的是不可靠的分组传送服务,传输层的另一个重要目的是要加强数据传输的 QoS,在不可靠的 IP 服务基础上,提高传输的可靠性。这主要体现在传输控制协议 TCP 上。为提高传输的可靠性,TCP 采取了以下措施:传输之前发送方和接收方先建立连接,传输过程中进行流量控制和拥塞控制,接收方接收到数据发现有传输差错时发送方要进行重传。TCP 精心设计了这一系列可靠性措施,在 TCP/IP 协议族中地位非常重要,它和 IP 一起成为 TCP/IP 协议族的典型代表。

UDP 是非连接的,不使用 TCP 的那些可靠性传输控制措施,不能提供可靠的传输服务,但较之 TCP,它简便快捷,服务效率高。在 IP 电话、视频会议等实时通信的应用场合更受青睐。

7.2 传输层端口

7.2.1 端口及其作用

在进程通信的意义上,网络通信的最终地址就不能只是主机地址了,还应包括可以关联应用进程的某种标识,支持多个进程的通信。为此,TCP/UDP 使用了协议端口(protocol port)的概念,协议端口简称端口。

TCP/UDP 通过端口与上层的应用进程交互,端口关联了应用层中不同的进程。端口相当于 OSI 传输层与上层接口处的服务访问点 SAP(见 1.3.1 节)。

端口是一种抽象的软件结构,包括一些数据结构和输入、输出缓存队列。应用程序与端口绑定(binding)后,操作系统就创建输入和输出缓存队列,容纳传输层和应用进程之间所交换的数据。

为了标识不同的端口,每个端口都拥有一个称为端口号(port number)的整数标识符。由于 TCP 和 UDP 是完全独立的两个软件模块,它们的端口也相互独立,可以同号,并不冲突。TCP 和 UDP 协议都规定使用 16 比特的端口号,均可提供 65 536 个端口。

在网络环境中,为了唯一地标识传输层的一个通信端点,不论 TCP 或 UDP,应该包括主机 IP 地址和进程的端口号,即如下的二元组:

(主机 IP 地址,端口号)

TCP 是面向连接的,在通信之前要建立连接,一个 TCP 连接应该包括本地和远程的一对通信端点,即如下的四元组:

(源主机 IP 地址,源端口号;目的主机 IP 地址,目的端口号)

传输层通过端口机制提供了复用(multiplexing)和解复用(demultiplexing)的功能,使得 TCP/UDP 可以和应用层的多个进程交互。在发送端,多个应用层进程可以通过不同的端口复用 TCP/UDP 发送数据。在接收端,则根据其中的目的端口进行解复用,交给不同的应用进程。这一点可以从图 7.1 中看出。

7.2.2 端口类型

通信时主机上的应用程序如何得到一个端口号?它如何知道网上另一台主机上的应用程序所使用的端口号呢?为了解决这些问题,TCP/IP 设计了一套有效的端口分配和管理办法,现在由 Internet 号码分配管理局(Internet Assigned Number Authority,IANA)管理。IANA 将端口分为 3 类:周知端口(well-known ports)、注册端口(registered ports)和动态端口(dynamic ports)。

Internet 的各种应用中,如 FTP、DNS、Email、WWW 等,应用进程的交互方式一般都采用客户-服务器(Client/Server,C/S)模式。客户和服务器分别是两个应用进程,服务器被动地等待服务请求,客户向服务器主动发出服务请求,服务器做出响应并返回服务结果,从而为用户提供各种网络应用服务。端口类型的设计适应了这种 C/S 交互模式。

周知端口分配给服务器进程使用,由 IANA 统一分配并公布于众,为大家所周知。周知端口只占一小部分,TCP 和 UDP 均规定号码为 0～1023 的端口作为周知端口。每一种标准的服务器都分配有一个固定的周知端口号,以便客户访问使用。不同机器上同样的标准服务器,有着同样的端口号。表 7.1 和表 7.2 分别给出了几种常用的 TCP 和 UDP 周知端口的例子。

表 7.1 TCP 周知端口示例

端口号	描　　述
20/21	文件传输协议(数据/控制连接)(FTP)
23	远程终端协议(TELNET)
25	简单邮件传输协议(SMTP)
80	万维网服务器(HTTP)
179	边界网关协议(BGP)

表 7.2 UDP 周知端口示例

端口号	描　　述
53	域名系统(DNS)
67	自举协议(BOOTPS)
69	简单文件传输协议(TFTP)
520	路由信息协议(RIP)
161	简单网络管理协议(SNMP)

注册端口号从 1024 到 49151,为一些没有周知端口号的程序使用,它们可以松散地绑定于某些服务。使用注册端口号必须在 IANA 注册登记,以防重复。

动态端口占大部分,号码范围从 49152 到 65535,仅在客户进程运行时暂时绑定使用。当某一客户进程与服务进程通信之前,首先要申请一个动态端口号,然后使用周知端口与服务器进行通信。通信结束后,该动态端口号释放,又可以供其他客户进程使用。

7.3 用户数据报协议（UDP）

7.3.1 UDP 用户数据报

UDP 报文称作用户数据报。UDP 建立在 IP 之上，整个 UDP 用户数据报封装在 IP 数据报的数据区中传输，IP 报头的协议类型字段为 17，如图 7.2 所示。

UDP 用户数据报格式非常简单，分为报头和数据区两部分，定长的报头只有 8 字节，其格式如图 7.3 所示。

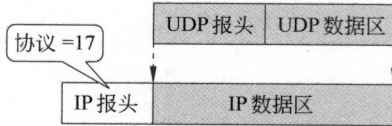

图 7.2 UDP 报文封装

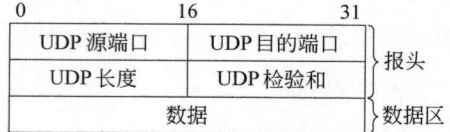

图 7.3 UDP 报文格式

UDP 用户数据报报头各字段的含义如下。

① 源端口（source port）。发送端 UDP 端口，当不需要返回数据时，该域为 0。

② 目的端口（destination port）。接收端 UDP 端口。

③ 长度（length）。用户数据报总长度，以字节为单位，最小值为 8（报头长）。

④ 检验和（checksum）。UDP 检验和是一个可选字段，如果值为"0"表示不计算检验和。当应用程序对传输效率的重视程度高于可靠性时，可以选择不进行检验。UDP 检验和的计算方式与 IP 检验和计算方法一样。因为检验和算法是以 16 比特的位串为单位，当数据字段不是双字节的整倍数时，要用全 0 字节补齐。

由图 7.3 可以看出，用户数据报中不指定源站和目的站的 IP 地址，传输层只需识别端口，识别主机的任务由 IP 层完成。

7.3.2 UDP 伪报头

伪报头（pseudo header）是 UDP 计算检验和使用的。计算检验和时，除用户数据报本身进行计算外，伪报头也参与计算。伪报头并不是用户数据报的有效成分，只是计算检验和时临时与用户数据报组合在一起，检验和计算之后就会丢弃，所以称为伪报头。TCP 计算检验和也使用伪报头。伪报头共 12 字节，格式如图 7.4 所示，其中：

① 协议（protocol）。含协议类型码（"17"）。

② UDP 长度。UDP 用户数据报的长度，不含伪报头。

③ 填充域。使伪报头长度为 16 比特的整数倍。

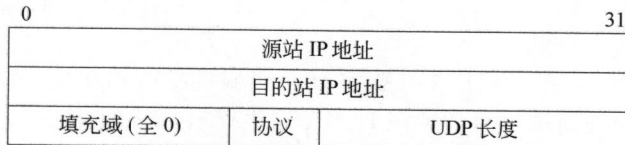

图 7.4 UDP 伪报头格式

伪报头的信息取自 IP 报头，在计算检验和之前，UDP 必须从 IP 层得到伪报头的有关信息。伪报头参与检验和的计算是为了验证用户数据报是否传到正确的目的地址。用户数据报的地址应该包括两部分：IP 地址和端口号，但用户数据报本身只包含端口号，由伪报头补充 IP 地址。

7.3.3　UDP 的特点

和 TCP 相比，UDP 有以下特点。

1）传输可靠性差

UDP 检验和是检验数据正确传输的唯一手段，而且还是可选的。即使选择检验和计算，当出现检验差错时，UDP 不进行差错控制，可由上层处理。另外，UDP 传输是非连接的，UDP 不进行流量控制和拥塞控制。因此，基于 UDP 的上层应用程序需要根据情况采取适当的传输差错处理。

2）传输效率高

实际应用中，通信双方经常有交换短报文的情况，而且一次通信过程往往只有一来一回两次传输，采用面向连接的 TCP 方式效率会很低。如果使用 UDP，即使偶有差错重传，总的开销也比每次都要建立和关闭连接要小。另外，UDP 报文首部只有 8 字节的开销，而 TCP 是 20 个。

3）适合传输实时数据

IP 电话、视频会议等多媒体实时应用的特点是要求主机以恒定的速率发送数据，允许网络在发生拥塞时丢失一些数据，但不希望数据有大的时延和时延抖动。UDP 不进行拥塞控制，当 Internet 出现拥塞时不会降低数据发送速率。适合多媒体传输的实时传输协议（RTP）与实时传输控制协议（RTCP）就是使用 UDP 的，详见 7.5 节。

7.4　传输控制协议（TCP）

7.4.1　可靠传输工作原理

TCP 的一个重要特点是传输的可靠性。计算机网络中，可靠传输控制机制可以工作在不同层次，但它们的工作原理基本上是一样的。早年的底层网络传输可靠性差，数据链路层（例如当年广泛应用的协议 HDLC）使用了复杂的可靠传输的控制机制。现代网络传输可靠性已大幅提高，数据链路层（例如以太网、PPP 等）不使用这些复杂的控制机制，需要时交给传输层负责传输的可靠性，主要是 TCP 协议。

本节讲述可靠传输的一般工作原理和机制，其基本概念在本节要经常用到。TCP 使用的可靠传输控制机制在此基础上根据具体情况做了改进，下文还要专门介绍。

本节讲述中涉及的传输数据块用协议数据单元 PDU（见 1.3 节）表示，在不同的网络层次中可以有不同的名称。

1. 可靠传输的基本思想

可靠的数据传输应该满足以下两个条件。

① 传输的任何数据，既不会出现差错也不会丢失。

② 不管发送方以多快的速率发送数据，接收方总能够来得及接收、处理并上交主机。

也就是接收方有足够的接收缓存和处理速度。

但实际应用中往往不能满足上述条件。第①个条件不满足,就必须进行差错控制(error control),第②个条件不满足就必须进行流量控制(flow control)。

差错控制使得数据传输出现差错时得到补救。主要有两种差错发生,一是数据丢失,即传输的整个数据块未能到达接收端;二是数据块损坏,例如其中有若干比特数据出错。差错控制的基本方式是反馈重传机制。

流量控制用来保证发送数据在任何情况下都不会"淹没"接收方的接收缓存(接收缓存溢出),从而丢失数据,而且还应使传输达到理想的吞吐量。由接收方根据其接收缓存的状况来控制发送方的数据流量乃是流量控制的基本思想。实现流量控制的常用方法是滑动窗口(sliding window)机制。

2. 可靠传输的控制机制

实现可靠传输的基本控制机制包括两种:反馈重传机制和滑动窗口机制。

1)反馈重传机制

差错控制的常用方法是反馈重传机制,也称确认-重传机制。收方对接收到的数据进行差错检验后,以某种方式向发方反馈差错状况,称为确认(acknowledgement),发方根据确认信息对出现传输差错的 PDU 进行重传。

反馈重传机制包括以下两步。

第 1 步:接收方反馈确认信息,常用的确认方式有以下几种。

① 正确认(positive acknowledgement)/肯定确认。接收方收到一个经检验无错的 PDU 后,返回一个正确认。正确认简称确认,记为 ACK。

② 累计确认(cumulative acknowledgement)。接收方可以收到多个连续且正确 PDU 以后,只对最后一个 PDU 发回一个累计确认。累计确认表明该 PDU 及其以前所有的 PDU 均已正确地收到。

确认带有一个序号,如果收方正确收到了一个 PDUn(序号为 n 的 PDU)或正确收到了 PDUn 及其前面多个连续的 PDU,则使用 ACKm 发回对 PDUn 的确认或累计确认,一般 $m=n+1$,当 n 为序号空间的最大值时,m 取其最小值。m 指明收方希望接收的下一个 PDU 的序号。

③ 负确认(negative acknowledgement)。负确认/否定确认。接收方收到一个有差错的 PDU 后,返回一个对此 PDU 的负确认,记为 NAK。

第 2 步:发送方重传差错 PDU,常用的重传方式包括以下两种。

① 超时重传(timeout retransmission)。发送方在发送完一 PDU 时即启动一个重传定时器,若由它设定的重传时间到且未收到反馈的确认信息,则重传此 PDU。这是经常采用的重传方式。为了重传,发送方必须保存一个已发出的 PDU 的副本。

② 负确认重传。发送方收到接收方对一个 PDU 的 NAK,重传此 PDU。

2)滑动窗口机制

实现流量控制的常用方法是滑动窗口机制。发送方和接收方分别设置发送窗口和接收窗口,在数据传输过程中在接收方的控制下向前滑动,从而对数据传输流量进行控制。

发送窗口用来对发送方进行流量控制,落在窗口内的 PDU 是可以连续发送的,其大小 W_T 指明在收到对方 ACK 之前发送方最多可以发送多少个 PDU。为控制传输流量可以设

置合适大小的 W_T，一般不超过接收方接收缓存的大小，这样发送的数据就不容易淹没接收缓存。还可以使用可变滑动窗口，由接收方根据目前可用接收缓存的大小动态改变 W_T，在 TCP 流量控制中就采用这种方式。

接收窗口控制接收方哪些 PDU 可以接收，只有到达的 PDU 的序号落在接收窗口之内时才可以被接收，否则将被丢弃。当接收方收到一个或多个有序且无差错的 PDU 后，接收窗口向前滑动，准备接收下一 PDU，并向发送方发出一个 ACK 或累计 ACK。

当发送方收到 ACK 后，发送窗口才能向前滑动，滑动的长度取决于接收方确认的序号。向前滑动后，又有新的待发 PDU 落入发送窗口，可以被发送。

可见，接收方的 ACK 作为授权发送方发送数据的凭证，接收方可以根据自己的接收能力来控制 ACK 的发送时机，从而实现对传输流量的控制。

本节介绍回退-N ARQ 时，还将结合图 7.5、图 7.6 和图 7.7 说明滑动窗口机制。

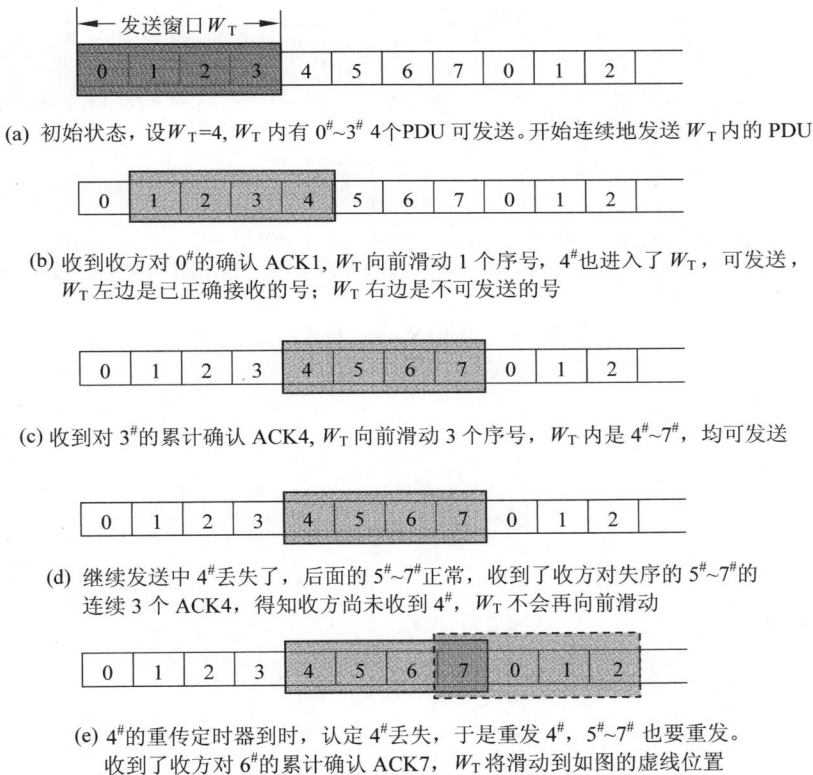

(a) 初始状态，设 W_T=4，W_T 内有 $0^\#$~$3^\#$ 4 个 PDU 可发送。开始连续地发送 W_T 内的 PDU

(b) 收到收方对 $0^\#$ 的确认 ACK1，W_T 向前滑动 1 个序号，$4^\#$ 也进入了 W_T，可发送，W_T 左边是已正确接收的号；W_T 右边是不可发送的号

(c) 收到对 $3^\#$ 的累计确认 ACK4，W_T 向前滑动 3 个序号，W_T 内是 $4^\#$~$7^\#$，均可发送

(d) 继续发送中 $4^\#$ 丢失了，后面的 $5^\#$~$7^\#$ 正常，收到了收方对失序的 $5^\#$~$7^\#$ 的连续 3 个 ACK4，得知收方尚未收到 $4^\#$，W_T 不会再向前滑动

(e) $4^\#$ 的重传定时器到时，认定 $4^\#$ 丢失，于是重发 $4^\#$，$5^\#$~$7^\#$ 也要重发。收到了收方对 $6^\#$ 的累计确认 ACK7，W_T 将滑动到如图的虚线位置

图 7.5　回退-N ARQ 发送方的滑动窗口

3）自动请求重传

实用中的反馈重传机制对出差错 PDU 的重传是自动进行的，因此这种控制机制称为自动请求重传（Automatic Repeat reQuest，ARQ）。实际上，ARQ 是一个综合性的可靠传输控制机制，既使用了反馈重传机制对传输过程进行差错控制，也同时使用了滑动窗口机制进行流量控制，从而实现可靠的数据传输。根据反馈重传方式的不同，ARQ 有停等 ARQ（stop-and-wait ARQ）、回退-N ARQ（go-back-N ARQ）和选择重传 ARQ（selective repeat ARQ）3 种。

接收窗口 W_R

| 0 | 1 | 2 | 3 | 4 | 5 | 6 | 7 | 0 | 1 | 2 | |

(a) 初始状态，W_R 中包含 0#，即准备接收 0#

| 0 | 1 | 2 | 3 | 4 | 5 | 6 | 7 | 0 | 1 | 2 | |

(b) 正确收到 0#后，W_R 向前滑动 1 个序号，准备接收 1#，并发回对 0#的确认 ACK1

| 0 | 1 | 2 | 3 | 4 | 5 | 6 | 7 | 0 | 1 | 2 | |

(c) 正确收到 1#、2#和 3#，每正确收到 1 个，W_R 向前滑动 1 个序号，以便接收下一个。
W_R 共滑动了 3 个序号，如图所示，准备接收 4#，此时发回对 3#的累计确认 ACK4

| 0 | 1 | 2 | 3 | 4 | 5 | 6 | 7 | 0 | 1 | 2 | |

(d) 收不到 4#，但收到了失序的 5#~7#，每收到 1 个失序的序号，丢弃并发回 1 个 ACK4；
重复发回 ACK4 提醒发方：尚未收到 4#。W_R 不再向前滑动 (虚线窗口下文解释)

| 0 | 1 | 2 | 3 | 4 | 5 | 6 | 7 | 0 | 1 | 2 | |

(e) 4#重传定时器到时，发方重发后，每正确收到 1 个 PDU，W_R 向前滑动 1 个序号，
以便接收下一个。正确接收到 6# 之后，W_R 滑动到如图位置，准备接收 7#，并发回累
积确认 ACK7

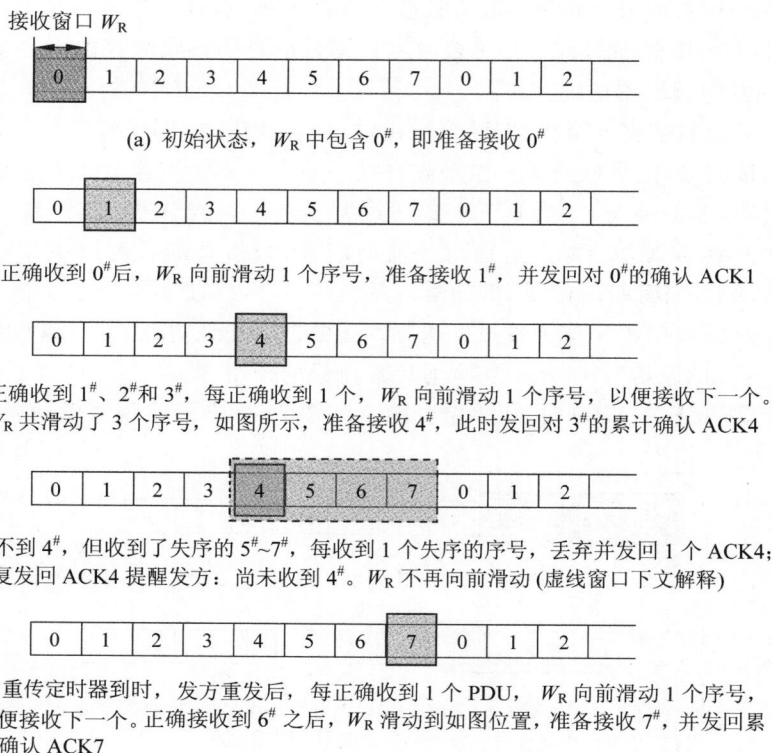

图 7.6 回退-N ARQ 接收窗口

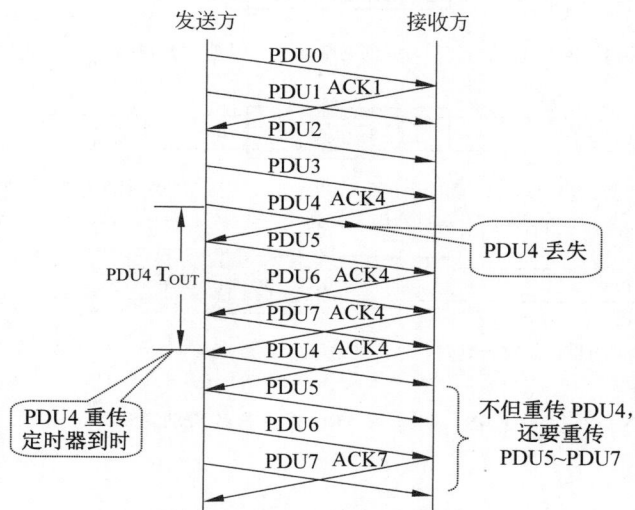

图 7.7 回退-N ARQ 传输过程示例

停等 ARQ 最简单，基本思想是在发送方发出一个 PDU 后停止发送，等待接收方的 ACK，ACK 到达后才发送下一 PDU，相当于发送窗口和接收窗口大小都是 1，它可能产生严重的低传输效率，鲜有使用。回退-N ARQ 和选择重传 ARQ 对停等 ARQ 进行了改进，可以连续发送 PDU，即流水线传输技术，它们统称为连续 ARQ。下面讲述连续 ARQ 机制。

3. 回退-N ARQ

1) 回退-N ARQ 工作机制

回退-N ARQ 的发送窗口 $W_T > 1$，窗口内可以包含多个 PDU（编了序号）。发送方在每收到一个 ACK 之前不必等待，可以连续地发送窗口内的 PDU。如果这时收到接收方发回的 ACK，发送窗口向前滑动 1 个或多个（累积确认）序号，还可以继续发送后面落入窗口中的序号。相比停等 ARQ，连续 ARQ 减少了等待时间，提高了传输的吞吐量和传输效率。

回退-N ARQ 使用超时重传机制。对于发送的每一 PDU 设置重传定时器。因发送PDU 丢失、出现传输差错或 ACK 丢失使定时器超时仍未收到 ACK，则要重传此 PDU，而且还必须重传此 PDU 后面所有的已发 PDU（不管这些 PDU 是否有传输差错），这正是这种机制称为回退-N ARQ 的原因。

当收到一次失序（out-of-order）的 PDU 时，接收方都应重传上次已发送过的 ACK，这可弥补上次已发送的 ACK 可能的丢失。

对于接收的有差错或失序的 PDU，回退-N ARQ 还可以使用 NAK，指明期望发送方重传 PDU 的序号，而不必等到重传定时器到时，这样可以减少回退重传的 PDU 数，提高传输的效率。如果 NAK 丢失，重传定时器将启动重传。

回退-N ARQ 中，接收方的接收窗口 $W_R = 1$，也就是说，接收方不保存失序的 PDU，不管接收是否正确。前面的 PDU 丢失时，发送方还要重传这些失序的 PDU。一般来说，当接收方收到一个有序且无差错的 PDU 后，接收窗口向前滑动，准备接收下一个 PDU，并向发送方发回一个 ACK。为了提高效率，接收方也可以使用累计确认的方式。

2) 回退-N ARQ 示例

图 7.5、图 7.6 和图 7.7 共同说明回退-N ARQ 机制，图 7.5 和图 7.6 分别表示发送窗口和接收窗口变化的过程。两幅图中，都分为(a)、(b)、(c)、(d)、(e)5 个步骤，并且两两对应。其中，前 3 步是正常工作情况，后 2 步描述发送的 PDU 丢失引发重传的过程。图 7.7 则表示了发、收双方 PDU 和 ACK 的传输过程，图中所示为全双工传输方式。

此例中 PDU 的序号用 3 个比特来编码，即序号可以有 0～7 共 8 个号，即 PDU0～PDU7（图中简记为 $0^\#$～$7^\#$），并设发送窗口 $W_T = 4$。

3) 回退-N ARQ 窗口的限制

回退-N ARQ 中接收窗口大小 $W_R = 1$。对发送窗口的大小也是有限制的，如果 PDU的序号用 n 比特编号，则发送窗口 W_T 应满足式(7.1)：

$$W_T \leqslant 2^n - 1 = 最大序号 \tag{7.1}$$

例如，若 $n = 3$，最大序号为 7，则要求 $W_T \leqslant 7$。当 $W_T \geqslant 2^n$ 时，回退-N ARQ 将会出现某些接收的不确定性。

4. 选择重传 ARQ

1) 选择重传 ARQ 工作机制

选择重传 ARQ 也是一种连续 ARQ，在回退-N ARQ 机制的基础上作了如下两点改进。

• 接收窗口 $W_R > 1$，这样可以接收和保存正确到达的失序的 PDU。

• 只重传差错检验出错的 PDU，失序但正确的 PDU 不再重传，提高了传输的效率。

在图 7.6(d)中虚线的 W_R 为选择重传 ARQ 的 W_R 示例，假如 $W_R = 4$，$4^\#$～$7^\#$ 号落入 W_R。$4^\#$ 丢失，后续正确接收的 $5^\#$～$7^\#$ 也要保存，每收到一次失序的 PDU，都重发一次

ACK4。待发送方 4# 的重传定时器到时重传了 4#，接收方收到了正确的 4# 后，发出对 7# 的累计确认 ACK0，接收窗口也同时向前滑动 4 个序号。

选择重传 ARQ 也可以使用 NAK，接收 PDU 有错误或失序时，指明期望发送方重传 PDU 的序号。

2) 选择重传 ARQ 窗口的限制

选择重传 ARQ 中，接收窗口不应该大于发送窗口，一般令 $W_T = W_R$。用 n 个比特对 PDU 编号时，应该满足

$$W_T = W_R \leqslant 2^n/2 = (最大序号+1)/2 \tag{7.2}$$

例如 $n=3$ 时，最大可选 $W_T = W_R = 4$。

7.4.2　TCP 报文段

1. TCP 数据流、报文段和编号方式

TCP 使用的是流(stream)传输机制，流即数据流，指的是无结构的字节序列。为了便于每次的传输，又把数据流划分为若干段，称为报文段(segment)，报文段的格式将在 7.4.3 节介绍。每个报文段作为 TCP 的 PDU 封装到 IP 数据报中传输，这和图 7.2 所示的 UDP 报文的封装是一样的。

TCP 定义了最大报文段生存时间(maximum Segment Lifetime，MSL)，RFC 793 规定为 120 秒，不同的 TCP 实现中也有不同的值。因为 TCP 报文段是由 IP 数据报封装传送的，因此 MSL 不应大于 IP 数据报的 TTL(120 秒)。

TCP 对数据流按字节编上序号，而不是按报文段编号。TCP 发送方将报文段所携带的数据的第 1 字节的序号放在报文段首部的序号字段中，指示它在本次连接中传输的数据流中的位置。TCP 接收方用序号来检查接收的报文段是否失序，对于有序且检验正确的数据，将其最后 1 字节的序号加 1，放到发回的 ACK 报文首部的确认序号字段，表示对这些数据的累计确认。接收方还用序号将接收的数据进行重组。

序号的空间应该足够大，在 TCP 报文段格式中规定为 32 比特，可以对 2^{32} 字节(4GB) 的数据进行编号，以便使序号循环一周的时间足够长，不至于在短时间内产生相同的序号。同时出现相同序号字段的报文段会给接收方 TCP 造成混淆，也就是说序号循环一周的时间应该大于 MSL。产生相同的序号有以下两种情况。

(1) 不同的 TCP 连接出现相同的初始序号(Initial Sequence Number，ISN)。

每次 TCP 连接的 ISN 不应该都从 0 或 1 开始，否则可能导致不同的 TCP 连接出现重复的 ISN。如果一个 TCP 连接使用序号 0 刚刚发送了报文段，在小于 MSL 的时间内就崩溃了，之后它又迅速恢复并建立了新的连接，再次从序号 0 开始发送，在网上就会出现重复的序号 0。

TCP 使用基于计数器的 ISN 方案，规定 ISN 每 4ms 加 1，可以看作一个 32 比特的计数器，循环一周的时间远大于 120s，使不同 TCP 连接的 ISN 在 MSL 内不可能相同。ISN 是双方在建立连接的过程中商定的，双方的 ISN 各自选取，使用各自计数器当时的值。

(2) 同一 TCP 连接中出现相同的序号。

这与数据发送的速率直接相关。32 比特的序号的空间，序号循环一周要发送 2^{32} 字节，在早年的网络，如 T3 线路(45Mb/s)，需要 $(2^{32} \times 8) \div (45 \times 10^6) = 764s$，大于 MSL，但在目

前的 2.5Gb/s 的 OC-48 线路上仅需要 13.76s，远小于 MSL。为此，可使用 TCP 的时间戳选项，发送方 TCP 在每个发送的报文段首部插入 32 比特的时间戳，接收方将收到的时间戳也插入到 ACK 报文段中作为确认。这样，32 比特的时间戳和 32 比特的序号组合在一起就可以解决这一问题。这称为防止序号回绕（Protect Against Wrapped Sequence numbers, PAWS）。

2. TCP 报文段格式

TCP 之间传输的协议数据单元 PDU 为报文段，通过报文段的交互来建立连接、传输数据、发出确认、通知窗口大小以及关闭连接。图 7.8 给出了 TCP 报文段格式。

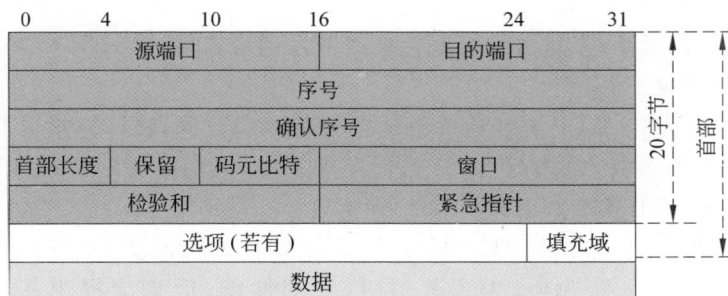

图 7.8　TCP 报文段的格式

TCP 报文段首部的前 20 字节是固定的，后面可以有选项，选项的字节长度应为 4 的倍数，因此，TCP 首部的最小是 20 字节。首部固定部分各字段的意义如下。

① 源端口和目的端口。各占 2 字节。

② 序号。4 字节发送序号，是本报文段所携带数据的第 1 字节的序号。序号字段有 32 比特长，可对 4GB 的数据进行编号。

③ 确认序号。4 字节，用于接收方对发送方发出的数据的累计确认，指明期望接收的下一字节的序号。确认序号可以由数据捎带一起发送。

④ 首部长度。4 比特，指示 TCP 报文段首部的长度。由于首部中的选项字段长度是不确定的，因此首部长度也不固定。首部长度的单位是 32 比特字长的字。该字段后面还留有 6 比特是保留字段，目前置为 0。

⑤ 码元比特。共 6 比特，说明报文段各种性质，规定如下。

• 紧急比特 URG。URG 比特置 1 使 16 比特的紧急指针（urgent pointer）字段有效，发送方通知接收方，数据流中有紧急数据。

  当数据流中有需紧急处理的数据（如紧急中断远端程序运行的命令），TCP 将停止向发送缓存增加数据，发送一个 URG 置 1 的报文段，紧急数据放在本报文段数据字段的最前面，其紧急指针指示紧急数据的末字节相对于报文段序号的偏移量，两者相加可以得到紧急数据末字节在数据流中的位置。即使此时接收方通知的窗口大小为 0，中止了连接上的数据流，发送方仍可以发送紧急报文段。接收方收到 URG 比特置 1 的报文段，使接收方应用程序进入紧急状态并尽快处理。处理的数据超过紧急指针指示的位置，便恢复到正常操作状态。

• 确认比特 ACK。用于 TCP 确认，当 ACK＝1 时，确认序号字段有效，为 0 时无效。

• 急迫比特 PSH。早期的应用如 Telnet 使用 PUSH 操作强迫 TCP 立即发送缓存积累的数据,PUSH 使 PSH＝1,通知接收方 TCP 立即将数据交给应用程序,不再等待后续数据。

- 复位比特 RST。RST＝1 表明出现严重差错(例如主机崩溃等),必须释放连接,然后再重新建立。
- 同步比特 SYN。用于建立连接。当报文段的 SYN＝1 和 ACK＝0 时,表明它是一个连接请求;若对方同意建立连接,应在响应的报文段中置 SYN＝1 和 ACK＝1。
- 终止比特 FIN。用于释放连接,FIN＝1 表明数据已经发送完,要求释放 TCP 连接。

⑥ 窗口。2 字节。接收方通过窗口字段来通知发送方。在收到接收方的下一次确认之前,能够发送的数据长度不能超过窗口的值(字节数)。窗口大小实际上反映了接收方目前可用的接收缓存的大小,发送方可根据它来调节发送窗口的大小,用于 TCP 可变滑动窗口流量控制机制,详见 7.4.5 节。

⑦ 检验和。2 字节。TCP 差错检验范围包括首部和数据,在计算检验和时,也要在报文段前面加上一个伪报头,格式与 UDP 的伪报头一样,但伪报头的协议字段的值为"6"。检验和的计算方法与 IP 检验和的计算方法一样。

⑧ 选项。长度可变。原来 TCP 只规定了最大报文段长度(MSS)选项(Maximum Segment Size option)一种选项,为了改进 TCP 的性能,后来又提出了窗口比例选项(window scale option)、时间戳选项(timestamp option)和选择确认选项(selected acknowledgement option)。

3. TCP 报文段选项

选项的格式如图 7.9 所示,其中各字段括号内的数字是该字段的字节数。

最大报文段长度选项:

| 类 =2(1) | 长度 =4(1) | 最大报文段长度 (2) |

窗口比例选项:

| 类 =3(1) | 长度 =3(1) | 移位数 (1) |

时间戳选项:

| 类 =8(1) | 长度 =10(1) | 时间戳 (4) | 时间戳回送 (4) |

图 7.9　TCP 选项格式

1) 最大报文段长度选项

MSS 指的是 TCP 报文段所携带数据的最大长度,单位为字节。在建立 TCP 连接时,双方的 TCP 使用选项字段协商 MSS。

在互联网环境中,选择合适的 MSS 是很困难的。TCP 报文段是封装在 IP 数据报中传输的,IP 数据报又是封装在底层网络的帧中传输的,每个报文段除了数据之外还要加上至少 40 字节的 TCP 和 IP 首部。因此,选择小的 MSS 会降低网络利用率。

但 MSS 的值也不能取得过大。大的报文段通过 MTU 较小的底层网络时,IP 不得不进行分片。分片越多丢失或出错的可能就越大,从而增加了数据报重传的概率,降低了网络的性能。

在实际应用中,TCP 使用如下简单方法选择 MSS:取建立连接时双方声明的 MSS 的较小者;如果一方没有声明,MSS 取默认值 536 字节。

2）窗口比例选项

TCP 当年定义的仅 16 比特的窗口字段限制了连接上的传输带宽。为此，TCP 规定了窗口比例选项来扩大窗口的数值。窗口比例双方在建立连接时商定。

16 比特的窗口字段只能通知最大 64KB 的发送窗口值，发送方只有经过一个往返时间（round trip time，RTT）才能发出数据并收到确认，之后才能向前滑动发送窗口并继续发送。因此，TCP 最多只能在 RTT 时间内发送 64KB 的数据，TCP 连接上的最大容量为传输速率与 RTT 的乘积，称为往返时延带宽积，单位为比特，可转换为字节。显然，它的值不能超过窗口的大小。随着技术的发展，网络带宽的提高，当初设计的最大 64KB 的窗口已经不够用了。

RTT 在不同链路下是一个变化的值，一个 LAN 的 RTT 只有几毫秒，而 Internet 上的长距离传输可能要几秒，一条穿越美国的 T1 线路的 RTT 不到 100ms。假定 RTT 为 100ms，对于 1.544Mb/s 的 T1 线路，往返时延带宽积为 19.3KB，小于当初 64KB 的窗口值。但是，现在网络带宽大大提高了，例如对于 2.5Gb/s 的线路，在 100ms RTT 的假定下，其往返时延带宽积则有 488×64KB。显然，64KB 的窗口就远不够用了。

TCP 用窗口比例选项扩展窗口值，其格式如图 7.9 所示。窗口比例表示原来 16 位的窗口值向左移位的次数，每移一次，窗口值翻 1 倍。窗口比例的最大值为 14，窗口最大可扩大 $2^{14}=16\ 384$ 倍，所以扩展后的窗口可达 $2^{30}=16\ 384\times64KB$。

3）时间戳选项

在 7.4.2 节已谈到，在高速线路上 32 比特的序号字段因序号循环加快可能引起报文段重号的问题。结合时间戳选项，可以防止序号回绕。

时间戳选项还可用于计算报文段的往返时间 RTT。发送方发送报文段时将当前的时钟时间放入图 7.9 所示的时间戳选项的时间戳字段，接收方在发回该报文段的 ACK 时，将该时间戳字段复制到时间戳回送字段，发送方可用来计算 RTT。关于 RTT，详见 7.4.5 节。

4）选择确认选项

选择确认选项包含了选择确认的信息。选择确认（记为 SACK）是 TCP 对累计确认的补充，接收方的 SACK 可以向发送方报告接收到的失序报文段的情况。SACK 主要包含一个失序数据块的列表，每个表项由该数据块的左、右边界的字节序号组成，各占 4 字节。

SACK 选项使用前需在建立 TCP 连接时进行协商。

7.4.3 TCP 连接管理

1. 建立 TCP 连接

1）TCP 连接的特点

TCP 是面向连接的协议，TCP 连接有如下特点。

① 两端点之间点对点的连接，不支持一点对多点的传输和广播。

② 全双工连接，支持双向传输，允许端点在任何时间发送数据，TCP 的每一方都有发送和接收缓存。

③ TCP 连接采用 C/S 模式，主动发起连接请求的进程为客户，被动等待连接请求的进程是服务器。

④ TCP 连接的端点是用 IP 地址和端口号二元组来标识，而一个连接则由本地和远程

的一对端点,即一个四元组(本地 IP 地址,本地端口号;远程 IP 地址,远程端口号)来标识,它是唯一的。

2）TCP 建立连接的方式

TCP 使用三次握手(three-way handshake)的方式建立连接。三次握手的过程如图 7.10 所示,主机 A 的端口 1 和主机 B 的端口 2 建立连接,共交换了 3 次报文段。

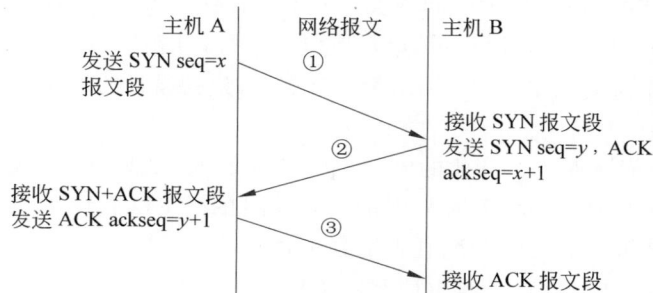

图 7.10　三次握手的报文序列

① 主机 A 发起握手,目的端点:主机 B 的端口 2。

- 由 ISN 计数器得到其初始发送序号 x。
- 发出一个同步报文段,SYN=1,发送序号 seq=x,ACK=0。

② 主机 B 监听到端口 2 上有连接请求,主机 B 响应,并继续同步过程。

- 由 ISN 计数器得到其初始发送序号 seq=y。
- 发出同步报文段并对主机 A 端口 1 的连接请求进行确认,SYN=1,发送序号 seq=y,ACK=1,确认序号 ackseq=$x+1$。

③ 主机 A 确认 B 的同步报文段,建立连接过程结束。

- 发出对 B 端口 2 的确认,ACK=1,确认序号 ackseq=$y+1$。

这样双方就建立了连接,数据就可以双向传输了。

3）三次握手过程中 TCP 可以完成的工作

① 使每一方都确知对方存在,知道对方已准备就绪。

② 双方确定了初始传输序号,如图 7.10 所示。

③ 双方还可以协商一些通信参数,如窗口大小、MSS 和窗口比例因子等。

④ 三次握手时,前两次报文段不携带数据,而第 3 次握手时主机 A 也可以在对 B 进行确认(ACK=1,ackseq=$y+1$)的同时,把数据(seq=$x+1$)封装在报文段中一起发送出去。

4）为什么使用三次握手

是否可以用两次握手建立连接? 在两次握手的情况下,如果发生异常情况,例如有时延的连接请求报文段突然传送到主机上,就可能产生错误。

考虑这样一种情况:主机 A 发出连接请求报文,但它在某些中间网络结点时延的时间过长,主机 A 的重传定时时间到,于是又重发一次连接请求,这次 B 收到了连接请求,发回确认,A 收到确认,建立了连接,而且 A 只发送很短的数据,这样数据很快就传输完毕并释放了连接。

但是,主机 A 的第一个连接请求报文段没有真正丢失,此时报文段到达主机 B。B 无法鉴别这种情况,误认为 A 又发出一次新的连接请求,于是向 A 发出确认报文段,同意建立连接。A由于并没有要求建立连接，因此不会理睬B的确认，但B却以为传输连接就这样建立了，并一直等待A发来数据，从而浪费了主机B的资源。可见，两次握手会产生问题。

采用三次握手的办法可以防止上述不正常现象的发生。由图7.10的三次握手过程可以发现，若发生了上述同样的情况，虽然连接已经发生了前两次握手，但主机A知道这是不正常的连接，第三次握手不能正常继续进行，主机A发送一个复位报文段清除这一连接，如图7.11所示。

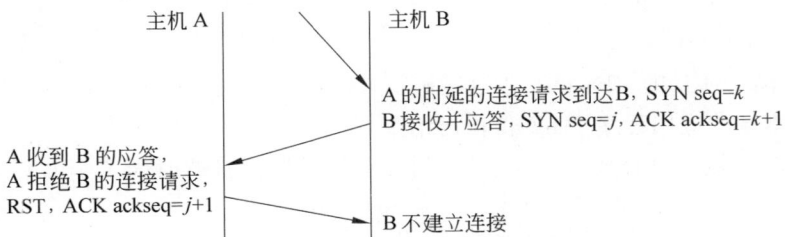

图7.11　三次握手清除时延的连接请求

2. 关闭 TCP 连接

TCP的连接是全双工的，可以在两个不同方向上进行数据的独立传输。当某一方（主机A或B）的数据发送完毕时，TCP将单向地关闭这个连接。此后，TCP就拒绝在该方向上传输数据。但在相反方向上，连接尚未关闭，还可以继续传输数据。这种状态称为半关闭（half-close）状态。

TCP协议使用4次报文段交互来关闭连接，如图7.12所示。

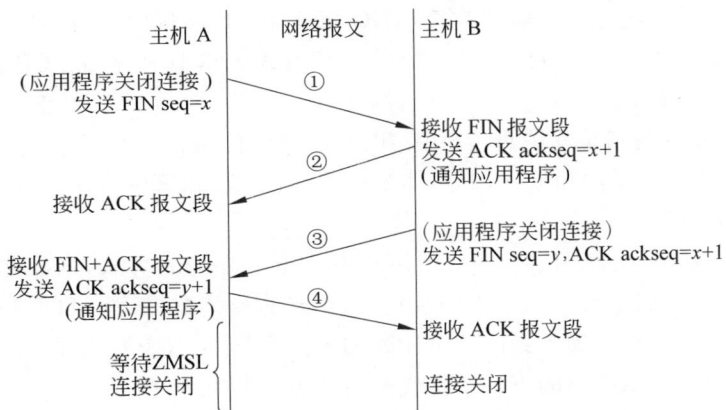

图7.12　关闭 TCP 连接

① 主机A关闭A端口1到B端口2的传输连接。
- 应用程序发送完数据后，通知TCP关闭连接。
- TCP收到对最后数据的确认后，发送一个FIN报文段，FIN＝1，seq＝x，x为A发送数据的最后字节的序号加1。虽然是关闭连接，但在报文段的交换中也要使用序号。

② 主机B响应。
- TCP软件对A的FIN报文段进行确认，ACK＝1，确认序号$ackseq＝x+1$。

- 通知本端的应用程序：A 方传输已结束。

此时，A 到 B 方向上的传输连接已关闭，TCP 拒绝在该方向上传输数据，但在相反方向上，连接尚未关闭，主机 B 还可以继续发送数据。连接处于半关闭状态。

③ 主机 B 关闭 B 端口 2 到 A 端口 1 的传输连接。

- 应用程序发送完数据后，通知 TCP 关闭连接。
- TCP 收到对最后数据的确认后，发送一个 FIN 报文段，FIN＝1，seq＝y，y 为 B 发送数据的最后字节的序号加 1，ACK＝1，ackseq＝$x+1$。

④ 主机 A 响应。

- TCP 软件对 B 的 FIN 报文段进行确认，ACK＝1，确认序号 ackseq＝$y+1$。
- 通知本端的应用程序：B 方传输已结束。

此时 TCP 连接还没释放，必须经过时间等待计时器设置的时间 2MSL 后，A 才进入连接关闭状态。

3. 复位 TCP 连接

前面所讲述的是应用程序传输完数据之后正常地关闭连接，但有时也会出现异常情况，不得不中途突然地关闭连接，TCP 为此提供了复位措施。

欲将连接复位，发起方发出一个报文段，其码元字段的 RST 比特置 1。对方对 RST 报文段的反应是立即退出连接。TCP 要通知应用程序出现了连接复位操作。连接双方立即停止传输并释放这一传输所占用的缓存等资源。异常的突然复位可能丢失发送的数据。

7.4.4 TCP 差错控制

7.4.1 节讲述了实现可靠传输的连续 ARQ 机制，TCP 实现中，一般使用其中的选择性重传 ARQ 进行可靠传输的控制，并且进行了局部改进。本节先介绍 TCP 差错控制，流量控制将在 7.4.5 节介绍。

差错控制的基本机制是反馈重传机制，TCP 的差错控制正是基于这一基本机制。反馈重传机制涉及两方面：反馈和重传，其具体实现就是：确认和重传。

1. TCP 确认机制

TCP 接收方采用累计确认（cumulative acknowledgement）方式，向发送方反馈数据接收的情况。累计确认用来确认已经正确收到的、积累的连续数据流。TCP 使用数据流的序号进行确认，确认序号是正确收到的字节序列的最高序号加 1，表明该序号之前的数据流均已正确接收，指明了期望接收的下一个报文段封装数据的首序号。

累计确认不必每收到一个报文段后就立即发回 ACK，可以推迟一段时间，在收到一个以上的连序报文段之后再发回 ACK，是一种时延确认算法（delayed ACK algorithm）［RFC 2581］。时延确认算法提高了传输效率，而且如果在时延期间接收方也有了发给发送方的数据，接收方 TCP 可以使用数据捎带确认（piggybacking ACK），这是更经济的确认方式。但太长的时延时间可能导致发送方不必要的超时重传，TCP 实现中，一般规定最大时延时不能超过 500ms。如果接连收到最大长度的报文段，则每隔一个报文段发回一个 ACK。

若 TCP 收到了一个失序（out of order）但无差错的报文段，将其数据暂存于接收缓存区，这时接收的数据流不连续，出现了间隙，TCP 会立即发出一个对间隙首字节序号（即期望接收的序号）的 ACK。如果后来接收到的一个报文段的数据填补了间隙的全部或其前面的一部分,就立即发回一个累计 ACK;否则,再发出一个对间隙首字节序号的 ACK。这种策略属于选择重传 ARQ。

TCP 后来又引入了选择确认选项,7.4.3 节已经介绍。

TCP 的 ACK 报文不需要确认,若传输中 ACK 丢失了,收方不知道也不作任何处理。

2. TCP 重传机制

TCP 使用反馈重传机制中的重传计时器(Retransmission Timer,RT)控制重传。TCP 每发出一个报文段,保存该报文段的副本,同时启动一个 RT,RT 设定一个超时重传时限(Retransmission Time Out,RTO),如果该报文段还没有得到确认时其 RT 超时(RT 的计时≥RTO),TCP 就认为该报文段已经丢失或损坏,重传该报文段。

TCP 后来又制定了快速重传(fast retransmission)[RFC 2581,建议标准],也得到广泛应用。快速重传规定,当发送方连续收到了 3 个与前面重复的(共收到 4 个)对某期望接收的报文段的 ACK,就立即重传该报文段,而不必等到其 RT 超时。

因此,TCP 重传报文段的条件是,该报文段还没有得到确认时其 RT 超时,或连续收到了 3 个重复的对它的 ACK。

超时重传时限 RTO 如何设置? 鉴于 Internet 比较复杂的应用环境,TCP 采用了自适应重传算法计算 RTO,下面会详细介绍。

3. TCP 传输差错及其处理

数据流传输过程中可能出现以下几种传输差错,TCP 进行相应的处理。

① 接收方收到了某报文段,但通过检验和计算,检验出它有差错,传输线路干扰会引起这种问题。接收方丢弃有差错的报文段,发送方 RT 超时就会重传该报文段。

② 发送方发出的报文段在传输过程中丢失。接收方将收不到丢失的报文段,发送方 RT 超时会重传该报文段。

③ 收到失序的报文段,有两种情况。

一种情况是:对上述①和②两种情况,接收方随后可能收到失序的报文段,接收的数据流出现了间隙,那么先暂存失序的报文段数据(但有间隙的数据不会上交应用进程),并发出一个对间隙首字节序号(即期望的接收序号)的 ACK。如果后来接收到的一个报文段的数据填补了间隙的全部或其前面的一部分,就立即发回一个累计 ACK;否则,则再发出一个对间隙首字节序号的 ACK。当报文段的 RT 超时或连续收到了 3 个重复的对它的 ACK,发方就会重传该报文段。如果接收的数据流出现多个间隙,先处理前面的间隙。

另一种情况是:即使报文段没有检验差错也没有丢失,接收方也可能收到失序的报文段。因为 Internet 中 TCP 报文段是由网络层 IP 协议封装传输的,IP 是无连接的,各 IP 数据报独立寻径,不能保证数据报按序到达。这种情况下收发双方对失序报文段的处理方式同上。

④ 收到重复的报文段,一般是由重传造成的。接收方容易根据序号判断是否是重复的报文段,只需简单地丢弃。

⑤ 接收方收到正确的报文段,但发回的 ACK 丢失。ACK 报文是不设 RT 的,也不重发。但 ACK 丢失一般不会产生什么影响。因为 TCP 采用累计确认,确认序号表明该序号之前的数据流均已正确收到,下一个 ACK 的到来就可以弥补这个丢失的 ACK。如果下一个 ACK 到来之前发送方的 RT 已经超时,这会出现重复的报文段,按④处理。

4. TCP 自适应重传算法

1) 为什么采用自适应重传算法

超时重传时限（RTO）如何设置？鉴于 Internet 比较复杂的应用环境，TCP 采用了自适应重传算法计算 RTO。

TCP 是针对互联网环境的协议，互联网比 LAN 要复杂得多。首先，同一个源站发送的报文段到不同的目的站的路径不同，报文段经过的路径有很大差别，所需要的时间也会大不相同；其次，每个路由器产生的时延与网络负荷密切相关，互联网的负荷经常发生变化，负荷大时可能发生拥塞，这使报文段在不同时间经过相同的路径所需要的时间也不同。可见，在 Internet 环境中，传输层数据报的往返时间的变化很大。

图 7.13 表示了 LAN 数据链路层往返时间的概率密度和在 TCP 中往返时间的概率密度的分布情况。前者方差很小，如果使用重传机制，RT 的 RTO 容易设定，例如图中的 T_1。而后者方差很大，如果把 RTO 设小（如图中的 T_2），则会产生大量的不必要的重传；如果把 RTO 设大（如图中的 T_3），则一旦分组丢失，过长的重传时延会导致网络性能下降。因此，TCP 采用自适应重传算法（adaptive retransmission algorithm）计算 RTO 以适应互联网时延的变化性。

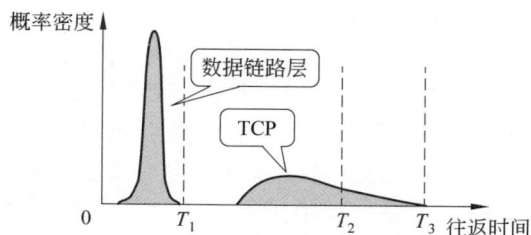

图 7.13　数据链路层和 TCP 往返时间的概率密度

2) 基本算法

TCP 的自适应重传算法随时估算每个连接的传输时延，以此来调整 RT 的定时时限。

对每次传输，TCP 都记录下报文段发送出去的时间和确认返回的时间，由这两个时间值 TCP 计算出报文段往返所经历的时间，称为报文段样本往返时间（Round Trip Time，RTT）。

估计的往返时间称为平滑往返时间（Smoothed Round Trip Time，SRTT），使用式（7.3）进行加权平均可以求出 SRTT：

$$\mathrm{srtt}(k) = \alpha \times \mathrm{srtt}(k-1) + (1-\alpha) \times \mathrm{rtt}(k) \tag{7.3}$$

式（7.3）中，$0 \leqslant \alpha \leqslant 1$，建议值为 0.8～0.9，实际使用 0.875，k 为计算的步数，$\mathrm{srtt}(k)$ 和 $\mathrm{rtt}(k)$ 两个变量分别存储第 k 步估计的平滑往返时间和第 k 步测得的样本往返时间。式（7.3）相当于一个低通滤波器，可以平滑 $\mathrm{rtt}(k)$ 中快速变化的成分。

由式（7.3）不难看出，选用的 α 值越接近 1，则 SRTT 对短暂的时延变化越不敏感；而 α 值越接近 0，则 SRTT 对时延变化越敏感，能够快速地跟随时延的变化。

发送分组时，TCP 计算出 RTO，用它来设置 RT。RTO 在当前往返时间估计值 SRTT 的基础上计算。

首先计算 RTT 的实测值 $\mathrm{rtt}(k)$ 和估计值 $\mathrm{srtt}(k)$ 偏差的平滑值 $\mathrm{d}(k)$：

$$d(k) = \gamma \times d(k-1) + (1-\gamma) \times |\,\text{rtt}(k) - \text{srtt}(k)\,| \tag{7.4}$$

式中，$0 \leqslant \gamma \leqslant 1$，实际使用 0.75，$d(k)$ 要设定初值，然后使用偏差的平滑值 $d(k)$ 修正 srtt(k)，得到重传定时时限 rto(k)：

$$\text{rto}(k) = \text{srtt}(k) + 4d(k) \tag{7.5}$$

其中，系数 4 是一个实验得到的数值。

实际使用时，式(7.3)和式(7.4)采用如下等效的形式：

$$\text{srtt}(k) = \text{srtt}(k-1) + 0.125(\text{rtt}(k) - \text{srtt}(k-1)) \tag{7.6}$$

$$d(k) = d(k-1) + 0.25(|\,\text{rtt}(k) - \text{srtt}(k)\,| - d(k-1)) \tag{7.7}$$

式(7.6)和式(7.7)两式再加上式(7.5)就构成 RTO 的自适应重传实用算法。式中的参数为实际采用的值（$\alpha = 0.875, \gamma = 0.75$），这 3 个式子的计算都很简单，乘法的运算可以通过简单的移位来实现，从而减小了开销。

3) Karn 算法

① 确认的二义性。在出现超时重传时，TCP 存在确认的二义性（acknowledgement ambiguity），计算 RTT 出现问题。Karn 算法提供了解决方案。

下面看一下重传的情况。发送方将一个报文段发送出去，由于 RT 到时尚没有收到 ACK，又重传了一次，之后收到了 ACK。由于这两个报文段完全相同，ACK 也相同，因此发送方无法分辨出 ACK 是对原报文段还是对重传报文段的确认，这称为确认的二义性。图 7.14 中，图 7.14(a)表示主机 A 的数据传输中丢失，RT 超时后重传；图 7.14(b)表示主机 B 对原报文段的 ACK 时延，主机 A 的 RT 也超时重传。主机 A 无法分辨出收到的 ACK 是对原报文段还是对重传报文段的确认。如果认为 ACK 是对原报文段的确认，图 7.14(a)的情况就不对；如果认为是对重传报文段的确认，图 7.14(b)则不对。

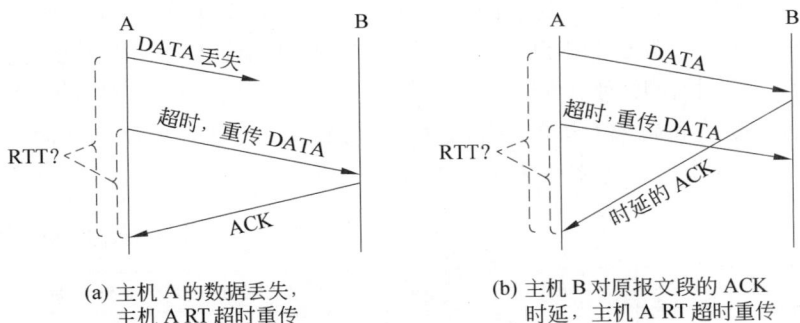

(a) 主机 A 的数据丢失，　　　　　　　(b) 主机 B 对原报文段的 ACK
主机 A RT 超时重传　　　　　　　时延，主机 A RT 超时重传

图 7.14　确认的二义性

如果认为确认是对原来的报文段，对于图 7.14(a)的情况，计算出的 RTT 值比实际值大，那么当互联网频繁丢失报文段时，会使 SRTT 不断地增长。这使得后面的传输 TCP 设定的 RTO 值增大，从而降低了网络的传输效率。如果认为确认是对最近的报文段，对于图 7.14(b)的情况，则会使计算出的 RTT 值比实际值小，使得 SRTT 减小。这使得后面的传输 TCP 设定的 RTO 值减小。RTO 减小又进一步加剧了重传的发生，浪费了网络的带宽。

可见，不论认为 ACK 是对原报文段还是对重传报文段，计算 RTT 都会存在问题。

② Karn 算法。业余无线电爱好者 Phil Karn 提出了一个实用的方法，避免了确认的二义性所带来的问题。在式(7.6)和式(7.7)中，TCP 不使用重传报文段的样本而只使用发送

一次的报文段的样本,用这些往返时间 RTT 对估计值 SRTT 进行调整。因此,避免了确认二义性带来的问题。

这种简单的 Karn 算法又带来了新问题,因为它忽略了重传对往返时间的影响。出现重传意味着网络传输时延加大了,这时就需要加大 RTO 的值。如果继续使用原来没有重传时计算的、小于目前实际情况的 RTO 值,将会使重传继续下去。因此,应该利用重传的信息对 RTO 进行调节。

针对这种情况,Karn 算法使用定时器补偿策略把超时重传的影响估计在内。仍然使用上面的公式来计算 RTO,但是每当出现超时重传时,TCP 就使用下述公式加大 RTO 值:

$$\text{rto}(k) = \delta \times \text{rto}(k-1) \tag{7.8}$$

式中,δ 是一个常数因子,它的默认值是 2。为了避免定时时限的无限增加,在 TCP 的实现中可以规定 RTO 值的上限。

总之,Karn 算法的思路是:计算往返时间估计值时,忽略重传报文段的样本,但当出现超时重传时,要使用定时器补偿策略。实践表明,Karn 算法在分组丢失率很高的网络上也能很好地工作。

7.4.5 TCP 流量控制

1. TCP 可变滑动窗口流量控制机制

7.4.1 节介绍了基于滑动窗口的流量控制机制,在此基础上,TCP 作了两方面的改动:一方面,一般的滑动窗口是面向 PDU 的,按 PDU 编号,例如数据链路层的帧,而在 TCP 的滑动窗口是面向字节的,按字节编号。另一方面,使用可变滑动窗口,发送窗口大小是随着接收方接收缓冲区情况的变化而变化的。

图 7.15 是 TCP 发送方滑动窗口的示意图。发送方窗口中有 3 个指针。位于滑动窗口左边界的指针 1 把已经发送并得到确认的字节与尚未得到确认的字节区分开来。指针 3 标出了窗口的右边界,指出序列中可以发送的最高字节的序号。指针 2 位于窗口的内部,它划分出已经发送的字节和尚未发送的字节之间的界限。TCP 软件可以不加时延地发送窗口内的字节,窗口内的指针会随之从左向右移动。

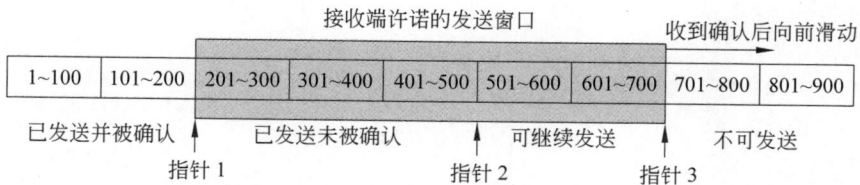

图 7.15 TCP 数据流编号与滑动窗口示意

图 7.15 示意发送方要发送的数据共 9 个报文段,每个报文段有 100 字节长度,而接收方通知的窗口大小为 500 字节。发送窗口当前的位置表示序号为 1~200 的两个报文段已经发送过并已收到了接收方的 ACK。在当前接收方许诺的窗口大小下,发送方可以在未收到 ACK 前连续发送序号为 201~700 的 500 字节。假定发送方已发送了 201~500 的 300 字节但未收到 ACK,那么它还可以发送 501~700 的 200 字节。

如果发送方收到接收方发来的 ACK,就可将发送窗口向前移动。例如,此时发送方收到了接收方已正确收到 201～400 的 ACK,那么发送窗口就向前滑动 300 字节,701～900 又落入了发送窗口之中,窗口内的数据为 401～900,其中 401～500 是已发送但未收到确认的,发送方此时可发送 501～900 的数据。

流量控制机制应该保证发送数据不会"淹没"接收方的接收缓存,而且还应使传输达到理想的吞吐量。一般的滑动窗口机制中,滑动窗口大小是不变的,将接收方的 ACK 作为授权发送方发送数据的凭证,接收方可以根据自己的接收能力来控制 ACK 的发送时机,从而实现对传输流量的控制。TCP 流量控制在此基础上进一步改进,使用了可变滑动窗口机制,强化了流量控制的效果。

接收方主机的处理能力是有变化的(如 CPU 负荷的变化等),不同时刻接收方接收处理的速度不同可能造成不同的情况:例如接收缓存绰绰有余,此时发送方可以使用更大的发送窗口,提高吞吐量;又如接收缓存趋近饱和甚至溢出,此时应该使用小一些的发送窗口。

TCP 可变滑动窗口机制中,接收方使用 ACK 报文段的窗口字段,其值反馈给发送方,它反映了接收方当前可用接收缓存的大小,发送方对发送窗口的大小在向前滑动时进行调整,使之等于接收方 ACK 窗口字段反馈的值,从而调节了发送数据的流量,以适应当前接收方可用接收缓存的情况,并尽可能提高传输的吞吐量。

图 7.16 的例子说明了 TCP 基于可变的滑动窗口进行流量控制的过程。主机 A 向主机 B 发送数据。假设每个报文段长度是 100,初始序号为 1,双方开始商定的窗口的大小为 400 字节,图中的序号是每个报文段的初始序号。数据发送和确认的流程共包括 13 个步骤,其中有 4 次改变窗口大小以调节发送流量。图 7.16(a)是发送站 A 的发送窗口变化情况,窗口中的指针指示第某步之后已发送出去但尚未收到确认的报文段与未发送报文段之间的分界。图 7.16(b)是发送报文段和确认报文段往返的流程。读者可结合图 7.16 详细描述 13 个步骤的流量调节过程。

2. 零窗口和持续定时器

当接收方的接收缓存已经饱和,接收方可以使用大小为 0 的零窗口(zero window)通知发送方停止连接上的数据流;当接收缓存又有空间后,再用一个非零窗口激活数据流。

在实际使用中,零窗口会带来一个问题。考虑下述情况:接收方发出了一个零窗口,发送方将发送窗口大小调整为 0,将其暂停发送。一段时间之后,接收方缓存又有了空间,接收方发一个非零窗口报文,激活数据流。但是这一非零窗口的报文丢失了,发送方和接收方都等待对方的动作,因而造成了死锁。

TCP 解决这种死锁的办法是使用持续定时器(persistence timer)。当发送方接收到零窗口的确认后,启动持续定时器,当定时器设定的时间到,发送方会发送一个探测报文段。接收方对探测报文段的响应包含了窗口的大小。如窗口不为 0,则发送方调整发送窗口进行发送;若窗口为 0,则重新设定持续定时器重复上述过程。

3. 糊涂窗口综合症及其对策

1) 糊涂窗口综合症(SWS)

TCP 用可变窗口进行流量控制方式也还有一些问题需要进一步研究。例如,应用程序从接收缓存取走多少数据后接收方 TCP 更新窗口字段?是不是应用程序将数据送到发送窗口后发送方 TCP 就马上发出去?TCP 如何掌握发送时机?这些问题 TCP 标准中并没有明确规定,而是需要在实现中进行解决。

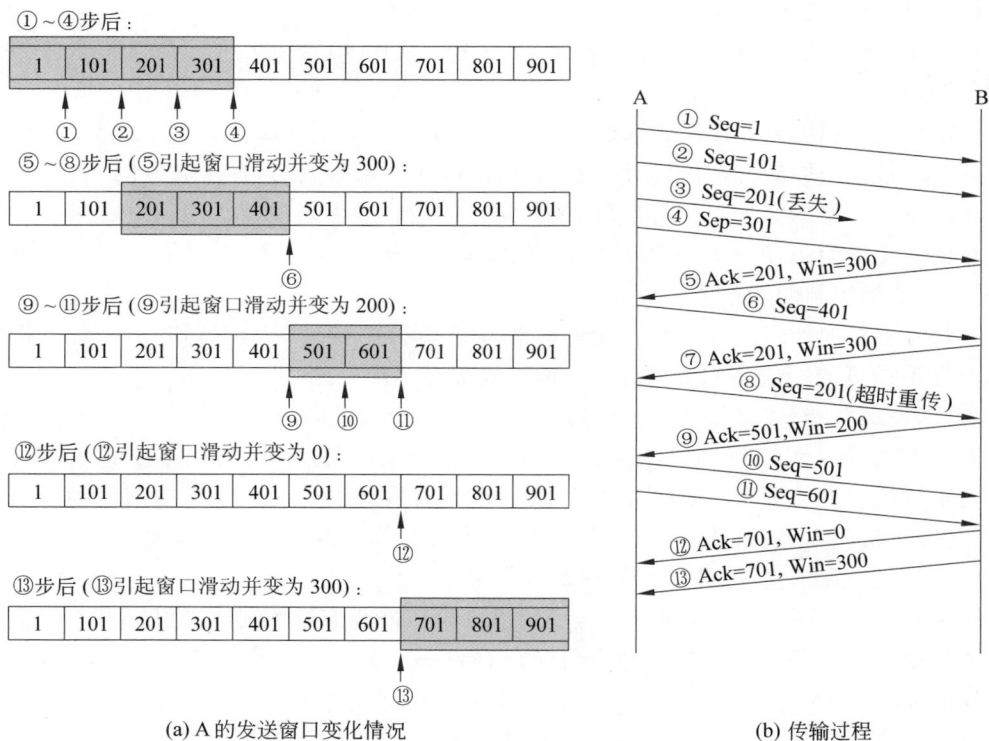

①~④步后：

| 1 | 101 | 201 | 301 | 401 | 501 | 601 | 701 | 801 | 901 |

⑤~⑧步后（⑤引起窗口滑动并变为300）：

| 1 | 101 | 201 | 301 | 401 | 501 | 601 | 701 | 801 | 901 |

⑨~⑪步后（⑨引起窗口滑动并变为200）：

| 1 | 101 | 201 | 301 | 401 | 501 | 601 | 701 | 801 | 901 |

⑫步后（⑫引起窗口滑动并变为0）：

| 1 | 101 | 201 | 301 | 401 | 501 | 601 | 701 | 801 | 901 |

⑬步后（⑬引起窗口滑动并变为300）：

| 1 | 101 | 201 | 301 | 401 | 501 | 601 | 701 | 801 | 901 |

(a) A 的发送窗口变化情况

A ② Seq=1
② Seq=101
③ Seq=201(丢失)
④ Sep=301
⑤ Ack=201, Win=300
⑥ Seq=401
⑦ Ack=201, Win=300
⑧ Seq=201(超时重传)
⑨ Ack=501, Win=200
⑩ Seq=501
⑪ Seq=601
⑫ Ack=701, Win=0
⑬ Ack=701, Win=300
B

(b) 传输过程

图 7.16　TCP 可变滑动窗口流量控制示例

早期 TCP 研究人员发现，在发送方或接收方的应用程序工作速度很慢时，TCP 会出现短报文段传输的问题，从而影响了网络的传输效率。

首先看接收方的应用程序工作速度很慢的情况。假设接收方应用程序每次仅能读取一字节。在建立了传输连接之后，发送方应用程序快速生成了数据，发送方 TCP 传输的报文段很快会装满接收方的缓存，发送方 TCP 得到确认，窗口大小为 0，这时暂时无法发送后续数据。当接收方应用程序从饱和的缓存读取了 1 字节后，缓存就有了 1 字节可用空间，TCP 生成一个确认，其窗口大小为 1。发送方 TCP 得到确认后，会发送包含 1 字节数据的报文段。接收方应用程序读取了下一字节后，TCP 又发回了窗口为 1 的确认，这时发送方 TCP 又发送了含有 1 字节数据的报文段。这样，最终形成了一个稳定的传输，但每次只传输仅包含 1 字节数据的短报文段，而整个 IP 数据报却要有 41 字节，从而大幅降低了传输效率。上述的问题，即每个确认报文通知了小的窗口，使每个报文段仅携带少量的数据，这种现象称为糊涂窗口综合症（Silly Window Syndrome，SWS）[RFC 813]。以上 SWS 的现象如图 7.17 所示。

再看发送端应用程序工作速度很慢的情况。例如一个 TELNET 连接，受限于人工键盘操作的速度，发送方应用程序每次也可能只生成 1 字节的数据，发送方 TCP 每次发送仅包含 1 字节数据的短报文段。

可见，当发送应用程序产生数据很慢，或接收应用程序接收数据很慢，甚至两者兼有，TCP 将发生短报文段传输问题，从而大幅降低了网络的传输效率，也属于 SWS，应该予以解决。

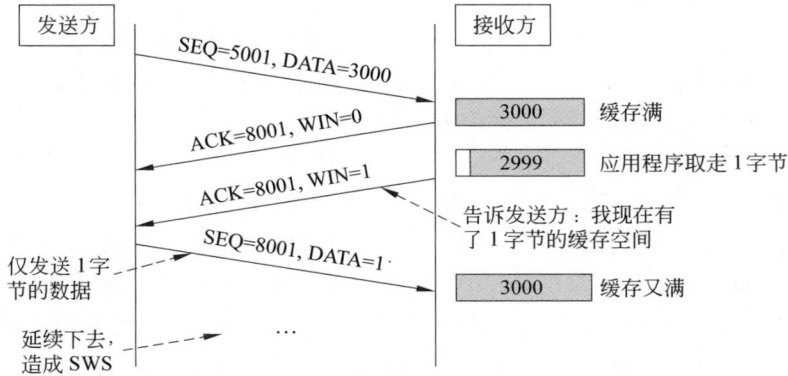

图 7.17　接收应用程序工作慢引起的 SWS

2）SWS 对策

接收方应对 SWS 的策略两种方法。

① Clark 方法。接收缓存装满之后，发出零窗口通知，此后应用程序取走下一（或少量）字节时，TCP 并不发回窗口大小为 1（或少量）字节的确认，而是等待应用程序逐步取走数据，使缓存可用空间达到 MSS 或缓存总空间的一半之后，才更新窗口的大小。

② 时延确认。TCP 时延一段时间后再发送确认。

发送方应对 SWS 的策略称为 Nagle 算法。Nagle 算法工作过程如下。

① 当应用程序产生第一块数据块时，TCP 会立即发送出去，即使只有 1 字节。

② 发送端 TCP 在输出缓存中积累数据，并等待下列任一事件发生，触发一次新的发送。

- 收到接收端发送的一个确认。
- 数据已积累到一个 MSS。这使得当应用程序生成数据的速率比较快时，发送的报文段将包含足够多的数据，从而达到较大的传输流量。

③ 以后的传输，重复步骤②。

7.4.6　TCP 拥塞控制

1. 网络拥塞现象

1）拥塞产生的原因

拥塞（congestion）是分组交换网络共同的问题，在 Internet 和 WAN 都存在。对于一个分组交换网，特别是无连接的数据报服务，当负荷很大时就可能产生拥塞现象，为了预防和缓解拥塞，需要进行拥塞控制（congestion control）。

拥塞主要是因分组交换结点的负载相对它的处理能力过重而引起的。交换结点用存储转发的方式转发分组，试想，若大量的分组从几个输入链路同时涌入一个交换结点而又由同一个链路输出，交换结点来不及处理，该链路输出队列的增长速度高于输出的速度，缓存队列将不断增长，分组将会在输出缓存队列中排队等候，传输时延增大，从而出现拥塞现象。严重时，交换结点的缓存队列溢出，必须丢弃分组。对于带有差错控制的可靠传输，丢弃分组会引起发送方的超时重传，这又增加了网上的分组数量，使拥塞更加严重。

增大交换结点的处理能力和缓存空间对解决拥塞是有益的。处理能力是越大越好，但缓存空间并非如此。过大的缓存空间虽然可以容纳更多的分组,但会增加传输时延。源站一般不知道因何原因或在何处发生拥塞等问题,对它来说,拥塞表现为传输时延增加。如果使用超时重传机制,传输时延增加会引起源站重传分组,重传会增加网络流量,流量增加又进一步加剧了传输时延,从而形成恶性循环。

2) 拥塞时的网络性能

在研究网络拥塞时,可以用两个指标描述网络的性能,一个是网络的吞吐量(throughput),另一个是端到端的时延(delay),它们与网络负载(offered load)有关。网络负载代表单位时间内输入到网络的分组数,吞吐量则代表单位时间从网络输出的分组数。

吞吐量、时延与网络负载之间的关系可用图 7.18 来描述。当轻载无拥塞时,吞吐量等于网络负载,故吞吐量曲线基本上是 45°斜率的直线。当负载增加,达到图 7.18 的中间区间,吞吐量增加变缓,小于网络负载,曲线向下偏离 45°线,传输时延明显增加,说明网络资源已经不能满足负载的要求,开始丢弃分组。当网络负载增大到图 7.18 右边的区间,此时随着负载的增加,吞吐量不但不增加反而下降,传输时延急剧增加,说明网络已经出现了严重拥塞现象。最终吞吐量趋于 0,出现拥塞崩溃(congestion collapse)。吞吐量为 0 时,网络完全失去传输能力,称为死锁(deadlock)。

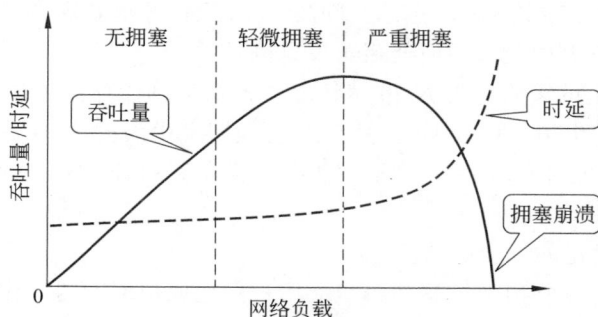

图 7.18　拥塞时的网络性能

2. 拥塞控制的基本策略

拥塞控制基本策略主要有 3 种。

1) 开环控制(open-loop control)

开环控制不依赖网络拥塞状况的反馈信息,而是基于资源预约(resource reservation)和接纳控制(admission control)。用户主机建立连接时要申明一些参数,如数据速率峰值、数据速率平均值、最大突发容量等,来说明其通信业务流量,称为通信量(traffic)。若网络资源允许,连接建立;否则就拒绝新的连接请求。在连接期间,只要用户主机通信量不超出协商值,网络资源是能保证的;若主机通信量超出其协商值,超出部分就被拒绝或缓冲。WAN 常常使用面向连接的技术来进行开环控制。

2) 闭环控制(closed-loop control)

闭环控制也称反馈控制,包括反馈和控制两个环节。反馈机制把当前网络的拥塞状态通知发送结点。交换结点负责监视和报告拥塞。拥塞程度可以根据路由器中的缓存队列长度来判别。交换结点可以通过向发送结点发送 ICMP 源抑制报文报告拥塞信息,这样的反馈是直接的。反馈也可以是间接的,由源结点从本地观察到的分组时延或丢失情况来推断拥塞是否发生。

源结点在收到拥塞信息后应减少它输出给网络的分组流量,拥塞控制的基本手段也是降低源结点的输出分组流,即源抑制(source quench),这与流量控制的思路是一致的。但又有区别,流量控制是端到端的控制,目的是保证目的结点不会因缓冲资源不够而溢出,流量反馈信息是由目的结点发给源结点的。而拥塞控制涉及整个传输链路,主要是解决网络中间的交换结点和传输链路的瓶颈问题,拥塞信息则是由中间交换结点反馈给源结点的。

Internet 在传输层的 TCP 实现的拥塞控制是闭环控制。

3) 分组丢弃

分组丢弃一般是在发生拥塞的交换结点在网络层进行的。拥塞严重时不得已丢弃分组,但丢弃有一定的策略。Internet 的路由器在网络层采用的一种分组丢弃策略称为随机早期检测(Random Early Detection,RED),使路由器保持较小的平均队列长度,有余地吸收突发流,而不必等到溢出时丢弃较多的分组。

RED 认为,Internet 的流量有很大的突发性,瞬时队列长度在短时间内可能变化很大,这是不可避免的,用它推断拥塞不是很恰当。RED 使用分组平均队列长度 L_a 而不是当前的瞬时分组队列长度 L_c 去决策分组丢弃。当队列不空时 $L_a = (1-w)L_a + wL_c$,其中 w 为权系数。RED 对分组平均队列长度设置了上限 L_{high} 和下限 L_{low},RED 丢弃策略如下。

- 当 $L_a < L_{low}$ 时,不丢弃分组。
- 当 $L_a > L_{high}$ 时,丢弃到达的分组。
- 当 $L_{low} \leqslant L_a \leqslant L_{high}$ 时,按概率 p 丢弃分组。其中,p 是 L_a 和 n 的函数,n 是上次丢弃分组之后到达的分组数,L_a 和 n 的值越大,p 也越大。

分组丢弃只能被动地解决短暂的拥塞。丢弃分组会导致重传,可能加大网络负载,从而形成恶性循环。只有降低源结点的发送速率,才能从根本上解决较长时间的拥塞。

3. TCP 拥塞控制策略

为了避免和控制拥塞,TCP 推荐使用以下几种控制策略:慢启动(slow start)、拥塞避免(congestion avoidance)、快速重传(fast retransmission)和快速恢复(fast recovery)[RFC 2581,建议标准;RFC 5681,草案标准]。

使用这些策略的前提是认为绝大多数的报文段丢失都是由拥塞所致,在目前的通信技术条件下,通信线路问题引起的误码而造成报文段丢弃的概率很小,小于 1%。

1) 慢启动和拥塞避免

慢启动和拥塞避免是较早提出的拥塞控制策略,属于闭环控制,首先要通过直接或间接的反馈信息发现当前网络的拥塞状态。TCP 有以下途径发现拥塞:报文段的重传定时器到时以及收到 ICMP 的源抑制报文。

接收方用报文段的窗口字段反馈其接收能力,TCP 流量控制用来限制发送流量。为了进行拥塞控制,TCP 又设置了一个拥塞窗口(congestion window)。当发生拥塞时,拥塞窗口将发送流量进一步进行抑制,以缓解拥塞状况。

发送方发送数据时,既要考虑到接收方的接收能力又要考虑拥塞状况,因此,发送窗口按式(7.9)取接收方通知的窗口和拥塞窗口中较小的一个:

$$swnd = Min(cwnd, rwnd) \tag{7.9}$$

式中,变量 swnd、rwnd 和 cwnd 分别为发送方的发送窗口、接收方通知的窗口和拥塞窗口。

为了进行拥塞控制,对每个 TCP 连接除了设置 cwnd 变量外,还设置了另一个变量,即慢启动门限(slow start threshold),它用来分界慢启动和拥塞避免策略,以下用变量 ssthresh 来表示。TCP 规定:

- 当 cwnd＜ssthresh 时,使用慢启动策略;
- 当 cwnd＞ssthresh 时,使用拥塞避免策略;
- 当 cwnd＝ssthresh 时,既可使用慢启动策略也可使用拥塞避免策略。

我们结合图 7.19 的示例具体说明慢启动和拥塞避免策略。

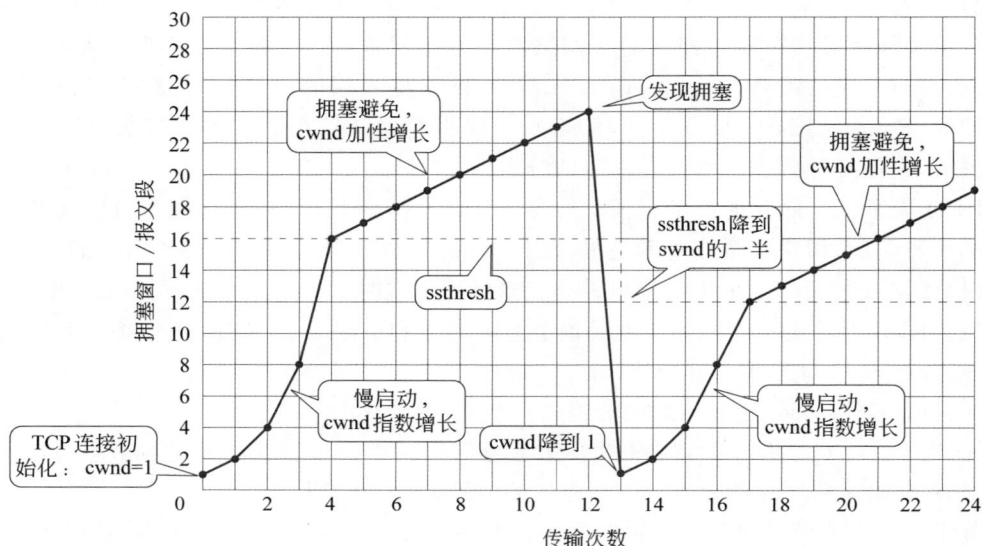

图 7.19 慢启动和拥塞避免控制策略示例

图 7.19 中的拥塞控制过程的曲线,横坐标是传输次数(不是时间),先后是 0～24 次,共计 25 次传输。为了方便叙述,本例中窗口大小不使用字节数而使用报文段个数,并且收方每正确接收到一个报文段就发回一个 ACK。发送方发完本次发送窗口中的全部报文段并收到了确认,称为"传输一次"。在正常传输的情况下,传输一次所用的时间大约是 RTT,报文段发送用时比在传输线路上传输用时一般要少得多。在当发生拥塞进行重传时,传输时间要长。下面结合图 7.19 给出慢启动和拥塞避免的执行过程。

① 当一个 TCP 连接初始化时:

- 设置拥塞窗口 cwnd 的初值。设发方最大报文段长度为(Sender Maximum Segment Size,SMSS)字节,慢启动规定 cwnd 的初值不能大于 2～4 个 SMSS,SMSS 越大,数目越小。而且,每收到一个对新报文段的 ACK,cwnd 最多增加一个 SMSS。图 7.19 的例子中,设置拥塞窗口初值 cwnd＝1。一个 TCP 连接上的传输也是从慢启动开始,这可探测可用的网络带宽。
- 设置慢启动门限初值,没有具体规定初值的大小,一般使用接收方通知的窗口的值。图 7.19 的例子中,设置慢启动门限初值 ssthresh＝16。

② TCP 开始发送过程,发送窗口 swnd 按式(7.9)计算,一般情况下,窗口 rwnd 足够大,它限制了 swnd 的上限不超过 rwnd,swnd 实际上等于 cwnd。

③ 每次传输都调节一次拥塞窗口,进而调节了发送窗口,调节方式如下。

- 当 cwnd＜ssthresh 时,执行慢启动。cwnd 从初值 1 开始,每收到一个对新报文段的 ACK,cwnd ＝ cwnd ＋ 1。这样,第 1 次传输完,收到 1 个 ACK,cwnd 增加到 2;第 2 次传输完,收到 2 个 ACK,cwnd 增加到 4;…。因此,cwnd 按指数规律增长,即每传输 1 次,cwnd 加倍,图 7.19 中,TCP 从开始到第 4 次传输,执行慢启动过程。

- 当 cwnd≥ssthresh 时,转入拥塞避免。cwnd 从 ssthresh 开始,每收到一个对新报文段的 ACK,cwnd ＝ cwnd ＋1/cwnd。每传输 1 次,收到 cwnd 个 ACK,cwnd 增加 1。此时,发送窗口减慢增加速度,变为加性增长(additive increase)。图 7.19 中,当第 4 次传输完,cwnd 达到设定的慢启动门限值 16。之后,cwnd 变为加性增长,直至再次检测到拥塞。在 cwnd 加性增长的过程中,swnd 要受式(7.9)的约束,最大到 rwnd。

④ 如果在某时刻 TCP 发现发生了拥塞,则:

令 ssthresh＝Max(swnd/2, 2),即将 ssthresh 降到拥塞发生时 swnd 的一半,但不能小于 2,并令 cwnd＝1,即拥塞发生后,慢启动的 cwnd 初值为 1,开始慢启动过程。图 7.19 中,当进行到第 13 次传输时,重发定时器出现超时,发生了拥塞。此时 cwnd 已增长到 24(假设 rwnd 大于 24),那么此时 swnd 也为 24,于是 TCP 令 ssthresh＝swnd/2＝12,cwnd＝1,cwnd 回到慢启动的起点,TCP 又开始进入慢启动过程。

从以上过程可以看出,"慢启动"指每出现一次拥塞,拥塞窗口都要降到其初值的起点,数据以最小的流量开始注入网络。不过慢启动的名词并不十分确切,因为拥塞窗口是按指数增长,增长的速率并不慢。实际上可以说是"低启动",拥塞发生之后拥塞窗口初值设置得相当低,传输过程从低起点启动。

"拥塞避免"是指当拥塞窗口增大到慢启动门限值之后,连接上的流量已增大到一定程度,就将拥塞窗口增长速率由指数增长变为加性增长,以避免再次出现拥塞。

2) 快速重传和快速恢复

后来又改进了 TCP 拥塞控制策略,提出了快速重传和快速恢复,它们一般是一起使用。

在 TCP 发生报文丢失后,接收方会收到失序的报文段。接收方的响应是立即发出一个确认,让发送方知道接收方收到一个失序的报文段,并告诉对方自己希望收到的丢失报文段的序号。在该报文段没有收到的情况下,接收方每收到一个后续的报文段,都会尽快发出一个重复的确认。因此,根据接收到重复确认报文的信息发送方也可以发现报文丢失或滞留在网络中,接收方接收的数据出现了间隙。

快速重传和快速恢复算法如下。

① 收到 3 个重复的确认(共 4 个 ACK)后,令 ssthresh＝max(swnd/2, 2),和慢启动算法一样。

② 重传报文段,并令 cwnd＝ssthresh＋3。这和慢启动算法置 cwnd 为很小的初值不一样。收到 3 个重复的 ACK 说明有 3 个报文段已经离开了网络进入接收方缓存,将 cwnd 在 ssthresh 基础上又加 3。

③ 又收到一个重复的确认时,令 cwnd＝cwnd＋1。重复的确认说明又有一个报文段已离开了网络,将 cwnd 加 1。

④ 若发送窗口允许,就发送一个新的报文段。

⑤ 当新的非重复的确认到达时,发送方知道接收方接收数据的间隙已经补上,令 cwnd＝ssthresh,即原来报文段丢失时 cwnd 的一半,然后使用拥塞避免算法。

以上算法中,当收到第 3 个重复的确认时,就认为报文丢失,发生了拥塞,因此重传报文段,而不必等到重传定时器到时,故称快速重传。下面取消慢启动而执行快速恢复,并不把 cwnd 降很多,而是降到原来的一半。取消执行慢启动的原因是由于收到接收方的重复确认,不仅仅告诉发送方一个报文段丢失了,而且还表明接收方在成功地接收到了失序的报文段,TCP 连接上仍然有数据流在传输,因而不必执行慢启动锐减数据流。

3) TCP Reno 拥塞控制策略

现在广泛使用的是 TCP Reno 版本,采用了快速重传和快速恢复算法,而在建立连接和超时重传时则使用慢启动和拥塞避免。

TCP Reno 版本的拥塞控制算法的拥塞窗口 cwnd 的折线图如图 7.20 所示。实际上,根据上述的算法的描述,在第 13 次传输过程中,cwnd 还有些图中未表示的小幅度的精细调整变化(快速重传和快速恢复步骤:①→②→③→⑤,cwnd：24→15→16→12),但最终如图 7.20 所示,cwnd 降到原来报文段丢失时的一半,即从 24 降到 12。

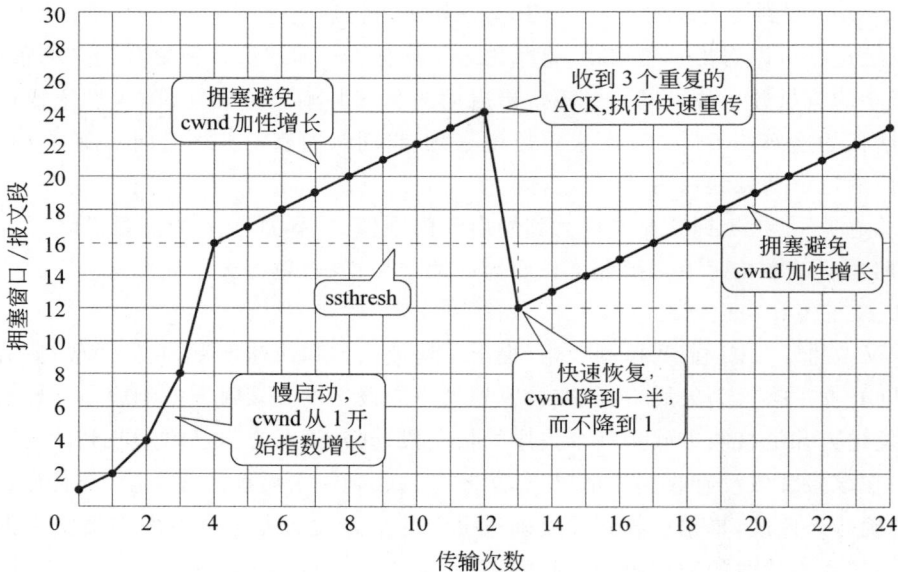

图 7.20　TCP Reno 拥塞控制策略示例

与只使用慢起动和拥塞避免的拥塞控制算法(图 7.19)相比,TCP Reno 版本的拥塞控制算法(图 7.20)显然有能力使网络提供更大的吞吐量。实际上,图 7.19 和图 7.20 中,cwnd 折线和横坐标之间的面积就是这 25 次传输中网络提供的以报文段为单位的总传输量。定性地看,图 7.20 中的面积要大于图 7.19 中的面积。将 25 次传输的报文段累加,也可以定量地计算出网络提供的总传输量,图 7.19 是 334 个报文段,而图 7.20 是 405 个报文段,增加了 21%。如果只比较拥塞后的部分(第 13～24 步),图 7.20 比图 7.19 的总传输量则由 139 增加到了 210 个报文段,增加了 51%。

思 考 题

7.1 传输层基于_____机制，为源和目的_____之间提供了_____的逻辑通信，由通信双方的_____实现，不涉及中间的_____。

7.2 TCP/IP 传输层主要包含哪两个协议？它们的主要特点是什么？

7.3 简述协议端口及其作用。有哪些类型的协议端口？

7.4 UDP 用户数据报报头共几字节？哪几个字段？为什么不包含目的地址和源地址？

7.5 UDP 用户数据报的伪报头的作用是什么？为什么称为伪报头？

7.6 UDP 提供了什么样的传输可靠性措施？

7.7 什么是 TCP 的数据流和报文段？TCP 对什么进行编号？TCP 采用什么确认方式？TCP 的确认序号是什么意思？

7.8 TCP 在什么情况下重传报文段？采用什么算法计算超时重传时限 RTO？为什么？

7.9 TCP 传输中可能发现哪些差错？分别采用什么样的处理方式？

7.10 假设 TCP 的最大报文段生存时间 MSL 分别为 120s 和 60s，均使用 32 比特的序号空间。请问：同一个 TCP 连接中在 MSL 内不出现相同序号的最大数据传输速率分别是多少？TCP 采取什么措施避免同一连接上在 MSL 内出现相同的序号？

7.11 光纤理论上可以达到的 75Tb/s 的数据传输速率，如果 TCP 的最大报文段生存时间 MSL 仍取 120s，请问：为了避免出现相同序号的问题而扩大序号空间，TCP 应该使用至少多少比特的序号空间？对于光纤的这一速率，如果仍使用 32 比特的序号空间，MSL 最大有多大？

7.12 在 TCP 连接上，主机的发送窗口 64KB，线路的往返时间是 50ms。请问：

(1) 主机能达到的最大数据传输速率是多少？

(2) 若在此线路上使用窗口比例因子选项实现 622Mb/s 的数据传输速率，窗口比例因子至少应该选多大？扩展后的窗口可达多少字节？

7.13 TCP 报文的窗口字段反映了什么信息？在 TCP 流量控制中起什么作用？

7.14 在 TCP 连接上，主机 A 向主机 B 传输 1100 字节的数据，双方 TCP 协商的 MSS 为 300 字节，主机 B 通知的窗口为 1200 字节，又设主机 A 和主机 B 的初始序号 ISN 分别为 1000 和 2000，参照图 7.10、图 7.16(b)和图 7.12 画出主机 A 和主机 B 建立连接——传输数据(A→B)——关闭连接的全过程示意图，图中标明重要的协议参数。

7.15 可靠的数据传输应该满足什么条件？若不满足需要进行什么控制？

7.16 通常采用的差错控制机制是什么？具体描述该机制。

7.17 通常采用的流量控制机制是什么？具体描述该机制。

7.18 什么是 ARQ？它分为哪几种？

7.19 回退-N ARQ 对停等 ARQ 的主要改进是什么？"回退-N"的含义是什么？

7.20 选择重传 ARQ 对回退-N ARQ 的改进是什么？

7.21 TCP 为什么使用持续定时器？

7.22 TCP 的重传机制是保证什么性能的重要措施？UDP 具有重传机制吗？

7.23 TCP 为什么要用自适应算法计算重传定时器定时时限？

7.24 Karn 算法提出的原因是什么？简述 Karn 算法。

7.25 什么是最大报文段长度 MSS？选择合适的 MSS 的困难何在？如何选择？

7.26 为了适应网络技术的发展，TCP 提出了新的窗口比例选项，原因是什么？窗口比例选项如何扩大窗口值？

7.27 在 TCP 建立连接的过程中，通信双方可以为数据传输做哪些准备工作？

7.28 假设 TCP 连接上报文段的往返时间 RTT 的初始值 $rtt(0)=24ms$，随后的值分别是 $32ms$、$16ms$、$40ms$、$28ms$、$36ms$ 和 $22ms$。根据 TCP 的重传策略，计算报文段的平滑往返时间 $srtt(k)$ 和重传定时时限 $rto(k)$（$k=1,2,3,4,5,6$）。在计算中，假设 SRTT 的初始值 $srtt(0)=rtt(0)$，RTT 和 SRTT 偏差的平滑值的初始值 $d(0)=rtt(0)/3$。

7.29 简述拥塞控制与流量控制产生的原因和所解决的问题。它们解决问题的根本途径是什么？

7.30 解释拥塞窗口和慢启动门限值。TCP 拥塞控制主要采用哪几种技术？简要解释这些技术的特点。

7.31 在图 7.19 的示例中，当进行到第 11 次传输和第 19 次传输时发生拥塞，重发定时器出现超时，其他条件和参数与图 7.19 相同。发生拥塞后，慢启动门限变为多少？参照图 7.19 画出采用慢启动和拥塞避免的拥塞控制策略的传输过程中拥塞窗口和慢启动门限的变化曲线。

7.32 试说明 TCP 的快速重传和快速恢复拥塞控制机制。

第8章 应 用 层

应用层直接面向用户,为用户访问、使用及管理各种网络资源,提供通用、一致、方便的网络应用服务。

本章首先讲述应用层各种应用进程的工作机制,即客户-服务器(Client/Server,C/S)模式和对等(Peer to Peer,P2P)模式。然后介绍广泛使用的各种 Internet 应用及其相应的协议,包括:域名系统(DNS),文件传输协议(FTP),电子邮件(E-mail),万维网(WWW),社交媒体博客、微博和微信,动态主机配置协议(DHCP)以及基于简单网络管理协议(SNMP)的网络管理系统。最后介绍基于 P2P 模式的网络应用,包括音乐共享服务 Napster 和文件共享服务 BitTorrent。

万维网页面设计是用户建立网站必须具备的编程技能,C/S 模式下用户自己开发网络应用程序要掌握套接字 Socket 机制,本章也将简要介绍。

8.1 网络应用进程的工作模式

8.1.1 C/S 模式和 P2P 模式

计算机网络的各种应用层协议都是为了解决某一类应用问题,这些问题的解决通常是通过位于不同主机上的多个应用进程之间的相互通信并协同工作来实现的。应用进程之间的相互通信和协同工作的方式,下文简称为应用进程的工作模式。Internet 应用层中,应用进程的工作模式有两种:一种是客户-服务器(Client/Server,C/S)模式,另一种是对等(Peer to Peer,P2P)模式。

1. 客户-服务器模式

Internet 中的很多重要网络应用尤其是早期开发的应用如 FTP、DNS、E-mail、WWW、TELNET 和套接字 Socket 提供的网络通信机制等都是使用 C/S 模式,它们大多都有国际标准,有相应的 RFC 文档,本章后续内容将主要介绍上述应用。

C/S 模式是从计算机网络和分布式计算的基础上发展起来的。所谓客户和服务器,它们分别是两个应用进程,可以位于 Internet 的两台不同主机上,它们分工协作,为用户提供各种网络应用服务。在 C/S 模式中,服务器被动地等待服务请求,客户向服务器主动发出服务请求,服务器做出响应并返回服务结果。而且,一个服务器可以处理多个客户的并发请求。

C/S 模式能够适应通信发起的随机性。Internet 通信的一个非常重要特点是,一个主机发起通信是随机的,一台主机上的进程不知道另一台主机的进程会在什么时候发起一次通信。C/S 模式能够很好地解决这种随机性问题,每次通信过程都由客户随机地主动发起,而服务器进程从开机起就处于等待状态,随时准备对客户的请求做出响应。

万维网(World Wide Web,WWW,也称 Web)产生后,Web 环境下的应用也广泛采用

C/S 模式。在 Web 的 C/S 模式中，客户是浏览器（browser），万维网文档所驻留的计算机运行服务器程序，即万维网服务器（Web server）。这种 Web 环境下的 C/S 模式称为浏览器-服务器模式，即 B/S 模式。B/S 模式使客户端使用通用的浏览器，操作统一简化，便于应用。B/S 模式可以提供多层次连接，常常是浏览器-万维网服务器-应用服务器的形式，其中广泛使用 browser/Web server/DB server 三层连接，Web server 和 DB server 连接并可读取数据库中不断更新的数据，这样，browser 就可以在网页中浏览到动态的数据，见 8.5.6 节。

2. 对等模式

P2P 模式是较晚出现的应用模式。P2P 模式的应用中，每个参与者都是对等方（peer），每个 peer 的地位都是对等的，它们的角色既是客户又是服务器，既是信息的消费者又是信息的提供者，打破了传统的 C/S 模式中以服务器为中心的客户和服务器角色的不对等性。

实际上，P2P 模式的应用本质仍然是使用 C/S 模式，只不过每个 peer 既是客户又是服务器，在请求服务时运行客户软件，而在提供服务时运行服务器软件。

P2P 模式现在得到越来越多的应用，例如文件的共享和下载，存储空间和计算能力的共享等。2000 年 8 月成立了国际组织 P2P 工作组（P2PWG）开展 P2P 研究工作，成员包括 Intel、IBM 和 HP 公司等，但是在标准化工作方面进展缓慢，尚无国际标准出台。

P2P 模式的应用 8.7 节进行简单介绍。

8.1.2　C/S 模式和 P2P 模式的比较

C/S 模式和 P2P 模式有共同的地方也有不同之处，有各自的特点。

（1）都是 Internet 上的一种应用系统，网络应用进程的工作模式不同。虽然有 P2P 网络（P2P networking）和万维网（World Wide Web，属 C/S 模式）的称谓，但它们本质上并不是一种实际的网络，而是现有因特网上的一种共享网络资源（文件、存储、计算、通信等）的应用系统，应用层使用了不同的技术。P2P 网络和万维网都可以看成在实际网络基础上的一种逻辑的覆盖网（overlay network）。

（2）通信的双方主机在 C/S 模式中是非对等的，在 P2P 模式中则是对等的。C/S 模式中以服务器为中心，客户是资源的消费者，服务器是资源的提供者，服务器主机一般比客户主机拥有功能更强大、配置更完备的硬、软件资源，并且大多处于网络的核心区域（如 ISP、企事业单位的网络中心机房等）。P2P 模式中，参与的主机角色对等，既是资源的消费者又是提供者，它们多为处于网络边缘区域（如家庭、宿舍、办公室等）的普通配置的主机。

（3）对于共享的网络资源，C/S 模式是由服务器主机集中式存储和处理，而 P2P 模式则是由所有参与的 P2P 主机分布式存储和处理。前者充分利用了服务器主机强大的资源配置，后者则协同汇聚了众多的普通主机资源。它们各有适合的应用场合，例如，政府和企事业部门的重要信息资源，更适合于由相关部门的服务器主机集中存储和处理；而音视频等大众信息资源，则适合于 P2P 主机分布式存储和处理。

（4）C/S 模式的运行情况，会受制于服务器主机的单点机器故障或网络攻击，或者会在客户访问高峰时形成整个系统运行的瓶颈，而 P2P 主机的单点问题只影响局部。P2P 主机一般是普通的个人计算机，出现单点问题的概率会比 C/S 模式的服务器主机高，它们一般是高档次的计算机，运行于有温湿调节、电磁防护的机房，有防护网络攻击的严密措施，并有专业的维护人员。

8.2 域名系统（DNS）

人们上网浏览时通常愿意使用易于记忆的域名（domain name），也称主机名（host name），但通信时还需转换为 IP 地址。早期的 ARPANET 时代，整个网络上只有数百台计算机。那时使用一个称为 hosts 的文件，放在斯坦福研究院，它列出所有主机名及其对应的 IP 地址。下载这个文件，根据主机名就可以将其转换成 IP 地址。随着 Internet 上主机数量迅速增加，hosts 的管理越来越困难。1983 年开始，Internet 采用层次结构的命名树作为主机的名字空间，并使用域名系统（Domain Name System，DNS）［RFC 1034、1035，因特网标准］进行域名解析（resolve），解析即转换的意思，包含了转换的过程。

8.2.1 Internet 域名结构

1. 域名及其结构

任何一个连接在 Internet 上的主机都有一个唯一的层次结构的名字，称为域名，并在应用层使用。域名是一个逻辑概念，与主机所在的物理位置没有必然联系。域（domain）是指名字空间中一个可被管理的子空间，还可以进一步划分为子域。

域名分为若干等级，各等级域名之间用小数点连接：

….三级域名.二级域名.顶级域名

每一级域名均由英文字母和阿拉伯数字组成，不超过 63 个字符，不区分字母大小写。各级域名自左向右级别越来越高，顶级域名（Top Level Domain，TLD）在最右边。一个完整的域名总字符数目不能超过 255 个。域名系统不规定一个域名必须包含多少个级别。

这样，整个 Internet 层次结构的域名空间（domain name space）就构成一棵命名树，根结点是无名的，根下面就是 TLD 结点。用这种方法可使每个名字都是唯一的，而且也容易设计出一种搜索域名的机制。

各级域名由其上一级的域名管理机构管理，而 TLD 由 Internet 名字和号码分配公司（ICANN）负责管理。

一个单位拥有了一个域名，就可以自己决定是否要进一步地划分子域。如果要划分，那么如何划分也由自己决定，这里没有统一规则，而且也不必将子域的划分情况报告上级有关机构。

2. 顶级域名（TLD）

现在顶级域名有 3 类。

1）国家顶级域名 ccTLD（cc 即 country code）

国家顶级域名如 cn（中国）、us（美国）和 jp（日本）等。ccTLD 已近 300 个。国家顶级域名下注册的二级域名均由该国家自行确定。

2）通用顶级域名（gTLD）

最早的通用顶级域名共 7 个，即 com（公司企业）、net（网络服务机构）、org（非营利性组织）、edu（教育部门，美国专用）、gov（政府机关，美国专用）、mil（军事部门，美国专用）和 int（国际性的组织）。

由于 Internet 的用户数量急剧增大,又陆续提议新增通用顶级域名,主要有 biz(商业)、info(网络信息服务组织)、pro(有证书的专业人员)、name(个人)、museum(博物馆)、coop(合作团体)、aero(航空业)、mobi(移动产品与服务的用户和提供者)、travel(旅游业)、jobs(人力资源管理)、asia(亚太地区)。

2013 年后,ICANN 允许任何机构、公司等申请新顶级域名(New gTLD),现在已有中文顶级域名注册,如公司、商城等。

3) 基础结构域名(infrastructure domain)

基础结构域名目前只有一个,即 arpa,用于地址到名字的反向域名解析,又称为反向域名。

3. cn 下的二级域名

我国将在 cn 下注册的二级域名分为"类别域名"和"行政区域名"两类。"类别域名"有 7 个:gov(政府机关)、com(工、商、金融等企业)、edu(教育部门)、ac(科研机构)、net(互联网络的有关机构)、org(非营利性组织)以及 mil(国防机构)。

"行政区域名"有 34 个,适用于我国的各省、自治区、直辖市。例如,bj(北京市)、hb(河北省)等。

在二级域名 edu 下申请注册三级域名由中国教育科研网(CERNET)网络中心负责。在 edu 之外的其他二级域名下申请注册三级域名,由中国互联网网络信息中心(CNNIC)负责。

4. Internet 域名空间

如图 8.1 所示,Internet 域名组成了一个层次结构的域名空间,形成了一个由根结点开始的倒置的树形结构,结点之间的连线表示它们之间的上下级关系。

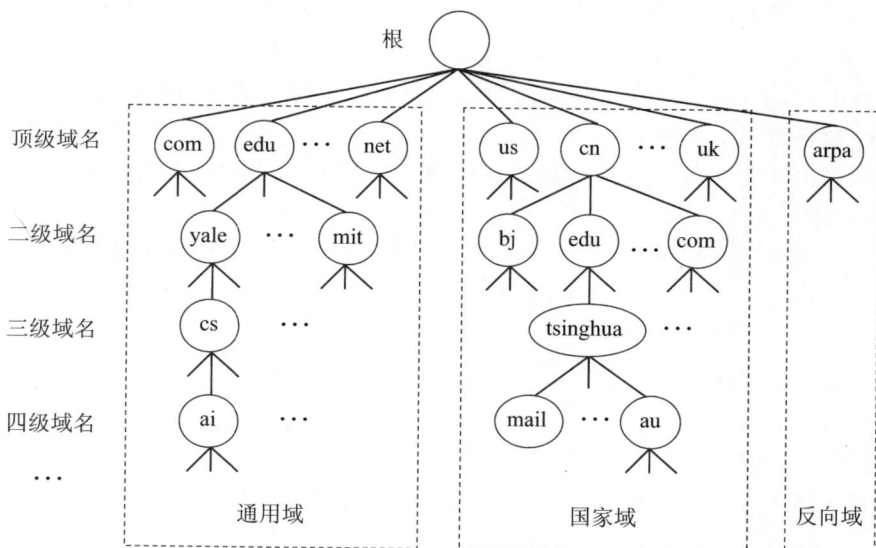

图 8.1 Internet 域名空间

8.2.2 域名解析

DNS 是一个联机分布式数据库系统,采用 C/S 模式。进行域名查询的机器运行客户软件,称为域名解析器,也称名字解析器。在专门设立的计算机上运行域名服务程序,称为域名服务器,也称名字服务器。在 Internet 上,有大量的域名服务器在运行,它们的数据库中存放着各自管辖范围的域名和 IP 地址的映射表,它们之间又可以相互联络和协作,从而实现域名解析。

DNS 使用 UDP 传输域名解析请求和响应报文,使用周知端口 53 进行所有的有关通信,一旦解析器获得服务器所在机器的 IP 地址,便可以与域名服务器软件通信。

1. 域名服务器系统

Internet 上所有的域名服务器相互联络和协作形成一个统一的域名服务器系统,负责进行域名解析。域名服务器系统的组织有以下特点。

(1) 域名服务器系统基本上是按照域名的层次来设置的,但它们的层次并不严格相同。Internet 允许根据具体情况将某一域名空间划分为一个或多个域名服务器管辖区,多个管辖区是不重叠的。

(2) 在每个管辖区设置相应的授权域名服务器(Authoritative Name Server,ANS)。管辖区内的主机必须在 ANS 处注册登记,ANS 的 DNS 数据库中记录了辖区内主机域名和 IP 地址的映射表,负责对本管辖区内的主机进行域名转换工作。

(3) 按照域名的层次,有几种特殊的域名服务器。

① 本地域名服务器(Local Name Server,LNS)。对每个管辖区内的所有主机来说,该管辖区内的 ANS 即 LNS,辖区内的所有主机都知道它的 IP 地址,是默认域名服务器。

② 顶级域名服务器(TLD Name Server)。Internet 域名空间的每一个顶级域,不管是通用顶级域还是国家顶级域,都有自己的域名服务器,即顶级域名服务器。一个顶级域可以有多个顶级域名服务器。

③ 根域名服务器(Root Name Server,RNS)。用于管理顶级域名服务器。Internet 上共有 13 个 RNS,域名分别为 a.rootserver.net 至 m.rootserver.net,由 ICANN 统一管理。

13 个 RNS 却不止 13 台计算机,包含了大量的镜像根服务器,到 2016 年 2 月,已经在 588 个地点安装了 RNS 计算机,分布在世界各地,这样可以使地址解析就近实现(使用任播技术)。例如,f.rootserver.net 就在 40 多个地点安装了镜像服务器。

(4) 分散在世界各地的域名服务器形成了一个联合协作的系统,需要时域名服务器之间可以协作完成解析,为此:

① 每个域名服务器都知道 RNS 的 IP 地址。

② 每个域名服务器都知道其下一级域名服务器的域名和 IP 地址。RNS 知道 TLD 服务器的域名和 IP 地址,TLD 服务器又知道二级域名服务器的域名和 IP 地址等。

2. 域名解析方式

域名解析有两种方式。

1) 递归解析(recursive resolution)

此时域名服务器又是解析器,它不能解析某域名时,就变为解析器请求其他域名服务器进行解析,如此递归,直至得到解析结果。

2) 反复解析(iterative resolution)

客户访问的域名服务器不能解析时,返回到下一个域名服务器的 IP 地址,供客户下一次访问,客户反复进行解析,直至得到结果。

递归解析将复杂性和负担交给服务器软件,反复解析将复杂性和负担由解析器软件承担。图 8.2 说明了两种方式的域名解析算法。

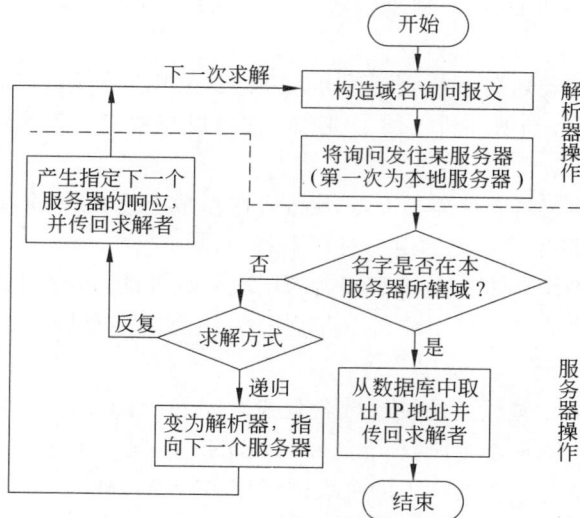

图 8.2　TCP/IP 域名解析算法

3. 域名解析过程

域名系统进行域名解析的过程分为两步进行。

1) 访问 LNS

当一主机的某一个应用需要进行域名解析时,主机的解析器首先访问 LNS。主机一般都是要求 LNS 进行递归解析。LNS 查找 DNS 数据库,如果能找到对应的 IP 地址,就放在应答报文中返回;否则转入步骤 2),LNS 变为解析器,代替主机继续解析过程。

2) 访问其他域名服务器,进行一次自顶向下的搜索

LNS 以客户身份先访问 RNS,当 RNS 不能解析时,再请求顶级域名服务器;顶级域名服务器不能解析时,再请求其下一级域名服务器,以此类推,完成一次自顶向下的搜索,最终将找到该域名的 ANS,从而实现域名解析。

LNS 向 RNS 的查询一般使用反复解析,RNS 要处理大量查询,最好使用负荷较小的反复解析。部分 RNS 只支持反复解析,而大部分域名服务器两种解析方式都支持。使用哪种方式,取决于解析请求报文中的设置。

4. 域名解析示例

图 8.3 是一个域名服务器管辖区划分的示意图,每个闭合环包围的范围是一个管辖区,假设管辖区内最上方的名字是这个管辖区的域名服务器的域名。

如图 8.3 所示,若清华大学自动化系的主机 cat.au.tsinghua.edu.cn 要访问耶鲁大学计算机系的域名为 li.cs.yale.edu 的主机,一种域名解析过程如图 8.4 的第 1~10 步所示。

第 1 步:主机的解析器首先访问 LNS(tsinghua.edu.cn)。

第 2 步:LNS 中没有欲解析域名的 IP 地址,LNS 成为解析器,此后使用反复解析的方式,首先向 RNS(root)发出解析报文。

第 3 步:RNS 中也没有欲解析的 IP 地址,RNS 将顶级域名服务器(edu)的 IP 地址告

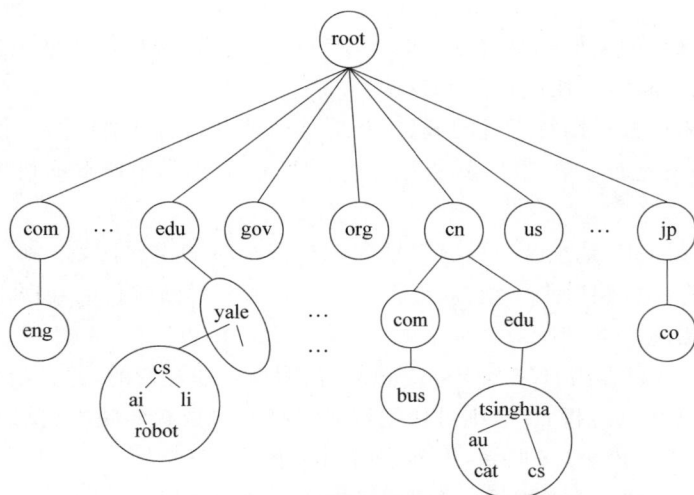

图 8.3　域名管辖区划分的例子

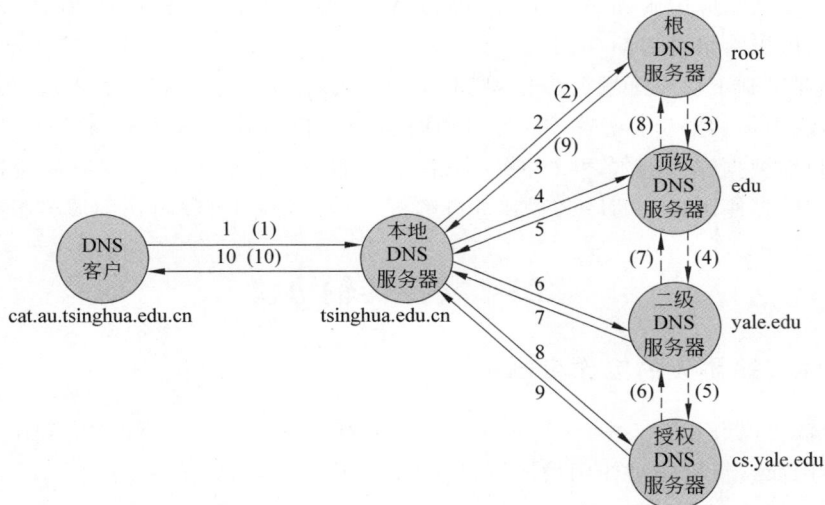

1. IP(li.cs.yale.edu)=?
2. IP(li.cs.yale.edu)=?
3. 请查询 edu
4. IP(li.cs.yale.edu)=?
5. 请查询 yale.edu
6. IP(li.cs.yale.edu)=?
7. 请查询 cs.yale.edu
8. IP(li.cs.yale.edu)=?
9. IP=198.54.231.20
10. IP=198.54.231.20

(1)、(2)、(3)、(4)、(5)：
IP(li.cs.yale.edu) = ?
(6)、(7)、(8)、(9)、(10)：
IP = 198.54.231.20

图 8.4　域名解析过程的例子

知 LNS。

第 4～8 步：LNS 反复进行解析。

第 9 步：找到了该域名的 ANS(cs.yale.edu)，ANS 返回域名对应的 IP 地址——198.54.231.20。

第 10 步：LNS 将 IP 地址 198.54.231.20 返回给主机。

另一种域名解析过程如图 8.4 的第(1)～(10)步所示。域名服务器全部使用递归解析方式，读者对解析过程可自行分析。

5. 域名缓存

对于非本地域名的解析都要进行一次自顶向下的搜索,但增加了网络的负担。为了提高解析效率,域名解析也使用缓存技术。

域名缓存用来存放近期解析过的域名-IP 地址的映射,而且对于每一个映射,还存放提供此映射的 ANS 的地址。在 LNS 解析过程中,如果在数据库中搜索不到相关的记录,就使用域名缓存。

域名缓存中域名-IP 地址映射的有效性问题是需解决的重要问题。假如服务器中的映射已经改变而缓存中的映射未作相应更新,过时的映射会导致解析的错误。为此,缓存技术采取了以下两种措施。

(1) 服务器向解析器报告域名缓冲信息时,注明这是非授权的,并且给出提供此映射的 ANS。如果解析器注重解析效率,则可使用域名缓存的非授权的映射;反之,如果解析器注重解析的准确性,则与该 ANS 联系,得到当前的映射。

(2) 为缓存中的每一映射维护一个生存时间(Time To Live,TTL),限定该映射的有效时限。一旦某个映射的 TTL 到了时限,就从缓存中删除。TTL 是由响应域名查询的 ANS 给出的,然后在其响应中附加一个 TTL,因为 ANS 的本地管理机构对它所管辖的域名是最了解的,所以可以给出合适的 TTL。

域名缓存机制不仅用于域名服务器,也用于主机,这进一步提高了解析效率。许多主机运行一种功能很强的解析器软件,系统启动时这种解析器软件从 LNS 获取一个完整的域名-IP 地址映射数据库的副本,并维护一个近期使用过的域名-IP 地址映射的缓存。主机进行域名解析时,先使用自己的域名缓存进行解析,如果搜索不到将再访问域名服务器。

*8.3 文件传输协议

8.3.1 文件传输协议的工作机制

文件传输协议(File Transfer Protocol,FIP)[RFC 959,因特网标准]是 Internet 中一个很早就被使用而且目前仍被使用的协议,早期曾占因特网通信量的三分之一。

FTP 使用 C/S 模式,但它比较复杂,与一般 C/S 模式有所不同,它使用双重连接即控制连接和数据连接,并涉及 5 种进程,即主服务器进程、客户控制进程、服务器控制进程、客户数据传送进程和服务器数据传送进程。

FTP 是一个交互式会话系统,客户每次调用 FTP,便与服务器建立一个会话(session)。一个 FTP 会话,需要建立一个控制连接和若干数据连接,控制连接负责传送控制信息,数据连接负责传送文件。会话以控制连接来维持,使用 quit 命令退出 FTP 会话,这时控制连接就结束了。会话保持期间,控制连接一直存在。数据连接则不然,FTP 为每次文件传送都建立一个数据连接,一次文件传送结束,其数据连接就撤销。控制连接和数据连接均使用 TCP 连接。

先看控制连接。开机后服务器使用分配给 FTP 的 TCP 周知端口 21,主服务器进程最先运行,通过该端口等待客户的请求。当客户端的用户使用 ftp 命令进入 FTP 后,先建立一个客户控制进程,客户控制进程申请一个本地的 TCP 动态端口(例如 51817),并通过周知端口 21 向服务器发出连接请求。主服务器进程接到连接请求后，产生一个子进程作为服务器控制进程，服务器控制进程与客户控制进程之间就建立了控制连接。此后，主服务器进程进入阻塞状态，等待新的客户请求，它属于并发服务器的方式。

再看数据连接。数据连接依赖于用户为某种文件操作发出的请求。客户控制进程在操作结束时为数据连接选择一个动态端口号（例如 51818）给客户数据传送进程使用，客户数据传送进程通过该端口接收来自服务器的数据连接请求。客户控制进程通过控制连接把该端口号（51818）发送给服务器控制进程，并告知该端口号。服务器上的服务器数据传送进程，通过该端口（51818）向客户数据传送进程发送连接请求，建立起数据连接。服务器数据传送进程总是使用周知端口 20，但与一般 C/S 模式不同的是，在建立连接过程中它作为请求方。它不能像一般的服务器周知端口那样可以接受任意的数据传输连接。

在控制连接上传送的是客户和服务器端的命令（请求）和应答，以网络虚拟终端（Network Virtual Terminal，NVT）编码形式传送。NVT 定义了数据和命令通过 Internet 传输的规范形式，FTP 和远程登录协议 TELNET 都使用它。NVT 编码格式是在 ASCII 码基础上的扩展，也称 NVT ASCII。NVT 也将信息分为数据和控制两类，在 NVT 中，所有可打印字符使用 ASCII 字符，意义不变。对于控制字符，NVT 只使用了 ASCII 码中 CR（移到当前行的左端）、LF（垂直移到下一行）等 8 个。

8.3.2 FTP 访问控制

用户使用 FTP 用户命令与 FTP 系统交互，用户命令有几十个。例如，help 可列出 FTP 的所有命令和给出命令的解释，list 列表显示文件或目录，get 可获取一个远程文件，put 和 send 可传送一个本地文件到远地主机，ftp 命令进入 FTP，quit 命令退出 FTP 等。

FTP 有严格的 FTP 访问控制和匿名访问控制两种访问控制方式。

严格的 FTP 访问控制要求用户给出文件所在主机上的一个合法账号，包括登录名和口令，才能访问文件。

匿名访问控制给用户提供了一种方便的访问方式，它是一种非严格的访问控制，即所谓的匿名 FTP（anonymous FTP）。服务器常常将匿名访问限制在某一个目录下的公共文件，如/usr/ftp。

客户在支持匿名 FTP 的服务器上访问公共文件时，只须使用下述公开的账号：

登录名：anonymous

口令：guest

就可以与服务器建立会话。guest 是早期系统的匿名访问口令，如今许多 FTP 版本常常要求用户使用其电子邮件地址作为口令，这样，万一发生问题时远程 FTP 程序可发送电子邮件通知用户。

8.4 电子邮件

8.4.1 电子邮件相关标准

电子邮件（E-mail）是广泛使用的一种网络应用，它模仿普通的邮政系统，在 Internet 上非常方便快速地传输电子邮件,几乎取代了原来的邮政信件。本节介绍 Internet 上的电子邮件系统。

实现一个 Internet 上的电子邮件系统需要制定两方面的标准:一是用于电子邮件在互联网上传送的通信协议标准,它们是基于 TCP/IP 网络的应用层协议;二是定义电子邮件的信息格式及编码方式的标准。

早在 20 世纪 80 年代初就制定了 ARPANET 上的电子邮件传送协议——简单邮件传送协议(Simple Mail Transfer Protocol,SMTP)[RFC821,因特网标准]和电子邮件文本报文格式[RFC 822,因特网标准],两个文档后来又有修订,最新的是 RFC 5321 和 RFC 5322。目前世界上仍广泛使用 SMTP。SMTP 将发送方的邮件传送到接收方的电子邮箱中,电子信箱由 ISP 维护的邮件服务器的存储设备实现。

SMTP 原来只能传送文本邮件,使用 ASCII(American Standard Code for Information Interchange)编码,其格式由 RFC 822 定义。为了能够传送多媒体信息,1993 年又制定了多用途因特网邮件扩充(Multipurpose Internet Mail Extensions,MIME)[RFC 2045~2049]。MIME 支持传送多种数据类型,如文本、声音、图像以及视频等。

邮局协议(Post Office Protocol,POP)是用于对电子信箱进行远程访问协议,接收方可以使用 POP 从信箱中读取他的邮件。现在普遍采用的是 POP 的第 3 版本 POP3[RFC 1939,因特网标准]。原来的 POP3 在用户读取了邮件后就将其删除,后来做了改进[RFC 2449],用户可以设定邮件读取后在信箱中继续存放的时间。

另一种邮件访问协议是因特网报文存取协议(Internet Message Access Protocol,IMAP),现在使用的版本为 IMAP4[RFC 3501,建议标准],它比 POP3 复杂得多。与 POP3 不同,IMAP 允许用户在服务器上管理和组织他们的电子邮件,而不需要将邮件下载到本地设备。这使得用户能够在多个设备上同步访问其邮箱,保持邮件状态一致。用户可以在服务器上创建、删除和重命名文件夹,方便组织邮件。由于邮件存储在服务器上,用户在一个设备上做的更改(如标记为已读或删除)会实时反映到其他设备上。用户可以选择下载邮件的部分内容(如主题和发件人),而不必下载整个邮件,从而节省带宽。虽然 IMAP 主要是在线协议,但某些邮件客户端允许用户在离线状态下查看之前同步的邮件。IMAP 通常用于个人和企业的电子邮件系统,因为它提供了灵活性和便利性,适合现代多设备使用的需求。

CCITT 和 OSI 也参与了电子邮件标准的制定工作。CCITT 曾制定了报文处理系统(MHS)的标准,即 X.400 建议书。OSI 制定了一个面向报文的电文交换系统(Message Oriented Text Interchange System,MOTIF)的标准。1988 年,CCITT 又参照 MOTIF 修改了 X.400。然而 MOTIF 和 X.400 因设计得太复杂未能广泛使用,但它们提出的一些概念如用户代理(User Agent,UA)、报文传送代理(Message Transfer Agent,MTA)等已被人们所普遍接受和采用。

8.4.2 电子邮件系统

1. 电子邮件系统组成

图 8.5 示意了电子邮件系统的组成和电子邮件在 Internet 上的传送过程。

电子邮件系统包含 3 部分:用户主机、邮件服务器(mail server)和电子邮件协议。用户

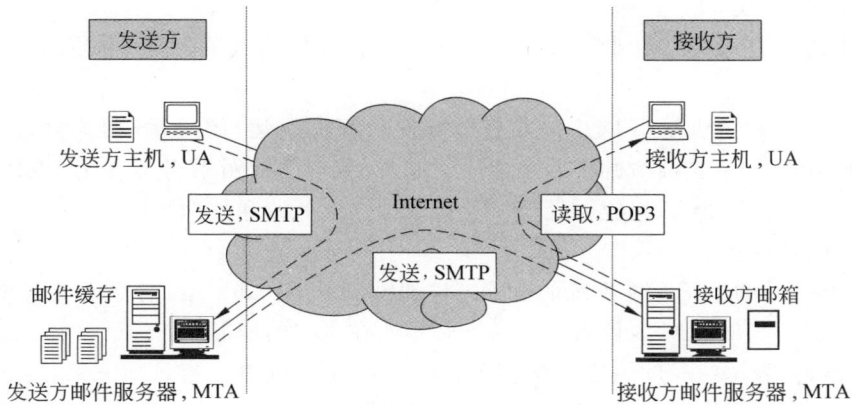

图 8.5　电子邮件系统的组成

主机运行用户代理（UA），邮件服务器运行报文传送代理（MTA）。电子邮件系统与Internet 相连，使用简单邮件传送协议（SMTP）和邮局协议（POP）等传送电子邮件。

UA 包含一个在本地运行的用户接口，用户通过它来交付、读取和处理邮件，UA 的主要功能如下。

① 发件撰写。给用户提供编辑邮件的环境。

② 收件显示。显示收件内容，包括邮件附带的声音和图像等。

③ 收件处理。如删除、存盘、打印等。

④ 发送和读取邮件。使用 SMTP 将邮件发送到它的邮件服务器；使用 POP 从邮件服务器读取邮件到用户主机。

几乎每个 ISP 都设置有邮件服务器，它们相当于邮局。邮件服务器设有邮件缓存和用户邮箱，MTA 运行在邮件服务器上，其主要功能如下。

① 邮件发送。接收本地用户发送的邮件，存于邮件缓存待发，定期进行扫描并发送。如果在一定时间内某邮件发不出去，就将其从发件缓存中删除，并通知发件人。

② 邮件接收。接收发到本地用户的邮件，存放在收信人的邮箱中，以供用户随时读取。

③ 邮件传送情况报告。将邮件传送的情况向发件人报告。

在图 8.5 中，如果把 MTA 也装在用户主机上，电子邮件系统不就简化了吗？但是，PC（尤其是通过拨号上网的 PC）并不适合于运行 MTA 的 SMTP 服务器程序。原因很简单，SMTP 服务器程序必须昼夜不间断地运行并且始终连通网络，准备随时接收发来的邮件，否则就可能使邮件丢失，用户的 PC 很难做到这一点。因此电子邮件系统中使用用户信箱的邮件服务器来负责这一工作，同时还专门设计了对信箱进行远程访问的协议，通过它用户可以从信箱中读取自己的邮件。

2. 邮件传送过程

电子邮件的传送处理过程如下：

① 发送方用户主机调用 UA 编辑邮件，作为 SMTP 客户将邮件交付发送方邮件服务器，发送方邮件服务器将用户的邮件存储于邮件缓存，等待发送。

② 发送方邮件服务器每隔一段时间对发送邮件缓存进行一次扫描，如果发现有待发邮件，发送方邮件服务器上的 SMTP 客户向接收方邮件服务器上的 SMTP 服务器开始发送邮

件,若有多个邮件,则一一发送,直到发送完毕。

③ 接收方邮件服务器接收到邮件后,将它们放入收信人的邮箱中,等待收信人随时读取。

④ 接收方用户主机使用 POP 协议读取邮件。POP 也运行在 C/S 模式下,接收方用户主机作为 POP 客户从接收方邮件服务器检索邮件,接收方邮件服务器作为 POP 服务器配合检索工作。下载邮件后,接收方计算机就可以独立地阅读和处理邮件。

3. 电子邮件地址

TCP/IP 体系的电子邮件系统的电子邮件地址(E-mail address)的格式规定如下:

收信人邮箱名@邮箱所在主机的域名

其中,@读作 at,表示"在"的意思。邮箱名在邮箱所在主机中应当是唯一的,与在 Internet 上唯一的主机域名组合在一起,就保证了电子邮件能够在 Internet 范围内准确地投递。

*8.4.3　电子邮件的信息格式

1. 文本报文格式

RFC 822 规定了电子邮件文本报文格式,邮件信息由 ASCII 文本组成,包括两部分,中间用一个空行分隔。第一部分是一个首部(header),包括有关发送方、接收方、发送日期和信息格式等,采用标准形式。第二部分是主体(body),包括信息主体的文本,由用户撰写,但也必须是 ASCII 码信息。

电子邮件首部使用标准格式。首部的每一行首先是一个关键字,接着是一个冒号,然后是附加的信息。有些关键字是必需的,另一些是可选的。每个首部必须包含以关键字 To 开头的行,引出一个或多个电子邮件地址。Subject 也是一个重要的关键字,用来引出邮件的主题。关键字 From 后面是发送方的电子邮件地址,由系统自动填入。常用关键字举例如下。

- To：接收方邮件地址。
- From：发送方邮件地址。
- Cc：发送副本的邮件地址。
- Date：发送的日期和时间。
- Subject：邮件的主题。
- X-Charset：使用的字符集。
- Reply-To：回复邮件的地址。

2. 多用途因特网邮件扩充系统(MIME)

MIME 继续使用 RFC 822 格式,并且仍使用 SMTP 进行传送(它只能传送 ASCII 码信息)。但是,为了适应各种不同的数据类型,MIME 扩充了邮件首部,增加了关键字,定义了邮件内容的多种数据类型,规定了它们的编码方式,称为内容传送编码。经过内容传送编码后,非 ASCII 码信息都转换为 ASCII 码格式,仍使用 SMTP 协议进行 MIME 邮件的传送。

MIME 的主要内容包括 3 方面。

1) 邮件首部扩充

MIME 对邮件首部进行了扩充,增加了有关 MIME 的 5 个关键字。

- MIME-Version：MIME 版本。

- Content-Description：邮件内容描述。
- Content-ID：邮件标识符。
- Content-Type：邮件内容的数据类型。
- Content-Transfer-Encoding：内容传送编码，将邮件内容转换为 ASCII 码所使用的编码方式。

2）邮件内容的数据类型

MIME 定义了邮件内容的数据类型，即关键字 Content-Type 所包含的类型。MIME 标准规定 Content-Type 关键字必须含有两个标识符：内容类型（content type）和子类型（subtype），中间用"/"分开。

MIME 标准定义了 7 种基本内容数据类型以及每种类型的子类型，如表 8.1 所示。

表 8.1　MIME Content-Type 类型

内容类型	子类型	说　　明
Text（文本）	plain	无格式的文本
	richtext	包含少量格式命令的文本
Image（图像）	gif	GIF 格式的静态图像
	jpeg	JPEG 格式的静态图像
Audio（音频）	Basic	音频邮件
Video（视频）	mpeg	视频邮件，MPEG 格式的活动图像（如影片）
Application（应用程序）	octet-stream	不间断的字节序列
	postscript	PostScript 可打印文档
Message（文件）	rfc822	RFC 822 邮件
	partial	为传送将邮件分割开
	external-body	从网上获取的邮件
Multipart（多部分）	mixed	包含多个独立的部分，可有不同的类型和编码。如祝贺生日的一个邮件可包含文字祝词和生日快乐的音乐歌曲
	alternative	单个邮件含有同一内容的多种数据格式表示。如发送的内容既包含 ASCII 文本也包含图形，从而使有图形功能的计算机用户可选用图形文档进行查看；否则只能看文本
	parallel	含有必须同时查看的多个部分。如一段 MTV 的视频和音频部分，它们应该一起播放
	digest	一个邮件含有一系列其他邮件，它们都是完整的邮件。如关于一个专题学术研讨会的一系列电子邮件

3）内容传送编码

① 一般英文文本文件使用 ASCII 码。

② 非英文的文本文件使用引用可打印字符编码（quoted-printable encoding），适用于数据中主要是 ASCII 码而有少量非 ASCII 码的情况。其编码方法是：对于除等号"＝"外的可打印的 ASCII 码均不改变；对"＝"和不可打印的 ASCII 码以及编号超过 127（0x7F）的非

ASCII 码,将每字节的二进制代码用两个十六进制数字表示,每个十六进制数字都表示为相应的可打印 ASCII 字符,然后在前面加一个引用符"="。因为 $2^8 = 16^2$,因此两位十六进制数字就可以对 8 比特二进制数据全部进行编码。下面是一个简单的例子:

```
例如,如下 3 字节:
十六进制:        41      C9              3D
打印形式:       "A"     非 ASCII 码     "="
这 3 字节 quoted-printable 编码的各种形式为:
十六进制:               41   3D   43   39   3D   33   44
打印字符编码:          "A"  "="  "C"  "9"  "="  "3"  "D"
这 3 个字节编码后转换成了可打印的 ASCII 码,字符串为"A=C9=3D"。
```

③ 任意的二进制文件使用 64 个基本字符编码,即 base64 编码(base 64 encoding)[RFC 2045]。在这个方法中,二进制数据分成 3 字节即 24 比特的组,每组再分成 4 个 6 比特的单位,每个单位编码为一个合法的 ASCII 字符发送。这样,3 字节的组编码后为 4 字节,因此编码开销为 1/3。6 比特二进制有 0~63 共 64 个值,它们依次编码为"A",…,"X"(26 个大写英文字母);"a",…,"x"(26 个小写英文字母);"0",…,"9","+"和"/"共 64 个 ASCII 码。若最后一组不足 24 比特,只有 8 或 16 比特,就分别转换为 2 个或 3 个 ASCII 字符,再在尾部分别填充"=="或"="。下面是一个简单例子:

```
例如,对于如下 3 字节进行 base64 编码:
二进制:      00000001   01000100   11001110
6 比特单位:  000000     010100     010011     001110
base64 编码: "A"        "U"        "T"        "O"(Base64 编码字符串为"AUTO")
```

*8.4.4   简单的邮件传送协议(SMTP)

1. SMTP 工作机制

SMTP 规定在两个通信的 SMTP 客户进程和服务器进程之间如何交换信息及信息格式。

SMTP 使用 C/S 模式,在 TCP 连接上传送 ASCII 码邮件。负责发送邮件的 SMTP 进程是 SMTP 客户,负责接收邮件的 SMTP 进程是 SMTP 服务器。

发送前要先建立 TCP 连接,SMTP 客户使用周知端口 25 与目的主机的 SMTP 服务器建立 TCP 连接。在这个连接上,可以发送多个电子邮件。接收的邮件通常不需要差错检验,因为 TCP 提供了可靠的字节流传输服务。当电子邮件都发送完之后,TCP 连接就被释放。

SMTP 主要用于在两个 MTA 之间进行邮件传送。此外,UA 将邮件交付本地的邮件服务器也使用 SMTP,但它不是 MTA,它只能向自己的邮件服务器发送邮件,而且需要身份认证,而 MTA 可以和任何邮件服务器的 MTA 之间相互传送邮件,并且不需要身份认证。MTA 运行在邮件服务器上,设有专门的邮件缓存和用户邮箱,昼夜不停地为用户发送和接收邮件。

SMTP 客户和服务器之间的交换信息由可读的 ASCII 文本组成。SMTP 规定了 14 条命令和 21 种应答信息。每条命令用 4 个字母组成,而每一种应答信息一般只有一行信息,由一个 3 位数字的代码开始,后面可以附上(也可不附)简单的文字说明。

2. SMTP 通信过程示例

下面的简单例子介绍 SMTP 通信的大致过程并介绍几个主要的 SMTP 命令和应答信息。右边括号内是简单的说明。

```
Server: 220 xyz.edu SMTP Service ready        (开始的 3 行是客户 abc.com 和服务器 xyz.
Client: HELO abc.com                           edu 建立了 TCP 连接后交换的信息,做好传送
                                               的准备。HELO 是命令,220 和 250 是应答
                                               代码。)
Server: 250 xyz.edu OK
Client: MAIL FROM: <zhang-3@abc.com>          (从 MAIL 命令开始,进行邮件传送)
Server: 250 OK
Client: RCPT TO: <li-4@xyz.edu>
Server: 250 OK(或 550 No Such user here)
Client: DATA                                   (从 DATA 命令开始,要传送邮件主体了)
Server: 354 Start mail Sending;end with<CR LF>.<CR LF>
Client: Happy birthday to you.                (发送邮件的主体)
Client: <CR LF>.<CR LF>                        (邮件发完,发<CR LF>.<CR LF>结束邮件)
Server: 250 OK
Client: QUIT                                   (退出,关闭 TCP 连接)
Server: 221 xyz.edu closing transmission channel
```

*8.4.5 邮局协议 POP3

信箱访问协议使用最多的是邮局协议 POP3,它建立在 TCP 连接之上,使用 C/S 模式,提供用户对信箱的远程访问。图 8.6 是使用 POP3 接收邮件的示意图。

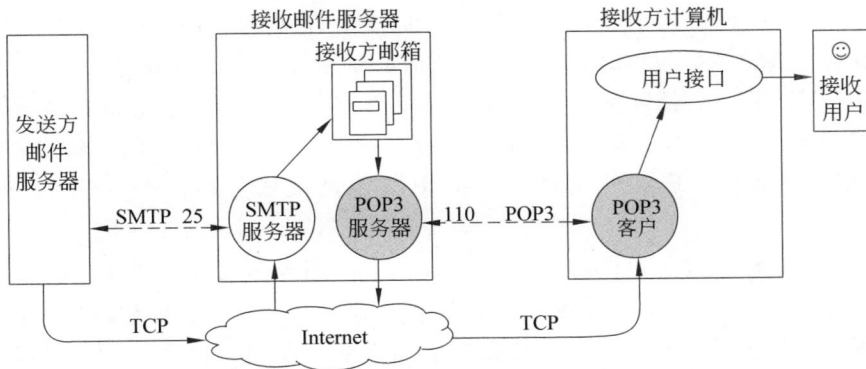

图 8.6 使用 POP3 接收邮件示意图

POP3 客户与 POP3 服务器进行通信,也是在建立 TCP 连接的基础上进行的,POP3 客户使用周知端口 110 与服务器建立 TCP 连接。

如图 8.6 所示,POP3 系统允许用户的邮箱安放在某个运行 SMTP 服务器程序的邮件服务器上,从网上收到的本地用户的邮件传送到这个邮件服务器的邮箱中,用户主机的 UA 不定期地连接到这台邮件服务器上,通过使用登录名和口令可以读取和处理邮件。

在接收过程中,接收邮件服务器要运行两个服务器程序,一个是 SMTP 服务器,另一个是 POP3 服务器。SMTP 服务器通过 SMTP 协议与 SMTP 客户进程通信,负责从 Internet

上接收邮件。POP3 服务器与用户主机中的 POP3 客户进程通过 POP3 协议通信,负责向本地用户提供邮箱中的邮件。

还有一种基于 Web 方式的邮件访问协议,例如 Hotmail 和 Yahoo! Mail,很多大学、公司等开发了自己的基于 Web 方式的电子邮件系统。UA 基于普通的 Web 浏览器,用户访问邮件服务器上的邮箱来收看邮件使用 HTTP 实现,用户将撰写的邮件交付给它的邮件服务器也使用 HTTP 实现,但邮件服务器之间传送邮件仍使用 SMTP。这种方式使用方便,但速度较慢。

8.5 万维网(WWW)

8.5.1 什么是万维网

万维网(World Wide Web,WWW),亦称环球信息网,英文简称为 WWW 或 Web。万维网是 Internet 发展中的一个重要里程碑,现在 Internet 上 Web 的应用远远超过其他的应用。

万维网是由日内瓦的欧洲粒子物理研究所(CERN)于 1989 年提出的。CERN 有几台高级加速器分布在几个国家的物理学家的实验室中,当初开发万维网是为了使分布在这些国家的科学家们能更方便地交流信息,协同工作。

万维网并不是某一种类型的计算机网络,实际上,万维网是 Internet 的一个大规模的提供海量信息存储和交互式超媒体信息服务的分布式应用系统。

万维网以浏览器-服务器(B/S)模式工作。浏览器向万维网服务器发出信息浏览请求,服务器向客户送回客户所要的万维网文档(Web document),它是某种语言编写的一个文件,包含了信息内容和显式格式,经用户计算机处理,并显示在客户的屏幕上,称为页面(page),或网页,其中默认为封面的万维网文档信息称为主页(homepage)。

1993 年 2 月,第一个名为 Mosaic 的图形界面的浏览器开发成功,它的作者后来离开美国国家超级计算应用中心(NCSA),自己创办了 Netscape 通信公司。1995 年,著名的 Navigator 浏览器面世。现在使用最广泛的浏览器是微软公司的 Internet Explorer 和 Navigator。

万维网是一个分布式的超媒体(hypermedia)系统,超媒体系统是超文本(hypertext)系统信息多媒体化的扩充,超媒体是万维网的基础。hypermedia 一词的后缀"media"意思是信息的载体,可以是各种多媒体。前缀"hyper-"意思是超,一个超媒体是使用超链(hyperlink)将多个信息源链接而成的。超链是包含在每个页面中能够链接到其他万维网页面的链接信息。利用一个链接可以由一个文档找到一个新的文档,由这个新文档又可链接到其他的文档,如此链接下去,可以在全世界范围内连接于 Internet 上的超媒体系统中漫游。

为了标识分布在整个 Internet 上的万维网文档,万维网使用了统一资源定位符(Uniform Resource Locator,URL),使得每个万维网文档在 Internet 的范围内都具有唯一的标识。

为了使万维网文档在 Internet 上传送,实现各种超链的链接,万维网使用超文本传送协议(Hyper Text Transfer Protocol,HTTP),客户和服务器程序之间的交互遵守 HTTP。HTTP 在 TCP/IP 体系中是一个应用层协议,基于传输层的 TCP 协议进行可靠的传输。HTTP 与平台无关。

万维网文档的基础编程语言是超文本标记语言(Hyper Text Markup Language,HTML)。后来又有了扩充的编程语言。

8.5.2 万维网工作机制

1. 浏览器访问 Web 服务器

浏览器访问 Web 服务器的工作过程如下:每个 Web 网点都持续不断地运行一个 Web 服务器进程,它通过 TCP 的周知端口 80 监听浏览器向它发出的连接请求。用户如果要上网访问,浏览器就通过 URL 指向某个 Web 服务器发出连接请求,该服务器监听到客户的连接请求,双方建立起 TCP 连接。然后,浏览器向服务器发送浏览某个页面的请求,服务器作出响应返回浏览器所请求的页面。最后,TCP 连接释放。

如果浏览器的用户用鼠标点击了网页上的一个到清华大学招生信息的链接,它对应一个指向另外一个页面的超链,假设该超链的 URL 是 http://www.tsinghua.edu.cn/chn/zsxx/index.htm,那么,处理过程如下。

① 浏览器分析页面的 URL。

② 浏览器向 DNS 请求解析服务器的域名 www.tsinghua.edu.cn 的 IP 地址,DNS 解析出 IP 地址并作出回答。

③ 浏览器使用服务器的 IP 地址和周知端口 80 与服务器建立 TCP 连接。

④ 浏览器发出取文档 HTTP 命令:GET/chn/zsxx/index.htm。

⑤ 服务器响应,将文档 index.htm 发送给浏览器。

⑥ 双方释放 TCP 连接。

⑦ 浏览器在本地显示文档 index.htm,呈现清华大学招生信息页面。

2. 浏览器

万维网浏览器的结构比较复杂,图 8.7 是浏览器的结构框图。图中空心箭头表示数据流向,细线箭头表示控制关系,图中未画出客户和相应解释程序之间的数据联系,但这种联系是存在的。

一个浏览器主要包括一组客户、一组解释程序以及一个控制程序。控制程序是核心部件,它管理调度客户和解释程序,解释鼠标的单击和键盘的输入,调用有关的程序来执行相应的操作。

浏览器必须包含 HTTP 客户,HTTP 客户用来与服务器建立连接和交换数据。浏览器还可以包含 FTP 和 E-mail 等可选客户,使它也能够用来获取文件传送服务、发送和接收电子邮件。浏览器屏蔽了许多细节,用户并不能感觉到它执行了一个可选客户。

HTML 解释程序是必需的,而其他的解释程序则是可选的。解释程序对 HTTP 客户从服务器得到的 HTML 文档进行解释,并转换为适合用户显示硬件的命令来处理版面的显示细节,显示驱动程序将页面在显示器上展现出来。

如图 8.7 所示,在浏览器中还可设有一个缓存,浏览器将它取回的页面副本都存入本地磁盘的缓存中。当用户浏览某个页面时,浏览器首先检查本地的缓存。若缓存中保存了该

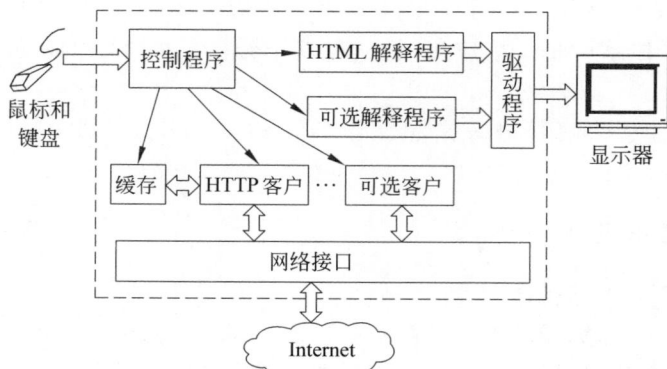

图 8.7 浏览器的结构

页面,浏览器就直接从缓存中读取而不必通过网络得到,因而提高了运行速度。但是会遇到另一个问题,如果缓存中保存的是用户今后不再浏览的页面,反而会因为徒劳地进行磁盘操作而降低性能。因此,浏览器一般允许用户调整缓存策略,例如,用户可以设置页面缓存的时限等。

3. Web 服务器

Web 服务器执行的任务相对比较简单,即等待浏览器请求,建立 TCP 连接,根据浏览器发来的请求从磁盘读取文件并发回浏览器,然后关闭连接,再等待下一个请求。

但服务器的响应速度受到磁盘访问时间的限制。如 SCSI(小型计算机系统接口)磁盘的平均访问时间是 5ms 左右,这就限制了 Web 服务器每秒最多可处理 200 次请求。

一种常用的改进方法是在内存中维护一个缓存,保存最近访问过的文件。服务器在从磁盘读取文件之前,先访问缓存,这样可以减少磁盘访问。

进一步的措施是使服务器变为多线程模式和 Web 服务器场(server farm)方案等。

4. 万维网代理

可以使用万维网代理(Web proxy)进行万维网的访问。Web 代理一般是运行于本地 LAN 上的一台主机上的一个进程,许多 ISP 也运行万维网代理。为了使用代理技术,浏览器也要做相应的配置,使得所有的页面访问请求都发送给代理。

运行万维网代理的主机使用缓存技术,它的磁盘上存储了大量的它近期访问 Internet 上的 Web 服务器所得到的网页文档的副本,它们可以在以后的同样访问中使用,很多浏览查询在本地 LAN 就可以响应,从而提高了访问效率。万维网代理也称为万维网缓存(Web cache)。

5. 搜索引擎

万维网有着海量的信息资源,分布在全球数以百万计的 Web 服务器上,如何能快捷方便地查找到自己所需要的信息就是一个重要的问题。搜索引擎(search engine)就是为此而产生的信息搜索工具。搜索引擎不是 Web 本身的技术,而是 Web 不可或缺的一种应用。

搜索引擎以万维网页面标题或内容中的关键词作为索引,将搜索到的相关的链接返回给用户。搜索引擎主要有全文索引搜索引擎和目录索引搜索引擎两类。

全文索引搜索引擎是纯技术性的搜索引擎。它通过一种搜索软件跟踪网页的链接,从一个链接爬到另外一个链接,从而从各网站收集信息。搜索软件好像蜘蛛在蜘蛛网上爬行一样,所以被形象地称为蜘蛛(spider)程序,也被称为机器人(robot)程序,像机器人一样不知疲倦地工作。收集到的信息经过一些预处理,如去噪(夹杂的广告等)、中文分词等,然后建立一个在线索引数据库并提供用户界面供用户查询。用户查询时并不是实时地从互联网的各网站里临时搜索信息,而是根据关键词(keyword)从已经建立的索引数据库中检索信息。索引数据库要定期(如2周左右)进行更新维护,以保持信息的鲜活性。为了支持搜索引擎系统运行,要建立大型数据中心,目前,谷歌在全球范围共有13个数据中心。

搜索引擎的杰出代表百度 (http://www.baidu.com) 和 Google (http://www.google.com)就属于全文索引搜索引擎。

目录索引搜索引擎是有人工干预的搜索引擎。目录索引数据库是按目录分类的网站链接(URL 地址)列表,它是依据各网站向搜索引擎提交的网站介绍信息(网站主旨信息和关键词等),通过人工审核编辑之后建立的。用户按照分类目录(先大类后小类)找到所需要的信息,而不是根据关键词(keywords)进行查询。目录索引搜索引擎中最具代表性的是新浪分类目录搜索和 Yahoo (http://www.yahoo.com)等。图8.8是新浪目录索引搜索的界面,其中列出了常用的信息分类条目。

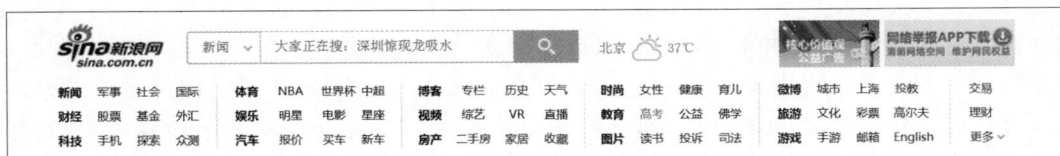

图 8.8　新浪目录索引搜索界面

8.5.3　统一资源定位符(URL)

URL[RFC 1738、1808,建议标准]给 Internet 上的资源的位置和访问方式提供一种抽象的表示方法。对于与 Internet 相连的计算机上的任何可访问的对象来说,URL 是唯一的,可以将 URL 想象为一台计算机上的文件名系统在整个 Internet 范围的扩展。

URL 不仅用于用户漫游万维网,而且也能用于 FTP、E-mail 和 TELNET 等,这样将几乎所有因特网访问统一为一个程序,即万维网浏览器。

URL 的格式如下:

访问方式://服务器域名[:端口号]/路径/文件名

URL 一般使用小写字母,但也可以使用大写字母。

URL 的前面(冒号左边)部分指明了 URL 的访问方式。URL 可使用多种访问方式,如:

- http 超文本传送协议 HTTP;
- ftp 文件传送协议 FTP;
- telnet 用于交互式会话;
- mail to 电子邮件地址。

对于万维网的网点的访问要使用 HTTP 协议。HTTP 的 URL 的一般形式是:

http://服务器域名[:端口号]/路径/文件名

应用中,WWW 服务器域名常常以"www"开头,但这不是强制性的,它可以是任何符合规定的域名。

HTTP 的默认端口号是 80,可以省略,如果 URL 在服务器域名后使用了非默认的端口号,它不可省略。路径/文件名用于直接指向服务器中的某一个文件;如果省略路径和文件名,则 URL 就指向了该服务器的主页。

8.5.4　超文本传输协议(HTTP)

1. HTTP 工作机制

HTTP 是万维网上交换各种信息的基础,曾经使用的版本为 HTTP 1.0[RFC 1945,草案标准],目前使用的版本是 HTTP 1.1[RFC 7231,建议标准]。

HTTP 工作于 TCP/IP 的应用层,它使用传输层的 TCP。TCP 协议实现面向连接的可靠的传输服务。HTTP 使用了 TCP 连接,但它本身是无连接的,在交换 HTTP 报文前不建立 HTTP 连接。

HTTP 1.0 为每次访问请求都要建立一次 TCP 连接,服务器发回响应后 TCP 连接就被释放,这称为非持续连接。HTTP 1.1 作了改进,支持持续连接(persistent connection)并把它作为默认选择。对于用户连续的多个访问请求,TCP 连接不被释放,从而减少了连接的次数及其开销,提高了效率。IE 6.0 以后的默认设置就是使用 HTTP 1.1。例如,教育部的某网页上有分别介绍清华大学本科、硕士和博士培养的 3 个链接,要访问这 3 个内容,非持续连接需要建立 3 次 TCP 连接,而持续连接只需要 1 次,前提是这 3 个内容的文档都驻留在同一个 Web 服务器(清华大学 Web 服务器)上。

应用层的 HTTP 服务器进程通过 TCP 的周知端口 80 监听客户向它发出的请求报文。

HTTP 也没有可靠性传输的机制,其可靠性也是建立在 TCP 可靠性传输的基础上。

HTTP 使用两类报文:HTTP 客户的请求报文和服务器的响应报文,HTTP 客户和服务器交互的是 ASCII 码文本的请求和类似 MIME(MIME-like)的响应。

2. HTTP 报文

图 8.9(a)和图 8.9(b)是 HTTP 两种报文的结构,图中阴影的部分为空格,CR LF 为回车换行。

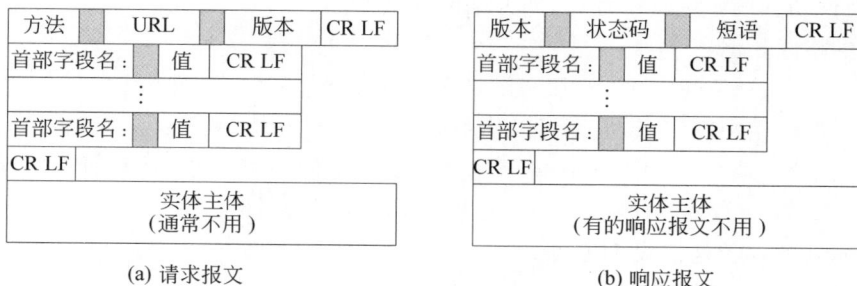

(a) 请求报文　　(b) 响应报文

图 8.9　HTTP 的报文结构

如图 8.9 所示,请求报文和响应报文都是由 3 部分组成,第一行分别为请求行或状态行,最后一行为实体主体,中间的都为首部行,下面简单介绍。

1) 请求行和状态行

请求报文中的第一行是请求行,它有 3 个内容:方法(method)、请求资源的 URL 以及

HTTP 的版本。方法就是对所请求的对象进行的操作,下面是常用方法的例子。

- GET 最常使用的命令,请求读取 URL 所标识的页面。
- HEAD 与 GET 相似,但请求读取的只是页面的首部。
- PUT 与 GET 的功能相反,PUT 是存入一个页面,用于新增和更改页面。使用 PUT 要检验请求首部行中的授权(Authorization),未得到授权的人不得随便用 PUT。

响应报文的第一行是状态行,包含 3 项内容:HTTP 的版本、状态码(Status-Code)以及解释状态码的短语。状态码由 3 位数字组成,分为 5 类。

- 1×× 表示通知信息,如 100,服务器同意客户的请求。
- 2×× 表示成功,如 200 OK,请求成功。
- 3×× 表示重定向,如 301 Moved Permanently,请求对象已永久性转移,新的 URL 在本响应报文的 Location 首部指出。
- 4×× 表示客户的差错,如 400 Bad Request,服务器无法理解客户的请求。
- 5×× 表示服务器的差错,如 505 HTTP Version Not Supported,服务器不能支持请求的 HTTP 版本。

2) 首部行

用来说明浏览器、服务器和报文主体的一些信息,首部行的行数不固定。例如:

- User-Agent:用于请求报文,客户将浏览器、操作系统等属性信息告知服务器。
- Accept:用于请求报文,指出什么 MIME 类型是可以接受的。
- Accept-Encoding:用于请求报文,指出什么编码方式是可以接受的。
- Keep-Alive:用于请求报文,指出一个最长时间或最大请求数目,其间可保持 TCP 持续连接。
- Server:用于响应报文,关于服务器的信息。
- Content-Encoding:用于响应报文,指明实体主体的编码方式。
- Content-Type:用于响应报文,指明实体主体采用的 MIME 类型。

3) 实体主体

请求报文一般不包含实体主体,响应报文的实体主体可包含任意长度的字节序列。HTTP 能够传送多种媒体类型的内容,类似 MIME 的实体在浏览器应如何解释,这取决于相关首部行的说明。

8.5.5　静态 Web 文档

前文已经谈到,Web 文档(Web document)是一个用某种语言编写的文件,包含了呈现在人们眼前的 Web 页面的信息内容及其显示格式,它和页面是对应的。万维网页面的设计技术实际上就是 Web 文档的编程技术。

万维网文档可以分为 3 种基本形式。

- 静态文档(static document)。静态文档是最基本的万维网文档。静态文档创作完毕后存放在万维网服务器中,用户浏览时,页面内容和格式不会改变,只有程序员修改了静态文档,显示页面才会改变。
- 动态文档(dynamic document)。与静态文档不同,动态文档所看到的页面可以反映经常变化的内容,如天气预报、股市行情等。动态文档进行屏幕刷新由服务器完成。

- 活动文档(active document)。活动文档比动态文档有更快的刷新能力,可以连续快速地进行显示屏幕的刷新,如动画等。活动文档的屏幕刷新由浏览器实现。

本节先介绍静态 Web 文档技术,主要是超文本标记语言 HTML。8.5.6 节介绍动态文档和活动文档技术。

1. 超文本标记语言(HTML)

超文本标记语言(HTML)不是一个应用层的协议,而是一种设计静态 Web 页面最基础的标准语言,是万维网的一个重要基础。HTML 由致力于万维网标准制定的一个非营利组织万维网联盟(World Wide Web Consortium,W3C)制定,自 1993 年问世以来不断发展,现在新的版本是 2014 年的 HTML 5.0,可以在 Web 页面中嵌入音视频,现在主流的浏览器一般都支持 HTML 5.0。

1) HTML 文档组成

HTML 文档由两个主要部分组成:首部(head)和主体(body)。首部在文档的前面,包含文档的标题(title)等,当浏览器显示 HTML 页面时,文档的标题显示在最上面的标题条中,文档的主要信息包含在主体中。HTML 文档主体部分由若干更小的元素组成,如段(paragraph)、表格(table)和图像(image)等。

HTML 文档的文件名后缀为.html 或.htm。

2) HTML 标签

HTML 中的词"Markup"的意思就是设置标记,来自图书出版行业,编辑人员在书稿上作标记指出如何处理相关文字。这些标记指明信息显示的格式,如在何处用何种字体显示等,因此也可以将 HTML 译为超文本排版语言。

HTML 定义了许多标签(tag),用于说明排版的格式。例如,〈B〉表示后面开始用黑体字排版,而〈/B〉则表示黑体字排版到此结束。各种标签嵌入万维网的页面显示的信息中就构成了 HTML 文档,它是可以用任何文本编辑器创建的 ASCII 码文件。当浏览器从一个 Web 服务器读取某个页面的 HTML 文档后,浏览器根据所使用的显示器的具体尺寸和分辨率大小并按照 HTML 文档中的各种标签的说明,重新进行排版并显示该页面。

HTML 标识一个元素是用一对标签或几对标签,一对标签包括一个开始标签和一个结束标签。表 8.2 的每一行即是一对标签,其中尖括号内是标签名,不区分大写和小写。结束标签在标签名前面加了一个斜杠"/"。有一些标签可以省略结束标签。常用的 HTML 标签如表 8.2 所示。

表 8.2　常用的 HTML 标签

标　　签	描　　述
〈HTML〉…〈/HTML〉	声明是用 HTML 编写的万维网文档
〈HEAD〉…〈/HEAD〉	页面首部
〈TITLE〉…〈/TITLE〉	定义标题,不在浏览器的显示窗口显示
〈BODY〉…〈/BODY〉	页面主体
〈Hn〉…〈/Hn〉	n 级标题,$n=1\sim6$,1 级最高
〈B〉…〈/B〉	设置为粗体字
〈I〉…〈/I〉	设置为斜体字

标　签	描　述
〈UL〉…〈/UL〉	设置为无序的列表,每一表项前出现一个圆点
〈OL〉…〈/OL〉	设置为有序的列表,每一表项前有一个编号
〈MENU〉…〈/MENU〉	设置为菜单
〈LI〉	表项的开始(可不用〈/LI〉)
〈BR〉	换行
〈P〉	一段的开始
〈PRE〉…〈/PRE〉	预格式化文本,浏览器显示时不需要重新排版
〈IMG SRC="…"〉	装载图像文件
〈A HREF="…"〉…〈/A〉	定义超链

标签〈TABLE〉表示插入表格。与〈TABLE〉标签配套使用的还有其他标签说明表格的细节,如〈CAPTION〉(表格的标题)、〈TR〉(表格的行)等。

标签〈IMG〉表明在当前位置插入图像。HTML 没有规定图像的格式,但大多数的浏览器都支持 GIF(Graphic Interchange Format)文件和 JPEG(Joint Photographic Experts Group)文件,它们都是位图(bit map)文件(.bmp),使用不同亮度、色调的像素矩阵来创建图。在插入图像时,在标签〈IMG〉中可以使用一些参数进行具体的说明。例如,参数 SRC 给出了图像文件的 URL;参数 ALIGN 给出图像定位;参数 HEIGHT 和 WIDTH 指明图像装入时在屏幕上显示尺寸的大小。

3) HTML 的超链

① 超链的定义。

超链标签是最重要的一个 HTML 标签。定义超链的标签是〈A HREF="…"〉…〈/A〉,字符 A 表示锚(Anchor),比喻建立一个超链好像抛出一个锚,这个锚扎到超链的终点。每个超链都有一个起点和终点,超链的起点表示一个超链在万维网页面中从何处引出,它可以是一个页面中的一个字符串或一幅图等,单击它们,就可以从该处出发链接到一个新的页面。在 HTML 的语法中,终点用这个新页面的 URL 表示,而起点用点击的字符串或一幅图的文件名表示。

在 HTML 文档中定义一个超链的语法是:

$$\langle A\ HREF="terminal\text{-}URL"\rangle start\langle/A\rangle \tag{8.1}$$

式中,start 是超链的起点,如果起点是字符串,start 就是该字符串,如果起点是一幅图,start 还要使用图像文件的标签〈IMG SRC="…"〉,图的文件名放在引号中。terminal-URL 是超链终点的 URL,放在 HREF="…"的引号中。HREF 与字符 A 中间应有一个空格。在 HREF 中,"H"代表超文本,"REF"代表 Reference,是"引用"的意思。

例如,在中国教育网的一个介绍中国大学教育发展的页面上提到清华大学,这时就可以将"清华大学"4 个字的字符串作为一个超链的起点,链接到清华大学的主页:

〈A HREF="http://www.tsinghua.edu.cn"〉清华大学〈/A〉

如果这个超链的起点是一幅代表清华大学的标志性的照片,此照片的文件名为 tsinghua.gif,那么定义这个超链的 HTML 文档就变为:

〈A HREF＝"http：//www.tsinghua.edu.cn"〉〈IMG SRC＝"tsinghua.gif"〉〈/A〉

② 命名锚。

命名锚(named anchor)是 HTML 链接到同一个文件中某个位置的一种链接方法。在一个很长的万维网文档中,当需要查找其中的某些内容时,往往要利用滚动条在成百上千行的信息中反复查找,操作很不方便。对于这种情况,一个比较好的解决方案是：在文件的开始设计一个索引目录,目录中的每一项都是一个超链的起点,超链的终点则是同一个文件中被指明的特定位置。HTML 将这种链接的终点称为命名锚,每个链接终点有一个不同的命名,以区分多个链接终点。式(8.2)用来定义一个命名锚：

$$〈A \ NAME＝"named \ anchor"〉terminal\text{-}characters〈/A〉 \qquad (8.2)$$

其中,NAME 后面引号中的 named anchor 写入命名锚的名字。结束标签〈/A〉前面的 terminal-characters 具体指明该链接终点位置,terminal-characters 是这个位置开始的一个字符串。

链接到一个命名锚的语法是：

$$〈A \ HREF＝"\#named \ anchor"〉start〈/A〉 \qquad (8.3)$$

其中,字符 ＃ 后面的 named anchor 就是命名锚的名字,式(8.3)指明了一个超链的起点 start 和终点的名字 named anchor,但终点的名字和具体位置 terminal-characters 还要由式(8.2)来定义。因此式(8.2)和式(8.3)应联合使用,缺一不可。

使用命名锚也可以链接到本地的其他 HTML 文件上,这时式(8.3)中的字符 ＃ 前应加上该文件的名字,但命名锚不能链接到其他网点的文件上。

2. 其他 Web 文档技术

随着万维网应用的发展,为了满足页面设计的要求,HTML 添加了很多显示方面的功能。但是随着这些功能的增加,HTML 变得越来越复杂,HTML 文档也越来越臃肿。于是层叠样式表(Cascading Style Sheets,CSS)便诞生了。1996 年 12 月 CSS 成为 W3C 的推荐标准,1998 年有了第二版。CSS 是一种定义网页样式(格式)如字体、颜色、位置等的计算机语言。CSS 样式可以存储于单独的文件,扩展名为 .css,HTML 文档可以使用 CSS 文档来呈现显示的样式。

类似于 HTML 和 CSS,W3C 的 Web 页面设计语言还有可扩展标记语言(XML)和可扩展样式语言(XSL)。XML(eXtensible Markup Language)用一种结构化的方法来描述 Web 页面的内容,XML 可以编写内容与样式分离的文档。XML 可以自定义标记,用标记表明内容的含义。而 XSL(eXtensible Style Language)以一种独立于内容的方式来描述页面样式,XML 文档内容可以通过使用 XSL 呈现显示样式,这就像 HTML 使用 CSS 样式一样。

可扩展超文本标记语言(eXtensible HTML,XHTML)是另一种 Web 页面设计语言,是 HTML 的继承者。2000 年,W3C 推出了 XHTML1.0 版本,是在 HTML 4.0 基础上改进的,是一种增强了的更严谨的 HTML 版本。新的浏览器都支持 XHTML。

W3C 主导的万维网页面设计技术在不断发展,读者可参阅相关文献资料。

*8.5.6 动态 Web 文档和活动 Web 文档

1. 动态 Web 文档

动态文档(dynamic document)是另一种广泛应用的万维网文档,由动态文档所看到的是动态页面,内容可以动态变化,如企业的生产数据、股市行情等。

1)通用网关接口(CGI)

通用网关接口(Common Gateway Interface,CGI)是一种较早的实现动态文档的典型技术。

(1) CGI 对 Web 服务器进行的改进。

从浏览器的角度看,静态文档和动态文档并没有什么区别,都是 HTML 格式,无法判别收到的是静态文档还是动态文档。它们之间的差别主要是创建方法不同,体现在服务器端。

为了实现动态文档,CGI 从两方面对 Web 服务器进行了改进。

- 增加了一个应用程序,称作 CGI 程序,用来处理浏览器发来的数据并创建动态文档。浏览器访问 Web 服务器时可以启动 CGI 程序,CGI 程序对浏览器发来的数据进行处理并即时生成 HTML 格式的文档,Web 服务器将此文档作为响应发回给浏览器。由于对浏览器每次请求的响应都是即时生成的,因此通过动态文档所看到的页面内容是变化中的当前最新信息。

- 增加了一个机制,通过它使 Web 服务器和 CGI 程序进行交互,增加的这个机制就称为 CGI。CGI 是一种标准,它规定了 Web 服务器如何与这个新增的 CGI 程序交互。

(2) CGI 脚本。

新增加的 CGI 程序的正式名字为 CGI 脚本(CGI script)。脚本是解释执行,运行起来比一般的编译程序要慢,但脚本更容易编码,适合于一些功能有限的小程序。CGI 并没有指定特定的编程语言。有一些语言专门作为脚本语言,如 Perl、JavaScript 等,C、C++ 等也可以编写脚本。CGI 脚本又称为 cgi-bin 脚本,这是因为在早期的程序中,所有的 CGI 脚本都放在目录/cgi-bin 下。

CGI 脚本驻留在 Web 服务器上,当 CGI 脚本被调用时,服务器将一些参数传递给它,参数的值一般由浏览器提供。这样,在不同的情况下使用不同参数,就可以用一个 CGI 脚本产生细节不同的动态文档。

CGI 最初的设计是运行在 UNIX 操作系统的平台上,Web 服务器将参数传递给 CGI 脚本的方法是将这些参数置于 UNIX 的环境变量中,CGI 脚本再从环境变量中将参数值读取出来。不同的操作系统可以根据自己的情况采用不同的方法向 CGI 脚本传递参数。

CGI 脚本由来自浏览器的请求激活。例如,Web 页面中某个超链接中的 URL 指向一个 CGI 应用:

〈A HREF="http://www.website.com/cgi-bin/cgiprog"〉

其中,cgiprog 是 Web 服务器 www.website.com 上的一个 CGI 脚本,放在目录/cgi-bin 下。当浏览器向 Web 服务器发送这个超链接请求时,服务器检查到这个 URL 指向目录 cgi-bin 下的一个 CGI 脚本 cgiprog。服务器把 HTTP 请求报文头部的信息放到环境变量中,并启动 cgiprog。cgiprog 从环境变量中得到参数并运行,再将运行的结果送给服务器,服务器形成 HTTP 响应报文后再发回给浏览器。浏览器将显示这一动态文档的页面。

(3) Browser/Web server/DBMS 应用形式。

CGI 的名称中出现"网关"一词,这是因为 CGI 脚本还可以访问其他的应用服务器资源,它的作用有点像网关。CGI 脚本的一种经常的应用是作为网关访问数据库管理系统

（DBMS），从数据库中读取数据。通过 CGI 形成了 Browser/Web server/DBMS 应用形式，如图 8.10 所示。

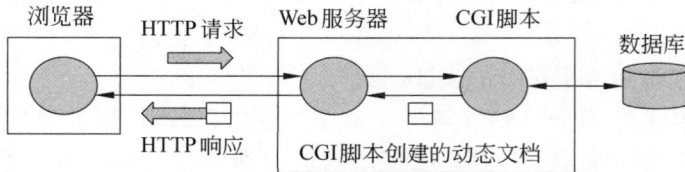

图 8.10　通过 CGI 形成 Browser/Web server/DBMS 应用形式

2）表单

表单（form）用来将用户数据从浏览器传递给 Web 服务器，这在创建动态文档时是很有用的。表单和 CGI 程序经常配合使用，用来创建动态文档。

表单在浏览器的屏幕出现时，可以有一些选择框和按钮，以供用户选择和点击，有的方框可让用户录入数据，这样浏览器就可以收集不同用户的不同数据，然后传递给服务器。

在 HTML 文档的主体中使用表单标签〈FORM〉和〈/FORM〉来定义一个表单，在〈FORM〉和〈/FORM〉中间要插入一些标签，用来指明表单中所包含项目的细节。在〈FORM〉标签中首先要说明一个 ACTION 参数，ACTION 参数后面的引号中指出在万维网服务器中的 CGI 脚本的位置，一般就是一个 URL。

从浏览器向服务器上的 CGI 脚本发送的一般是用户输入的数据，CGI 脚本负责解释和处理这些数据。例如，这些数据可以写入一个有关的数据库中，供浏览器浏览查询。

3）PHP、JSP 和 ASP

CGI 还有一些替换技术用于生成动态页面，它们能够处理表单，能够与服务器上的数据库进行交互，也可以接收来自表单的信息，在数据库中查找信息，然后利用这些信息生成动态 HTML 页面。

一种替换技术称为超文本预处理器（Hypertext Preprocessor，PHP）。生成动态 HTML 页面需要使用 PHP 脚本，可以放在＜?PHP…?＞HTML 标签内。服务器要求包含 PHP 的 Web 页面文件的扩展名为.php，而不是.html/.htm。在支持 PHP 的 Web 服务器上，运行 PHP 脚本就创建了动态 Web 文档。

另一种替换技术是 Sun 公司开发的 Java 服务器页面（Java Server Pages，JSP），它与 PHP 相似，但生成动态 HTML 页面的部分要使用 Java 语言编写而不是用 PHP 编写，页面文件的扩展名为.jsp。

还有一种替换技术是 Microsoft 公司开发的活动服务器页面（Active Server Pages，ASP）技术，它使用 Microsoft 的脚本语言 Visual Basic Script 来生成动态 HTML 页面内容，页面文件的扩展名为.asp。

2. 活动 Web 文档

动态文档虽然可以在浏览器上显示动态信息，但它使显示屏幕连续刷新的能力是有限的，像动画一类的显示页面需要屏幕连续快速地刷新，动态文档就无能为力。这是因为动态文档的屏幕刷新依赖于下述一系列操作：浏览器的请求激活服务器端的 CGI 脚本，CGI 脚本的运行更新了动态文档，更新的动态文档通过网络返回浏览器。

为了满足屏幕连续快速刷新的应用需求，又出现了活动文档技术。活动文档的基本做法是，每当浏览器请求一个活动文档，万维网服务器的响应中就返回一段程序，该程序在浏览器上运行，进行屏幕刷新，这样屏幕刷新的工作就由浏览器在本地实现，不需要在远地服务器进行文档不断更新和网络的不断传送，因而它可以加快速度。

为了进一步提高运行效率，活动文档可以用压缩形式存储和传送。由于服务器上的活动文档的内容是不变的（这与动态文档技术不同），浏览器还可以在本地缓存一份活动文档的副本。另外，活动文档也不需要包括支持它运行所需要的全部软件，大部分的通用支持软件只存放在浏览器上，无须存于服务器并经由网络传送。

Java 就是一种可创建和运行活动文档的技术，它定位于万维网，独立于计算机硬件系统。Java 技术主要由三部分内容组成：

① 程序设计语言。Java 程序设计语言简称 Java，它是一种面向对象（object-oriented）的高级语言，是从 C++ 派生出来的，保留了许多 C++ 的语法和语义结构，但它们并不兼容。

② 运行环境。Java 系统定义了运行 Java 程序所必需的运行环境，其中包括一个 Java 虚拟机（Java Virtual Machine，JVM）。一般的编译程序是将源程序编译成特定的计算机系统直接运行的二进制目标程序，但 Java 编译程序则是将源程序转换成一种独立于机器的二进制代码，称为 Java 字节码（Java bytecode），它被解释执行，在任何计算机上运行都产生同样的输出。

③ Java 类库（class library）。为了更容易编写小应用程序，Java 提供了功能强大的类库，包括几十个类的定义，包括图形操作、网络 I/O、万维网服务器交互、系统访问、文件 I/O 等。

Java 使用术语小应用程序 applet 来描述活动文档程序。程序员用 Java 编写一段源程序，然后用编译器编译为字节码形式，就创建了一个 applet。Java applet 作为活动文档程序存放于 Web 服务器。

有两种方法可以调用 Java applet。一种是用户向浏览器进行某个 applet 的 URL 调用。另一种是 HTML 文档用标签〈APPLET〉调用。为了将 applet 嵌入 HTML 文档中，定义了新的 HTML 标签〈APPLET〉，它可以指定一个 applet 的位置。当浏览器看到〈APPLET〉标签，根据标签后面指定的某一 applet 的位置，与相关的 Web 服务器联系，取来这个 applet 的副本并解释执行。浏览器应该支持 Java 运行环境。

Java 技术有一些替代技术，其中一种是 JavaScript。JavaScript 是一种解释性语言，即脚本语言。JavaScript 不把小应用程序编译成字节码形式，而是让浏览器以源代码形式读取和解释脚本。JavaScript 能与 HTML 结合在一起，HTML 页面可以包含 JavaScript 函数。脚本不需要编译，直接嵌入页面中。在一个 HTML 文档中，标签〈SCRIPT〉用来插入一段 JavaScript 的语句。JavaScript 简单易用，但速度比 Java applet 慢，传送和解释源代码都要比字节码更花费时间。

Microsoft 的活动文档技术是 Web 页面中包含 ActiveX 控件（ActiveX control）。所谓 ActiveX 控件，是指一种已经被编译成 Pentium 机器指令的程序，它们可以直接在硬件上执行，这使得它比解释执行的 Java applet 更快、更灵活。当 IE 浏览器在 Web 页面中发现一个 ActiveX 控件时，它会下载这个控件然后执行它。

8.6 动态主机配置协议（DHCP）

8.6.1 DHCP 的功能

动态主机配置协议（Dynamic Host Configuration Protocol，DHCP）[RFC 2131、2132，草案标准]提供了动态配置 IP 地址的机制，后来又有了新的文档 RFC 3396、3442。

IP 地址一般是人工事先分配好的，它适用于相对静态的环境。当计算机可能经常改变在网络上的位置时，需要经常改变配置参数。即使是相对静态的环境，对于一个大规模的网络，人工管理和分配大量的 IP 地址容易出现重复分配等错误。而且，如果某些计算机分配了 IP 地址而又较长时间不使用，则是一种资源浪费。

DHCP 就是解决上述问题的动态配置 IP 地址的协议。DHCP 除了动态地提供 IP 地址外，还可以提供子网掩码、默认路由器 IP 地址和域名服务器 IP 地址等配置信息，实现即插即用连网（plug & play networking）。

在 Microsoft Windows 操作系统中，设置计算机使用 DHCP 服务是从"控制面板"→"网络连接"中选择"TCP/IP 协议"，在打开的面板中单击"属性"按钮，然后选择"自动获得 IP 地址"，就可以使用 DHCP 租用动态 IP 地址。

*8.6.2 DHCP 工作机制

1. C/S 工作模式

DHCP 使用 C/S 模式。DHCP 在本地网络上设置一台或多台 DHCP 服务器，它们本身使用一个固定的 IP 地址，并拥有一个由一定数量的 IP 地址组成的 IP 地址池（address poll）。申请 IP 地址的计算机配置成 DHCP 客户，并向服务器租用 IP 地址，服务器根据客户的要求把 IP 地址池的 IP 地址按一定的租用期（lease period）分配给它们使用。客户可以提前终止租用，也可以在租用期到期前续租。

DHCP 使用 UDP 传输 DHCP 报文，DHCP 服务器使用的 UDP 端口是 67，DHCP 客户使用的 UDP 端口是 68。

2. 租约的建立

如果一个工作站配置为 DHCP 客户，在它启动时会向本地网络广播一个发现报文 DHCPDISCOVER，请求一个 IP 地址。之所以使用全 1 的广播地址是因为 DHCP 客户此时还不知道服务器的 IP 地址。DHCP 客户此时还没有 IP 地址，这时的报文的源地址设置为 0.0.0.0。本地网络上的主机都收到请求报文，但只有 DHCP 服务器作出响应，将发回提供报文 DHCPOFFER，提供 IP 地址等信息。如果 DHCP 客户的 DHCPDISCOVER 请求没有得到响应，它会进行多次尝试。

可能有不止一个 DHCP 服务器响应 DHCPOFFER 报文，DHCP 客户从服务器提供的 IP 地址中选择一个，一般是第一个提供报文提供的地址，并广播一个请求报文 DHCPREQUST，提供该 IP 地址的服务器发回一个确认报文 DHCPACK。客户收到确认后，IP 地址租约正式生效，DHCP 客户就可以使用这个 IP 地址了。客户的 DHCPREQUST 报文使用广播方式，这样可以使发回 DHCPOFFER 的服务器都知道客户选择的是谁提供的地址,但只有提供被选择 IP 地址的服务器才发回 DHCPACK。

如果不在每个网络都安装一个 DHCP 服务器,可以在网络上使用 DHCP 中继代理(DHCP relay agent),一般放在路由器上,它配置了 DHCP 服务器的 IP 地址信息。当中继代理收到某主机广播的发现报文后,就以单播方式向 DHCP 服务器转发,中继代理收到 DHCP 服务器发回的提供报文后,再发回给该主机。

3. 提前终止租用与续租

DHCP 使用了租约(lease)的形式,DHCP 服务器向客户提供一个 IP 地址的租用期,指出该地址可以租用的时间 T。租用期的具体时间由 DHCP 服务器决定,它提供的报文选项中包含租用期的数值,用 4 字节的二进制数表示,单位为秒,因此租用期范围可达 1 秒~136 年。

租约生效后,客户会设置 3 个计时时限,分别为 0.5T、0.875T 和 T。根据租用期,客户可以提前终止租用,也可以更新租用期续租 IP 地址。

如果客户欲在租用期到期之前提前终止租约,只需向提供 IP 地址的 DHCP 服务器发送一个释放报文 DHCPRELEASE。

如果客户欲续租 IP 地址,在 3 个计时时限到时后分别进行如下操作:

(1) 0.5T 到时。DHCP 客户从租用期的一半开始进行更新租用期的尝试,直接使用已租用到的 IP 地址向原来提供 IP 地址的 DHCP 服务器请求更新,发送单播请求报文 DHCPREQUST,此时又有 3 种情况。

① DHCP 服务器同意客户更新租用期的请求,发回确认报文 DHCPACK,客户得到新的租用期,并重新设置定时器。一般情况下,DHCP 服务器会尽量满足客户的续租请求。

② DHCP 服务器不同意客户更新租用期的请求,发回否定确认报文 DHCPNACK,使租约立即结束,该 IP 地址会返回 DHCP 服务器的 IP 地址池,客户则回到初始状态,在使用 IP 前需要租用一个新的 IP 地址。

③ DHCP 服务器没有响应(不可达或关机等),客户继续尝试,到 0.875T 时限到时。

(2) 0.875T 到时。如果到租用期的 87.5%之后原来提供 IP 地址的 DHCP 服务器仍没有响应,客户将向本地网络广播一个请求报文 DHCPREQUST。如果有一台收到请求的 DHCP 服务器响应并同意更新租约(DHCPACK),客户得到新的租约;也可能否认(DHCPNACK),这时租约立即结束。

(3) 租用期 T 到时。租用期期满客户一直没有得到响应,客户就停止使用这个 IP 地址,回到初始状态,重新开始申请。这种情况很少发生。

8.7　P2P 应用

8.1 节曾经讲到,P2P 模式的应用中,每台主机的地位都是对等的,它们的角色既是客户又是服务器,既是信息的消费者又是信息的提供者。P2P 的应用越来越多,涉及文件共享、音视频会议和网络服务支持(如打车软件)等,P2P 文件共享在 Internet 上应用非常广泛,包括音视频文件、图像和各种软件等。本节介绍 P2P 文件共享应用方面的两个案例。关于 P2P 应用,可参阅文献[11]。

8.7.1　MP3 共享服务 Napster

Napster 是世界上第一个大型的 P2P 应用系统,提供免费的 MP3 音乐文件的共享服务,鼎盛时的 Napster 有 8000 万注册用户共享音乐盛宴,这令当时其他类似的网站望尘莫及,并且将 MP3 推向了网络音乐音频格式事实上标准的宝座。

1999 年,19 岁的美国大一学生 Shawn Fanning 开发了以他的昵称命名的 Napster 软件,与朋友分享他们最喜欢的音乐。后来因间接侵犯音乐版权问题 Napster 关闭,被国际传媒巨头贝塔斯曼集团收购。

图 8.11 表示一个 Napster P2P 应用系统,可以看成一个 Internet 上的 Napster 覆盖网,其中包括一台目录服务器和多台 Napster 用户主机。目录服务器维护了一个动态数据库,集中存储了 MP3 文件的目录信息,包括 MP3 文件名、演唱者及其存放主机的 IP 地址等。MP3 音乐文件则分布式的存储在覆盖网中的各用户主机中,它们是 Napster 覆盖网中的对等方(peer),既是 MP3 文件的消费者又是提供者,既是客户又是服务器。动态数据库的目录信息来自于所有在线的 Napster 用户,它们必须及时地向目录服务器报告自己已经存储的 MP3 文件。

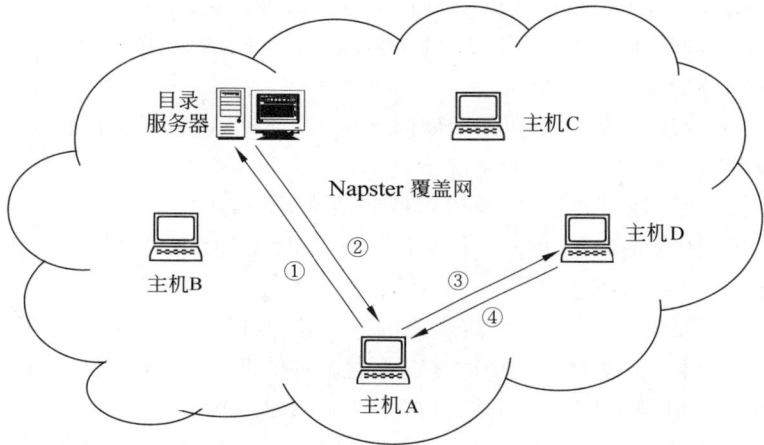

图 8.11　Napster 系统及其文件下载过程

当某个用户(如主机 A 的用户)需要下载某个 MP3 文件(如 MP3*)时,Napster 的文件下载包括如图 8.11 中 4 个单箭头实线(①～④,箭头表示信息传输的方向)所表示的交互过程。

① 主机 A 向目录服务器发送查询请求:谁有音乐文件 MP3*?

② 目录服务器检索动态数据库,告知主机 A 查询结果:主机 C 和 D 有 MP3*。

③ 主机 A 可以随机选择主机 C 和 D 中的一个,也可以使用 ping 报文(见 6.4.2 节)选择合适的一个。假设选择了 D,并向 D 发出下载 MP3* 的请求。

④ 主机 D 作出响应,向 A 发回文件 MP3*,于是主机 A 的用户就得到了 MP3*。

这里需要说明的是:上述①、②两步,即主机 A 查询目录服务器的交互过程,属于 C/S 模式,主机 A 运行客户进程,目录服务器运行服务器进程。而③、④两步,主机 A 请求主机 D 下载文件 MP3* 的交互过程,属于 P2P 模式,A 和 D 互为对等方,使用 P2P 软件通信。只不过在这次下载中，A是临时的客户，D是临时的服务器，在以后的下载中，完全可以互换角色，而C/S模式中角色是不能互换的。由此可见，Napster是一个具有集中目录服务的P2P应用系统，并不是一个完全的P2P应用系统。

8.7.2　文件共享服务 BitTorrent

比特洪流(BitTorrent，BT)是Napster之后的一个提供文件共享服务的P2P应用系统，网友俗称变态下载，不再使用集中的目录服务器，目录也是分布式存储和传输的。BT于2001年由美国计算机软件专家Bram Cochen开发，其名称的含义是，BT将参与某个文件共享服务的所有对等方的集合比作一个洪流(torrent)。BT得到了广泛的应用，网上经常有数以百万计的对等方在数十万条洪流中畅快地共享文件。

1. BT 的一些概念

BT把提供下载的一个完整文件虚拟地分成大小相等的文件块(chunk)，以它作为数据单元进行下载，这里"虚拟"的意思是没有真正地将划分的块一个个独立地存储在磁盘中。文件块的大小为 2^n KB(n 为正整数)，典型值是256KB。

BT把每个文件块的索引信息及其Hash验证码等写入种子文件。Hash验证码是对一个文件块经一个Hash函数(散列函数)运算得到的一个比文件块长度短得多的比特串(如256bit)，它可以验证文件块传输中是否出现了问题。

所谓的种子文件，是一个扩展名为.torrent的文本文件，放在一个普通的Web服务器上。一个用户要利用BT下载一个文件之前，先要从某个网站下载该文件的种子文件。种子文件并不包含下载的文件，而是帮助对等方找到它。

种子(seed)是另一个BT术语，指的是洪流中能提供的完整文件(包含了全部文件块)。只要有一个种子，文件就能下载完，种子越多下载速度会越快。

除上述信息外，种子文件还包含一个称为追踪器(tracker)的URL。追踪器和下载者之间基于C/S模式使用HTTP协议进行交互。每个洪流都配置一个追踪器，负责维护参与洪流的所有对等方的信息，帮助对等方之间相互联系。一个对等方加入某个洪流，必须向追踪器注册，并周期性地通知追踪器它仍在洪流中。通常，一个拥有原始种子的对等方可能是第一个向追踪器注册的。

2. 对等方如何相互传送文件块

当一个新的对等方(如A)向追踪器注册后，追踪器从参与的对等方集合中随机的选择若干(如50个)，并把它们的IP地址告诉A，于是A就与它们建立TCP连接，与A建立了TCP连接的对等方称为A的相邻对等方(neighboring peers)。在随后的时间里，相邻对等方中有的可能离开，相邻对等方之外的某些对等方可能试图与A建立TCP连接。因此相邻对等方是动态变化的，可能会有进有出。

在某一时刻，每个对等方一般只拥有共享文件的若干文件块，并维护一个它们的列表。不同对等方所拥有的文件块一般也不相同。A将周期性地向其相邻对等方索取它们的文件块列表，从而A就能够知道从哪个对等方下载哪些自己没有的文件块。

图8.12表示A、B、C、D 4个相邻对等方在某时刻拥有文件块的示意图，假设共享文件划分为8个文件块，序号为1~8。对等方右边的表格表示它现有文件块的情况，灰色底纹表示已有的块，白色表示尚无的块。其中C下载的文件块已齐全，构成了完整的文件，即一

个种子。图中,单箭头实线表示希望下载的文件块,边上的数字为其序号,箭头表示文件块下载的方向。

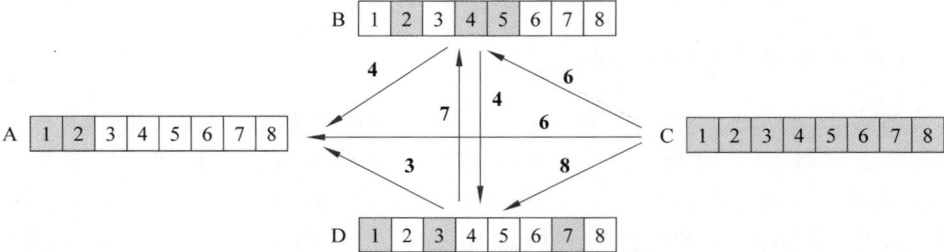

图 8.12　对等方相互传送文件块的示意图

对等方每得到一个文件块,需要计算其 Hash 验证码,并与种子文件中的对应 Hash 验证码对比,如果相同说明传输无误,存储此块并加入文件块列表;如果不同则需要重新下载这个块。

3. BT 的一些工作机制

1) 选择下载的文件块

选择一个合理的顺序来下载文件块,有利于提高 BT 的分发性能。为此,BT 使用最稀缺优先(rarest first)的机制,即要下载文件块时,首先选择相邻对等方已有文件块中数量最少的那个块,而数量较多的块放在后面下载。

图 8.12 中,6、8 两个文件块只有一个,是此刻系统中最稀缺的,因此要首先下载。这样,最稀缺块得到更为迅速的分发,可以使得每个块在洪流中的数量趋于均衡,有利于文件块的分布式分发。相反,如果大家先去下载数量较多的文件块,会使每个块的数量更加不均衡,最后导致众多的对等方集中向一两个对等方请求下载最稀缺的块,造成拥挤,延长下载时间。而且一旦拥有最少文件块的对等方(例如图 8.12 中的 C)离开洪流,会影响对整个文件的下载。

2) 下载第一个文件块

最稀缺优先机制的一个例外是下载第一个文件块,此时一个文件块也没有的对等方希望能尽快下载一个块。而最稀缺文件块通常只有某一个对等方拥有,下载它可能需要更长时间的等待。因此,第一个文件块是随机选择的,之后才切换到最稀缺优先。

3) 选择上传的对等方

还有一个问题是,若向某一个对等方请求下载的相邻对等方较多,它应当向其中的哪些对等方上传它们所请求的文件块? BT 采取的是"一报还一报"(tit-for-tat)的激励机制,即选择当前向自己传送文件块的对等方中数据速率相对比较高的。

对等方会每隔 10 秒测算一次从其相邻对等方接收数据的速率,并确定其中速率最高的 4 个对等方,称为已疏通的(unchoked)对等方,并向它们上传文件块。这对于那些只想下载而不愿提供上传服务的"搭便车"用户是不利的。

进一步,每隔 30 秒,一个对等方(假设为 A)会随机地选已疏通对等方之外的一个相邻对等方(假设为 B),并向 B 上传文件块。如果 A 的传送速率足够快,A 就有可能成为 B 的已疏通对等方,这样 B 就可以向 A 传送文件块。同样逻辑,B 也有可能成为 A 的已疏通对等方。这样,A 就可以在已疏通对等方之外的相邻对等方中,试探着找到传送速率更快的新伙伴。

上述选择上传对等方的机制的效果是,对等方之间的文件块交换趋向于达到更快的彼此协调的速率。

4) 最后阶段的上传

到了最后阶段,即一个对等方完成了整个文件下载的时候,它就无法再使用上述的根据下载数据速率来决定为哪些对等方提供上传了,此时下载速率已经为 0。解决办法是,优先选择那些从它这里得到更高的上传速率的对等方,这样可以尽可能地利用上传带宽。

BT 比较复杂,还有一些其他工作机制,如划分子块、流水线、反怠慢等,读者可参阅相关文献资料。

思 考 题

8.1 什么是 C/S 模式? 什么是 B/S 模式? 为什么采用 C/S 模式作为互联网应用程序间相互作用的最主要形式?

8.2 试比较 C/S 模式和 P2P 模式。

8.3 什么是域名? 叙述 Internet 的域名结构。什么是域名系统 DNS?

8.4 叙述域名服务器系统的组织方式。

8.5 描述域名解析方式和解析步骤。

8.6 为提高域名解析的效率,DNS 采取了什么措施?

8.7 FTP 为用户提供什么应用服务? 什么是匿名 FTP?

8.8 FTP 运行采用什么模式? FTP 会话建立什么样的连接? 涉及哪几种进程?

8.9 电子邮件系统中,用户代理和报文传送代理的功能是什么?

8.10 简述 RFC 822 定义的电子邮件的格式,其信息使用什么编码?

8.11 IETF 定义 MIME 的目的是什么? MIME 主要包括哪几部分内容?

8.12 对于如下 3 字节数据 01001000 10111100 00110101,请给出其 quoted-printable 编码,并用二进制、十六进制、十进制和打印形式表示。

8.13 对于思考题 8.11 的 3 字节数据,请给出其 Base64 编码,并用打印形式、二进制、十六进制和十进制表示。对另外 3 字节数据 00001101 10100001 01111101,重复上述过程。

8.14 SMTP 工作于什么模式? 它使用传输层的什么协议? 它传输的信息使用什么编码?

8.15 使用 POP 协议的原因是什么?

8.16 万维网是一种网络吗? 它是一个什么样的系统? 采用什么模式工作? 使用什么传输协议?

8.17 什么是超媒体? 什么是超链?

8.18 描述用户鼠标点击万维网页面上某一个链接后万维网产生的处理过程。

8.19 浏览器主要由哪几部分组成? 它们的作用是什么? 浏览器设置缓存的目的是什么?

8.20 叙述 Web 代理技术。

8.21 HTTP 在 TCP/IP 体系结构中处于什么层次? 它使用传输层的什么协议? HTTP 监听连接请求使用的周知端口是多少? 什么是持续连接和非持续连接? HTTP 协议

定义了几类报文？

8.22 HTML 的超链的起点和终点表示什么？如何定义一个超链？

8.23 什么是命名锚？如何定义一个命名锚？

8.24 为实现动态文档，CGI 对 Web 服务器作了什么改进？

8.25 HTML 中表单的功能是什么？如何定义一个表单？

8.26 活动文档技术为什么比动态文档技术有更快的刷屏速度？

8.27 什么是互联网上的社交媒体？请举出两个你常使用的社交媒体，谈一谈你的使用体会。

8.28 DHCP 的作用是什么？一台计算机如何通过 DHCP 获得一个 IP 地址？

8.29 DHCP 中，如何续租 IP 地址？

8.30 结合图 8.11 说明 Napster 中用户下载一个 MP3 音乐文件的交互过程。

8.31 BitTorrent 文件共享系统中，追踪器的作用是什么？

8.32 BitTorrent 文件共享系统中，一个对等方如何知道从哪个相邻对等方下载自己没有的文件块？

8.33 什么是 BitTorrent 的最稀缺优先（rarest first）的机制？它的好处是什么？

第9章 网络安全

随着 Internet 规模的日益扩大和网络经济时代的到来，网络攻击日趋严重，保障计算机网络的安全可靠运行和通信信息的安全，越来越受到人们的重视。

国际标准化组织(ISO)提出的网络安全结构(Security Architecture, SA)指出了计算机网络安全服务涉及的 5 方面问题：身份认证、访问控制、数据保密、数据完整和不可否认，本章围绕这些问题简要介绍网络安全技术。

本章讲述的主要内容包括数据加密技术、数字签名和报文摘要、身份认证和密钥分发、Internet 各层网络安全技术、Internet 上的虚拟专用网、防火墙技术和入侵检测系统。

9.1 网络安全结构 ISO-SA

1. 网络安全的重要性

网络安全是计算机网络技术发展中的一个至关重要的问题，其原因主要包括以下几方面。

1) 网络经济业务等重要信息容易引入恶意攻击

现在世界进入网络经济时代，Internet 上的商业化应用如电子商务、网上金融、网上购物等业务日益增多，这些业务容易引入攻击者的恶意攻击，以获取非法的经济利益。另外，网上的政务、军事、高科技信息也容易受到恶意攻击。如果 Internet 上传输的重要数据得不到有效的保护，被不法分子窃取和利用，必然给国家、单位和个人带来重大的损失。人们必须面对数据安全和商业机密的严重威胁。

2) 网络安全是 Internet 的一个薄弱环节

网络安全是 Internet 的一个薄弱环节。当初设计 TCP/IP 协议族时对网络安全性考虑甚少，使其存在很大的安全隐患。

① 一般协议都没有提供数据源的认证。例如，IP 层通过简单地伪造 IP 地址就可以冒充他人。

② 没有为数据提供强有力的完整性保护。一般协议只是通过数据包或其首部进行差错检验(如 CRC、检验和等)，对数据包或其首部提供一定程度的完整性保护。但这一保护相当脆弱，攻击者可以修改数据包或其首部并重新计算检验值。

③ 没有为数据提供加密性保护。网上传输的数据包一般无任何保密措施，可被他人截取，严重威胁了电子商务等信息机密性的应用。

④ 还存在针对网络协议的其他攻击。如拒绝服务攻击(denial-of-service attack)、重放攻击(replay attack)等。

3) 攻击者很容易进入开放的 Internet 进行非法网络活动

Internet 是一个开放的系统，全世界的人都能使用，世界上任何组织和个人都能上网并参与网络活动。开放性是 Internet 的宗旨，为人们提供了方便，但也为不法分子进行非法网络活动提供了可乘之机,他们很容易进入 Internet 进行恶意攻击。

2. 网络攻击

对网络的攻击大致可分为下面几类。

① 截取(interception)。攻击者通过监控网络或搭线窃听等手段截取网上传输的信息。

② 篡改(Modification)。攻击者截获传输的信息并篡改其内容后再进行传输,这严重破坏了数据的完整性。

③ 伪造(fabrication)。攻击者假冒合法用户伪造信息在网上传送。

④ 中断(interruption)。使系统中断,不能正常工作甚至瘫痪。如破坏通信设备、切断通信线路、破坏文件系统等。除了上述物理性破坏之外,攻击者还通过对特定目标发送大量的信息流,使目标超载乃至瘫痪,不能正常提供网络服务。

在网络安全的设计中,应该充分考虑到抵御上述各种攻击的能力。

3. 网络安全结构(ISO-SA)

1989 年,国际标准化组织在 ISO 7498-2 中提出了网络安全结构,称为 ISO-SA,它规定的计算机网络安全服务涉及以下 5 方面。

① 身份认证(authentication)。认证也称鉴别,鉴别某一成员的身份是否与其声称的身份一致,例如进入电子商务之前应该确定自己在和谁通信,以便防御假冒攻击。

② 访问控制(access control)。对访问网络的权限加以控制,规定每个用户对网络资源的访问权限,以便使网络资源不被非授权用户所访问和使用。在一个用户被授权访问资源之前,应该先通过身份认证。

③ 数据保密(data confidentiality)。为用户提供保密通信服务,使得网上传输的信息不被非授权用户所获知,保密性技术是基于密码机制的。

④ 数据完整(data integrity)。使数据在传输过程中不被未授权者修改、替换和删除等。

⑤ 不可否认(nonrepudiation)。为通信用户提供保护以免对方否认所进行的信息交换,不可否认包括发送者和接收者的不可否认。

除了上述网络攻击外,计算机病毒也属于利用传播恶意程序(rouge program)进行的一类网络攻击,一般使用防病毒的软件进行预防和杀毒,这些不在本章的讨论范围之内。

9.2 数据加密技术

9.2.1 密码学基础

1. 相关术语

① 密码学(cryptology)。将信息加密后进行传输是传统的保密通信的主要手段,计算机网络安全中的信息加密、数字签名、身份认证等也都是以密码学为基础的。密码学包括密码编码学(cryptography)和密码分析学(cryptanalysis),前者是密码的设计学,而后者研究从密文分析出明文和密钥的技术。

② 明文(plaintext)和密文(ciphertext)。原始的未经加密处理的信息称为明文,它是一段有意义的文字或数据。经过加密处理的信息称为密文,表面上看密文是一串杂乱无序的

无意义的符号和数字。

③ 加密（encryption）和解密（decryption）。把明文变换成密文的过程称为加密，反之，将密文恢复成明文的过程称为解密。

④ 密钥（key）。加密和解密过程要使用密钥，它控制加密和解密算法。密钥是独立于明文的，同一个明文用同一个算法但不同的加密密钥进行加密将产生不同的密文。接收者在收到密文后利用解密算法和解密密钥将密文还原为明文。

2. 早期的密码体制

在早期的密码体制中，有两种常用形式。

1）替换密码（substitution cipher）

替换密码是将明文中每个（或每组）字母由另一个（或另一组）字母所替换。最古老的一种替换密码是恺撒密码（Caesar cipher）。将英文的 26 个字母 a，b，…，z 分别替换成 g，h，…，f，密钥为 6，于是明文 timebombwillblowupatfive 就变成了密文 zoskhushcorrhrucavg zloyk，这里相差了 6 个字符。

2）变位密码（transposition cipher）

变位密码是按照某一规则重新排列报文中的字符顺序，一种常用的置换密码是列置换密码，下面是一个简单的例子，使用密钥 bridge 对明文 timebomb will blowup at five 进行加密：

```
密钥： b r i d g e
顺序： 1 6 5 2 4 3
明文： t i m e b o
       m b w i l l
       b l o w u p
       a t f i v e
```

根据密钥给出的顺序，按列的顺序由小到大重新安排明文字符的位置，加密变换得到的密文是 tmbaeiwiolpebluvmwofiblt。

3. 现代密码体制

现代密码学有以下两种密码体制。

1）对称密钥密码体制（symmetric key cryptography）

对称密钥密码体制的典型算法是数据加密标准（Data Encryption Standard，DES）算法。在 DES 算法的基础上，又派生出了其他一些算法。

2）公开密钥密码体制（public key cryptography）

公开密钥密码体制的典型算法是（Rivest-ShaMir-AdleMan，RSA）算法。

20 世纪 70 年代后出现的 DES 加密算法和公开密钥密码体制及其算法，为现代密码学和数据加密技术的发展作出了卓越的贡献。

4. Kerckoff 原则

在现代密码学研究中，加密和解密算法是要经过极大的努力进行设计、测试和安装的，一般要经过几年才会更新，将加密和解密算法本身进行保密的做法在现实中是不可行的。而密钥是相对较短的字符串，可以较容易地改变。密码技术中的一个原则是：加密和解密算法是公开的，而密钥是保密的。这称为 Kerckoff 原则（Kerckoff's principle），是由军事密码学家 Augueste Kerckoff 于 1833 年首先提出了这一思想。

5. 穷举攻击和计算上不可破译

保守密钥的秘密无疑是防止攻击的关键。对于攻击者来说,密钥的穷举攻击(exhausive attack)是一种重要攻击手段,它通过搜索整个密钥空间破译密钥。但当密钥足够长且随机分布时,以当时的计算水平,穷举攻击实际上难以实现。

例如,当密钥长度为二进制 128 比特,则密钥空间为 2^{128},约 3.4×10^{38},即使计算机对密钥空间的搜索速度可以达到每微秒 100 万次,那么完成密钥空间全部搜索的时间也将超过 10^{11} 亿年,我们称这样的密钥是计算上不可破译的。实用的密码体制一般都是计算上不可破译的,而不是理论上不可破译的。

9.2.2 对称密钥密码体制与公开密钥密码体制

1. 对称密钥密码体制

对称密钥密码体制也称传统密码体制或常规密码体制,早期的密码体制一般都是对称密钥密码体制,前文介绍的替换密码与变位密码也属于对称密钥密码体制,而公开密钥密码体制是后来提出的。

对称密钥密码体制的特点是解密密钥和加密密钥是通信双方共享的同一密钥,称为共享密钥(shared key),是要严格保密的,但加密和解密算法不必保密。

对称密钥密码体制的加密和解密过程如图 9.1 所示。加密和解密过程都包括一个算法和一个密钥。在图 9.1 中,用 $C = E_K(P)$ 表示使用加密算法 $E()$ 和密钥 K 对明文 P 加密得到密文 C,类似地,用 $P = D_K(C)$ 表示使用解密算法 $D()$ 和密钥 K 对密文 C 解密得到明文 P,那么 $D_K(E_K(P)) = P$。

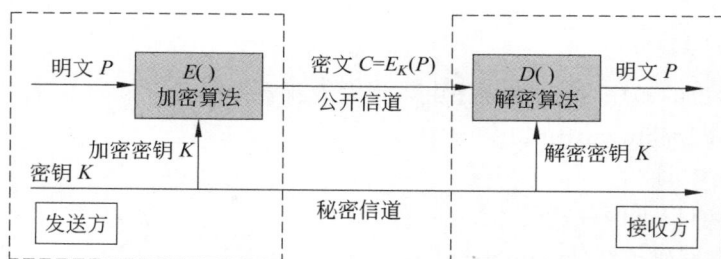

图 9.1　对称密钥密码体制

密文 C 在公开信道中传输时,可能受到攻击者的攻击,例如截取和篡改等。

2. 公开密钥密码体制

公开密钥密码体制的概念是由 Stanford 大学的 Diffie 和 Hellman 于 1976 年提出的。与对称密钥密码体制不同的是,公开密钥密码体制使用一对不相同的加密密钥与解密密钥,因此,公开密码体制也称为非对称密钥密码体制(asymmetric key cryptography)。

加密密钥使用公开密钥,简称公钥(Public Key),记为 PK,是公开信息,而解密密钥使用秘密密钥(Secret Key),也称私钥(Private Key),记为 SK,SK 是需要保密的。加密算法 $E()$ 和解密算法 $D()$ 都是公开的。虽然 SK 是由 PK 决定的,但不能根据 PK 计算出 SK。因为 PK 是可以公开的,这给密钥的使用和管理带来了方便。

公开密钥密码体制的算法过程,如图 9.2 所示。

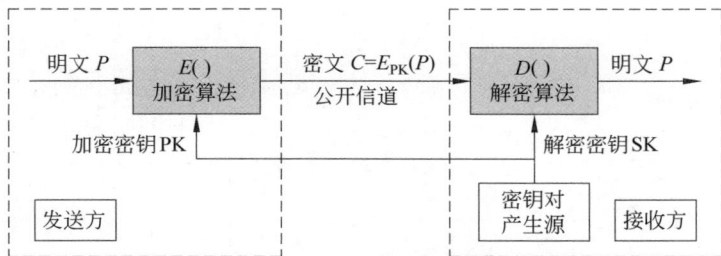

图 9.2 公开密钥密码体制

发送者用加密密钥 PK(接收者的公钥)对明文 P 加密后,接收者用解密密钥 SK(接收者的私钥)解密即可恢复出明文,即 $D_{SK}(E_{PK}(P))=P$。因为只有 SK 的拥有者才能对 P 解密,所以这就保证了消息的保密性。

公开密钥密码体制加密和解密使用不同的密钥,有以下特点。

- 加密密钥是公开的,但不能解密,即 $D_{PK}(E_{PK}(P))\neq P$。
- 解密密钥是接收者专用的秘密密钥,对其他人必须保密。
- 加密和解密的运算可以对调,即 $E_{PK}(D_{SK}(P))=P$,在数字签名中得到应用。
- 从已知的 PK 推导出 SK,在计算上是不可能的。

3. 应用场合

对称密码体制的加密解密算法如 DES 算法等主要使用异或、逐位与、位循环和位置换等初级运算,硬件和软件运算都很快,常常用于大量数据的加密。

公钥密码体制的加密解密算法如 RSA 算法等涉及大整数指数运算,计算量非常大,加密、解密速度慢,因此很少用于大量数据的加密,广泛用于密钥分发。公钥密码体制有私钥和公钥两个密钥,更容易实现数字签名。

*9.2.3 对称密钥密码体制的经典算法 DES

对称密钥密码体制中最重要的算法是数据加密标准 DES。DES 是 IBM 开发的,1977年被美国政府采纳为非机密信息的加密标准。DES 基本算法现已不太安全,但由它改进的算法仍在使用。

1. DES 算法

DES 算法是一种块密码(block cipher)算法,明文被分成 64 比特的块,逐块进行加密。DES 的密钥长 64 比特,但每字节的第 8 比特是奇校验位,所以有效长度是56 比特。

DES 算法工作流程分为 4 步,如图 9.3 所示。

第 1 步:初始置换(Initial Permutation,IP)。

对 64 比特的明文 P 进行 IP。IP(P)将 P 的排列顺序变换,打乱 ASCII 码字划分的关系。结果得到 P_0,其左半边和右半边的 32 比特分别记为 L_0 和 R_0。图 9.4(a)表示初始置换。

第 2 步:16 次迭代加密。

这一步最关键,也最复杂,要对 P_0 进行 16 次迭代运算。用 P_i 表示第 i 次($i=1,2,\cdots,$ 16)的迭代结果,其左半边 32 比特和右半边 32 比特分别记为 L_i 和 R_i,则变换算式为:

$$L_i = R_{i-1}$$

$$(9.1)$$

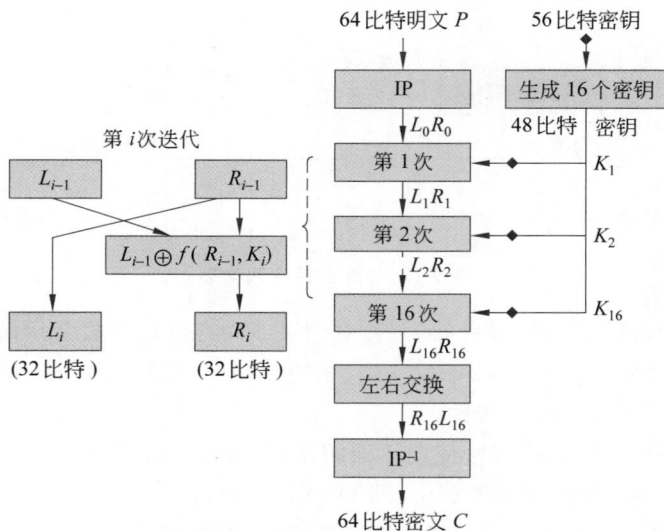

图 9.3 DES 加密算法

IP(P)									IP$^{-1}(R_{16}L_{16})$							
58	50	42	34	26	18	10	2	1～8比特	40	8	48	16	56	24	64	32
60	52	44	36	28	20	12	4	9～16比特	39	7	47	15	55	23	63	31
62	54	46	38	30	22	14	6	17～24比特	38	6	46	14	54	22	62	30
64	56	48	40	32	24	16	8	25～32比特	37	5	45	13	53	21	61	29
57	49	41	33	25	17	9	1	33～40比特	36	4	44	12	52	20	60	28
59	51	43	35	27	19	11	3	41～48比特	35	3	43	11	51	19	59	27
61	53	45	37	29	21	13	5	49～56比特	34	2	42	10	50	18	58	26
63	55	47	39	31	23	15	7	57～64比特	33	1	41	9	49	17	57	25

(a) 初始置换　　　　　　　　　　　　　　　　(b) 逆置换

图 9.4 初始置换和逆置换

$$R_i = L_{i-1} \oplus f(R_{i-1}, K_i) \tag{9.2}$$

每次迭代要进行左右半边交换以及 $f()$ 函数变换、模 2 加运算(异或)。16 次迭代后得出 $P_{16} = L_{16}R_{16}$。其中,K_i 是 48 比特密钥,由原 64 比特的种子密钥经过变换生成。其中 $f()$ 和 K_i 的生成过程比较复杂,分别说明如下:

1) 函数变换 $f()$

式(9.2)中的 $f(R_{i-1}, K_i)$ 中的 R_{i-1} 为 32 比特,K_i 为 48 比特,变换后 $f(R_{i-1}, K_i)$ 为 32 比特。变换分为以下 4 步:

① 将 32 比特的 R_{i-1} 经扩展变换 $E()$,扩展为 48 比特的 $E(R_{i-1})$,$E()$ 如图 9.5 所示。

② 将 $E(R_{i-1})$ 与密钥 K_i(均为 48 比特)进行模 2 加,得到结果 B,并将 B 顺序地划分为 8 个 6 比特长的组 $B_1 \sim B_8$:

$$B = E(R_{i-1}) \oplus K_i = B_1 B_2 B_3 B_4 B_5 B_6 B_7 B_8$$

③ 将 $B_1 \sim B_8$ 经 $S()$ 变换分别转换为 4 比特的组 $G_1 \sim G_8$,即

$$G_j = S_j(B_j), \quad j = 1, 2, \cdots, 8$$

这里使用了 8 个不同的函数 $S_1() \sim S_8()$,称为 S 盒(S-box)。每个 $S_j()$ 都是固定的

4×16 矩阵,元素为 $0 \sim 15$ 的整数。例如, $S_1()$ 如图 9.6 所示。

扩展变换 $E()$: 32 比特→48 比特					
32	1	2	3	4	5
4	5	6	7	8	9
8	9	10	11	12	13
12	13	14	15	16	17
16	17	18	19	20	21
20	21	22	23	24	25
24	25	26	27	28	29
28	29	30	31	32	1

图 9.5 扩展变换 $E()$

	0	1	2	3	4	5	6	7	8	9	10	11	12	13	14	15
0	14	4	13	1	2	15	11	8	3	10	6	12	5	9	0	7
1	0	15	7	4	14	2	13	1	10	6	12	11	9	5	3	8
2	4	1	14	8	13	6	2	11	15	12	9	7	3	10	5	0
3	15	12	8	2	4	9	1	7	5	11	3	14	10	0	6	13

图 9.6 $S_1()$

对于每个 6 比特长的 $B_j = b_1 b_2 b_3 b_4 b_5 b_6$,由它求得 G_j,令
$$p = b_1 b_6 \in \{0,1,2,3\}, \quad q = b_2 b_3 b_4 b_5 \in \{0,1,\cdots,15\}$$
那么,由 $S_j()$ 矩阵的第 p 行第 q 列元素就得到 G_j,且 $G_j \in \{0,1,\cdots,15\}$,二进制为 4 比特长度。

这样,就可得到 32 比特的 $G = G_1 G_2 G_3 G_4 G_5 G_6 G_7 G_8$。

④ 将 G 进行一次 $P()$ 置换,如图 9.7 所示。最后得到 32 比特的 $f(R_{i-1}, K_i) = P(G)$。函数变换 $f()$ 完成。

2) K_i 的生成

在上述 16 次迭代加密中,每一次都从初始的 64 比特的种子密钥 K 生成 48 比特的密钥 K_i,在函数变换 $f()$ 中使用。生成 K_i 的过程如下。

① 将 K 删掉 8 个比特(第 8,16,24,32,40,48,56,64 比特);用一个置换 PC-1() 置换 K 余下的 56 比特的 K_{56},得到 $C_0 D_0 = \text{PC-1}(K_{56})$,其中 C_0 和 D_0 分别表示左、右的 28 比特。PC-1() 置换如图 9.8(a) 所示。

② 对第 i 次迭代加密($i=1,2,\cdots,16$),计算 K_i。先左循环移位:

$P()$ 置换			
16	7	20	21
29	12	28	17
1	15	23	26
5	18	31	10
2	8	24	14
32	27	3	9
19	13	30	6
22	11	4	25

图 9.7 $P()$ 置换

$$C_i = \mathrm{LS}_i(C_{i-1}), \quad D_i = \mathrm{LS}_i(D_{i-1})$$

其中，$\mathrm{LS}_i()$表示1位(当$i=1,2,9,16$)或2位(当i为其他12个值)的左循环移位；然后对C_iD_i进行PC-2()置换，最后得到48比特的密钥$K_i = \mathrm{PC\text{-}2}(C_iD_i)$。PC-2()置换如图9.8(b)所示。

PC-1()置换						
57	49	41	33	25	17	9
1	28	50	42	34	26	18
10	2	59	51	43	35	27
19	11	3	60	52	44	36
63	55	47	39	31	23	15
7	62	54	46	38	30	22
14	6	61	53	45	37	29
21	13	5	28	20	12	4

(a) PC-1()置换

PC-2()置换：56比特→48比特					
14	17	11	24	1	5
3	28	15	6	21	10
23	19	12	4	26	8
16	7	27	20	13	2
41	52	31	37	47	55
30	40	51	45	33	48
44	49	39	56	34	53
46	42	30	36	29	32

(b) PC-2()置换

图 9.8　置换

第3步：左右交换。

将$P_{16} = L_{16}R_{16}$左右交换，得到$R_{16}L_{16}$。

第4步：逆置换IP^{-1}。

将$R_{16}L_{16}$进行IP^{-1}，如图9.4(b)所示。最后输出64比特的密文$C = \mathrm{IP}^{-1}(R_{16}L_{16})$。

以上4步就是DES的加密过程。不难看出，DES算法主要使用异或、位循环、位置换等初级运算，硬件和软件运算都很快，可以用于大量数据的加密。

DES的解密过程和加密过程使用的算法相同，输入密文C，但以逆顺序生成16个密钥，即$K_{16}K_{15}\cdots K_1$，输出得到的将是明文P。

2. DES算法的发展

1) DES-CBC(DES Cipher Block Chaining)

DES实际上就是一种长度为64比特的块替代，工作在电子代码本(Electronic CodeBook，ECB)的模式。它有一个明显的缺点：相同的明文块生成相同的密文块，这样就增加了破译的机会。为了提高DES的安全性，可采用密码块链接(CBC)技术，构成DES-CBC。

DES-CBC加密解密过程：64比特的明文块P_0先和一个随机选择的初始向量(Initialization Vector，IV)逐比特进行异或，然后进行加密$E()$，得到密文C_0；再将C_0和下一个明文块P_1进行异或，然后再加密，得到C_1……以后各块都用上述方法操作。这样，在块之间引入了关联性，相同的明文块则生成不同的密文块。

DES-CBC加密解密过程如图9.9所示。

2) 三重DES(Triple DES)

DES的另一个问题是密钥的长度较短。56比特长的密钥意味着密钥空间为2^{56}，约有7.2×10^{16}种密钥。假若一台计算机1微秒可执行100次DES算法，并假定平均只需搜索密钥空间的一半即可找到密钥,那么破译 DES 需要 11.42 年。

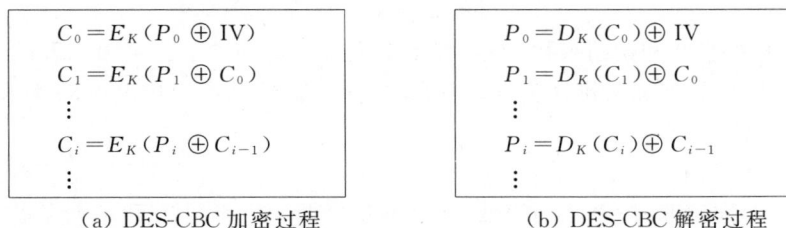

$$C_0 = E_K(P_0 \oplus IV)$$
$$C_1 = E_K(P_1 \oplus C_0)$$
$$\vdots$$
$$C_i = E_K(P_i \oplus C_{i-1})$$
$$\vdots$$

$$P_0 = D_K(C_0) \oplus IV$$
$$P_1 = D_K(C_1) \oplus C_0$$
$$\vdots$$
$$P_i = D_K(C_i) \oplus C_{i-1}$$
$$\vdots$$

(a) DES-CBC 加密过程　　　　　　　　(b) DES-CBC 解密过程

图 9.9　DES-CBC 加密解密过程

1997 年,美国 RSA 数据安全公司在 RSA 安全年会上公布了一项密钥挑战竞赛,悬赏 1 万美元破译 56 比特的 DES 密钥。1997 年,一些在 Internet 上合作的人用了 96 天破译了 DES 密钥。现在已经设计出搜索 DES 密钥的专用芯片,对 DES 构成了威胁。1998 年 7 月,电子边境基金会使用一台 25 万美元的专用计算机,花了 56 小时破译了 DES 密钥。1999 年 1 月,他们又把破译的时间缩短到 22 小时 15 分。

三重 DES 加密算法使用两个密钥,长度共 112 比特,密钥空间增加到 2^{112},目前还没有破译的报道。1985 年,三重 DES 成为美国的一个商用加密标准。三重 DES 也可以使用 3 个不同的密钥,长度可达 168 比特。

三重 DES 执行 3 次 DES 算法:

加密:　　　　　　　　　　$C = E_{K1}(D_{K2}(E_{K1}(P)))$

解密:　　　　　　　　　　$P = D_{K1}(E_{K2}(D_{K1}(C)))$

三重 DES 加密过程采用 *E-D-E* 而不是 *E-E-E*。加密和解密过程都是两个 64 比特数之间的一种映射,从密码角度上来看,这两种映射的作用是一样的。

3. IDEA 和 AES

在 DES 之后又出现了著名的国际数据加密算法(International Data Encryption Algorithm,IDEA)。IDEA 使用长达 128 比特的密钥,不易被攻破。IDEA 和 DES 相似,也是先将明文划分为一个个 64 比特长的数据块,然后经过 8 次迭代和一次变换,得出 64 比特的密文。

由两位年轻比利时密码学家 Rijmen 和 Daemen 提出的 Rijndael 也是非常优秀的对称密码算法,它使用 128~256 比特的密钥。已成为美国联邦信息处理标准,被命名为高级加密标准(Advanced Encryption Standard,AES),比三重 DES 更优秀,一般用于金融加密。

*9.2.4　公开密钥密码体制的经典算法 RSA

公开密钥密码体制中最著名的是 RSA 算法,由美国的 Rivest、Shamir 和 Adleman 于 1978 年正式发表,并以他们的名字命名。

RSA 算法基于数论中大数分解的原理:寻求两个大素数比较简单,而将它们的乘积分解开则极其困难。

1. RSA 算法

1)密钥及其生成方法

RSA 的两个密钥是:

加密密钥： PK = {e, n}

解密密钥： SK = {d, n}

其中，n 为两个大素数 p 和 q 的乘积，而 e 和 d 要满足一定的关系。当第三者已知 e 和 n 时并不能求出 d。用户要把加密密钥公开，使得系统中的任何其他用户都可以使用，而解密密钥中的 d 则要保密。

密钥生成方法分为如下 5 步。

① 计算 n：n 称为 RSA 算法的模数，秘密地选择两个大素数 p 和 q，计算出 n = pq。

② 计算 $\phi(n)$：计算 n 的欧拉函数 $\phi(n) = (p-1)(q-1)$，$\phi(n)$ 定义为不超过 n 并与 n 互素的数的个数。

③ 选择 e：从 $[0, \phi(n)-1]$ 中选择一个与 $\phi(n)$ 互素的数 e 作为公开的加密指数。

④ 计算 d：计算出满足式(9.3)的 d 作为解密指数。

$$e \times d = 1 \bmod \phi(n) \tag{9.3}$$

式(9.3)表示 $e \times d$ 和 1 对模 $\phi(n)$ 同余。

⑤ 最后得出公开密钥和秘密密钥：PK = {e, n}，SK = {d, n}。

2）加密和解密运算

若用整数 P 表示明文，用整数 C 表示密文（P 和 C 均小于 n），则加密和解密运算为：

加密： $$C = P^e \bmod n \tag{9.4}$$

解密： $$P = C^d \bmod n \tag{9.5}$$

2. RSA 算法示例

1）生成密钥

① 选择两个素数，设 p=3，q=11，计算出 n = pq = 3×11 = 33；

② 计算 $\phi(n) = (p-1)(q-1) = 2×10 = 20$；

③ 从 $[0, \phi(n)-1] = [0, 19]$ 中选择一个与 20 互素的数 e，如选择 e=7；

④ 根据式(9.3)，有 $7d = 1 \bmod 20$，解出 d=3；

⑤ 于是得出密钥：PK = {e, n} = {7, 33}，SK = {d, n} = {3, 33}。

2）加密和解密

首先将明文划分为一个个分组，使得每个明文分组的二进制值不超过 n，即不超过 33。现在设置明文的一个分组为 P=9。

使用式(9.4)用公开密钥 PK = {7, 33} 加密：先计算 $P^e = 5^7 = 4\,782\,969$，再除以 33，余数为 15。这就是对应于明文 5 的密文，即 C=15。

使用式(9.5)用秘密密钥 SK = {3, 33} 解密：先计算 $C^d = 15^3 = 3375$。再除以 33，得余数为 9。此余数即解密后应得出的明文，即 P=9。

使用上述密钥对一个英文字符串 TSINGHUA 加密解密过程的简单例子，如表 9.1 所示。每个英文字符为一个明文分组，字符用其顺序数字表示，每个分组的二进制值不超过 33。表中左边和右边分别为发送方和接收方的加密和解密计算。

表 9.1 加密解密过程的例子

明文字符	数字	P^7	密文 $P^7 \bmod 33$	C^3	数字 $C^3 \bmod 33$	明文字符
T	20	1 280 000 000	26	17 576	20	T

明文字符	数字	P^7	密文 P^7 mod 33	C^3	数字 C^3 mod 33	明文字符
S	19	893 871 739	13	2197	19	S
I	9	4 782 969	15	3375	9	I
N	14	105 413 504	20	8000	14	N
G	7	823 543	28	21 952	7	G
H	8	2 097 152	2	8	8	H
U	21	1 801 088 541	21	9261	21	U
A	1	1	1	1	1	A

我们注意到,对于 RSA 算法,同样的明文加密为同样的密文。

3. 实用中的密钥长度

以上例子只是说明 RSA 算法的过程,例子中难以选择大素数计算。实用中,当选择 p 和 q 大于 100 位十进制数时,则 n 大于 200 位十进制数(大于 664 比特二进制数),这样就可一次对超过 83 个字符的字符串(一个字符用 8 比特编码)进行加密。

RSA 体制的保密性在于对大数进行因数分解要花费很大的时间。RSA 算法的三位首创者选择模数 n 为 129 位的十进制数,并预言需要经过 40×10^{15} 年才能破译。然而一个世界范围的研究组,最近在因特网上用 1600 台计算机协同工作,仅用了 8 个月就破译了。

随着技术的发展,在使用 RSA 加密时,必须选择足够长的密钥。一般认为,对于当前的计算机水平,只要选择 1024 比特长的密钥(相当于约 300 位十进制数)就可以认为是计算上无法破译的。

9.3 数字签名和报文摘要

9.3.1 数字签名

现实生活中,文件、书信、财务单据等可以通过亲笔签名或加盖印章来证明其真实性。为了证明计算机网络中传送的各种电子文件、电子证书、电子合同等的真实性,又如何进行签名或盖章呢? 数字签名(digital signature)就可解决这样的问题。

1. 数字签名的特点

网络中传送的各种电子文件统称为报文(message),为了保证报文的真实可靠,数字签名具有如下 3 方面的特点。

① 报文认证。接收者能够核实报文确实是由发送者签发。

② 报文完整性。报文无法被中途窃取者和接收者所篡改或伪造。

③ 不可否认。发送者事后无法否认是他签发的报文。

也就是说,数字签名提供了对报文源的认证和报文完整性检验,而且发送者不可否认对报文的发送。

2. 基于公开密钥算法的数字签名

数字签名一般采用公开密钥算法,要比采用对称密钥算法更容易实现,下面进行介绍。

发送方 A 用其秘密密钥 SK-A 和解密算法 $D()$ 对所发报文 P 进行加密运算,将结果 $D_{SK-A}(P)$ 传送给接收方 B。B 收到后,用已知的 A 的公开密钥 PK-A 和加密算法 $E()$ 解密得出 P:$E_{PK-A}(D_{SK-A}(P))=P$,这一过程如图 9.10(a)所示。

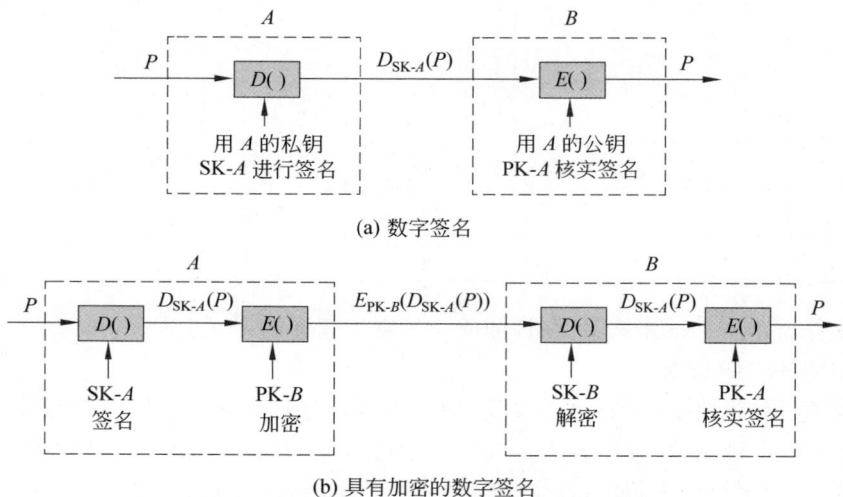

(a) 数字签名

(b) 具有加密的数字签名

图 9.10 采用公开密钥算法的数字签名

9.2 节曾讲到,公开密钥算法的加密和解密的运算可以对调,上述数字签名过程中就是如此,这样签名方先使用自己的秘密密钥加密明文,起到签名的作用,然后接收方使用公开密钥解密核实签名。

上述算法满足了上述数字签名的 3 个特点。

① 报文认证:因为 P 要用 PK-A 才能解密,所以报文一定是用 SK-A 加密的,B 可以确认 P 一定是 A 签发的。

② 报文完整性:因为 P 只能用 A 的私钥 SK-A 进行签名,所以中途窃取方和接收方均无法进行篡改和伪造。

③ 不可否认:假若 A 想否认签发了 P 给 B,B 可将 P 及 $D_{SK-A}(P)$ 出示给第三者,第三者可以很容易用 PK-A 由 $D_{SK-A}(P)$ 得到 P,证实是 A 签发了 P,A 无法否认。

3. 加密的数字签名

上述数字签名对报文 P 本身是不能保密的。在网上截取了 $D_{SK-A}(P)$ 并知道发送者 A 身份的攻击者,可以得到其公钥 PK-A,从而由 $D_{SK-A}(P)$ 得到 P。要解决此问题,可以进一步给传输的 $D_{SK-A}(P)$ 使用 B 的密钥加密,其过程如图 9.10(b)所示。

9.3.2 报文摘要

1. 报文摘要产生的背景

数字签名存在一个问题,数字签名一般采用公开密钥算法,用密钥对整个报文进行加密和解密处理,要花费较长的处理时间,尤其是长的文件问题就更加严重。

而实际的网络应用中,在某些应用场合,报文虽然也需要防止篡改、伪造和否认,但并无加密要求。对于不需要加密的报文进行加密和解密,也给计算机增加了不必要的负担。

为解决上述问题,需要有新的算法以提高处理效率,报文摘要(Message Digest,MD)就是一种有效的方法。使用报文摘要的数字签名起到了数字签名安全性的 3 个作用，同时又节省了处理时间。

2. 报文摘要及其特点

报文摘要是由发送的整个报文映射的一个短的位串。报文摘要是一种单向的散列函数（one-way Hash function），也称哈希函数。对于输入的一个可变长度的位串 P，散列函数输出唯一的比输入位串短得多且长度固定的位串 $MD(P)$，即报文摘要，可以形象地称为 P 的"数字指纹"。$MD(P)$ 一般是 128～512 比特。报文经过散列运算可以看成没有密钥运算的加密处理。

报文摘要算法应具备以下特点。

① 给定一个报文 P，可以容易地计算其报文摘要 $MD(P)$，但反过来，给定一个报文摘要 X，想由 X 找到一个报文 P 使得 $MD(P)=X$，在计算上是不可行的。

② 若想找到任意两个报文 P 和 P'，使得 $MD(P)=MD(P')$，在计算上也是不可行的（P 和 P' 可能有同样的报文摘要）。

因此，一个明文报文 P 的报文摘要 $MD(P)$ 可以充分地代表 P。即使攻击方截获了发送的 P 和经数字签名的 $MD(P)$ 并有了 $MD()$ 算法，攻击方也不可能由 P 和 $MD(P)$ 伪造出另一个报文 P'，使得 P' 和 P 具有同样的报文摘要。

3. 使用报文摘要的数字签名

使用报文摘要的数字签名如图 9.11 所示。发送方 A 将报文 P 用报文摘要函数计算出 $MD(P)$ 后，再使用自己的私钥 SK-A 对它加密得到 $D_{SK-A}(MD(P))$，即对 $MD(P)$ 进行数字签名。加密以后的报文摘要 $D_{SK-A}(MD(P))$ 称为报文认证码（Message Authentication Code，MAC），即

$$MAC=D_{SK-A}(MD(P))$$

MAC 将和 P 一起发送给接收方 B，A 发给 B 的报文将是 (P, MAC)。

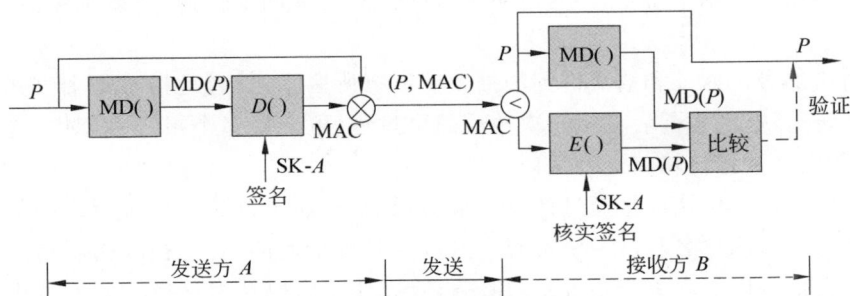

图 9.11 使用报文摘要的数字签名

B 收到 (P, MAC) 后进行两方面的计算，一方面对 P 进行 $MD()$ 计算；另一方面使用 A 的公钥 PK-A 对 MAC 解密：$E_{PK-A}(MAC)$。正常情况下，两个计算结果都应该是 $MD(P)$，B 比较两者相等，就可以确认收到的明文报文 P 就是由 A 签发的非篡改和伪造的报文。

在图 9.11 所示使用报文摘要的数字签名中，对 $MD(P)$ 进行了数字签名，对 $MD(P)$ 也就具有了数字签名安全性的 3 个作用。接收方又验证了收到的明文 P 就是 $MD(P)$ 所对应的 P，而且报文摘要算法保证了 $MD(P)$ 能充分地代表 P，所以对报文 P 来说，同样也起到了数字签名安全性的 3 个作用，相当于没有加密的数字签名。然而它有一个很大的优点：

仅对短的报文摘要 MD(P)而不是对整个报文 P 进行数字签名,从而可以极大节省处理时间。

4. MD5 和 SHA-1

曾广泛应用的报文摘要算法是 Rivest 设计的 MD5〔RFC 1321〕,对任意长的报文进行运算,得出 128 比特的 MAC。美国国家标准技术局设计了另一种报文摘要标准安全散列算法(Secure Hash Algorithm,SHA),MAC 为 160 比特,1995 年的版本是 SHA-1〔RFC 3174〕。

MD5 和 SHA-1 都是使用 Hash 函数进行报文摘要算法得到 MAC,这样的 MAC 称为散列报文认证码(Hash MAC,HMAC)。

中国科学院王小云院士提出了密码哈希函数的碰撞攻击理论,于 2004 年和 2005 年先后破译了 MD5 和 SHA-1,证明了可以在不到 1 小时的时间内用系统的方法找出一对报文,它们具有相同的 MD5 报文摘要,引起了国际密码界的震惊。王小云教授还设计了中国的哈希函数标准 SM3,该算法在金融、国家电网、交通等我国重要经济领域广泛使用。国际上也在积极研究和采用更安全的算法,现在已经有了 SHA-1 的新版本 SHA-2 和 SHA-3。

9.4　身份认证和密钥分配

9.4.1　什么是身份认证和密钥分配

1. 身份认证

电子商务和电子金融等网络交易活动中,交易双方首先认证对方的身份是非常必要的。身份认证(authentication)也称身份鉴别,是识别通信对方身份的技术。在社会活动中,人们采用多种方式来识别对方,如相貌、声音、字迹、密码以及通过贴有照片的证件。在网络环境中进行身份认证要困难得多,因为表明身份的信息要在网上传输,所以很可能被截取、篡改和伪造。

这里所讲的身份认证和前文讲到的报文认证有所区别,后者是指对每个收到的报文的发送者都要进行认证,而前者是指一次通信的全过程(可交换多个报文)对对方进行一次身份认证,一般是在数据传输前进行认证。

网络环境下的身份认证是通过计算机来实现的,实质上是计算机进程之间的认证。简单的认证可以通过用户名和口令来实现。但口令是可重用的,容易被攻击者窃听。基于密码学的身份认证可以实现更安全可靠的服务,双方使用密码技术交换一些不可重用的认证信息。可以使用对称密钥密码体制和公开密钥密码体制。9.3 节讲到的对报文和报文摘要的数字签名就起到了对报文源的身份认证作用。

2. 密钥分配

完善的身份认证系统需要解决的一个重要问题是如何在网络上安全地进行密钥分配,也称密钥分发。

在对称密钥密码体制中,最大的问题是如何将通信双方商定的共享密钥安全地传给对方,因为在传送过程中容易泄露。

在公钥密码体制中,身份认证的双方需要知道对方的公钥。如果不知道对方的公钥,可以先在网络上交换,认证一方 A 将自己的公钥发送给另一方 B,并请求 B 发回它的公钥,这样做是可以的,因为公钥不保密。但这也容易受到攻击。攻击者可以截取 A 发给 B 的报文,并将自己的公钥发回给 A。A 并不知道这个公钥是攻击者的,却以为自己在与 B 会话,这样攻击者可以阅读到 A 的报文。因此,身份认证必须解决公钥在网络上如何安全地发布的问题,在基于公钥的数字签名和报文摘要中也有这样的问题。

*9.4.2 基于对称密钥的身份认证和密钥分配

1. 密钥分配方式与密钥分配中心

在对称密钥密码体制中,加解密的双方使用相同的共享密钥,使用中的最大问题是如何将共享密钥安全地传送给对方。可以事先约定,也可以用信使来传送,这称为网外分发方式。但在大型计算机网络中,用信使来传送密钥显然是不合适的。如果事先约定密钥,就会给密钥的管理和更换都带来不便。网络上的主机通常要和很多主机通信,为了安全,密钥还要经常改变,这就使密钥的选定、分配和管理的工作量很大。为此,可以采取网内分配方式,通过网络对密钥进行自动分配。

目前常用的网内分配方式是设置通信双方都信任的密钥分配中心(Key Distribution Center,KDC),为通信双方生成和分发密钥。KDC 保存有所有注册用户和它通信的共享密钥,KDC 使用它们和各用户进行加密通信。但 KDC 风险集中,它自身的可靠性非常重要,一旦出了问题,就无法进行安全通信,这时可以通过 KDC 备份来解决。KDC 进行密钥分配的方式将结合下面的认证过程进一步说明。

2. 基于对称密钥的身份认证和密钥分配机制

使用对称密钥的认证通常是基于 KDC 的,最早由 Needham 和 Schroeder 在 1978 年提出,称为 Needham-Schroeder 协议,很多基于 KDC 的身份认证协议都是在此基础上演变而来的,美国麻省理工学院设计的 Kerberos[RFC 4120,4121,建议标准]就是其中非常著名的一个。

在 Needham-Schroeder 协议中,双方的相互身份认证基于如下质询-响应(challenge-response),也译为挑战—响应方式,认证过程在图 9.12 中有所表示,其中用户 A 和用户 B 都是 KDC 的注册用户,它们分别有与 KDC 进行加密通信的共享密钥 $K\text{-}A$ 和 $K\text{-}B$。

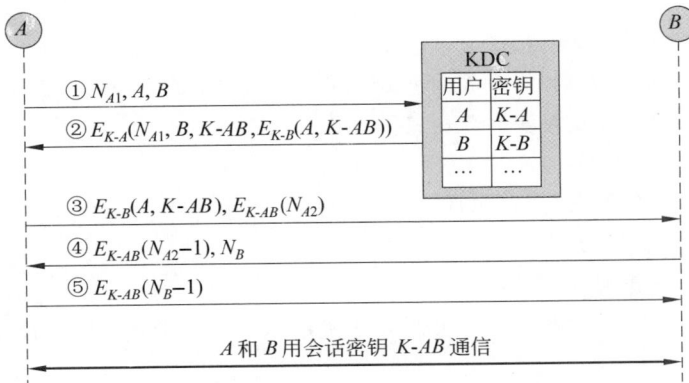

图 9.12 基于 KDC 的身份认证和密钥分配

如图 9.12 所示,身份认证和密钥分配过程可以分为 5 个步骤,如下所示。

① 用户 A 向 KDC 发出要与用户 B 进行通信的请求,并带有一个一次性随机数 N_{A1},这可以看成 A 向 KDC 的质询。

② KDC 为 A 和 B 的通信生成一个会话密钥 $K\text{-}AB$,并将它和 A 的名字用 B 的密钥 $K\text{-}B$ 加密生成 $E_{K\text{-}B}(A,K\text{-}AB)$,再与 N_{A1}、B、$K\text{-}AB$ 一起用 $K\text{-}A$ 加密发给 A,其中 N_{A1} 表示对 A 的响应。会话密钥 $K\text{-}AB$ 由 KDC 生成,只能由 A、B 解密,将由 A 转发给 B。$E_{K\text{-}B}(A,K\text{-}AB)$ 则包含了 KDC 给予 A 的访问 B 的票据(ticket),$(A,K\text{-}AB)$,它用 $K\text{-}B$ 加密,因而 A 无法知道它的内容,只有 B 才能知道。该票据包含了 A 在 KDC 登记的身份及会话密钥 $K\text{-}AB$。

③ A 用自己的密钥 $K\text{-}A$ 解密 KDC 发回的信息,得到会话密钥 $K\text{-}AB$ 和加密的票据 $E_{K\text{-}B}(A,K\text{-}AB)$。$A$ 向 B 发出加密的票据,并用 $K\text{-}AB$ 加密一个一次性随机数 N_{A2} 也发给 B,这是 A 向 B 的质询。

④ B 用自己的密钥 $K\text{-}B$ 解密票据,知道 A 要和他通信也得到会话密钥 $K\text{-}AB$。B 用 $K\text{-}AB$ 加密 $N_{A2}-1$ 对 A 作出响应,并发送一次性随机数 N_B 作为对 A 的质询。

⑤ A 用 $K\text{-}AB$ 加密 N_B-1 响应 B。

至此身份认证结束,双方可以使用 $K\text{-}AB$ 进行通信。操作完前 3 步后,KDC 就为通信双方分配了会话密钥 $K\text{-}AB$。

后来 Needham 和 Schroeder 对上述算法又进行了改进,在票据中也加入了一次性随机数,使老的票据不能再使用,以防止重放攻击。

3. 一次性随机数和会话密钥

在上述质询-响应过程中,使用了不断变化的一次性随机数(nonce,number once),可以防止窃听者利用以前截取的报文进行重放攻击(replay attack)。一次性随机数的一种替代方案是时间戳。

在上述身份认证中,还建立了 A 和 B 在后续通信中使用的会话密钥(session key)$K\text{-}AB$。会话密钥是在一次会话过程中加密交换的数据所使用的一次性密钥,即所谓的一次一密,由机器随机产生。会话中交换的数据量大,一般使用速度快的对称密码体制。

*9.4.3 基于公钥的身份认证和公钥分配

1. 基于公钥的认证

一般来讲,在通信双方 A 和 B 都知道对方的公钥的情况下,双方的相互身份认证可以基于如下质询-响应方式,分为如下 3 步:

① $A \rightarrow B$:$E_{\mathrm{PK}\text{-}B}(A,N_A)$;

② $A \leftarrow B$:$E_{\mathrm{PK}\text{-}A}(N_A,N_B,K\text{-}AB)$;

③ $A \rightarrow B$:$E_{K\text{-}AB}(N_B)$。

上述身份认证步骤解释如下:

① A 将自己的名字 A 和一个一次性大随机数 N_A 作为质询,再用 B 的公钥 PK-B 加密后发给 B。

② B 收到 A 的报文后,用自己的私钥 SK-B 解密,将 A 发来的随机数 N_A 和一个会话密钥 $K\text{-}AB$ 作为响应,以及用自己产生的一个一次性大随机数 N_B 作为质询,同时用 A 的

公钥 PK-A 将它们加密后发给 A。

③ A 收到 B 的报文后,用自己的私钥 SK-A 解密,解密的报文中有 N_A,而且 N_A 是第①步中 A 用 B 的公钥 PK-B 加密发给 B 的,只有 B 才能解密,至此 A 确认了 B 的身份。最后,A 用会话密钥 K-AB 加密 B 的质询 N_B 作为响应并发回给 B,B 收到 A 的报文后,用 K-AB 解密,这一过程使用的加密算法是共享密钥算法。这样,B 也确认了 A 的身份,因为只有 A 才能解密第②步中 B 发送的 N_B 和 K-AB。

在上述过程中,还建立了后续通信中使用的一次性会话密钥 K-AB。身份认证使用公开密钥算法,而会话密钥 K-AB 都采用共享密钥。

2. 公钥分配

不难看到,上述身份认证方式的前提是双方必须知道对方的公钥。解决公钥安全管理和分配的机制是公钥架构(Public Key Infrastructure,PKI)。IETF 制定的一个 PKI 标准是使用 X.509 建议书的 PKIX(PKI X.509)[RFC 2459,RFC 3280,RFC 5280,建议标准]。

1) X.509 建议书

X.509 是 ITU-T 的标准,规定公钥以证书的形式签发,称为公钥证书(PK certificate);规定了公钥证书的格式和交换协议。版本 3 的 X.509 定义的公钥证书的结构如图 9.13 所示。其中各字段含义如下:

版本号	序列号	签名算法	颁发者标识符	有效期	主体	主体公钥信息	颁发者标识符	主体标识符	扩展	签名

图 9.13　X.509 版本 3 公钥证书结构

① 版本号。X.509 的版本号。

② 序列号。证书的唯一标识符。

③ 签名算法。说明本证书使用的数字签名算法,如 RSA、SHA-1。

④ 颁发者标识符。证书签发机构的可识别名。

⑤ 有效期。证书的有效时间。

⑥ 主体。证书持有者的可识别名。

⑦ 主体公钥信息。证书持有者的公钥及算法标识符。

⑧ 颁发者标识符。证书签发机构的唯一标识符。

⑨ 主体标识符。证书持有者的唯一标识符。

⑩ 扩展。可选的扩展。

⑪ 签名。证书的签名,用认证中心 CA 的私钥签名。

公钥证书的基本功能就是将一个公钥与安全体(如个人、公司等)的名字绑定在一起。证书中不包含私钥,私钥一般由证书持有者自己保管。

2) 认证中心 CA

PKIX 基于所谓的证书权威机构(Certification Authority,CA)。CA 是大家共同信任的第三方,一般由政府出资建立,通信双方基于对 CA 的共同信任来建立彼此的信任关系。CA 负责生成和签发电子的公钥证书。CA 用自己的私钥对公钥证书进行数字签名,用户使用 CA 的公钥验证其他用户证书上 CA 的签名,以核实证书的有效性。这样,通信双方就可以使用对方证书上的公钥来认证对方的身份。

一个 CA 通常负责为一个有限的用户集合(称为安全域)签发证书。如何建立跨 CA 之间的安全域,实现覆盖 Internet 网络的 PKI 服务也是一个需要解决的非常复杂的问题。

9.5　Internet 网络安全技术

目前 Internet 的安全技术主要有 IP 层安全技术、传输层安全技术、应用层安全技术、虚拟专用网(VPN)技术以及防火墙和入侵检测系统(IDS)。本节先介绍网络层、传输层和应用层的安全协议和技术,VPN、防火墙和 IDS 在后面两节介绍。

9.5.1　网络层安全技术

早年设计的 IP 协议存在很大的安全隐患,我们在 9.1 节中讲到的那些 Internet 的薄弱环节 IP 也存在。

IETF 制定了 IP 层安全体系结构和相应的协议标准,简称为 IP 安全(IP Security, IPSec)[RFC 4301,建议标准]。IPSec 的安全结构主要包括以下几部分。

① 安全协议。包括认证首部(Authentication Header,AH)和封装安全载荷(Encapsulating Security Payload,ESP)。

② 安全关联(Security Association,SA)。

③ 互联网密钥交换(Internet Key Exchange,IKE)。

④ 认证和加密算法。

对于 IPv4,IPSec 作为可选的服务,但对于 IPv6,它是必须支持的功能。AH 和 ESP 都是 IPv6 扩展首部的一部分。

1. 安全协议 AH 和 ESP

1) AH 和 ESP 提供的安全服务

安全协议 AH 和 ESP 提供了 IP 层的安全服务。

AH 提供 IP 数据报的源站认证和数据报完整性检验,但不提供数据报加密。AH 可防范 IP 欺骗等重要的网络攻击。AH 对 IP 数据报(除传输中会发生变化的 TTL、头检验和、片偏移之外的所有字段)计算报文摘要后再进行数字签名,即计算报文认证码 MAC,也称为完整性检验值(Integrity Check Value,ICV),ICV 存于 AH 的一个字段中,供对方进行检验。

封装安全载荷 ESP 比 AH 复杂,可以实现 IP 数据报的源站认证和数据报完整性检验,还可以实现数据报的加密。IP 数据报的源站认证和数据报完整性检验也是基于报文认证码 MAC,IP 数据报的加密算法可以使用三重 DES、AES、IDEA 等。

2) AH 和 ESP 格式

如图 9.14(a)所示,AH 包含以下字段。

① 下一个首部。1 字节,标识下一个首部的类型,如 TCP/UDP 等。

② 净荷长度。1 字节,即认证数据字段的长度,以 4 字节为单位。

③ 安全参数索引 SPI。4 字节,标识一个安全关联 SA。

④ 序号。4 字节,数据报的顺序号,每次加 1,防止受到重放攻击。

⑤ 认证数据。长度可变,4 字节的整倍数,数据报的认证码 MAC。

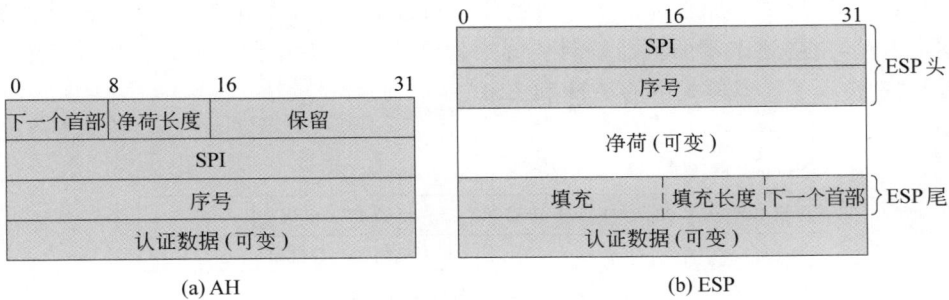

(a) AH   (b) ESP

图 9.14　AH 和 ESP 格式

图 9.14(b)表示了 ESP 的各字段。ESP 首部由 32 比特的安全参数索引 SPI 和 32 比特的序号字段组成,其功能与 AH 协议相同。ESP 尾部包含 8 比特的下一个首部字段,其功能与 AH 协议也相同。认证数据字段提供 IP 数据报的源站认证和数据报完整性检验,在 ESP 中,IP 数据报首部不参与认证。

3) IPSec 应用模式

IPSec 有两种应用模式。

① 传输模式(transport mode)。AH/ESP 首部直接插在 IP 首部之后,IP 首部的协议类型字段被修改后分别置为 51/50,以表明有一个 AH/ESP 首部紧接其后,整个 IP 数据报的格式如图 9.15(a)和图 9.15(b)所示。

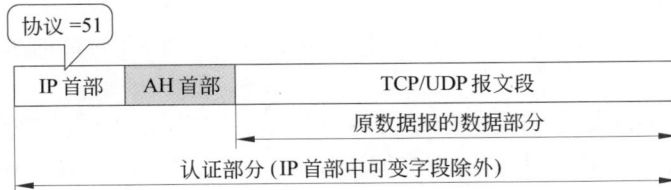

(a) 传输模式中的 AH

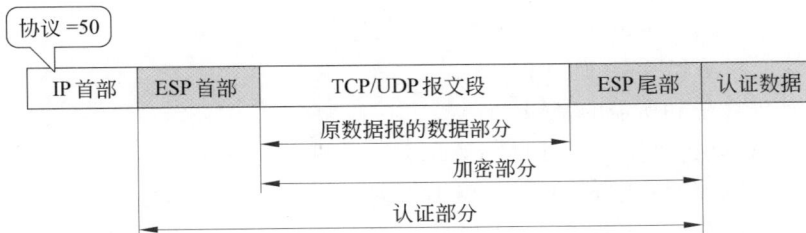

(b) 传输模式中的 ESP

图 9.15　传输模式中的 AH 和 ESP

在数据报传输过程中,中间的路由器一般不检查 AH/ESP 首部,到达目的站时才做处理,进行 IP 数据报的报文认证和完整性检验。

对于 ESP,ESP 尾部和原数据报一起加密,因此攻击者无法得知所使用的传输层协议。

② 隧道模式(tunnel mode)。如果数据报的安全保护需要由另一台机器来提供(它不是数据报的源站),或数据报需要保密传送的终点不是数据报的目的站,可以使用隧道模式。例如隧道的端点可以是公司的防火墙。在隧道模式中,数据报有两个 IP 首部,原首部和新

首部,即 IP in IP 形式。原首部由源主机创建。新首部由隧道始端的机器封装,其目的地址指向隧道末端,由隧道末端的机器解封。隧道模式在虚拟专用网 VPN 中得到应用,见 9.6节。图 9.16 表示了隧道模式中的 AH 和 ESP。

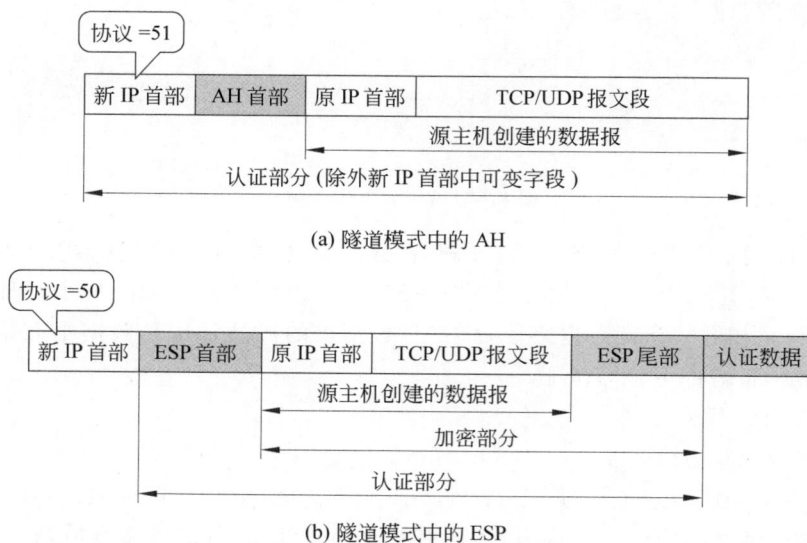

(a) 隧道模式中的 AH

(b) 隧道模式中的 ESP

图 9.16　隧道模式中的 AH 和 ESP

2. 安全关联(SA)

SA 是通信双方之间对安全要素的一种协定,指定进行安全通信的参数。AH/ESP 都使用 SA。

SA 是单工的,对于输出和输入数据流需要建立各自独立的 SA。在使用 AH/ESP 之前,要通过密钥交换(IKE)在通信双方之间协商建立 SA。协商完成后,通信双方都在它们的安全关联数据库(Security Association Database,SAD)中存储 SA 的参数。

SAD 中的 SA 参数如下所示。

- 序号计数器用于生成 AH/ESP 首部中的序号。
- AH 认证算法和所需的密钥。
- ESP 认证算法和所需的密钥。
- ESP 加密算法、密钥、初始向量 IV。
- IPSec 协议操作模式(传输模式/隧道模式)。
- SA 的生存期(Time To Live,TTL)。

使用 IPSec 传输之前通信双方通过 IKE 协商建立 SA。在发送和接收数据报时,根据 SPI 和 IP 地址等信息搜索 SAD,得到 SA 参数,再对数据报应用相应的安全机制。

3. 因特网密钥交换(IKE)

1) IKE 的作用

IPSec SA 可以手工配置,但只适合规模较小、相对固定的网络环境。当网络规模较大时,可以进行自动配置。IKE 是自动进行 SA 的创建、管理和删除的协议。IKE 协议定义了通信双方进行身份认证、协商加密算法以及生成共享会话密钥的方式。

网络结点的 IPSec 在处理报文时,如果发现对某一报文需要进行 IPSec 安全操作但相应的 SA 还没有建立,它就通知该结点上的 IKE 实体,IKE 会与另一端进行协商,创建 SA。

IKE 是一个混合型的协议,非常复杂,因特网安全关联和密钥管理协议(Internet Security Association and Key Management Protocol,ISAKMP)以及 Oakley 和 SKEME 两个密钥交换协议构成了 IKE 的基础。2014 年,IKE 的新版本是 IKEv2[RFC 7296,因特网标准]。

2) IKE 密钥协商

IKE 的密钥协商过程分为两个阶段。

第 1 阶段:对 IPSec 对等方进行认证并生成会话密钥供后面使用,以保护 IKE 交换的安全性。第 1 阶段的结果是在 IPSec 两个端点生成 ISAKMP SA,从而建立了交换 IKE 参数的安全通道。

第 2 阶段:在第 1 阶段生成的 ISAKMP SA 的保护下,在一个安全的通道中进行信息交换,每个数据包都是加密的。双方协商 IPSec 安全服务,建立 IPSec SA。

3) Diffie-Hellman 密钥生成算法

IKE 使用的一个重要算法是 DH(Diffie-Hellman)密钥生成算法,该算法由 Whitfield Diffie 和 Martin Hellman 于 1976 年提出。DH 算法为通信双方在一条不安全的通道上生成一个共享密钥,作为会话密钥,用于随后的 IKE 数据交换加密。

DH 算法是一个公开的密钥生成算法,它利用计算对数比计算指数困难得多来保证其安全性。DH 算法如下,通信双方 A 和 B 在进行算法前已经协商好一对大的素数 n 和 g,然后进行如下算法:

> A: 选取一个大随机数 u,计算 $X=g^u \bmod n$,将 X 发给 B;
> B: 选取一个大随机数 v,计算 $Y=g^v \bmod n$,将 Y 发给 A;
> A: 计算 $K=Y^u \bmod n$;
> B: 计算 $K'=X^v \bmod n$;
> A 和 B 得共享密钥 $K=K'=g^{uv} \bmod n$。

这样,A 和 B 得到了同样的密钥。网上的监听者只能得到 n、g、X、Y,但要从这些值得到 K,计算量将非常大。

9.5.2 传输层安全技术

安全套接字层(Secure Socket Layer,SSL)协议是当前 Internet 上用得最广泛的传输层安全协议。SSL 是 Netscape 公司首先提出的,作为 WWW 安全性的一个解决方案,它处于 HTTP 和 TCP 之间,提供安全的 HTTP 连接,用于 Netscape 的 Navigator 浏览器和 WWW 服务器。

后来 Microsoft 对 SSL 作了修改,推出了秘密通信技术(Private Communication Technology,PCT),用于 Internet Explorer 浏览器。

1996 年,Netscape 推出 SSL 3.0,为众多厂商所采纳而成为标准。SSL 主要用于 Web 浏览,也可用于 TELNET 等其他应用。

1995 年,Netscape 将 SSL 3.0 交给 IEFT,IEFT 在 SSL 3.0 的基础上进行了局部改动,命名为传输层安全协议(Transport Layer Security,TLS),作为因特网标准[RFC 2246,建议标准],2008 年的新版本是 TLS 1.2[RFC 5246,建议标准]。

1. SSL/TSL 在网络体系结构中的位置

套接字(Socket)是 TCP/IP 网络环境下的网络应用程序编程接口(API)。如图 9.17(a)所示,应用程序通过 Socket 接口调用操作系统的 TCP 或 UDP 协议,以实现网络通信。如图 9.17(b) 所示,在使用 SSL/TLS 之后的网络体系结构中,SSL/TLS 子层位于传输层的 TCP 之上,由应用程序调用,为 TCP 连接提供加密和身份验证,增强通信安全性。然而,传统的 SSL/TLS 主要适用于 TCP,而对于 UDP 传输,可使用其扩展协议 DTLS(Datagram Transport Layer Security),提供类似的安全保护。

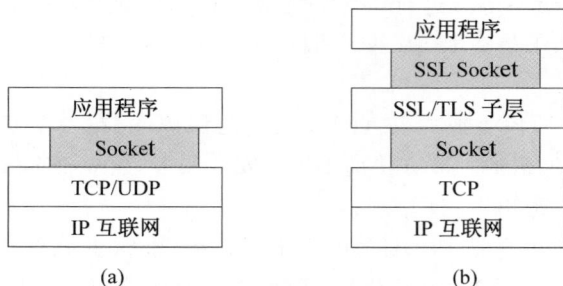

图 9.17　SSL/TLS 在网络体系结构中的位置

在应用程序和 SSL/TLS 子层之间,SSL/TLS 提供了一种安全套接字 API(Secure Socket API),其功能类似于普通的套接字,使应用程序能够通过加密连接进行通信,而无须关心底层加密细节。

SSL/TLS 最常见的应用场景之一是万维网中的 HTTPS(HTTP over TLS)(见 9.5.3 节),它通过加密 HTTP 传输,保护网页数据的安全性,防止信息泄露和篡改。

2. TLS 协议介绍

TLS 提供安全的传输层连接,它提供的安全连接有以下特点:

- TLS 可以通过公钥密码技术使用 X.509 证书进行身份认证;
- TLS 连接是保密性的,使用加密方法来协商一个对称密钥作为会话密钥,用于数据的加密传输;
- TLS 连接是可靠的,传输中含有数据完整性的检验码,检验码采用的是散列报文认证码 HMAC。

TLS 由两层协议组成,上层主要是 TLS 握手协议,还有密码变更规范协议和报警协议,下层是 TLS 记录协议。

TLS 握手协议与密码变更规范协议及报警协议用于建立安全连接,协商记录层的安全参数,进行身份认证和报告错误信息等。TLS 握手协议建立会话、交换协议版本、选择压缩算法(可选)、加密算法和报文摘要算法,约定密钥参数生成一个共享密钥作为会话密钥,通过公开密钥算法进行身份认证,通常认证服务器,也可进行客户端认证(可选)。

在 TLS 上层的握手协议建立安全连接后,TLS 下层的记录协议使用安全连接,封装高层协议的数据。它把上层数据(例如来自浏览器的消息)分成 16KB 或更小长度的记录块,每个记录块用当前连接中约定的压缩算法进行压缩,计算 MAC 并放在压缩后的记录块后边,再用双方约定的会话密钥进行加密,最后添加一个 TLS 记录头。以上操作过程如图 9.18 所示。

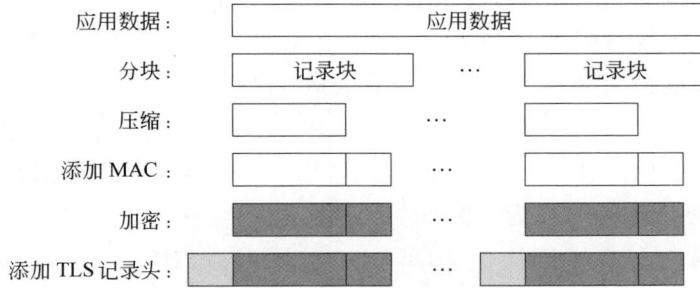

图 9.18 TLS 记录协议的操作过程

9.5.3 应用层安全技术

IP 层和传输层的安全协议分别在主机之间和进程之间建立安全数据通道。应用层安全技术可以实现更细化的安全服务,针对各种应用的不同需求给出相应的安全策略,本节仅作简单介绍。

1. 安全电子邮件

安全电子邮件的标准和系统有(Secure MIME,S/MIME)、(Pretty Good Privacy,PGP)和(Privacy-Enhanced Mail,PEM)等。

S/MIME 可以处理 MIME 邮件,其安全性设计基于 X.509 公钥证书。两个用户只要都有某 CA 签发的 X.509 证书,彼此之间就可以进行加密的电子邮件通信,也可以进行数字签名。Windows 的用户邮件代理 Outlook 和 Netscape Messenger 都支持 S/MIME。

PEM 是 IETF 提出的 Internet 安全电子邮件的标准[RFC 1421~1424,建议标准],它要依赖于一个全球化的可操作的 PKI,推广使用有一定的困难。

PGP 是 1995 年由 Zimmermann 开发的著名的安全电子邮件系统。PGP 符合 PEM 的大部分规范,使用加密、认证、电子签名和压缩等技术,但它不使用 PEM 所依赖的那种全球的 PKI,而是采用了一种分布式的信任模型,由每个用户自己决定信任哪些用户,从而形成自己的信任网。PGP 应用广泛,成为安全电子邮件事实上的标准,但它不是 Internet 正式的标准。

图 9.19 表示了 PGP 的加密过程。用户 A 使用 PGP 加密向用户 B 发送一封电子邮件 M,用户 A 和 B 都有自己的 RSA 私钥和公钥,都有对方的公钥。A 的加密过程如下。

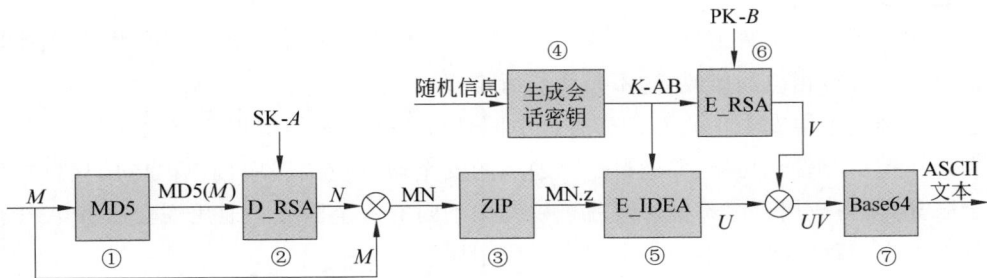

图 9.19 PGP 加密过程

① 对电子邮件 M 进行报文摘要 MD5 算法，得到 MD5(M)。

② 使用 A 的私钥 SK-A 和加密 D_RSA（）算法对 MD5(M)进行数字签名，结果为 N＝D_RSA$_{SK-A}$(MD5(M))，N 即是报文认证代码 MAC。

③ M 和 N 拼接到一起得到 MN，MN 经 ZIP 算法压缩后的 MN.z＝ZIP(MN)。

④ PGP 将提示用户 A 输入一些随机信息，输入的内容和敲键的速度被用来生成一个 128 比特的对称密钥 K-AB，作为一次性的会话密钥。

⑤ 使用 K-AB 和加密算法 E_IDEA（）对压缩后的 MN.z 进行加密，得到 U＝E_IDEA$_{K-AB}$(MN.z)。

⑥ 使用 B 的公钥 PK-B（A 有 B 的公钥）和加密算法 E_RSA（）对 K-AB 进行加密，得到 V＝E_RSA$_{PK-B}$(K-AB)。

⑦ U 和 V 拼接到一起得到 UV，用 Base64 进行编码 Base64(UV)，得到 ASCII 码的文本并发送给用户 B。

B 收到邮件后进行相反操作的过程，其中两次使用 RSA 算法解密时，要分别使用和 A 加密的密钥相对应的密钥。读者可自行描述 B 的解密操作过程。

2. WWW 安全标准

HTTPS 是由 Netscape 公司提出的 WWW 安全标准，它基于 SSL/TSL，实际上是 HTTP over SSL/TSL，HTTPS 的协议结构如图 9.17 的右半部所示。目前流行的 WWW 服务器、Netscape Navigator 和 Internet Explorer 等流行的浏览器都支持 HTTPS，WWW 的统一资源定位器 URL 已增加了访问形式"https：//…"，s 代表 security，它是目前应用最广泛的 WWW 安全服务。HTTPS 提供了基于 X.509 证书的公钥身份认证和加密传输。

当 IE 用户页面中包含机密信息，如网银登录页面包含登录密码等，就会使用 HTTPS，会调用 SSL/TSL 对整个页面加密，然后交由 TCP 传输。此时网址栏会由一般页面访问的 http：//变为 https：//，表明使用了 HTTPS，其 TCP 端口号是 443，而不是 80。

SHTTP 是由 Enterprise Integration Technologies 公司率先提出的 WWW 安全标准，它是 HTTP 的安全增强版本，建立在 HTTP 1.1 的基础上。SHTTP 可以对文档进行加密、完整性检验和数字签名等。SHTTP 具有灵活性，客户和服务器两端可协商选择不同的密钥管理方法和密码算法等，可以采用公钥证书或其他方式进行身份认证。

3. 通用安全服务 API

上述的应用层安全措施是为每个应用加入安全功能，它们都存在一个问题，即每个应用程序都要单独进行相应的修改，这不是我们所希望的。

还有一种应用层安全化的方式是通过中间件（middleware）实现所有的身份认证、数据加密和访问控制等安全功能，并通过一个通用的安全服务应用程序接口向应用程序提供这些安全服务，使得应用程序不做修改就可以使用不同的安全服务。通用安全服务 API 位于中间件之上应用程序之下，形成一个安全的应用层。

IETF 致力于制定标准化的通用安全服务 API，称为通用安全服务应用程序接口 (Generic Security Service API，GSS-API)［RFC 2078，RFC 2743］。

9.6 虚拟专用网(VPN)

9.6.1 虚拟专用网及其类型

1. 什么是虚拟专用网

虚拟专用网(Virtual Private Network,VPN)是相对于传统的专用网(Private Network)而言的。专用网是指某企业、学校、行政组织、商业部门等机构(下文仅以企业为例进行讲述),为企业内部使用而构建的专用网络,网络基础设施和各种网络资源属于该企业自有,并由企业对网络实施管理。

专用网一般也是使用 Internet 技术(包括 TCP/IP 网络体系结构、WWW、E-mail、FTP等)构建的互联网(小规模的也可以是个局域网 LAN),专用网并不与公共的 Internet 连接。

使用 Internet 技术构建的专用网,从应用角度可分为两种类型:一种是内联网(intranet),其网络资源的访问仅限于企业内部的用户;另一种是外联网(extranet),将内联网延伸到企业外部,通常包括其客户、供应商、合作伙伴等,它们可以访问企业的部分网络资源。

intranet 和 extranet 需使用 IP 地址进行寻址,主要有两种选择:一种是向 Internet 管理机构申请一组 IP 公有地址,在不与 Internet 连接的情况下使用,如果企业将来决定接入 Internet,就可以比较容易地实现。另一种是使用私有 IP 地址(见 6.2.1 节),不用申请就可以自由使用,如果企业将来决定接入 Internet,需申请公有 IP 地址或使用网络地址转换 NAT,但 NAT 仅允许企业主机访问 Internet,而不能相反。

大规模的企业常常有若干位于异地的分支机构,分支机构有各自的 LAN(乃至互联网),分支机构的 LAN 之间可以利用企业专有的 WAN 远程通信线路来连接,也可租用 ISP提供的通信线路连接,如从电信部门租用 ATM 永久虚电路等,这样构成企业的专用网。图 9.20 就是一个简单的例子,专用网由两个异地分支机构的网点-A 和网点-B 通过专有长途线路或租用通信线路连接而成,它们都是实际的物理连接,这种连网方式的费用是相当大的。

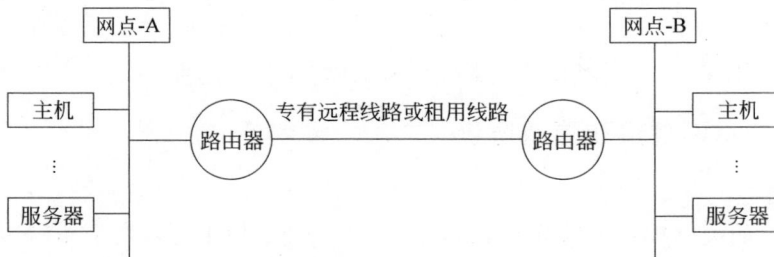

图 9.20 传统的专用网

图 9.21 是虚拟专用网 VPN 的示意图,VPN 是使用隧道技术和安全协议在公共网络平台上构建的专用网络,公共网络平台可以是任何类型的公共网络,目前主要是 Internet。和虚拟局域网 VLAN(见 4.5 节)类似 VPN 也不是一种新的网络类型,而是基于公共网络的一

种通信环境,一种安全的通信环境。

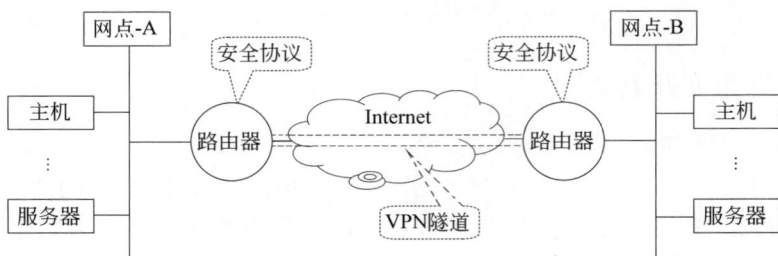

图 9.21　虚拟专用网 VPN

虚拟一词是相对于传统的专用网的构建方式而言。VPN 不使用实际的物理线路进行远程连接,而是利用公共网络来实现,在不安全的公共网络平台上使用隧道技术和安全协议形成企业暂时的、专用的、安全的链路,实现企业各分支机构之间安全的通信,使网络费用大为降低。

2. 虚拟专用网的类型

从应用的角度,VPN 可分为 3 种类型。

① 远程访问 VPN(remote access VPN)。

主要用于出差人员、移动用户和分支机构,使用公共交换电话网 PSTN 或综合业务数字网 ISDN 拨号线,接入提供 VPN 业务的本地 ISP 的接入点(Point Of Presence,POP),然后通过 VPN 隧道访问企业的资源。这种 VPN 也称拨号 VPN 或 VPDN(Virtual Private Dial Network)。

② 内联网 VPN(intranet VPN)。

用 VPN 技术构造的安全的 intranet。利用 VPN 技术可以在 Internet 上构建世界范围内的内联网 VPN,连接企业异地的各分支机构。

③ 外联网 VPN(extranet VPN)。

用 VPN 技术构造的安全的 extranet。利用 VPN 技术可以通过 Internet 将客户、供应商、合作伙伴等连接到企业网络,构建外联网 VPN。它可以提供 B2B(Business to Business)的安全访问服务。

远程访问 VPN、内联网 VPN 和外联网 VPN 分别与传统的远程访问网络、intranet 及 extranet 相对应。

本节介绍 VPN 技术,更多细节读者可参阅文献[33]、[37]等。

9.6.2　虚拟专用网隧道和隧道协议

1. VPN 隧道

构建 VPN 的关键技术是隧道(tunneling)技术。隧道用于连接两个 VPN 端点,提供一个暂时的通过公共网络的逻辑通道。有两种类型的隧道。

1)自愿隧道(voluntary tunnel)

一台计算机可以使用隧道客户软件通过发送 VPN 请求,创建一条到目标隧道服务器的自愿隧道,该计算机是隧道的一个端点。为此,客户机必须安装隧道协议软件。

如果是拨号方式的客户端,必须在建立隧道之前建立与公共网络的拨号连接。一种典型的情况是,Internet 拨号用户通过 PSTN 拨通本地 ISP 建立与 Internet 的连接。

2)强制隧道(compulsory tunnel)

位于客户机和服务器之间的一台计算机以客户机的名义创建的一条隧道,客户机不是隧道的端点,因此不必安装隧道协议软件。

在远程访问 VPN 中,由支持 VPN 的拨号访问服务器创建一条强制隧道,它作为 VPN 隧道的一个端点。

自愿隧道技术为每个客户创建独立的隧道。而拨号访问服务器和隧道服务器之间建立的强制隧道可以被多个拨号客户共享,不必为每个客户单独建立一条隧道,只有在最后一个隧道用户断开连接之后,才终止这个隧道。

2. 隧道技术涉及的协议种类

VPN 隧道技术涉及 3 种协议。

① 净荷协议。被封装和传输的协议。

② 隧道协议。即封装协议,封装和解封净荷,创建、维护和拆卸隧道。

③ 传输协议。在隧道中传输封装好的数据包。

例如,在一个拨号 VPN 中,净荷协议一般是点对点协议 PPP,隧道协议是 L2TP,而传输协议是 UDP/IP。

隧道的传输过程包括数据封装、传输和解封的全过程,以上 3 种协议参与其中,大致工作过程如下。

① 隧道协议创建隧道,并重新封装净荷协议的数据包。

② 被封装的数据包由传输协议从隧道起点通过公共网络传输到终点,其路径由传输协议在公共网络平台寻径实现。在 Internet 平台上的传输最终由 IP 实现,路径不固定。

③ 当到达隧道终点,数据包由隧道协议解封,再交给净荷协议处理。

④ 数据转发到最终的目的地,转发处理与隧道无关。

3. 隧道协议

隧道协议一般工作在 OSI/RM 的第 2 层或第 3 层,在第 2 层或第 3 层上建立虚拟连接,分别称为 2 层或 3 层隧道协议。

2 层隧道协议一般是 2 层协议 PPP 帧的封装工具,即 PPP 作为净荷协议,逻辑上把 PPP 连接延伸到企业内部,保留了 PPP 的身份认证机制,可以对隧道对方进行身份认证,也保留了 PPP 可以封装多种协议净荷(如 IP、IPX 等)的特征。2 层隧道协议一般用于远程访问 VPN。

L2TP(Layer 2 Tunneling Protocol)是目前最有影响的一种 2 层隧道协议,由 IETF 制定,既可以通过 IP 网,也可以通过 FR、ATM 等其他公共网络传输,既支持强制隧道模式也支持自愿隧道模式。L2TP 在 2 层隧道协议中使用最为广泛。

3 层隧道协议一般将 IP 数据报进行封装,并形成新的 IP 数据报,即以 IP in IP 的形式在 Internet 中传输。3 层隧道协议适合于 LAN to LAN 互连,构造 intranet VPN 和 extranet VPN。

IP 安全协议 IPSec(IP Security)是目前最有影响的 3 层隧道协议。IPSec 隧道使用安全方式封装和加密整个 IP 包,然后再封装在明文 IP 包头内,发送到隧道另一端。

9.7　防火墙和入侵检测系统

防火墙(firewall)是在一个单位的内部网络和外部网络之间实施访问控制策略的系统,防止未经授权的通信进、出内部网络,是内部网络和外部网络之间的一道安全屏障。单位的内部网络和外部网络通常就是单位的内联网(intranet)和因特网(Internet)。Internet 被认为是不安全、不太可信的,内部网络则认为是安全可信的,内部网络是受保护网络(protected network)。

但防火墙无法发现允许的访问中携带的攻击信息,也难以防范来自内部网络的攻击。入侵检测系统(Intrusion Detection System,IDS)被认为是防火墙之后的又一道安全闸门,是防火墙的安全补充,可以防范上述两种攻击。

9.7.1　防火墙技术

从技术上讲,防火墙主要分为两类,早期出现的是包过滤技术,后来出现了代理服务技术。这两种技术可以组合使用,形成不同结构的防火墙系统。

1. 包过滤技术

包过滤技术通过包过滤路由器(packet filtering router)实现,包过滤路由器位于内部网络和外部网络的连接处,根据 IP 和 TCP/UDP 的首部进行 IP 包的过滤,工作在 Internet 的 IP 层。

网络管理员可以根据某种安全政策配置 IP 包过滤表。IP 包过滤软件根据 IP 数据报的源地址、目的地址、源端口号、目的端口号等对 IP 包进行过滤,允许或阻拦来自或去往某些 IP 地址或端口的访问。IP 包过滤将外界对内部网络的访问或反方向上的访问限制在设定范围之内。

包过滤路由器的最大优点就是结构和实现比较简单,但 IP 包过滤的访问控制只能控制到 IP 地址和端口级,无法做到用户级别的身份认证和访问控制,而且建立包过滤规则也比较困难。

2. 代理服务技术

代理服务技术通过应用网关(application gateway)构建防火墙,应用网关也称为代理服务器(proxy server)。应用网关工作在网络的应用层,通过应用代理服务程序对应用层数据进行安全控制和信息过滤,还有用户级的认证、日志、计费等功能。

应用网关只能针对特定的应用构建,内部网络通常需要有多个应用网关。例如,Telnet 网关、HTTP 网关、FTP 网关和 E-mail 网关等。多个应用代理服务程序可以同时运行在同一个主机上,每一个都有自己独立的进程。

应用网关的优点在于用户级的身份认证、日志记录和账号管理,其缺点是,要想提供全面的安全保证,就要对每一项服务都需建立对应的应用网关。应用网关实现也比较复杂。

3. 防火墙技术示例

图 9.22 是一个防火墙的例子,综合使用了包过滤技术和代理服务技术。设计一个 Telnet 访问的防火墙,目的是只允许一部分外部授权用户登录到内部网络的 Telnet 服务器上;另外,也只允许一部分内部网络的用户使用 Telnet 访问外部主机。为此,如图 9.22 设置

了一个包过滤路由器 R 和一个 Telnet 应用网关 G 来实现。在结构上，包过滤路由器位于内部网络和外部的 Internet 的连接处，应用网关在内部网络上，靠近包过滤路由器，这是一种常用的防火墙结构。

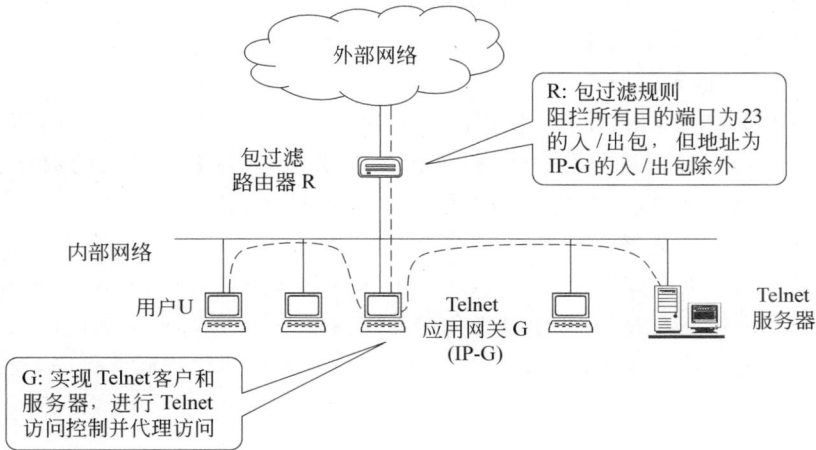

图 9.22　防火墙的例子

R 的包过滤表应当配置为：对目的端口号为 23(Telnet Server)的入/出包进行拦截，但其中包含地址为 IP-G 的入/出包除外，从而强制所有的 Telnet 连接都只能通过 G。

G 则进行 Telnet 访问控制并代理访问。假若有一个内部网络用户(简称 U)希望访问外部 Telnet 主机，U 首先和 G 建立一个 Telnet 会话，G 会提示 U 输入账号和口令并进行权限检查。如果 U 没有权限访问外部 Telnet 主机，G 就将 U 的连接终止；如果 U 有权限，G将进行以下操作。

① 提示 U 输入想要连接的外部主机名。

② 建立 G 到该外部主机的 Telnet 连接。

③ 将所有从 U 来的数据转发到外部主机，并将所有从外部主机来的数据转发给 U。

可见，Telnet 应用网关实现了用户认证，而且具有 Telnet 服务器(与内部用户连接)和Telnet 客户(与外部 Telnet 主机连接)的功能。一般情况下，应用网关总是同时实现某种服务器和相应客户的功能。

类似地，外部用户访问内部 Telnet 主机，也必须通过 G。

9.7.2　防火墙系统

1. 防火墙系统的结构

应用包过滤技术、代理服务技术及它们的组合，可以形成各种结构的防火墙系统。目前防火墙系统的结构主要分为以下 4 种。

- 包过滤防火墙(packet filtering firewall)。
- 双穴主机网关防火墙(dual-homed gateway firewall)。
- 屏蔽主机网关防火墙(screened host gateway firewall)。
- 屏蔽子网防火墙(screened subnet firewall)。

其中后 3 种结构都使用一台主机，连接于防火墙系统的某一位置，作为应用网关运行各种应用代理服务程序,代理各种网络服务,是外部网络和内部网络之间进行访问的必由通道和检查点,网络的安全问题集中在这台主机上解决,它像是防御体系中的堡垒,在防火墙系统中称为堡垒主机(bastion host)。堡垒主机暴露在 Internet 上,是最容易受到攻击的主机,它也应该是自身保护最完善的主机,应该删除不必要的账号、与安全无关的可执行程序和软件,加强登录监视和日志记录功能。

2. 包过滤防火墙

包过滤防火墙如图 9.23 所示。使用前面讲到的包过滤路由器,它位于内部网络和外部 Internet 的连接处,是数据流的唯一通道,进行包过滤处理,阻断不合法的数据包。包过滤路由器应该使用静态路由,不接受 ICMP 重定向请求(见 6.4.2 节)。

3. 双穴主机网关防火墙

双穴主机网关防火墙如图 9.24 所示。使用一台双穴主机,它装有两块网卡,分别与内部网络和外部网络相连,物理连接上就像包过滤路由器一样,外部网络和内部网络之间的通信必须经由双穴主机。双穴主机作为堡垒主机,运行各种应用代理服务程序,提供网络安全控制。

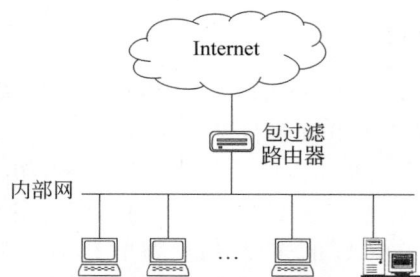

图 9.23　包过滤防火墙

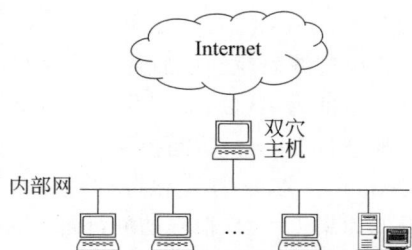

图 9.24　双穴主机网关防火墙

由于双穴主机是内部网络与外部网络相互通信的桥梁,因此内、外部网络之间的通信量需求较大时,双穴主机本身可能成为通信的瓶颈。因此,双穴主机的硬件平台应当尽可能选用性能优良的工作站。

双穴主机网关防火墙另一种常用的结构是在双穴主机外侧再连接一台包过滤路由器,通过它连接到外部网络。

4. 屏蔽主机网关防火墙

屏蔽主机网关防火墙如图 9.25 所示。内部网络通过一台包过滤路由器连接到外部网络,内部网络上再设置一台堡垒主机运行应用网关代理服务程序。堡垒主机配置成外部网络唯一的可访问点。包过滤路由器和堡垒主机一起构成屏蔽主机网关防火墙。前文图 9.22 给出的例子就属于这种结构。

屏蔽主机网关防火墙配置原则如下。

包过滤路由器只准许外部网络与堡垒主机通信,并根据建立的过滤规则进行访问控制,网络服务由堡垒主机上相应的代理服务程序来

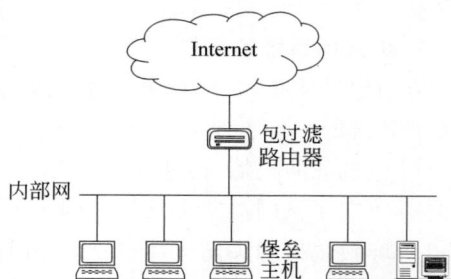

图 9.25　屏蔽主机网关防火墙

支持。

对于内部网络中的主机直接对外的通信,包过滤路由器将予以拒绝,必须通过堡垒主机代理对外部网络进行访问。但在某些情况下,对于一些可信的网络应用,允许内部主机直接通过包过滤路由器访问外部网络。

5. 屏蔽子网防火墙

屏蔽子网防火墙在内部网络和外部网络之间建立一个独立的周边子网,使用内部包过滤路由器和外部包过滤路由器将这一子网分别与内部网络和外部网络连接,周边子网中设有一台堡垒主机。在两个包过滤路由器上都可以设置过滤规则,堡垒主机运行应用代理服务程序,进行网络服务代理。

这个独立的周边子网又称为非军事区(DeMilitarzed Zone,DMZ)。DMZ 作为一个缓冲以进一步隔离内部网络和外部网络,DMZ 能减少为不信任客户提供服务而引发的危险。

DMZ 可以放置提供对外公共信息的服务器,如企业对外的 Web、E-mail、FTP 服务器等,而文件服务器和 DB 服务器等包含内部信息的服务器应放在内部网络。

屏蔽子网防火墙如图 9.26 所示。

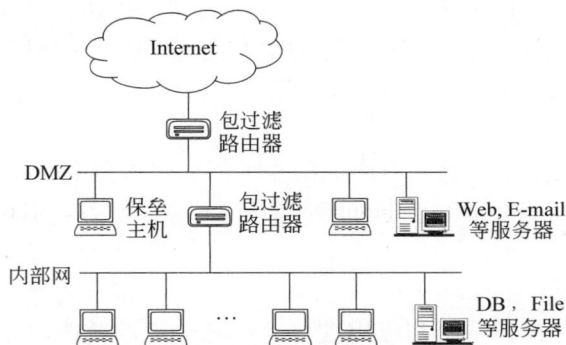

图 9.26　屏蔽子网防火墙

屏蔽子网防火墙提供了 3 道防线。外部网络和内部网络均能访问 DMZ 上的某些资源,但不能跨越 DMZ 让外部网络和内部网络直接进行通信,跨越防火墙的数据流需要经过 DMZ 的外部包过滤路由器、堡垒主机和内部包过滤路由器这 3 道防线,因此有很好的安全性能。

外部包过滤路由器直接面对外部网络,管理外部网络与 DMZ 之间的访问。外部包过滤路由器只向外部网络通告 DMZ 的存在,而内部网络对外部来说是不可见的。即使在 DMZ 上,也只有选定系统才向外部开放。外部包过滤路由器只接受来自堡垒主机去往外部网络的数据包。

内部包过滤路由器管理内部网络与 DMZ 之间的访问。一般情况下,只准许内部网络访问 DMZ 上的堡垒主机及信息服务器。对于一些特殊的可信的内部网络应用,也可以允许通过路由器直接访问外部的服务器。内部包过滤路由器只接收堡垒主机发往内部网络的数据包。

9.7.3 入侵检测系统(IDS)

1. 什么是 IDS

入侵检测系统(Intrusion Detection System,IDS)是一种网络安全系统,根据一定的安全策略,通过软、硬件,对网络、应用、系统的运行状况进行监视,尽可能发现各种攻击企图、攻击行为或者攻击结果,以保证网络系统资源的安全,在发现可疑攻击时发出警报或主动作出响应,采取一定的安全措施。

防火墙是在外部网络和内部网络之间实施访问控制策略的安全系统,但无法发现允许的访问数据中包含的攻击信息,以及来自内部网络的攻击。IDS 被认为是防火墙之后的第二道安全闸门,是防火墙的合理补充。假如防火墙是一幢大楼的刷卡门禁系统,那么 IDS 就是大楼里的监控系统。倘若持有了门禁卡的窃贼刷卡进入大楼盗窃,或楼内人员监守自盗,只有监控系统才可能发现。

1980 年,James P. Anderson 在《计算机安全威胁监控与监视》(Computer Security Threat Monitoring and Surveillance) 第一次提出了入侵检测的概念,至今已有 38 年历史,IDS 得到了较为普遍的应用。但很多入侵攻击难以确切地描述,IDS 的各种检测方法都存在一定的局限,误报、漏报率较高。IDS 的一种重要检测方法的工作原理是基于入侵攻击的特征分析,所以检测规则的更新也落后于攻击手段的更新。

2. IDS 的功能结构

关于 IDS 结构的研究,目前比较有影响的是美国加州大学 Davis 分校安全实验室提出的通用入侵检测框架(Common Intrusion Detection Framework,CIDF),CIDF 定义了 IDS 的 4 个功能组件。

1)事件发生器(event generators)

事件发生器从网络、操作系统和应用进程等环境中获得事件,并向事件分析器提供事件。CIDF 将需要分析的数据统称为事件(event),事件可以是某个网段的数据流、系统日志文件中提取的信息、对主机资源的操作请求、根据协议解析出的报文中相关字段的内容等。

2)事件分析器(event analyzers)

事件分析器根据事件数据库中存储的对入侵攻击的检测判断规则,对事件发生器提供的事件进行分析,判断该事件是否合法及其相应的响应方式,并将分析判断结果提供给响应单元。

3)响应单元(response units)

响应单元对事件分析器提供的分析判断结果作出响应,例如对网络管理员给出报警信息、丢弃 IP 分组、终止 TCP 连接、终止应用进程、拒绝操作请求等。

4)事件数据库(event databases)

事件数据库主要包含 IDS 的安全策略,数据库存储了判断和响应入侵攻击的规则集,提供给事件分析器用于分析判断某事件是否安全合法及应该给出的响应方式。例如数据库可以存储:入侵攻击的特征描述及其响应方式、入侵攻击的行为描述及其响应方式、正常事件统计信息的安全阈值、用户历史行为记录等。

因为入侵攻击事件的特征具有不确定性,难以确切地描述和判断,近年来人们研究采用人工智能的技术用于建立 IDS 的安全策略并进行分析推理。IDS 常采用的人工智能的技术是专家系统,由网络安全方面的专家、网络管理人员等建立安全策略的知识库。建立 IDS 的安全策略的另一种技术是基于统计异常的方法。通过观察网络中大量正常的数据流和操作行为,得出它们的统计特性,例如正常事件的发生频率、发生的次数、时延的时间等,设定判断阈值,那么不在阈值范围的异常事件可以判断为入侵攻击。例如,对一个网银账户的一两次口令错误的登录失败,可能只是合法用户的失误操作所致,但如果出现频繁多次的口令错误的登录失败,即使最后口令验证正确,但登录次数超过了阈值,IDS 将认为这个事件有可能是一次攻击行为,有必要作出一定的响应,例如通过合法用户绑定的手机再发送一个一次性网银账户的登录口令,口令验证通过,才能成功登录。

IDS 系统内部各组件之间需要通信,不同厂商的 IDS 系统之间也需要通信,因此有必要定义统一的通信协议。IETF 目前有一个专门的小组 IDWG(Intrusion Detection Working Group)负责定义通信格式,称作入侵检测交换格式(Intrusion Detection Exchange Format,IDEF),目前尚未形成正式的标准。

3. IDS 的类型

IDS 可以分为以下 3 种类型:

1) 主机入侵检测系统(Host IDS,HIDS)

HIDS 应用于检测主机上发生的入侵攻击,不需要额外硬件仅由软件实现,可以驻留在重要的服务器和客户端。HIDS 可以检测加密的攻击,因为数据到达 HIDS 时已经被解密。

HIDS 的信息主要来源于日志文件,它记录了有关用户活动的相关信息以及系统中发生的事件。例如记录有关用户活动的日志,包含了用户登录、用户 ID 改变、对文件的访问、授权等信息。根据日志文件 HIDS 可以检测到一个活动用户的变化,从而监视用户的活动和文件访问操作,例如,对重要主机资源的操作请求、企图安装可执行文件、关键系统文件和可执行文件的改变等,从而发现入侵攻击的蛛丝马迹,然后根据 HIDS 配置的安全策略决定作出相应的响应。

HIDS 可以分为以下两类。

① 特定操作系统的 HIDS。HIDS 使用系统日志文件收集信息,是依赖于操作系统的,不同操作系统的主机需使用不同的 HIDS。

② 特定应用的 HIDS。用于监视针对某种应用服务器的入侵攻击行为,重点监视某种应用的活动,目的是保护存储重要数据的服务器。

2) 网络入侵检测系统(Network IDS,NIDS)

NIDS 应用于检测通过指定网段的入侵攻击,需要有相关的硬件设备支持,连接在该网段上监听网段上传输的原始数据流,提取有用信息,识别可能的入侵攻击,并根据安全策略给出相应的响应。NIDS 独立于操作系统,但难以识别加密的入侵攻击。

NIDS 应当连接在尽可能靠近攻击源或受保护资源的位置,例如目前广泛使用的交换式局域网中可以连接于:连接重要服务器的交换机、Internet 接入路由器之后的第一台交换机、重点保护网段的交换机等。

交换机不同于集线器,一般情况下只能将帧转发到与目的 MAC 地址相匹配的端口,因此需要将连接 NIDS 的交换机端口配置为其他端口的镜像(转发到某端口的帧也转发到其镜像),同时将网络接口卡 NIC 配置成杂收模式(可接收任何到达的帧),从而捕获更多的数据流。

NIDS 使用多种方法检测所收集的数据流中可能包含的入侵攻击,下面是常用的几种:

① 基于攻击特征的检测方法

NIDS 维护一个关于各种入侵攻击特征的数据库,当发现监听的数据和其中某个攻击特征相匹配时,则认为检测到了这种攻击。例如,如果发现电子邮件的附件中包含了扩展名为.vbs 的附件,则认为检测到扩展名为.vbs 的邮件病毒。

② 基于统计异常的攻击检测方法

NIDS 维护一个关于各种事件正常情况下的统计值的数据库,当监听到异常于统计值的事件,可以判断为攻击。这种情况,前面曾经给出过一个网银登录的例子。

③ 基于协议解析的攻击检测方法

NIDS 检查、解析监听到的数据流中携带的协议数据单元,如 IP 分组的格式和各字段的内容、TCP 报文段的格式和各字段的内容、TCP 端口号等,根据协议的相关规定检测协议数据单元中可能隐藏的入侵攻击。例如,NIDS 可以检查 TCP 报文的端口号和其净荷内容是否一致,有的攻击可能冒用一些常用周知端口号,如 80(见 7.2 节),用来伪装净荷内容带有入侵攻击的 TCP 报文。

3) 分布式入侵检测系统(Distributed IDS,DIDS)

综合采用上述 HIDS 和 NIDS 两种类型的 IDS,并在网络的多点部署形成分布式结构的入侵检测系统。

至此,本章简要介绍了主要的网络安全技术。涉及网络安全内容的计算机网络书籍很多,本书给出的参考文献大多如此,另外也有不少专著,如文献[33]~[37],读者可参阅。

思 考 题

9.1 网络攻击主要有哪几种方式?网络安全服务主要涉及哪些方面?

9.2 什么是密码技术中的 Kerckoff 原则?为什么会有这样的原则?

9.3 什么样的密钥可以做到计算上不可破译?试举一例说明。

9.4 画图简要说明对称密钥密码体制的加密解密过程。

9.5 DES 密钥长度为 56 比特,假设某台计算机每微秒可执行 10 次 DES 算法,那么,搜索完整个密钥空间需要多少年?如果密钥长度扩大到 128 比特呢?

9.6 画图简要说明公开密钥密码体制的加密解密过程。

9.7 试举一个简单的例子,说明 RSA 算法生成密钥的方法,并用生成的密钥对一个简单的明文进行加密,然后再解密。

9.8 为保证报文的真实可靠,数字签名应该满足哪三点要求?画图说明使用公开密钥算法的数字签名并说明它如何满足上述三点要求。

9.9 为什么明文 P 的报文摘要 MD(P)可以充分地代表 P?

9.10 和数字签名相比,报文摘要的优点是什么?

9.11 为什么建立密钥分发中心 KDC?它的作用是什么?

9.12 会话密钥在什么场合使用?它一般如何产生?它一般使用多少次?它是基于什么密码体制的密钥?为什么?

9.13 描述 X.509 定义的公钥证书的结构。公钥证书的基本功能是什么?

9.14 试分析 IP 协议存在的安全隐患。

9.15 简述 IP 层安全协议的认证首部 AH 和封装安全载荷 ESP 的作用，它们的功能有什么不同之处？

9.16 什么是 VPN？从应用角度，VPN 有哪几种类型？

9.17 VPN 隧道技术涉及哪几种协议？它们在隧道传输中的角色是什么？

9.18 TLS 安全协议工作什么层？由哪两层组成？

9.19 从技术上讲，防火墙主要分为哪两类？它们分别工作在网络的什么层次？简述这两种防火墙技术。

9.20 防火墙系统的体系结构主要分为哪几种？画图并简要描述它们的作用。

9.21 什么是 IDS？为什么说 IDS 是对防火墙的一种安全补充？

9.22 描述通用入侵检测框架 CIDF 定义的 IDS 功能结构。

9.23 IDS 有哪几种类型？对它们进行简要描述。

第10章　新型计算机网络应用技术

近年来,计算机网络应用技术领域发展迅速,催生了众多新型应用,云计算、区块链和边缘计算等技术已在金融、医疗、制造等多个领域取得了显著成果,推动了各行业的数字化转型和创新发展。

10.1　云　计　算

自21世纪以来,云计算(cloud computing)作为一种新兴的商业计算模型应运而生。它的发展源于分布式计算(distributed computing)、并行计算(parallel computing)和网格计算(grid computing)的逐步演变。美国国家标准与技术研究院把云计算定义为一种按使用量付费的模式,可提供可用、便捷、按需的网络访问。用户能够进入一个可配置的计算资源共享池,包括网络、服务器、存储、应用软件和服务。通过这种模式,用户只需投入较少的管理工作,或与服务供应商进行较少的交互,即可使用所需的资源。这种模式不仅提高了计算资源的利用效率,还为用户提供了更大的灵活性和便利性。

云计算平台的运营商以互联网为核心,将存储和运算能力分布在网络连接的各结点,从而减轻了终端设备的计算负担,推动互联网的计算架构从传统的"服务器+客户端"模式逐渐演变为"云服务平台+客户端"模式。

10.1.1　云计算架构

云计算为整个计算机行业提供了3个层次的基础服务:基础设施即服务(Infrastructure as a Service,IaaS)、平台即服务(Platform as a Service,PaaS)、软件即服务(Software as a Service,SaaS)。

如图10.1所示为云计算架构示意图,在这个架构中,IaaS位于底层,为用户提供虚拟化的计算资源,相当于计算机行业的"水电煤",用户可以根据需要灵活地使用计算、存储和网络资源。PaaS位于中间层,它为开发人员提供了一个开发和部署应用程序的平台,简化了应用程序的开发、测试和部署过程。SaaS位于顶层,为最终用户提供可直接使用的应用程序,用户无须关注底层的硬件和软件配置,只需通过网络即可访问和使用应用程序。这3个层次之间形成了一种逐层抽象的关系,为用户提供了不同层次的服务和灵活性。

IaaS提供的是基础设施资源,包括虚拟化的计算资源、存储资源、网络资源和安全保障等。有了IaaS,用户无须购买和维护底层硬件设备和相关系统软件,从而可以将精力和金钱集中投放于上层服务的研发。相比于SaaS和PaaS,IaaS具有最高的灵活性。例如,处于SaaS层的云盘只能保存文件;处于PaaS层的亚马逊机器学习服务(Amazon Machine Learning)只能用于机器学习领域;但在IaaS层,开发者可以自由搭建几乎任意一种服务。这是因为在IaaS层用户相当于拥有虚拟的主机,在操作系统层面看与拥有真实主机没有任何区别。目前最流行的IaaS服务有亚马逊的EC2和阿里云等。

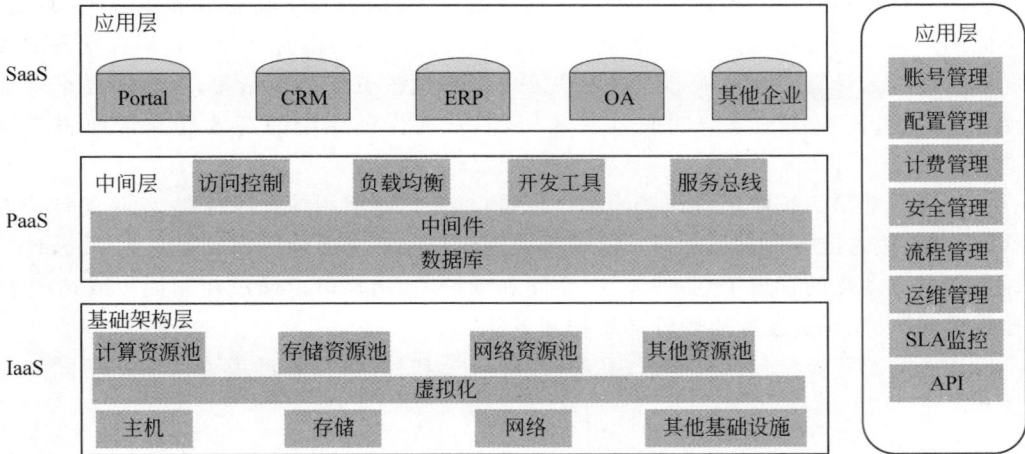

图 10.1 云计算架构示意图

　　SaaS 是面向终端用户的应用程序服务层,主要功能是以基于 Web 的方式将应用程序提供给客户。用户无须操控硬件、网络、操作系统等基础资源,也不关心应用是如何开发调试的。在这种模式下,服务提供商在云端集中托管软件及其相关数据,用户通常只需一组账号和密码,即可通过互联网访问软件。常见的 SaaS 服务包括云存储和在线文档编辑,如 Google Docs 和腾讯在线文档等。

　　PaaS 层的主要作用是将应用程序的开发和部署平台作为服务提供给用户,主要面向云计算应用的开发者。开发者通过这个平台开发、运行和管理应用程序时,无须处理诸如配置开发环境、测试环境等烦琐问题。PaaS 服务既可以在大企业内部的私有云环境中提供,同时,在公有云上也提供了租赁服务。

　　从用户的角度来看,这 3 个服务层的关系是相互独立的,因为它们提供的服务是截然不同的,并且针对不同类型的用户。但从技术的角度来看,这些云服务层之间存在一定的依赖关系。例如,一个 SaaS 层的产品和服务不仅需要使用 SaaS 层本身的技术,而且还依赖 PaaS 层所提供的开发和部署平台,甚至可能直接部署于 IaaS 层所提供的计算资源上。同样地,PaaS 层的产品和服务也可能构建于 IaaS 层服务之上。在管理方面,主要以云的管理层为主。其功能是确保整个云计算中心能够安全和稳定地运行,并且能够被有效地管理。

10.1.2　云计算的主要技术

　　云计算(Cloud Computing)是一种通过互联网提供计算资源和服务的模式,它改变了传统计算机网络基础设施的使用方式,使用户能够按需访问和使用计算资源(如服务器、存储、数据库、网络、软件等),而无须自行购买和维护这些资源,从而避免了高昂的硬件投资和运维管理成本。

　　云计算支持用户根据需求自动获取和释放计算资源,用户可以通过自助服务门户或 API 灵活配置计算、存储等资源,且无须人工干预。用户仅需为实际使用的资源付费,无须提前预订资源或投入大量资金。此外,云计算资源能够通过互联网访问,支持多种终端设备(如笔记本电脑、智能手机、平板等)连接和使用,使用户可以随时随地访问和管理自己的云服务。

云服务提供商利用虚拟化技术将物理资源池化,并根据需求动态分配给多个用户。尽管不同用户共享同一物理资源,虚拟化技术能够有效隔离各自的使用环境,确保资源的安全性和独立性。云计算平台还能够根据用户需求动态调整资源的供给量,当资源需求增加时自动扩展容量,而当需求下降时自动释放资源,从而保证系统的高效性并帮助用户控制成本。

云计算通常采用按使用量计费的模式,用户仅为实际使用的资源付费,常见的计费方式包括按小时、按月或按数据量计费。这种模式使用户能够灵活地控制成本。此外,云计算平台通常提供自动化的管理工具,如监控、调度和维护等,用户可以通过控制面板或 API 接口轻松管理资源,无须关注底层硬件的维护和更新。

云计算的部署模型包括公有云、私有云、混合云和社区云,每种模型适用于不同的应用场景和需求。

1. 公有云

公有云是由第三方云服务提供商(如微软、阿里云等)提供的云平台,云资源通过公共互联网提供给任何用户。所有硬件和基础设施均由云服务提供商管理,用户无须投资昂贵的基础设施,仅按需付费。公有云提供了高性价比和高可用性的计算资源,适用于大多数普通用户和企业。其优势包括低成本和资源的动态扩展,且服务商提供了相对可靠的服务保障。缺点在于安全性和隐私控制较弱,因为数据存储在外部服务器中。公有云适用于中小企业、开发和测试环境以及 Web 应用托管。

2. 私有云

私有云是专为单一企业或组织建立的云环境,其资源和基础设施由企业内部或第三方托管提供,且完全由企业进行管理。私有云可以部署在企业的本地数据中心,也可以由外部供应商托管。它具有更高的安全性和隐私保护能力,适合处理敏感数据,用户可以完全控制资源的管理和配置。私有云成本较高,通常需要额外的硬件投资和运维成本,其扩展性相对较差,因此需要预留更多的资源。通常适用于大型企业、政府机构以及对安全性和合规性有较高要求的行业(如金融、医疗等)。

3. 混合云

混合云结合了公有云和私有云的优点,企业可以将一些敏感数据和关键应用部署在私有云中,而将其他非敏感的工作负载部署在公有云中。通过标准化的技术和协议,混合云实现了公有云和私有云之间的互通和协作。混合云的灵活性较高,可根据实际需求选择资源的部署位置,既能享受公有云的可扩展性,又能满足私有云的安全需求。适用于对安全性有要求,同时希望利用公有云的扩展性和弹性的企业及大型组织。混合云的配置和管理相对复杂,通常需要精细的资源调度和监控。例如,华为云利用计算和大数据分析能力支持多个城市在交通管理、环境监测和公共安全等领域实现智能化管理,提高了城市运营效率和居民生活质量。

4. 社区云

社区云是为具有相似需求的组织或行业建立的共享云平台。它为多个组织提供共享的云服务,适合在业务需求、标准和合规要求方面具有共性的企业或组织,如政府部门和科研机构等。社区云提供了更高的安全性和隐私保护,同时由于基础设施共享也带来了一定的成本效益。尽管不同组织可以共享服务,但社区云能够维持业务的独立性。其成本相较公有云略高,管理也较为复杂,适用于具有共同利益或行业需求的合作伙伴或组织。

云计算通过互联网提供灵活、高效和可扩展的计算资源和服务,使得企业和个人可以更加专注于核心业务,而无须为底层的计算机网络基础设施担忧。阿里云、腾讯云和华为云等企业在云计算领域发挥了重要作用,推动了各行各业的数字化转型和创新。

10.2 区　块　链

区块链是一种去中心化的分布式账本技术,通过加密算法、共识机制和分布式存储等技术,实现对交易数据的安全记录和可追溯性。它的核心在于通过技术手段保证数据的真实性和不可篡改性,避免了对单一中心化机构的依赖。这种技术不仅在金融领域得到了广泛应用,也在供应链管理、医疗记录、数字身份认证等多个领域展现了巨大的潜力。区块链是一种去中心化的分布式账本技术,通过加密算法、共识机制和分布式存储等技术,实现对交易数据的安全记录和可追溯性。

首先,去中心化是区块链技术的核心特点之一。在传统的中心化系统中,所有数据都由一个中心化的实体进行管理和存储,例如银行或企业的数据库。而在区块链中,数据被分布在整个网络的各个结点上,每个结点都有一个完整的账本副本。这种去中心化的设计带来了许多优势。首先,去中心化增强了系统的抗审查性,没有单一的控制结点,数据不易被篡改或删除。其次,高可用性也是去中心化的一大优势,即使某些结点出现故障,网络依然可以正常运行。此外,去中心化还减少了信任成本,用户不再需要信任中心化的第三方机构,而是通过共识机制确保数据的真实性。

其次,区块链上的数据一旦被记录就无法轻易修改或删除,这一特性是通过加密算法和共识机制来实现的。每个区块都包含前一个区块的哈希值,这使得任何对数据的改动都会改变区块的哈希值,从而被网络中的其他结点检测到。同时,只有通过网络中大多数结点的同意,新数据才能被添加到区块链上,这确保了数据的不可篡改性和一致性。

区块链的链式结构使得所有数据都有明确的记录和来源,每个区块都包含前一个区块的哈希值,从而形成一条连续的链。这种结构带来了显著的透明性和可追溯性。所有交易记录都是公开的,任何人都可以查看区块链上的交易历史,这种透明性有助于提高系统的信任度。同时,由于所有交易都有记录,区块链系统中的任何交易都可以被追踪和验证,实现了高度的可审计性。

最后,区块链通过密码学和共识机制确保了数据的安全性。使用公钥和私钥进行交易签名,确保只有合法的拥有者才能进行交易。同时,共识机制如工作量证明(PoW)和权益证明(PoS)等,确保只有经过验证的交易才能被记录在区块链上,这样的设计提高了系统的整体安全性。

如图 10.2 所示,区块链的基础设施可以分为 6 个层次,从右到左依次为数据层、网络层、共识层、激励层、契约层和应用层。每一层分别完成一个核心功能,确保整个区块链系统的正常运行。

1. 数据层

数据层包含了所有区块链的基础数据,其中包括交易信息、智能合约、用户账户等。这些数据以区块的形式被链接在一起,形成一个不可篡改的链。区块链的数据是分布式存储

图 10.2　区块链基础架构示意图

的，每个结点都保存了完整的数据拷贝，确保了去中心化特性。

2. 网络层

网络层处理结点之间的通信，确保信息的传递和同步。结点通过网络广播交易、传输区块，并共同维护整个区块链网络。区块链网络是一个点对点的网络，采用去中心化的结构，防止了单一点的故障对整个网络的影响。

3. 共识层

共识层规定了网络中达成一致的方式，确保所有结点对区块链的状态取得一致。常见的共识机制包括工作量证明（Proof of Work，PoW）、权益证明（Proof of Stake，PoS）、权益质押（Delegated Proof of Stake，DPoS）等。这些机制通过特定的算法保障了区块链网络的安全性和一致性，有效防范了恶意行为和双花问题（即同一份数字货币被花费两次的问题）。这些共识机制在保障区块链网络的稳健运行方面发挥着关键作用，确保了结点之间的协作达成共识，同时有效抵御了潜在的攻击和不当行为。

4. 激励层

激励层设计了激励机制，通常采用加密货币的奖励来鼓励结点参与验证和维护区块链。这也包括对矿工的奖励，以激发他们为网络做出贡献。矿工是指参与区块链交易验证和区块生成的个体，他们通过解决数学难题或执行特定任务来竞争生成下一个区块，并在成功生成时获得奖励。激励层确保了参与者有动力保持诚实，同时维持整个区块链网络的安全性和稳定性。激励机制的设计旨在促使结点持续为网络做出贡献，从而确保其正常运行和发展。

5. 契约层

契约层允许在区块链上执行智能合约，这是一种能够自动执行合约规定的代码。以太坊（Ethereum）是一个支持智能合约的著名区块链平台。智能合约可以在没有中间人的情况下自动执行，确保了合同的透明性、不可篡改性和可执行性。

6. 应用层

应用层是最顶层，包含了基于区块链技术开发的各种应用程序。这些应用程序可以是加密货币、去中心化金融服务、供应链追溯等。区块链的应用层体现了技术的实际应用，利用区块链的特性可创造更安全、透明和高效的解决方案。

这 6 个层次共同构成了一个完整的区块链系统，每个层次都有其特定的功能和贡献，共同推动了区块链技术的发展和应用。例如，区块链可以用于数字货币（如比特币）的交易和管理,也可以用于跨境支付、资产证券化和智能合约等金融应用。区块链可以用于管理数字身份,确保身份数据的安全和隐私,并防止身份盗用。腾讯区块链在数字版权领域应用了区块链技术,通过记录数字内容的版权信息,确保版权归属的真实性和不可篡改性。这有助于保护内容创作者的权益,并减少版权纠纷。

区块链作为一种去中心化、透明和安全的技术,正在快速发展并应用于多个领域。蚂蚁链、腾讯区块链和百度超级链等企业正在积极推动区块链技术的应用和发展,通过区块链技术提升各行各业的透明度、安全性和效率。区块链技术的应用不仅能带来业务流程的创新,还能为社会的数字化转型提供支持。

10.3　边缘计算

边缘计算(Edge Computing)是一种分布式计算模型,它将计算和存储资源置于网络边缘,例如边缘服务器和网关设备,旨在降低数据传输的时延和网络拥塞。通过将计算资源放置在更接近用户或设备的位置,边缘计算有效减少了数据传输的时间时延,实现更快的响应时间和实时性。采用分布式架构,可以在大规模的边缘结点上部署计算和存储资源,以满足多样化的应用需求。由于边缘计算使得数据处理可以在本地边缘设备上进行,从而降低了数据传输到云端的风险,增强了数据的安全性和隐私保护。

10.3.1　边缘计算架构

边缘计算需要设计和实现相应的架构,如图10.3所示,包括云中心、边缘结点以及终端设备等。

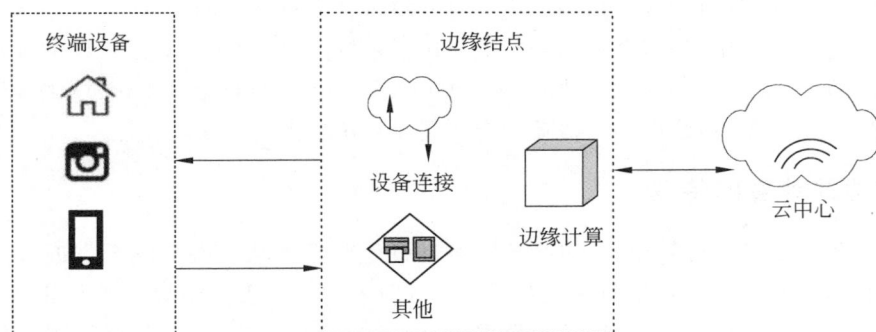

图 10.3　边缘计算架构

1. 云中心

在图10-3中,最右侧的部分仍然是当前云计算体系结构的云端处理中心。边缘计算的结果数据将被永久性地存储于云中心,而重要的分析任务仍将由云中心来执行。同时,对边缘计算中心网络分布的策略、分发管理将通过云端平台进行,以实现对边缘设备的统一监控、配置、更新和维护。而云结点则是在云中心控制下提供辅助计算和存储的结点。

2. 边缘结点

边缘结点是指位于网络边缘的结点或位置,可以是边缘设备所在的位置,也可以是网络中的逻辑位置。边缘结点通常用于连接终端设备与云数据中心,并在边缘处执行一些计算任务。边缘计算最终的实现可以是在设备本身(如手环、智能终端等)上进行,也可以是在临界点网关、路由器等设备上进行。其中的边缘计算设备是指专门用于执行边缘计算任务的物理设备,通常具有更强大的计算和存储能力,以支持更复杂的边缘计算应用和服务。

边缘计算设备通过合理部署和调配网络边缘侧的计算和存储能力,实现基础服务的响应。通过边缘设备或网关对收集到的数据进行清洗、过滤、聚合、转换和分析。清洗和过滤数据是指去除无用或冗余的信息,以便减少后续处理的负担,提高处理效率。聚合数据是将多个数据源的信息合并到一个数据集中,以便进行更深入的分析和处理。转换数据是将数据从一种格式或结构转换为另一种,以满足特定的应用需求。例如,通过边缘设备或网关运行预先训练好的人工智能模型,对数据进行分类、识别、预测等操作。这样可以在本地进行实时的智能分析和决策,减少了传输数据到中心服务器的时延和带宽消耗。

此外,边缘结点或网关还可以提供各种应用服务,如视频流处理、内容分发、位置服务等。通过在边缘进行处理和响应,可以有效地提高服务的质量和用户体验,同时减少了对中心服务器的依赖,降低了网络拥塞和传输时延。

3. 终端设备

在边缘计算中,终端设备由各种物联网数据采集设备组成,主要用于数据采集,而并未考虑其数据计算能力。这些设备将采集到的数据导向边缘结点或云中心,以输入的方式作为载体。

在云中心、边缘结点和终端设备之间,网络可以实现跨层访问。终端设备具备与云中心直接通信的能力,云中心也可以直接与终端设备通信。边缘网络主要由终端设备(如移动手机、智能物品等)、边缘设备(如边界路由器、机顶盒、网桥、基站、无线接入点等)和边缘服务器构成。这些组件具有一定的性能,有助于更好地进行边缘计算。边缘计算的特点是能够实时、高效、节能地响应用户需求,因此不会对云端进行大量数据的写入。

在现有业务场景中,许多企业已经广泛应用了边缘计算。然而,对于边缘的理解需要明确其概念。例如,对于内容分发网络厂商来说,边缘指的是遍布全球的 CDN 缓存设备;而对于机场的监控设备,边缘就是指覆盖整个机场无死角的高清摄像头。

10.3.2　边缘计算的特点

作为一种本地化的计算模式,边缘计算通过将计算任务从云端下沉至靠近数据源的位置,提供更快速的响应能力,从而满足对计算服务时效性的需求。相较于将大量原始数据上传至云平台,边缘计算能够在本地处理数据,减少了对云端的依赖,有效降低网络传输压力和时延。其主要特性体现在以下几个方面。

1. 近距离处理与存储

边缘结点(如边缘服务器、路由器或基站)位于用户或传感器的附近,承担数据的实时预处理与缓存。这样不仅降低了网络传输时延和拥塞,也提升了数据处理的即时性。通过网络拓扑分析和资源评估,可以在交通枢纽、公共场所等关键位置部署边缘结点,并利用任务调度和负载均衡算法动态分配计算与存储资源。

2. 数据本地化处理

边缘计算强调在数据产生地进行初步处理和决策,避免将所有数据传输至中心化的云服务器。这不仅减轻了网络带宽负担,也提升了系统的响应速度。边缘设备可在本地完成数据压缩、聚合、加密与过滤等预处理操作,从中提取有价值的信息,进而降低传输数据量并提高处理效率。

3. 分布式系统架构

边缘计算依托多层次、协同工作的网络结构,包括最底层的物联网终端、中间的边缘结点和顶层的云平台。各结点共同协作,既能灵活扩展,也具备良好的容错能力。例如,在边缘部署内容分发网络(CDN)服务器,可将常用地图数据或路况信息等静态内容缓存在本地,能够有效降低访问时延。

4. 协同计算与协同决策

各边缘设备可通过点对点通信或中继结点进行数据交换,实现协同计算与实时控制。如多辆自动驾驶汽车可互联共享路况信息,或传感器与执行器在本地直接协作,提高物联网应用的效率与可靠性。

5. 云边协同机制

边缘计算并非完全替代云计算,而是通过与云平台协同工作,形成"就近执行、按需卸载"的混合模式。这种协同既保障了性能,也优化了资源利用。边缘设备可根据任务的特点,动态选择是否将部分计算卸载至云端处理。对于计算密集型但对时效性要求不高的任务,可交由云平台完成;而对实时性要求较高的任务,则可在边缘侧迅速响应,实现性能与效率的平衡。

6. 安全与隐私保护

在数据传输和处理过程中,边缘计算同样注重安全性与隐私保护。采用加密算法和身份认证机制,可保障数据传输的机密性和完整性;针对个人隐私,可通过数据脱敏技术和访问权限控制等手段,降低数据泄露风险。这些机制为边缘计算在各类敏感场景中的应用提供了安全保障。

在实际应用中,边缘计算已在多个领域取得成效。例如,在医疗领域,可穿戴设备(如心率监测器)生成的健康数据经边缘结点实时分析,为医生提供即时预警;在零售场景,店内摄像头与传感器数据本地处理,可实时跟踪顾客行为并优化库存、陈列和排班;在自动驾驶领域,车辆边缘平台能迅速处理激光雷达、摄像头和 GPS 数据,支持动态决策与路径规划。这样,"近端感知、本地决策、云端协同"的模式正不断推动各行业迈向更高效、智能的未来。

例如,在医疗保健领域,边缘计算已被用于处理和分析可穿戴设备(如心率监测器)的实时医疗数据,为医生提供患者健康状况的即时信息。零售公司可用于分析商店中摄像头和传感器的数据,跟踪客户行为并改善库存管理,有助于更明智地做出产品放置、促销和人员配备水平等决策。边缘计算在运输领域也被用于汽车自动驾驶的数据处理,提高其性能和安全性,例如实时处理来自摄像头、激光雷达传感器和 GPS 系统的数据,以便在动态驾驶情况下做出瞬间决策。

10.4　混合现实技术

混合现实(Mixed Reality,MR)技术是一种将虚拟世界与真实世界相融合的计算机网络应用技术。它结合了虚拟现实(Virtual Reality,VR)和增强现实(Augmented Reality,AR)的特点,创造出一种全新的交互体验,使用户可以在真实世界中与虚拟内容进行实时交互。以下是典型的混合现实技术架构的主要组成部分和其功能。

1. 感知和数据采集层

这一层主要负责使用各种传感器技术获取用户和环境的数据，以便后续进行虚实融合和交互处理。传感器技术包括摄像头（如 RGB 摄像头和深度摄像头）、激光扫描仪、全球定位系统（GPS）、惯性测量单元（IMU）等，这些设备用于捕捉用户的位置、姿态、动作以及周围环境的结构和特征。通过收集和分析传感器数据，可以实时映射和重建环境，从而建立起虚拟世界的空间模型，确保虚拟内容能够准确地与现实世界对齐，为混合现实体验提供基础支持。

2. 环境感知与处理层

在这一层，通过处理感知数据并进行分析，来确定虚拟内容在现实环境中的精确位置和姿态。关键技术包括空间对齐算法，利用传感器数据和环境映射信息，实现虚拟对象与现实世界的准确对齐和融合。这涉及相机标定、物体检测与跟踪等技术的应用，确保虚拟对象能够准确地与现实环境进行交互。同时，该层还负责实时物理交互模拟，模拟虚拟对象与现实物体之间的物理交互，如碰撞检测和虚拟对象在现实环境中的动态响应，以增强混合现实体验的真实感和互动性。

3. 内容生成和渲染层

这一层主要负责生成、管理和渲染虚拟内容，确保其能够与用户的视野和交互动作保持同步。关键组件包括虚拟内容创建工具，这些软件工具用于设计和制作虚拟对象、场景和特效，涵盖三维建模、动画制作等多种技术。同时，实时渲染引擎是该层的核心，例如 Unity、Unreal Engine 等，这些引擎能够处理复杂的图形计算和光影效果，以确保虚拟内容在混合现实环境中展示出高质量和流畅的视觉效果。通过这些技术工具的结合应用，混合现实系统能够有效地呈现和管理与现实世界交互的虚拟内容。

4. 用户交互与控制层

这一层专注于提供多样化的用户交互方式，使用户能够自然且高效地与混合现实环境进行互动。其中，关键的交互技术包括手势识别与追踪，通过摄像头或传感器实时捕捉用户的手势和动作，用于控制虚拟对象的移动、变换和操作。此外，语音识别与控制也是重要的交互方式，支持用户通过语音命令来操作和控制虚拟内容，提升了交互的便捷性和自然度。同时，该层还提供物理控制器和触控设备，如触摸屏和 VR 手柄等，用于实现精确的虚拟内容操作，进一步丰富了用户与混合现实环境互动的可能性和体验。这些技术的整合使得用户可以根据自己的喜好和需要，选择最合适的方式与混合现实中的虚拟世界进行沟通和操作。

5. 应用与服务层

最顶层是实际应用和服务的层级，主要提供基于混合现实技术的具体应用场景和解决方案。在这个层级中，涵盖了多个行业的应用程序，包括教育、医疗、工业、游戏、零售等领域。举例来说，这些应用包括但不限于教育模拟、手术操作指导、工业维修培训以及增强现实游戏等。除了应用程序外，该层还包括服务平台，专门为开发者提供开发工具和 API 等资源，以支持混合现实应用的全面开发、部署和管理。通过这些服务，开发者可以利用混合现实技术来创造创新性的解决方案，满足不同行业和用户群体的需求，并推动该技术在现实世界中的广泛应用和发展。

混合现实技术能够在现实环境中添加虚拟的三维对象和信息,使用户感到这些虚拟对象与真实世界自然融合,从而提供更加真实和沉浸的体验。实时性和响应性是混合现实系统的关键要素,需要具备高效的实时渲染和响应能力,确保虚拟内容能够即时更新并与用户的交互动作保持同步。交互多样性也是其特点之一,用户可以通过手势、语音、控制器和触控设备等多种方式与混合现实内容进行交互,极大丰富了用户体验的可能性。

混合现实技术强调在现实世界中提供实用的信息和增强体验。例如,实时数据的显示、增强的导航和维修指南等应用场景,这与传统的虚拟现实技术有所不同。其适用性广泛,涵盖教育、医疗、工业、游戏、零售等多个领域,为用户带来定制化的沉浸式体验和实时交互的可能性。随着硬件和软件技术的不断进步,混合现实技术未来将进一步扩展其应用范围,并提升在现实生活中的影响力和实用性。

10.5　人 工 智 能

人工智能(Artificial Intelligence,AI)技术已广泛应用于计算机网络领域,对网络管理、数据安全、流量优化和用户体验等方面产生了深远的影响。随着 AI 技术的持续进步,尤其在大规模互联网基础设施管理中的作用越来越关键。

1. 网络自动化优化与性能提升

AI 技术在网络自动化优化方面的应用显著提升了网络性能。随着 5G 网络的快速普及,网络流量需求急剧增加,主要运营商(如中国移动、中国联通和中国电信)纷纷借助 AI 技术,通过数据分析和机器学习提升网络效率。AI 算法能够实时分析网络负载,识别网络瓶颈和流量高峰,并动态调整资源分配,以实现智能流量调度。这种智能调度不仅减少了时延,还提高了带宽利用率。例如,部分电信运营商已在 5G 基站调度中引入 AI,通过动态调整功率和负载分布来优化覆盖和传输速率。

在流量管理方面,AI 的自动化和智能化显著提升了网络资源利用率,使运营商能更灵活地管理资源,从而降低运营成本、减少网络故障并改善用户体验。特别是在流量高峰期间,AI 的自动调度减少了人工干预可能带来的误差和响应时延,确保了流量的稳定性和持续性。

2. 网络安全与威胁防护

在网络安全领域,AI 主要用于异常检测、威胁情报和安全事件响应。面对网络安全威胁日益复杂、攻击手段多样的局面,AI 在关键基础设施(如金融、电力等)和企业网络的安全防护中发挥了重要作用。通过深度学习和机器学习,AI 可实时分析网络流量,检测如流量异常增加、访问频率过高等可疑行为,识别潜在的 DDoS 攻击或网络入侵。

例如,腾讯和阿里巴巴等公司利用 AI 技术监控用户行为和账户活动,以快速检测并阻止潜在网络攻击。在反电信诈骗方面,AI 通过分析数据识别诈骗电话和短信模式,有效降低了诈骗成功率。借助 AI 技术增强网络防御,网络攻击变得更加困难,而威胁检测和响应的时间显著缩短。这不仅提升了企业和用户的数据安全,也为国家网络安全战略提供了关键技术支撑。

3. 智能化网络管理和自动化运维

AI 推动了网络管理的智能化发展。在传统的网络管理中,人工干预成本高且易出错,尤其在复杂的大规模网络环境中。AI 的自动化运维技术通过分析网络运行数据自动定位问题并提出优化方案,在中国的云计算平台和数据中心中应用广泛。

例如,阿里云的数据中心利用 AI 算法监控设备运行情况,包括温度和负载等参数,以预测潜在故障。通过智能调度和主动维护,AI 实现了自动化的故障管理,不仅降低了人力成本,还有效提升了故障处理速度,降低了网络中断的可能性,为系统的高可靠性和稳定性提供了保障。

4. 智能路由与边缘计算

AI 算法在智能路由和边缘计算中的应用极大地优化了数据传输,尤其适合分布式网络和物联网设备密集的场景。随着物联网设备的普及,运营商和云服务商在边缘结点部署 AI 技术,使本地数据能通过边缘计算直接处理,而无须传输至核心数据中心。

边缘计算中的智能路由可通过 AI 学习流量模式,动态调整数据传输路径,降低时延。华为推出的 AI 路由器已广泛应用于家庭和企业网络,能够自动识别接入设备并优化路由,从而提升网络的稳定性和效率。智能路由与边缘计算减小了数据传输过程中的时延,为物联网、自动驾驶和智能城市等应用提供了重要支撑。在 5G 环境下,AI 智能路由和边缘计算有力支持了实时数据处理需求。

5. 个性化服务与内容分发优化

AI 技术在个性化服务和内容分发领域同样广泛应用。通过分析用户行为和兴趣,AI 算法可以准确预测用户需求,提供个性化内容推荐。互联网平台基于用户的观看和使用习惯,利用 AI 推荐算法提供高度个性化的内容推荐。

总体而言,AI 在计算机网络中的广泛应用显著提升了网络的运营效率和安全性,优化了用户体验,并为 5G 网络的快速发展提供了强大技术支持。智能化的网络管理、自动化运维、流量优化和个性化推荐等应用促进了网络基础设施的进步和数字经济的快速发展。然而,随着 AI 在网络中的深入应用,数据隐私与伦理问题逐渐浮现。未来需要在技术创新和安全监管之间取得平衡,以确保 AI 技术在网络中的健康发展。

<h1 style="text-align:center">思　考　题</h1>

10.1　叙述云计算的架构。简单描述云计算架构中各部分的作用和特点。

10.2　解释区块链的含义。

10.3　简述边缘计算的特点。

10.4　叙述人工智能在计算机网络中的应用。

参 考 文 献

[1] Forouzan B A. Data Communications and Networking[M]. 5th ed. 影印版. 北京：机械工业出版社，2013.

[2] Tanenbaum A S, Feamster N，Wether D. 计算机网络 [M]. 潘爱民，译. 6 版. 北京：清华大学出版社，2022.

[3] Comer D E. Internetworking with TCP/IP Vol 1：Principles，Protocols and Architecture[M]. 6th. 影印版. 北京：电子工业出版社，2019.

[4] Comer D E. 计算机网络与因特网 [M]. 徐明伟，译. 6 版. 北京：人民邮电出版社，2019.

[5] Fall K R，Stevens W R. TCP/IP 详解 卷 1：协议 [M]. 吴英，译. 2 版. 北京：机械工业出版社，2016.

[6] McQuerry S，Jansen D，Hucaby D. Cisco 局域网交换机配置手册(第 2 版 修订版)[M]. 付强，张昊，孙玲，译. 北京：人民邮电出版社，2015.

[7] 梁广民. 思科网络实验室路由、交换实验指南 [M]. 3 版. 北京：电子工业出版社，2019.

[8] Leon-Garcia A. Communication Networks：Fundamental Concepts and Key Architectures[M]. 2nd ed. 影印版. 北京：清华大学出版社，2011.

[9] Kurose J F，Ross K W. 计算机网络：自顶向下方法 [M]. 陈鸣，译. 8 版. 北京：机械工业出版社，2022.

[10] 徐恪，徐明伟，李琦. 高级计算机网络 [M]. 2 版. 北京：清华大学出版社，2021.

[11] 谢希仁. 计算机网络 [M]. 8 版. 北京：电子工业出版社，2021.

[12] 吴功宜，吴英. 计算机网络 [M]. 5 版. 北京：清华大学出版社，2021.

[13] 兰少华，杨余旺，吕建勇. TCP/IP 网络与协议 [M]. 2 版. 北京：清华大学出版社，2017.

[14] 张永刚，王涛，高振江. 网络工程师教程 [M]. 6 版. 北京：清华大学出版社，2024.

[15] 陈红松. 云计算与物联网信息融合 [M]. 北京：清华大学出版社，2017.

[16] 姚驰甫，斯桃枝. 路由协议与交换技术 [M]. 3 版. 北京：清华大学出版社，2022.

[17] 毛京丽. 宽带 IP 网络 [M]. 2 版. 北京：人民邮电出版社，2015.

[18] 杨云江，王佳尧，高鸿峰，等. 计算机网络管理技术 [M]. 4 版. 北京：清华大学出版社，2023.

[19] 赵启升. 网络管理技术与实践教程 [M]. 北京：清华大学出版社，2011.

[20] 景为，朱光明，张珂. 网络管理员教程 [M]. 6 版. 北京：清华大学出版社，2025.

[21] Haykin S. Communication Systems[M]. 4th ed. 影印版. 北京：电子工业出版社，2015.

[22] 王岩，张猛，孙海欣. 光传输与光接入技术 [M]. 北京：清华大学出版社，2018.

[23] 石炎生，郭观七. 计算机网络工程实用教程 [M]. 4 版. 北京：电子工业出版社，2022.

[24] Rappaport T S. Wireless Communications：Principles and Practices[M]. 2nd ed. 影印版. 北京：电子工业出版社，2018.

[25] 王建平，陈改霞，耿瑞焕，等. 无线网络技术 [M]. 2 版. 北京：清华大学出版社，2020.

[26] 傅洛伊，王新兵. 移动互联网导论 [M]. 4 版. 北京：清华大学出版社，2022.

[27] Davies J. 深入解析 IPv6 [M]. 汪海霖，译. 3 版. 北京：人民邮电出版社，2014.

[28] Pyles J，Carrell J L，Tittel E，et al. TCP/IP 协议原理与应用 [M]. 金名，等译. 5 版. 北京：清华大学出版社，2018.

[29] 张博. 网络交换技术 [M]. 北京：北京邮电大学出版社，2019.

[30] Forouzan B A. TCP/IP Protocol Suite[M]. 4th ed. 影印版. 北京：清华大学出版社,2013.

[31] Spurgeon C E，Zimmerman J. 以太网权威指南［M］. 蔡仁君，译. 2 版. 北京：人民邮电出版社,2016.

[32] Stevens W R，Fenner B，Rudoff A M. UNIX Network Programming，Volume 1：The Sockets Networking API[M]. 3rd ed. 影印版. 北京：人民邮电出版社,2016.

[33] 刘建伟，王育民. 网络安全：技术与实践［M］. 3 版. 北京：清华大学出版社. 2017.

[34] Stallings W. 密码编码学与网络安全：原理与实践［M］. 陈晶，杜瑞颖，唐明，译. 8 版. 北京：电子工业出版社,2021.

[35] Stallings W. 网络安全基础：应用与标准［M］. 白国强，等译. 6 版. 北京：清华大学出版社,2019.

[36] 沈鑫剡，俞海英，伍红兵，等. 网络安全［M］. 北京：清华大学出版社,2017.

[37] 杨东晓，陈蛟，王树茂，等. VPN 技术与应用［M］. 北京：清华大学出版社. 2021.

[38] 余智豪、范灵、顾艳春. 接入网技术［M］. 2 版. 北京：清华大学出版社,2017.

[39] 鲁宏伟，甘早斌. 多媒体计算机技术［M］. 5 版. 北京：电子工业出版社,2019.

[40] 计算机科学技术名词审定委员会. 计算机科学技术名词［M］. 3 版. 北京：科学出版社,2018.

[41] 张曾科. 计算机网络［M］. 4 版. 北京：清华大学出版社,2019.